Keycloak
Authentication

認証と認可
Keycloak入門

第2版

OAuth/OpenID Connectに
準拠したAPI認可と
シングルサインオンの実現

中村雄一　和田広之　田村広平　田畑義之　青柳隆　奥浦航［著］

Authorization

リックテレコム

Quarkus版完全対応！

注意

1. 本書は、著者が独自に調査した結果を出版したものです。

2. 本書は万全を期して作成しましたが、万一ご不審な点や誤り、記載漏れ等お気づきの点がありましたら、出版元まで書面にてご連絡ください。

3. 本書の記載内容を運用した結果およびその影響については、上記にかかわらず本書の著者、発行人、発行所、その他関係者のいずれも一切の責任を負いませんので、あらかじめご了承ください。

4. 本書の記載内容は、執筆時点である 2025 年 1 月現在において知りうる範囲の情報です。本書に記載された URL やソフトウェアの内容、インターネットサイトの画面表示内容などは、将来予告なしに変更される場合があります。

5. 本書に掲載されているサンプルプログラムや画面イメージ等は、特定の環境と環境設定において再現される一例です。

6. 本書に掲載されているプログラムコード、図画、写真画像等は著作物であり、これらの作品のうち著作者が明記されているものの著作権は、各々の著作者に帰属します。

商標の扱いについて

1. 本書に記載されている製品名、サービス名、会社名、団体名、およびそれらのロゴマークは、一般に各社または各団体の商標、登録商標または商品名である場合があります。

2. 本書では原則として、本文中において ™ マーク、® マーク等の表示を省略させていただきました。

3. 本書の本文中では日本法人の会社名を表記する際に、原則として「株式会社」等を省略した略称を記載しています。また、海外法人の会社名を表記する際には、原則として「Inc.」「Co.,Ltd.」等を省略した略称を記載しています。

はじめに

執筆の背景

　本書の第 1 版が出版されて 3 年以上経過しましたが、クラウドを前提としたシステムやリモートワークの普及などに伴い、認証（Authentication）と認可（Authorization）の重要性は増す一方です。認証と認可はシステムの入口を担うため、不適切な設計や実装は、個人情報の流出やシステムの全停止のような重大な事故に繋がります。そのため、クラウド上のシステムのセキュリティーや可用性の確保のためには、認証と認可を正しく設計・実装し、細心の注意を払って運用していく必要があります。認証と認可の分野では、OAuth 2.0 や OpenID Connect 1.0 のような標準仕様が広く普及していますが、標準仕様の拡張や新たな標準の普及が継続的に進んでおり、これらを正しくキャッチアップし、認証と認可を正しくシステムに作り込むことが困難な状況は続いています。

　認証と認可の分野では、OSS（Open Source Software）である Keycloak の存在感が増しています。Keycloak は、ベンダーニュートラルなクラウドネイティブの技術開発を行う団体である CNCF（Cloud Native Computing Foundation）のプロジェクトとして 2023 年 4 月に採用されて以降、普及が加速し、世界各国の金融機関や政府のシステムにも利用されるなど、認証と認可の OSS としてはデファクトになっています。Keycloak のコミュニティーには、日本人を含む世界中のエンジニアが集まり、認証と認可の最新の標準仕様に対応するように Keycloak を改良し続けています。Keycloak はオープンソースであるため、誰でもコードを見ながら動かせることもあり、認証と認可の学習の題材としても最適と言えるでしょう。

　一方で、Keycloak について解説する情報は、認証や認可についての背景知識を前提としたものが多く、初学者にとって学習が難しい状況が続いています。また、Keycloak のアーキテクチャーが WildFly ベースから Quarkus ベースに刷新され、それに対応した情報が少ないことも学習を困難にする要因となっています。

　そこで、第 1 版に引き続き、国内の Keycloak 第一人者が集結し、本書を全面的に改訂しました。本書は、背景となる基礎知識から Keycloak の本番環境への適用方法を学べる書籍というコンセプトを踏襲しつつ、この 3 年間のアップデートを盛り込んでいます。背景知識についてはログアウトのフローを補足するとともに、Keycloak の可用性向上のために改良が加えられたセッションの解説を厚くしました。また、構築については Quarkus ベースのアーキテクチャーに対応して刷新しています。

　認証と認可でお悩みの方や CNCF のプロジェクトになった Keycloak について知りたい方は、ぜひ手に取っていただければと思います。

本書のゴール

本書は以下を達成目標としています。

1. Keycloak は何ができるのかを理解し、Keycloak を構築するために必要な前提知識を習得する。
2. Keycloak の典型的な 3 つのユースケース（API 認可、SSO、さまざまな認証方式の適用）において、Keycloak を設定できるようになる。
3. Keycloak を本番環境に適用する際に求められる非機能要件（可用性や運用など機能以外の要件）を満たすために必要な設定方法やカスタマイズ方法を理解する。

本書の対象読者

本書の対象読者、および前提となる知識は以下のとおりです。

- **本書の対象読者**
  - システムを企画、設計する際に認証を担当する方
  - 認証基盤 / インフラの設計、構築運用者
  - 認証と認可の実装方法を検討しているアプリケーション開発者
  - OSS で構築する認証・認可基盤に興味がある方
- **本書の前提知識**
  - HTTP、Web アプリケーションの基礎知識（セッション、REST API など）

本書の内容と使い方

本書は「基礎編」「実践編」「応用編」の 3 つのパートから構成されています。

最初の「基礎編」では、Keycloak を構築するために必要な基礎知識をしっかりと解説します。

- 第 1 章では、Keycloak の初歩として、Keycloak が対象とする認証と認可、および Keycloak の機能やユースケースを簡単に紹介し、Keycloak のインストールと動作確認をする中で Keycloak の理解を深めます。
- 第 2 章では、Keycloak を使った API 認可やシングルサインオン（SSO）を実現する際の前提知識として OAuth 2.0 や OpenID Connect というプロトコルについて解説します。
- 第 3 章では、Keycloak を使った SSO を実現するうえで必要な SSO に関する基礎的な概念を解説します。

- 第 4 章では、Keycloak を設定するための基礎となる Keycloak 特有の用語や概念、リファレンスとなる情報源を説明します。

「実践編」では、Keycloak の 3 つの典型的なユースケースにおける Keycloak の基本的な設定方法を解説します。読者にとって必要なユースケースを選択して読み進めることができます。

- 第 5 章では、API 認可についてサンプルプログラムを使いながら、Keycloak を設定し、動作確認を行います。
- 第 6 章では、SSO について、さまざまなタイプのアプリケーションを題材とし、Keycloak の設定方法だけではなくアプリケーションの構成方法も解説します。
- 第 7 章では、多要素認証やパスキー認証、外部の認証情報 / システムと連携した認証など、Keycloak が対応するさまざまな認証の実現方法を解説します。

「応用編」では、本番環境で求められる個別のシステム要件や非機能要件を満たす場合に必要となる Keycloak の設定方法を解説します。「応用編」も必要な部分を選択して読み進めることができます。

- 第 8 章では、個別のシステム要件を満たすために必要になる、Keycloak のカスタマイズ方法について解説します。
- 第 9 章では、非機能要件を満たすために必要になる、HA 構成やセキュリティーに関する設定、ログの設定、アップグレードの方法について解説します。

本書では、初学者がつまずきがちな認証や認可の前提知識から丁寧に解説することを心掛けました。本書を通じて、少しでも多くの方に Keycloak に興味を持っていただければ著者としては最高の喜びです。

2025 年 3 月　著者一同

ご案内

本書で紹介する手順を実行するための環境

　本書で解説する Keycloak やサンプルアプリケーションは、基本的に Java で実装されており、Java 21 がインストールされていれば、Windows, Linux, macOS などで動作します。OS 間でコマンドが異なる場合は、基本的に Linux のコマンドを記載します。例えば、Keycloak の起動コマンドは、以下のように Linux のコマンドを記載しますが、

```
$ ./bin/kc.sh start-dev
```

Windows を使用する場合は、次のように適宜読み替えてください。

```
> .\bin\kc.bat start-dev
```

なお、すべての動作確認は以下の構成で実施しています。

- Keycloak 26.0.0
- OpenJDK 21.0.2
- curl 8.8.0
- WSL2　2.3.24.0, Ubuntu 22.04.5 LTS (第 6 章)
- Keycloak JavaScript アダプター 26.0.0
- mod_auth_openidc 2.4.15.7-1
- Apache 2.4.52-1ubuntu4.12
- Google Chrome 131.0.6778.205

本書で使用するソースコードの入手方法

本書で使用するソースコードや設定ファイルなどは、GitHub の以下のリポジトリー上で公開しています。また、本書の GitHub プロジェクトでは、Java 用プロジェクト管理ツールである Maven のラッパースクリプト mvnw を使用しています。mvnw 実行時にビルドに必要な Maven が自動的にダウンロードされ、ビルドに使用されます。

https://github.com/keycloak-book-jp/keycloak-book-jp-v2

本書の表記法について

本書では、パラメーターについて、http(s)://[ホスト](:[ポート])/ のように [] や () を使った表記があります。[] は環境によって異なる値を表します。例えば [ホスト] は環境によって定まるホストを示します。() は環境によって省略できるものを示します。例えば http(s) は、https が必要ない場合は http と読み替えます。

本書刊行後のフォローアップサイトについて

本書の記載内容は、2025 年 1 月時点の情報を基にしています。刊行後、本書内容に補足やアップデート情報が必要となった場合は、下記のサイトにアップしますのでご参照ください。

https://www.ric.co.jp/pdfs/contents/pdfs/1436_support.pdf

こちらの QR コードからもご覧いただけます。

目次　　　　　　　　　　　　Contents

第3章　SSO の基礎知識　　75

● COLUMN

入門編

基礎知識を習得しよう

Keycloak は簡単に動作させることができますが、

実際に認証や認可を実現するには、

背景となるプロトコルや Keycloak 特有の概念など前提知識が必要です。

基礎編では、これらの前提知識を習得しましょう。

第 1 章では、認証と認可とは何か、

Keycloak がその中で何をするのかを解説します。

また、実際に Keycloak をインストールして、

Keycloak が簡単に動くことを実感しましょう。

続いて、Keycloak を使った認証や認可を実現するための前提知識を解説します。

第 2 章では基礎となるプロトコルである

OAuth 2.0 (OAuth) や OpenID Connect (OIDC) を、

第 3 章では SSO に関する基本的な概念を解説します。

第 4 章では、Keycloak を設定するために必要な

Keycloak 特有の用語や概念を説明します。

基礎編で扱う事項は、以降でも繰り返し登場するため、

適宜振り返るとよいでしょう。

第 1 章

Keycloak を理解するための第一歩

Keycloak を理解するためには、Keycloak がどのようなものであるかを把握し、実際に Keycloak を動かしてみることが重要です。本章では、Keycloak が対象とするシステムにおける認証と認可とは何かを説明し、Keycloak の機能と主要なユースケースを紹介します。Keycloak の概要が把握できたら、Keycloak の動作要件とディレクトリー構成を確認し、実際にインストールと動作確認をしてみましょう。

 認証と認可および Keycloak の概要

　近年、ブラウザーやモバイルアプリケーションから利用される Web ベースのシステムが主流になり、インターネットを介して不特定多数のユーザーや端末からアクセスされることが一般的になりました。システムのセキュリティーの担保は、これまで以上に強く求められるようになってきており、それを実現する要素の 1 つである認証や認可の重要度も年々増加しています。本書で取り扱う Keycloak は、Web ベースのシステムに認証と認可を組み込む OSS（オープンソースソフトウェア）です。

　本節では、Keycloak の必要性を理解するため、まずは Web ベースのシステムの概要とそこで使われる認証と認可について解説します。そして、Keycloak とはどういったソフトウェアで、どのような機能を提供するのか説明します。

■ 1.1.1　Web アプリケーションと REST API

　Web ベースのシステムは、図 1.1.1 に示すように主に Web アプリケーションや REST API によって実現されています。

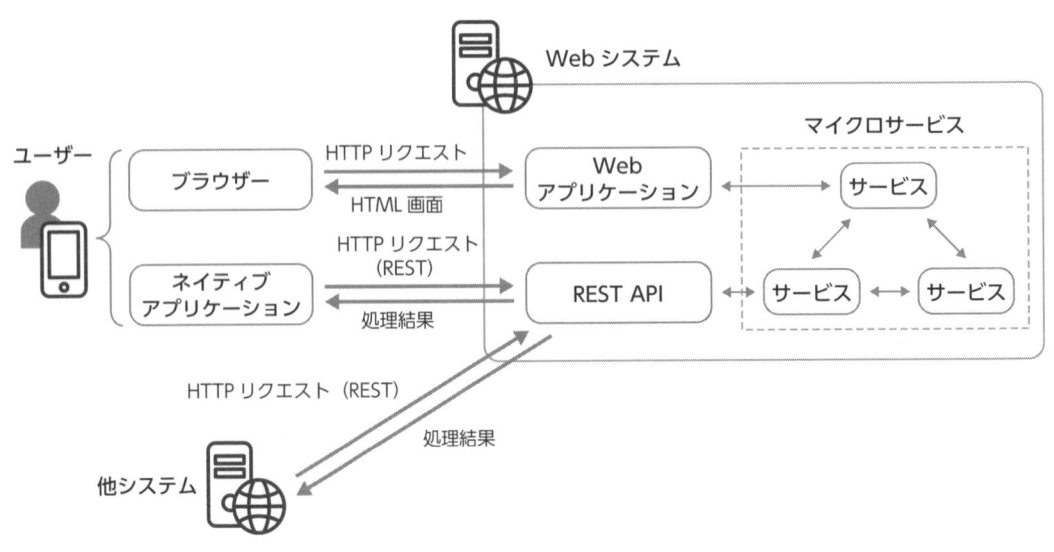

図 1.1.1　Web ベースのシステム

　Web アプリケーションは、ブラウザーを通じてユーザーに機能を提供します。ブラウザーが HTTP リクエストを Web アプリケーションに送信し、Web アプリケーションはそれを解釈して HTTP レスポンスを返却します。ユーザーは、HTTP レスポンスに含まれる HTML をブラウザーで閲覧します。

　一方、REST API（単に「API」と呼ばれることもあります）は、ブラウザーではなく、主にアプリケーションに機能を提供します。ユーザーのスマートフォンやタブレット上で動作するネイティブアプリケーションが REST API を呼び出し、REST API は処理結果だけを返します。そして、ネイティブアプリケーションは受け取った結果をもとに画面を描画します。アプリケーションの内部構造に目を向けると、マイクロサービスアーキテクチャーの台頭があります。Web アプリケーションや REST API を、モノリシック（一枚岩）なアプリケーションとして開発するのではなく、サービスを分割して独立性を高め、サービス間の連携は REST API を通じて行うというマイクロサービスアーキテクチャーを採用する例も近年ではあります。

　また、REST API は他システム（API を提供する企業以外のシステム）から呼ばれることもあります。他システムは、別の企業の REST API を呼ぶことで自らの機能をリッチにすることができます。例えばタクシー配車システムの場合（図 1.1.2）、配車システムは、Google Maps が提供する地図情報取得 API を呼ぶことで、地図情報を利用したサービスを提供し、決済事業者が提供する決済 API を呼ぶことで、自前の決済システムを持つことなく、決済機能を備えることが可能になっています。

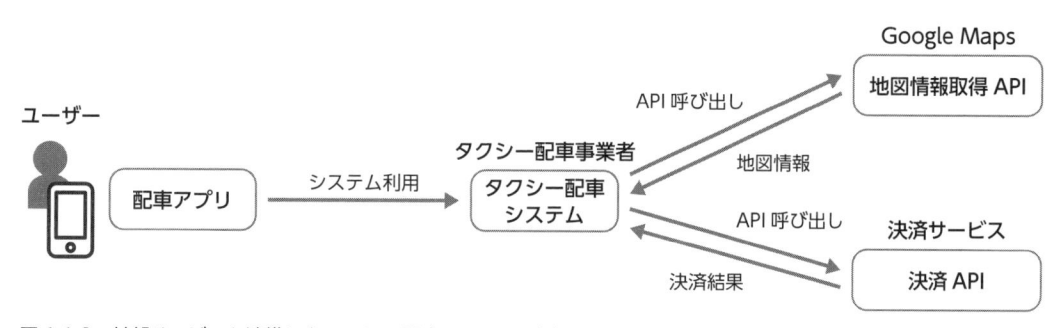

図 1.1.2　外部サービスと連携したタクシー配車システムの例

　このような REST API を通じた異なるシステム同士の連携により、新たなビジネスチャンスが創出されていることから、システムの REST API の公開が進んでいます。

1.1.2　認証と認可とは

　このような Web ベースのシステムは、複数のユーザーによって利用されることを想定していますが、誰もが使える状態になっていると、即座にセキュリティー事故や事件につながってしま

いします。システムがユーザーに応じた適切な処理を行うためには、認証（Authentication）と認可（Authorization）[*1] が必須です。インターネットバンキングを例に、認証と認可の概念を図 1.1.3 に示します。

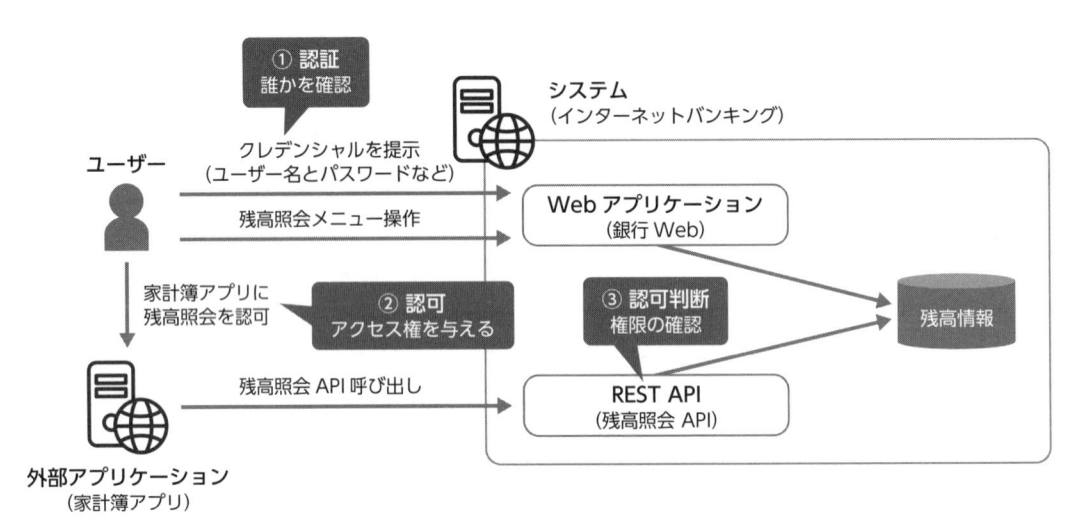

図 1.1.3　認証と認可の概念

　このシステムは、ブラウザーから操作できる Web アプリケーション（銀行 Web）と、外部アプリケーションから呼び出すことができる REST API（残高照会 API）で成り立っています。外部アプリケーションである家計簿アプリが残高照会 API を呼び出して残高を取得します。

　図 1.1.3 の①が認証の例です。ユーザーがブラウザーで銀行 Web にアクセスすると、銀行 Web は「認証」を行います。認証とは、ユーザーから提示されたクレデンシャル（ユーザー名とパスワードなどの認証に使われる情報）と、あらかじめシステムに登録された情報を照合してユーザー本人であるかを確認する処理を指します。クレデンシャルの種類や認証の方法はいろいろありますが、システムがユーザー名とパスワードの入力フォームを表示し、ユーザーがそれらを入力する方法が最も基本的でよく利用されています。ただし、インターネットバンキングのように高いレベルのセキュリティーが求められるシステムでは、OTP（ワンタイムパスワード）や生体情報による認証などを組み合わせることが推奨されます。

　同図②が認可の例です。家計簿アプリは銀行外部のアプリケーションであるため、ユーザーは家計簿アプリに対し銀行の残高を照会する権限を与える必要があります。このような、アクセス権を与える行為のことを「認可」と呼びます。認可の際には、アプリケーションにアクセス権を与えることへの同意をユーザーに促す画面が表示されます。例えば、家計簿アプリに銀行の残高

[*1]　Authentication を略して AuthN、Authorization を略して AuthZ と記されることがあります。

照会を許可することへの同意をユーザーに促します。なお、認可が行われる前に、家計簿アプリを使っているのが本人であることを確認するために、認証も行われます。

認可が行われた後には、同図③の「認可判断」が行われます。認可判断とは、アクセス権に基づきアクセス可否を判断することです。ここでは、家計簿アプリに残高情報の照会権限があるかチェックされます。なお、認可判断は、広い意味では認可に含まれることがありますが、本書では認可と認可判断は区別して記載します。

1.1.3　Keycloak とは

Keycloak とは、公式サイト（https://www.keycloak.org/）の定義によると、IAM（Identity and Access Management）のソフトウェアです。IAM とは、広く業界で使われている用語であり、ガートナー社の定義によると [2]、「適切な人やマシンが適切なリソースに適切な理由のため適切なタイミングでアクセスできるようにするもの」とあり、非常に広い概念です。Keycloak は、サーバーとして動作する IAM ソフトウェアであり、IAM の中でも、主に Web ベースのシステムにおける「認証」と「認可」を担っています。アプリケーションからすると、煩雑な認証と認可の処理を Keycloak に任せることができます（図 1.1.4）。

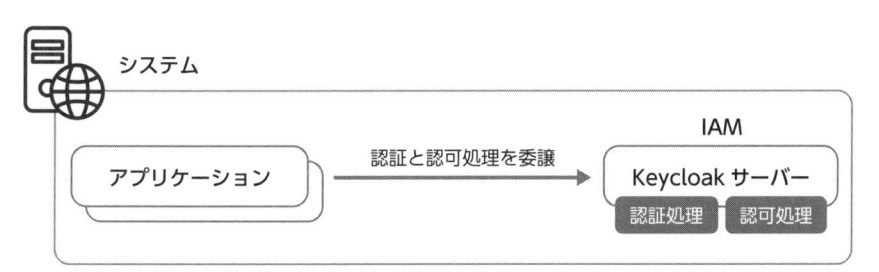

図 1.1.4　Keycloak はシステムにおける認証と認可を担う

Keycloak は、元々Red Hat 社の JBoss プロジェクトのメンバーを中心に開発され、2013 年 7 月に初めてソースコードが GitHub のリポジトリ（https://github.com/keycloak/keycloak）にコミットされました。その後、さまざまな機能追加と改良が行われ、2022 年 2 月にリリースされた Keycloak 17.0.0 では大規模なアーキテクチャーの変更が行われました。Cloud Native Computing Foundation（CNCF）[3] プロジェクトになることを目指し、Keycloak はクラウドネイティブ環境の要件（少ないメモリー消費量、高速な起動、コンテナーランタイム環境にフィットした設定など）

---

[2]　https://www.gartner.com/en/information-technology/glossary/identity-and-access-management-iam

[3]　CNCF は、Kubernetes などのクラウドネイティブ向け OSS 技術の推進を行っている The Linux Foundation 傘下の団体です。また、CNCF は Sandbox、Incubating、Graduated という成熟度に応じて OSS プロジェクトをホストしています。Incubating 以上の OSS プロジェクトに認定されるためには高いハードルがあることから、これらの OSS は非常に人気があります。

を満たすべく、WildFly[*4] ベースから Quarkus[*5] ベースへと作り変えられました。そして、2023 年 4 月には CNCF の Incubating プロジェクトとして承認され、現在はベンダー中立なプロジェクトとして開発が進められています。

　Keycloak の大きな特徴の 1 つが、OSS であるということです。Apache ライセンスでソースコードが公開されており、誰でも使うことができるだけでなく、誰でも開発に参加できることが利点です。実際に活発に開発が進められており、毎日のように複数の開発者からのプルリクエストがマージされています。日本でも広く使われるようになっており、執筆時点では、日本人のメンテナーも任命されています。

　OSS は、利用そのものは無料であるものの、問題が起こった場合は自力で解決する必要があるため、商用環境での利用では問題になることがあります。そのような状況に対応するため、Red Hat 社からは Keycloak の特定のバージョンをベースとした「Red Hat Build of Keycloak」(RHBK、旧 Red Hat Single Sign On) とともに商用サポートサービスが提供されています。執筆時点の RHBK の最新のバージョンは 26.0 であり、ベースとなる Keycloak は 26.0 系です。また、OSS コミュニティーからダウンロードできる Keycloak のサポートサービスを提供しているベンダーも存在します。このような背景から、商用環境においても、認証と認可の実現手段の 1 つとして Keycloak が採用されるケースが非常に増えてきています。

■ 1.1.4　Keycloak の機能とユースケース

　Keycloak で具体的に何ができるのか、その機能とユースケースを解説します。Keycloak は豊富な認証と認可の機能を保有しています。主な機能を表 1.1.1 に示します。

[*4]　Red Hat 社が開発している OSS の Jakarta EE アプリケーションサーバー。
[*5]　Red Hat 社が開発している OSS の Java フレームワーク。

表 1.1.1　Keycloak の主な機能

分類	機能	概要
認証	クレデンシャル管理	認証に必要なユーザー名と属性情報の管理
	パスワード認証	ユーザー名とパスワードに基づいた認証
	パスキー[*6] 認証	パスキーに基づいた認証
	多要素認証	OTP やパスキーに基づいた多要素認証
	ユーザーストレージフェデレーション	外部のクレデンシャルと連携した認証
認可	権限管理	ユーザーやアプリケーションに関連する権限（ロールなど）の管理
	認可サービス	権限とリソースの関連付けの管理および認可判断の実行
標準プロトコル	OAuth 2.0 認可サーバー	OAuth 2.0 の認可サーバーとしての機能
	OpenID Connect OpenID Provider (OP)	OpenID Connect の OP としての機能
	SAML Identity Provider (IdP)	SAML の IdP としての機能
	アイデンティティーブローカリング	外部の認証プロバイダーに認証を委譲する、ソーシャルログインなどに使われる機能
カスタマイズ	SPI (Service Provider Interface)	さまざまな拡張を作り込むための Java のインタフェース
	クライアントポリシー	クライアントごとのセキュリティー設定を一括して行うための拡張フレームワーク
アプリケーション用ライブラリー	クライアントアダプター（JavaScript）[*7]、認可サービスクライアント	クライアントサイド JavaScript のアプリケーションに OpenID Connect の Relying Party の機能を持たせたり、認可サービスのクライアント機能を持たせるアプリケーション用ライブラリー

　本書では、図 1.1.5 に示す 3 つの主要なユースケースを用いて、Keycloak の機能や使い方を前提となる仕組みを含めて紹介します。

[*6]　FIDO Alliance による定義では、パスワードを使わないあらゆる FIDO 認証資格情報がパスキーです。技術的には、WebAuthn を利用してパスワードレス認証を実現しています。パスキーについては、第 7 章 7.1 節で解説します。

[*7]　Keycloak コミュニティーで開発が行われていた各種クライアントアダプターは、JavaScript 用を除き、ほとんどが EOL および、非推奨となっています。詳細は第 6 章 6.2 節で解説します。

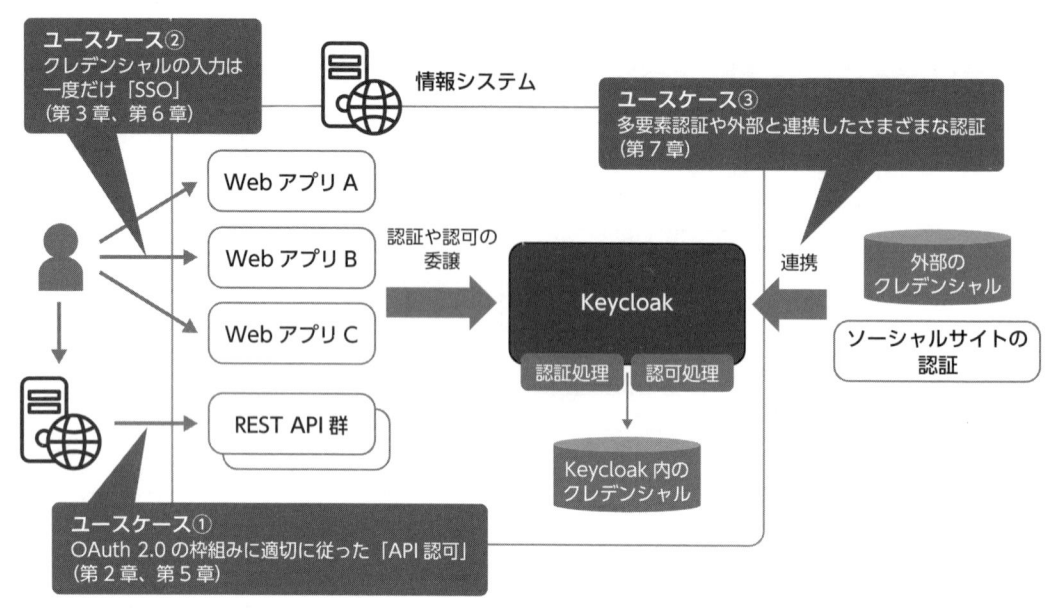

図 1.1.5 Keycloak の 3 つの主要ユースケース

● **ユースケース① API 認可**

ユーザーのリソースにアクセスする REST API を、外部アプリケーションから呼び出す場合、ユーザーは外部アプリケーションに API の呼び出しを認可する必要があります。この際、「OAuth 2.0」という認可の標準プロトコル[8]に従って実装することがデファクトスタンダードになっています。なお、OAuth 1.0 という仕様もありますが、現在は OAuth 2.0 によって置き換えられているため、本書では「OAuth」といった場合、この OAuth 2.0 を指すものとします。

OAuth は、周辺技術の進化や新たなセキュリティー要求に対応するため、現在もなお関連仕様の拡張が進められており、初学者がすべてを正しく理解して実装することは難しいというのが実情です。実装の自由度が高く、システムにセキュリティーホールが作り込まれてしまった過去もあります。Keycloak が持つ OAuth の認可サーバー機能を利用することで、OAuth を利用した API 認可の実装の手間を軽減することができます。本ユースケースについては、仕組みを第 2 章で、実際の構築方法を第 5 章で紹介します。

● **ユースケース② SSO（シングルサインオン）**

ユーザーが利用する Web アプリケーションが単一ならば、アプリケーションに認証と認可の処理を作り込めばよいのですが、多くの場合は、複数の Web アプリケーションをユーザーに提供することが必要になります。ユーザーからすると、それぞれのアプリケーションを使う際に、クレデン

---

[8] IETF の RFC 6749（https://datatracker.ietf.org/doc/html/rfc6749）という仕様で定められています。なお、執筆時点では OAuth 2.0 とその拡張仕様を再整理した OAuth 2.1 が策定中です。まだドラフト版ですが、Keycloak はすでに対応しています。詳細は、https://www.keycloak.org/securing-apps/oidc-layers#_oauth21-support を参照してください。

シャルの入力が必要になり、使い勝手が低下します。アプリケーションからすると、認証と認可の処理は作り込みを誤るとセキュリティーホールになってしまうため、複数のアプリケーションでのセキュリティーの確保も困難となります。

OAuth を拡張した OpenID Connect 1.0 (以下、OIDC)[9] や、SAML 2.0 (以下、SAML)[10] という認証連携プロトコルを使い、Web アプリケーションが Keycloak に認証を委譲することによって、Web アプリケーションに認証を作り込む必要がなくなります。さらにユーザーは、アプリケーション個別にクレデンシャルを入力するのではなく、Keycloak による認証時のみにクレデンシャルを入力すればよく、ユーザビリティーが向上します。こちらのユースケースについては、仕組みを第 3 章で、実際の構築方法を第 6 章で取り扱います。

● **ユースケース③　さまざまな認証**

ユースケース①②で認証を行う場合、実システムでは要件に応じてさまざまな認証を行うことが求められます。

セキュリティー要件によっては、ユーザー名とパスワードによる単純な認証だけでは不十分なことがあります。Keycloak は、パスワードに代わる認証要素として有望なパスキーに対応しており、OTP などと組み合わせて多要素認証を実現することもできます。さらに、独自の認証方式を実装する仕組みも提供しています。

また、Keycloak 以外で管理されたクレデンシャルや別の認証システムなど、Keycloak の外部の要素と連携して認証することが求められることも多くあります。Keycloak は、「ユーザーストレージフェデレーション」という機能により、外部の LDAP サーバーなどで管理されたクレデンシャルでユーザーを認証することができます。さらに、「アイデンティティーブローカリング」という機能により、OIDC や SAML に対応した認証システムやソーシャルネットワークサービス (Facebook やGitHub など) に認証を委譲することもできます。

これらのユースケースについては、第 7 章で仕組みと典型的な設定例を紹介します。また、第 8 章で認証方式のカスタマイズの例を紹介します。

---

[9]　標準化団体 OpenID Foundation にて策定。第 2 章 2.4 節で概要を解説します。

[10]　SAML の正式名称は Security Assertion Markup Language。標準化団体 OASIS (Organization for the Advancement of Structured Information Standards) にて策定。第 3 章 3.2 節で概要を解説します。

1.2 Keycloak の動作要件とディレクトリー構成

　本節では、Keycloak をインストールする際の前提知識として、Keycloak の動作要件とディレクトリー構成を説明します。

1.2.1　Keycloak の動作要件

　Keycloak は Java の Web アプリケーションであり、以前は WildFly 上で動作するように作られていました。その後、Keycloak 17.0.0 では WildFly 版に加えて、Quarkus 上で動作する Quarkus 版も提供されるようになりました。そして Keycloak 20.0.0 では、WildFly 版は完全に削除されています。Quarkus 版では、以前の WildFly 版と設定方法やディレクトリー構成、非機能などが大きく異なるため、WildFly 版に馴染んでいる方は注意が必要です。本書では Keycloak 26.0.0 を前提としており、Quarkus 版に限定した解説となります。

　Keycloak は JVM（Java 仮想マシン）上で動作し、Java 21 をインストールしておくことが求められます。Java をインストールできれば、OS は問いませんが、これらを動かすサーバーには最低でも 512MB 以上の RAM と 1GB 以上のディスク容量が必要です。

　また、Keycloak の設定情報は、JDBC を経由して DB に保持されるため、JDBC ドライバーと PostgreSQL などの DB も必要になります[*11]。つまり、図 1.2.1 に示すプラットフォームやライブラリーが Keycloak の動作のために必要です。

[*11] 執筆時点では、PostgreSQL、MariaDB Server、MySQL、Oracle Database、Microsoft SQL Server、Amazon Aurora PostgreSQL がサポートされています。ただし、特定のバージョンでのみ動作検証されているため、バージョンによっては正常に動作しない可能性もあります。詳細は、https://www.keycloak.org/server/db を参照してください。

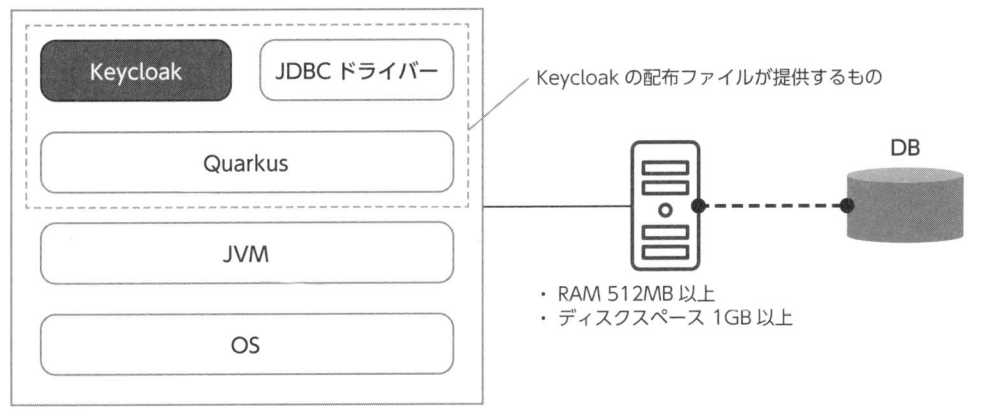

図 1.2.1 Keycloak の動作に必要なプラットフォームやライブラリー

　なお、Keycloak の配布ファイルには Quarkus とサポートされている DB の JDBC ドライバーが含まれており、ダウンロードして解凍するだけで起動可能な状態になります[*12]。加えて、Keycloak は Linux コンテナーイメージ形式でも配布されています（図 1.2.2）。こちらは、Red Hat Universal Base Image（UBI）[*13] というイメージをベースに、OpenJDK と Keycloak をインストールしたイメージです。コンテナーランタイム環境が利用可能な場合は、このイメージを利用することですぐに起動することができます。各種カスタマイズを行う際は、このイメージをベースとして利用することが可能です（第 8 章 8.5 節で解説）。

[*12] 同梱されていない JDBC ドライバーを使用することも可能です。一例として、Amazon Web Services JDBC Driver の JAR ファイルを追加して利用する手順が公式ガイドに記載されています。詳細は、https://www.keycloak.org/server/db#preparing-keycloak-for-amazon-aurora-postgresql を参照してください。

[*13] Red Hat 社が開発している Red Hat Enterprise Linux（RHEL）のサブセットで構築された Linux コンテナーイメージ。

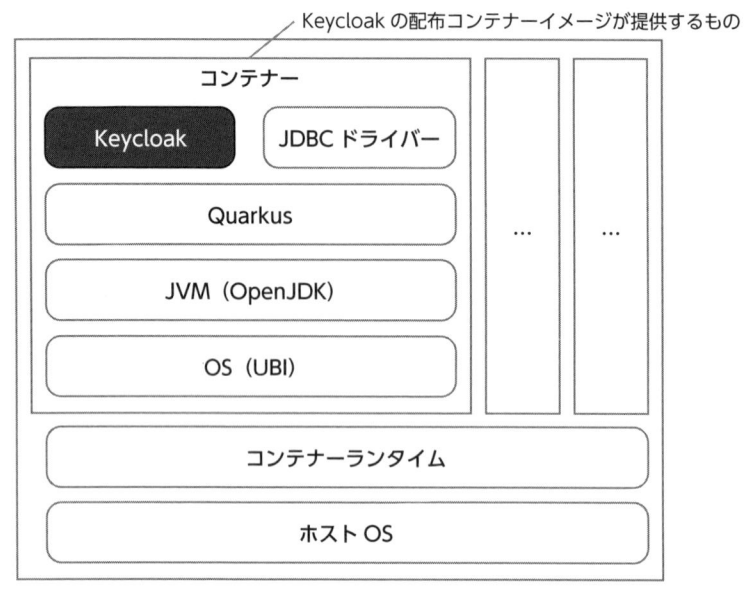

図 1.2.2　Keycloak の配布コンテナーイメージ

　また、Keycloak には、デフォルトで H2 という DB が動作確認用途として同梱されているため、外部の DB とそれに接続するための JDBC ドライバーがなくても動かすことができます。本章の手順でも H2 を使って説明をしますが、H2 はあくまでも動作確認用であり、冗長構成などには対応していないため、本番環境での利用には推奨されていません。外部の DB と接続するための方法については、第 9 章 9.1 節で解説します。

▶ COLUMN

Quarkus とは

　Quarkus（https://quarkus.io/）とは、コンテナー環境を初めから意識して開発された Java アプリケーションのフレームワークであり、オープンソースで開発されています。

　WildFly のようなアプリケーションサーバーでは、複数のアプリケーションをデプロイして動作させることができますが、Quarkus はアプリケーションサーバーではなく、Quarkus のフレームワークを用いて開発された単一のアプリケーションが動作します。

　コンテナー環境で効率的にアプリケーションを動作させるために、従来のアプリケーションサーバーベースのアプリケーションと比較して、省メモリーと高速起動を実現できるようになっています。これらを実現するために、Quarkus 上のアプリケーションは実行する前に最適化が必要です。Keycloak も起動の際に「build」というパラメーター（第 9 章 9.1.5 項参

照）を付与することで、これにより最適化が行われます。最適化により、公式サイトによると、単純なアプリケーションの場合、起動時のメモリー消費量は従来のアプリケーションサーバー比で約 54〜69% に、起動時間は約 22% に短縮できます。さらに、GraalVM という JavaVM を使うと劇的な省メモリー、高速化（例えば起動時間は 10msec のオーダー）が可能とされていますが、Keycloak では GraalVM はサポートされていません。

■ 1.2.2 Keycloak のディレクトリー構成

Keycloak の配布ファイルを解凍すると、さまざまなディレクトリーとファイルが展開されます。特に重要なディレクトリーの構成を示したものが、図 1.2.3 です。Keycloak の配布コンテナーイメージの場合は、「/opt/keycloak」ディレクトリーに配置されています。なお、data ディレクトリー配下は、Keycloak の起動後に必要となったタイミングで自動的に作成されます。

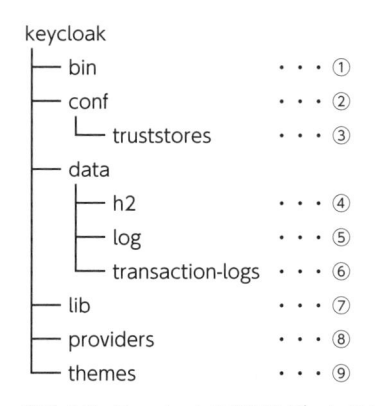

```
keycloak
├─ bin                       ・・・①
├─ conf                      ・・・②
│   └─ truststores           ・・・③
├─ data
│   ├─ h2                    ・・・④
│   ├─ log                   ・・・⑤
│   └─ transaction-logs      ・・・⑥
├─ lib                       ・・・⑦
├─ providers                 ・・・⑧
└─ themes                    ・・・⑨
```

図 1.2.3　Keycloak の重要なディレクトリーの構成

これらのディレクトリーに含まれるファイルの説明を表 1.2.1 に示します。なお、Keycloak 26.0.0 の配布ファイルを解凍した場合で説明しています。

表 1.2.1 重要なディレクトリーとそれに含まれるファイル

#	ディレクトリー名	ディレクトリーに含まれるファイル
①	bin	Keycloak の起動やその他管理操作を行う、さまざまなバッチとスクリプト。 ・federation-sssd-setup.sh：SSSD の設定スクリプト（Linux 用）[14] ・kc.bat：起動バッチ（Windows 用） ・kc.sh：起動スクリプト（Linux 用） ・kcadm.bat：管理 CLI のバッチ（Windows 用） ・kcadm.sh：管理 CLI のスクリプト（Linux 用） ・kcreg.bat：クライアント登録 CLI のバッチ（Windows 用） ・kcreg.sh：クライアント登録 CLI のスクリプト（Linux 用）
②	conf	Keycloak 設定ファイル。 ・cache-ispn.xml：Infinispan によるキャッシュの設定 ・keycloak.conf：Keycloak の設定 ・quarkus.properties：Quarkus の設定 [15]
③	truststores	Keycloak が TLS で外部のサービスと通信、または接続を受ける際に使用する、証明書の配置ディレクトリー。
④	h2	Keycloak がデフォルトで使用する DB（H2）のデータファイルの配置ディレクトリー。ファイルは、H2 利用モードでの初回起動時に自動作成されます。作成されたファイルを削除することで、初期状態にすることが可能です。
⑤	log	Keycloak のログファイル（ログをファイル出力モードで起動した場合のデフォルト出力先）。
⑥	transaction-logs	XA トランザクションのリカバリーに使用されるトランザクションログの出力先ディレクトリー。
⑦	lib	Keycloak が使用する Java のライブラリー。
⑧	providers	デフォルトでは README.md のみ。Keycloak をカスタマイズするためのカスタムプロバイダーや、追加の JDBC ドライバーの JAR ファイルを配置することができます。
⑨	themes	デフォルトでは README.md のみ。Keycloak ログイン画面などのテーマをカスタマイズするために使用されるすべての ftl ファイル [16]、スタイルシート、JavaScript ファイル、および画像を配置することができます。

　なお、表 1.2.1 の②にある「keycloak.conf」で Keycloak のサーバーレベルの設定（例：DB 接続設定やログ出力設定）を行うことができますが、それ以外の設定方法も提供しています。「keycloak.conf」による設定を含めて以下の 4 つの方法があり、1、2、3、4 の順で優先順位が高いです [17]。

　1. コマンドラインパラメーター

---

[14] Keycloak の System Security Services Daemon (SSSD) プラグインを使用する際に使用します。詳細は、https://www.keycloak.org/docs/26.0.0/server_admin/#_sssd を参照してください。

[15] デフォルトではこのファイルは存在しませんが、作成することで Quarkus の詳細設定が可能です。ただし、この設定は Keycloak でサポートされていないオプションであるため、使用は極力控えることが推奨されています。使用例として、第 9 章 9.4 節でログ出力の詳細設定について解説しています。

[16] ftl ファイルとは、Keycloak に含まれる「Apache FreeMarker」というテンプレートエンジンが HTML を出力するために使用するテンプレートファイルです。

[17] 詳細な解説は、公式ガイドの Configuring Keycloak (https://www.keycloak.org/server/configuration) を参照してください。

2. 環境変数
3. keycloak.conf
4. Java キーストアファイル

　基本的には keycloak.conf で設定を行い、環境依存の設定についてコマンドラインパラメーターまたは環境変数で設定するとよいでしょう。また、セキュリティー要件でセンシティブな設定値を Java キーストアに格納する必要がある場合は、Java キーストアファイルで設定するとよいでしょう。

1.3 Keycloak のセットアップと動作確認

本節では、実際に Keycloak をローカル環境にセットアップし、動作を確認します。ベアメタル環境向けを想定した、ZIP 形式の配布ファイルによるセットアップと、Linux コンテナーイメージを利用したセットアップについて解説します。

1.3.1 Keycloak のセットアップ (ZIP 利用)

次の (1) ～ (4) の手順により、ローカル環境で Keycloak を起動して、管理者ユーザーで管理コンソールにログインします。

(1) Keycloak のインストール
(2) Keycloak の起動
(3) 管理者ユーザーの作成
(4) 管理コンソールの表示

前節で述べたように、Keycloak を動作させるためには、Java 21 が必要です。Java が動作する環境であれば、OS の指定は特にありません。本章では、Linux のターミナルで実行するコマンドを例として記載します。

(1) Keycloak のインストール

Keycloak の公式 Web サイトから、Keycloak の配布ファイルをダウンロードします。この書籍内では、常に Keycloak 26.0.0 を使用するため、以下のページの Keycloak の「ZIP」のリンクからダウンロードしてください。

https://www.keycloak.org/archive/downloads-26.0.0.html

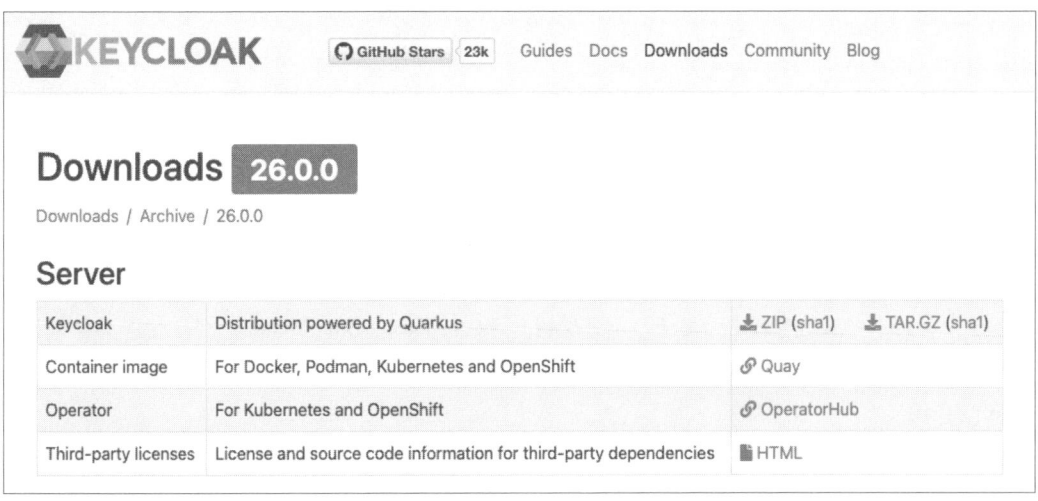

図 1.3.1 Keycloak のダウンロード

　ダウンロードした zip ファイルを任意の場所に解凍します。これで Keycloak のインストールは完了です。以降、このディレクトリー（インストールディレクトリー）を［KEYCLOAK_HOME］とします。

■ (2) Keycloak の起動

　ターミナルを起動し、［KEYCLOAK_HOME］に移動します。そして、以下のコマンドを実行し、Keycloak を開発モードで起動します[18]。

```
$ ./bin/kc.sh start-dev
```

　以下のようなメッセージが出力されたら、Keycloak の起動は完了です。

```
2024-10-12 10:20:11,390 INFO  [io.quarkus] (main) Keycloak 26.0.0 on JVM (powered
by Quarkus 3.15.1) started in 10.170s. Listening on: http://0.0.0.0:8080
2024-10-12 10:20:11,390 INFO  [io.quarkus] (main) Profile dev activated.
2024-10-12 10:20:11,390 INFO  [io.quarkus] (main) Installed features: [agroal, cdi,
hibernate-orm, jdbc-h2, keycloak, narayana-jta, opentelemetry, reactive-routes,
rest, rest-jackson, smallrye-context-propagation, vertx]
```

----
[18] 本書のはじめの「ご案内」に記載したとおり、本書では Linux のコマンドのみを記載します。Windows でコマンドを実行したい場合は、PowerShell（またはコマンドプロンプト）を起動して、掲載したシェルスクリプトに対応するバッチを実行してください。例えば、kc.sh を実行するように記載された箇所では、Windows 用の kc.bat を実行します。

```
2024-10-12 10:20:11,395 WARN  [org.keycloak.quarkus.runtime.KeycloakMain]
(main) Running the server in development mode. DO NOT use this configuration in
production.
```

　上記のように開発モードで起動すると、「Running the server in development mode. DO NOT use this configuration in production.」という警告が出力されます。この起動モードは開発者向けであり、ローカルで Keycloak の動作をすばやく確認するための設定や、テーマ開発に便利な設定がデフォルトで適用されています。本番環境向けには「start-dev」ではなく「start」コマンドを使用して本番モードで起動する必要があります。起動モードの詳細については、第9章9.1節で解説します。

　ブラウザーを起動し、http://localhost:8080 にアクセスします。正常に起動していれば、図 1.3.2 のようなウェルカムページが表示され、一時的な管理者ユーザーの作成を要求されます。

　なお、Keycloak を実行しているマシン以外からウェルカムページへのアクセスは、セキュリティーのため拒否されます。本章の手順は、ローカル環境での動作を想定しているため特に問題はありませんが、Keycloak を実行しているマシン以外からアクセスする場合には、後述する方法で起動時に一時的な管理者ユーザーを作成することも可能です。

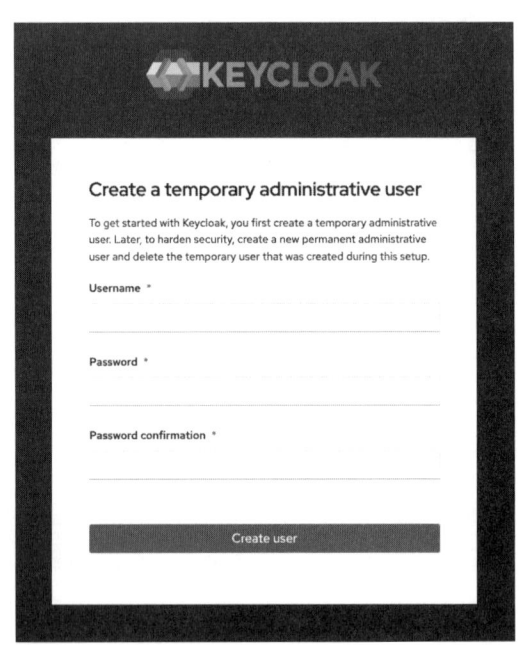

図 1.3.2　ウェルカムページ

■ (3) 一時的な管理者ユーザーの作成

　Keycloak にまだ管理者ユーザーが作成されていない場合、ウェルカムページに一時的な管理者ユーザーを作成するための入力フィールドが表示されます。表 1.3.1 に示す項目を入力して「Create user」ボタンをクリックします。

表 1.3.1　作成する一時的な管理者ユーザーの設定項目

設定項目	設定値	設定値の説明
Username	temp-admin	一時的な管理者ユーザーのユーザー名
Password	password	一時的な管理者ユーザーのパスワード
Password confirmation	password	一時的な管理者ユーザーのパスワード

　なお、ここではあくまでも動作確認用のために、簡易なパスワードを設定しています。実際のシステムを構築、運用する際には、強固なパスワードを設定することを強くお勧めします。また、ここで作成した一時的な管理者ユーザーを本番環境で使い続けることは推奨されません。代わりに永続的な管理者ユーザーを作成し、一時的な管理者ユーザーを削除することが推奨されています。詳細は第4章4.1.5項で解説します。一時的な管理者ユーザーが作成されると、「User created」のメッセージが表示されます（図 1.3.3）。

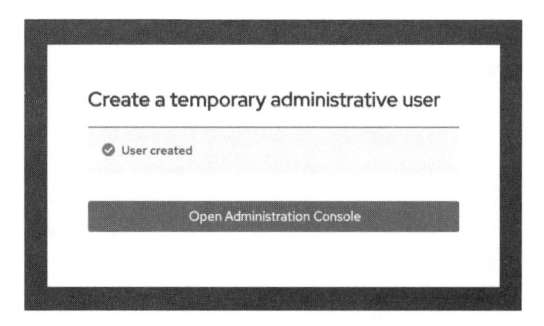

図 1.3.3　一時的な管理者ユーザーの作成完了

　なお、Keycloak に localhost 以外（localhost の代わりに IP アドレスやホスト名）でアクセスすると、図 1.3.4 のような警告メッセージが表示されます。

　一時的な管理者ユーザーを作成するまでは、このように localhost でアクセスするか、環境変数を使用して実行することを Keycloak が要求します。localhost でアクセスできない場合は、以下のコマンドで Keycloak を起動する必要があります。

図 1.3.4　警告メッセージ

```
$ KC_BOOTSTRAP_ADMIN_USERNAME=temp-admin KC_BOOTSTRAP_ADMIN_PASSWORD=password \
./bin/kc.sh start-dev
```

　これにより、ユーザー名が temp-admin で、パスワードが password の一時的な管理者ユーザーが Keycloak の起動時に自動で作成されます。

■ (4) 管理コンソールの表示

　ウェルカムページの一時的な管理者ユーザーの作成完了画面で、「Open Administration Console」ボタンをクリックします。または、http://localhost:8080 にアクセスします。ログイン画面が表示されるので、作成した一時的な管理者ユーザーのユーザー名とパスワードを入力し、「Sign In」ボタンをクリックします。

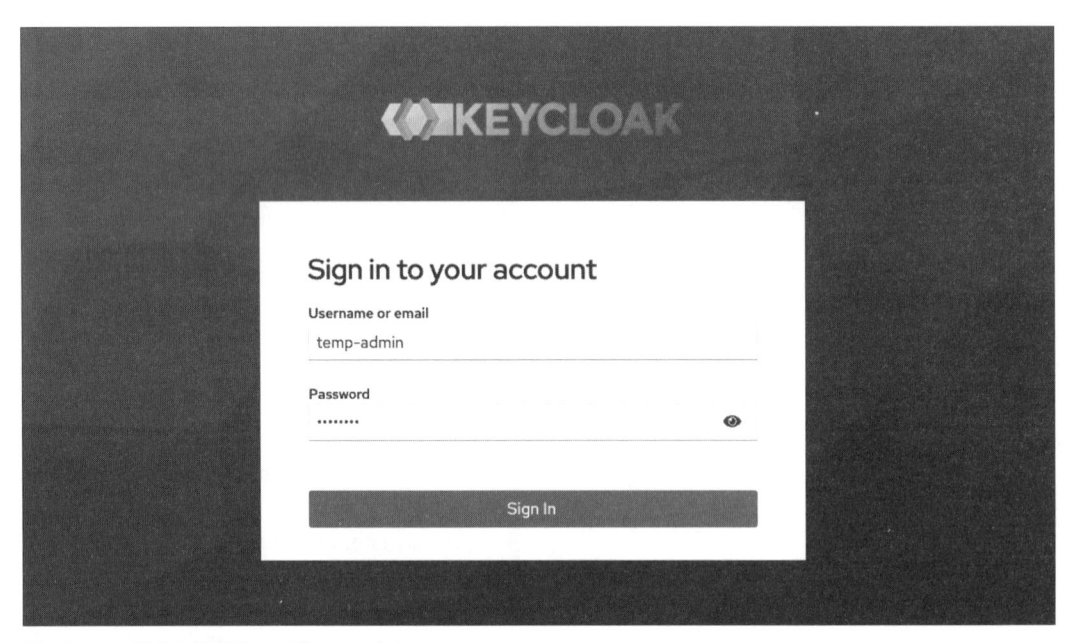

図 1.3.5　一時的な管理者ユーザーでログイン

　管理コンソールが表示されます（図 1.3.6）。初期状態では、デフォルトで生成されている「master」レルムの設定が表示されます。なお、「レルム」とは Keycloak の管理単位のことで、ユーザーなどの情報はレルム単位で管理されています。「master」レルムは、すべてのレルムを管理できる特別なレルムです。通常は、用途に応じて新たなレルムを作成し、その中で用途に応じた各種設定を行います。レルムの詳細は第 4 章 4.1.5 項で解説します。

　なお、現在は一時的な管理者ユーザーでログインしているため、画面上部に警告メッセージが常に表示されています。この警告は、第 4 章 4.1.5 項で説明する永続的な管理者ユーザーを作成し、そちらでログインすることで消えます。本書の以降の画面キャプチャーでは、管理者による操作時は永続的な管理者ユーザー「admin」を使用していますが、学習目的であれば一時的な管理者ユーザーを引き続き使用しても問題ありません。

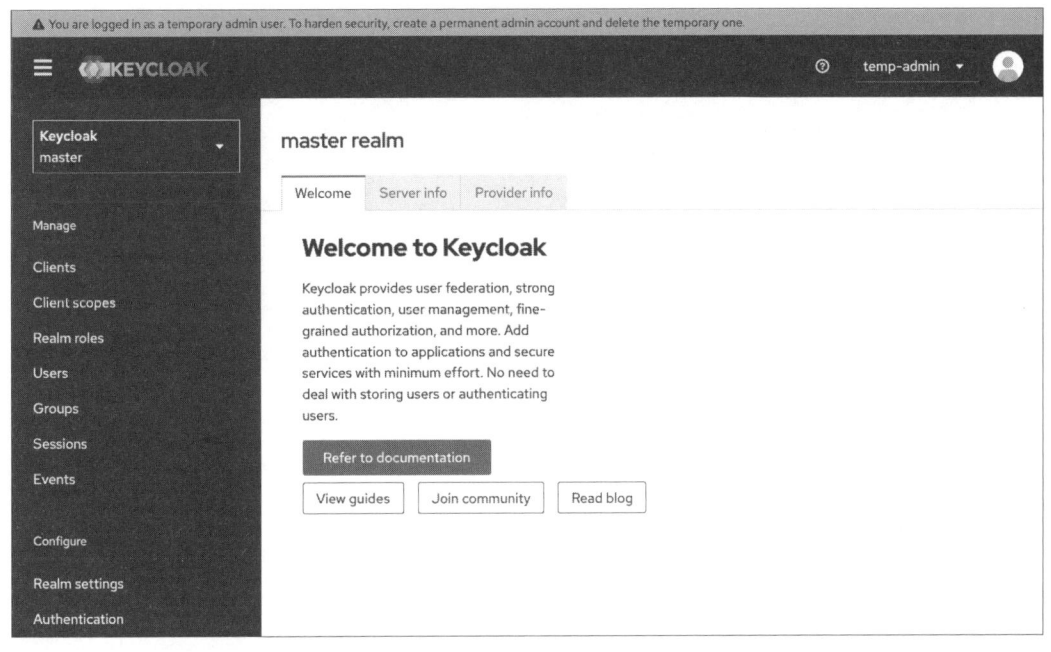

図 1.3.6　ログイン直後の管理コンソール

1.3.2　Keycloak のセットアップ（コンテナー利用）

　ここでは、ローカル環境で Docker を利用し、Linux コンテナーを起動できることを前提とし
て解説します[*19]。

　1.2 節で述べたように、Red Hat 社が提供するコンテナーレジストリーサービス「quay.io」から
ダウンロード可能な Keycloak のコンテナーイメージを利用することで、すぐに Keycloak を起
動することができます。以下のコマンドで 8080 番のポートでリッスンする Keycloak を起動し、
一時的な管理者ユーザーを作成します。一時的な管理者ユーザーのユーザー名とパスワードはコ
ンテナーに渡す環境変数として設定します。

```
$ docker run -p 8080:8080 \
  -e KC_BOOTSTRAP_ADMIN_USERNAME=admin -e KC_BOOTSTRAP_ADMIN_PASSWORD=password \
  quay.io/keycloak/keycloak:26.0.0 start-dev
```

　以下のようなメッセージが出力されたら、Keycloak の起動は完了です。

[*19] その他のコンテナーランタイム環境の場合は、公式サイトの Getting started（https://www.keycloak.org/guides#getting-started）を参照してください。Docker 以外に、Podman、Kubernetes、OpenShift の場合のセットアップ方法について記載されています。

```
2024-10-12 02:30:25,337 INFO  [io.quarkus] (main) Keycloak 26.0.0 on JVM (powered
by Quarkus 3.15.1) started in 14.217s. Listening on: http://0.0.0.0:8080
2024-10-12 02:30:25,338 INFO  [io.quarkus] (main) Profile dev activated.
024-10-12 02:30:25,338 INFO  [io.quarkus] (main) Installed features: [agroal, cdi,
hibernate-orm, jdbc-h2, keycloak, narayana-jta, opentelemetry, reactive-routes,
rest, rest-jackson, smallrye-context-propagation, vertx]
2024-10-12 02:30:25,346 WARN  [org.keycloak.quarkus.runtime.KeycloakMain]
(main) Running the server in development mode. DO NOT use this configuration in
production.
```

　http://localhost:8080 にアクセスするとログイン画面が表示されるので、作成した一時的な管理者ユーザーのユーザー名とパスワードを入力し、「Sign In」ボタンをクリックすると管理コンソールが表示されます。

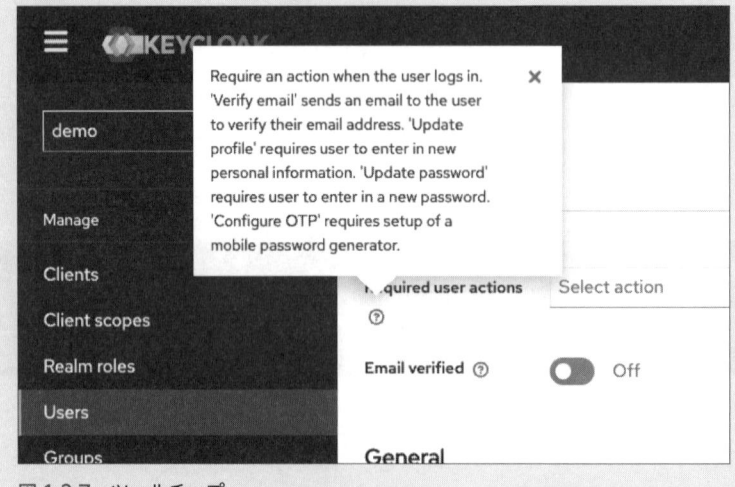

● COLUMN

ツールチップ

　管理コンソールに表示される設定項目のラベルの横には、⑦（クエスチョンマーク）のアイコンが付いているものが多数あります。これをクリックすると、設定項目を説明するツールチップがポップアップ表示されます。

図 1.3.7　ツールチップ

設定項目がどのようなものであるかわからない場合は、まずはこのアイコンをクリックしてみるとよいでしょう。

1.3.3 動作確認

インストールが完了したら、以下の手順で簡単な動作確認をしてみましょう。

(1) レルムの追加

(2) ユーザーの追加

(3) アカウント管理コンソールの表示

(4) セッションの確認

レルムとユーザーを追加し、追加したユーザーで、Keycloak が標準提供しているアカウント管理コンソールにログインします。ログインが成功したら、そのログインにより生成されたセッションが存在することを管理コンソールから確認します。

（1）レルムの追加

ここでは動作確認用に新しく「demo」レルムを追加し、そこで操作を行っていきます。レルムの追加は、管理コンソールの左メニューの上部にあるレルム名またはレルムの表示名（ここでは「master」レルムの表示名である「Keycloak」）を表示しているところをクリックすると表示される「Create realm」ボタンをクリックします。

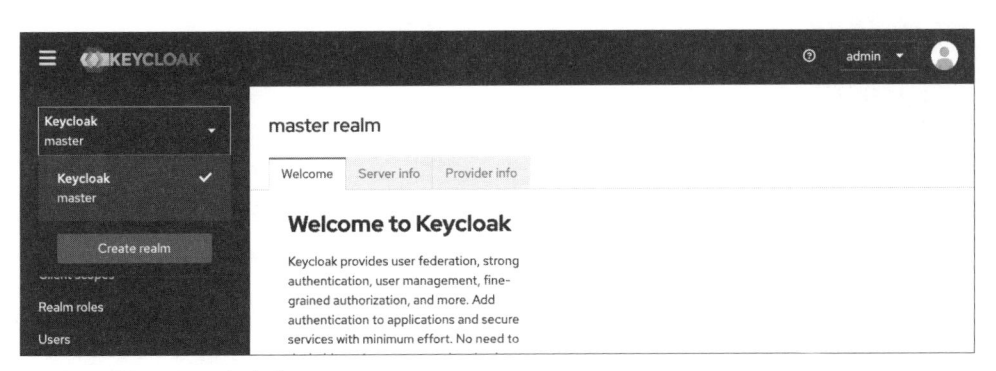

図 1.3.8 「Create realm」ボタン

　「Create realm」画面が表示されるので、「Realm name」に「demo」と入力して「Create」ボタンをクリックします。

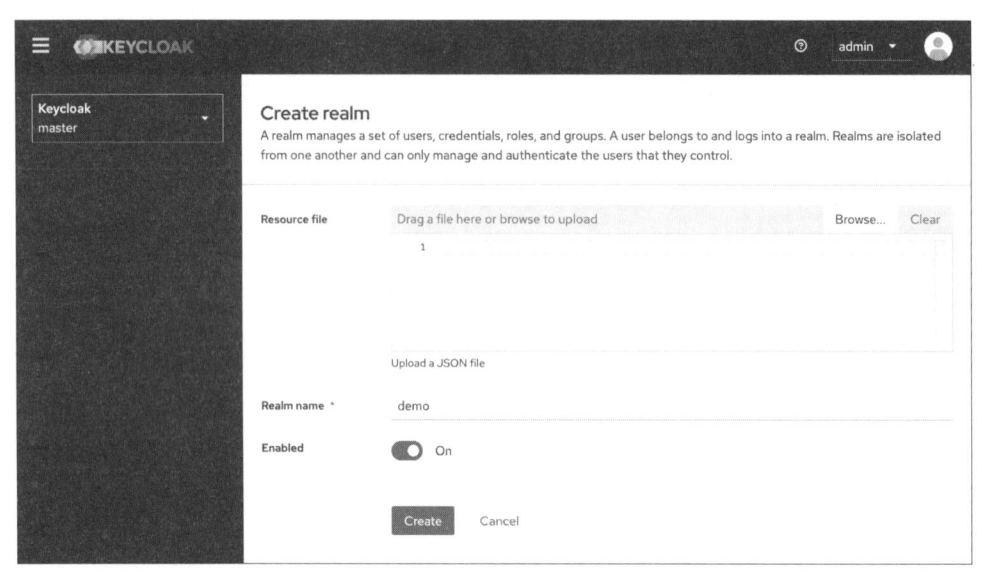

図 1.3.9　「Create realm」画面

　管理コンソールの左メニューのレルム名の表示が、「demo」となっていることを確認します。

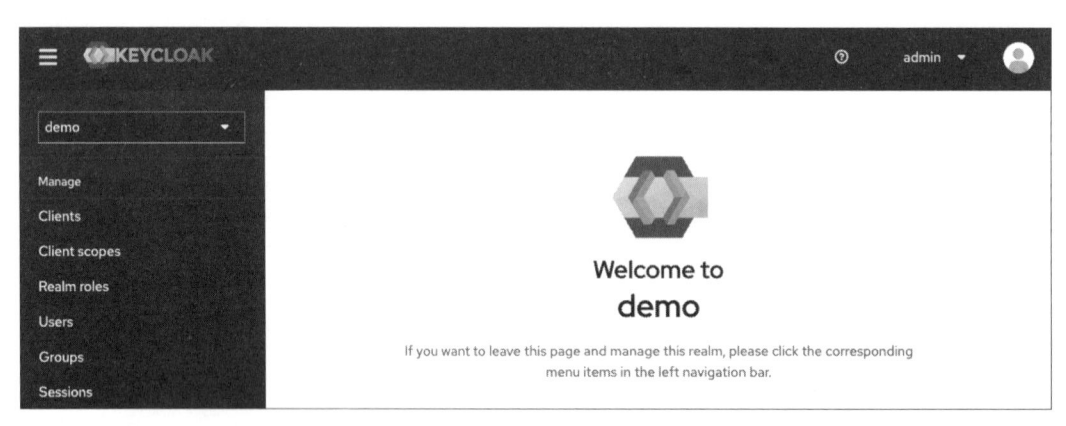

図 1.3.10　「demo」レルム追加完了後の画面

■ (2) ユーザーの追加

　「demo」レルムに、新しくユーザーを追加します。管理コンソールの左メニューの「Users」をクリックし、「Users」画面を表示し、「Create new user」ボタンをクリックします。

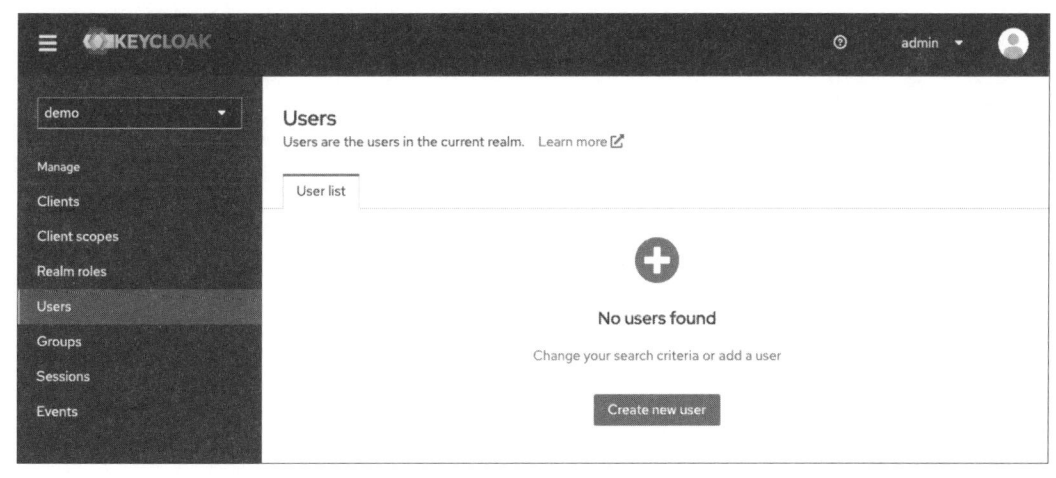

図 1.3.11 「Users」画面

「Create user」画面が表示されるため、各項目に以下のように入力します。なお、Username 以外はデフォルトでは必須項目ではありませんが、プログレッシブプロファイリング[20] 機能により、ログイン時にその他の項目も入力を求められるため、ここではあらかじめ設定しておきます。

- Username：user1
- Email：user1@example.com
- First name：Jiro
- Last name：Tanaka

入力後、「Create」ボタンをクリックします。

---

[20] ユーザー情報を段階的に収集する手法です。Keycloak 24.0.0 で導入され、デフォルトで有効化されています。詳細は、https://www.keycloak.org/docs/26.0.0/server_admin/#enabling-progressive-profiling を参照してください。

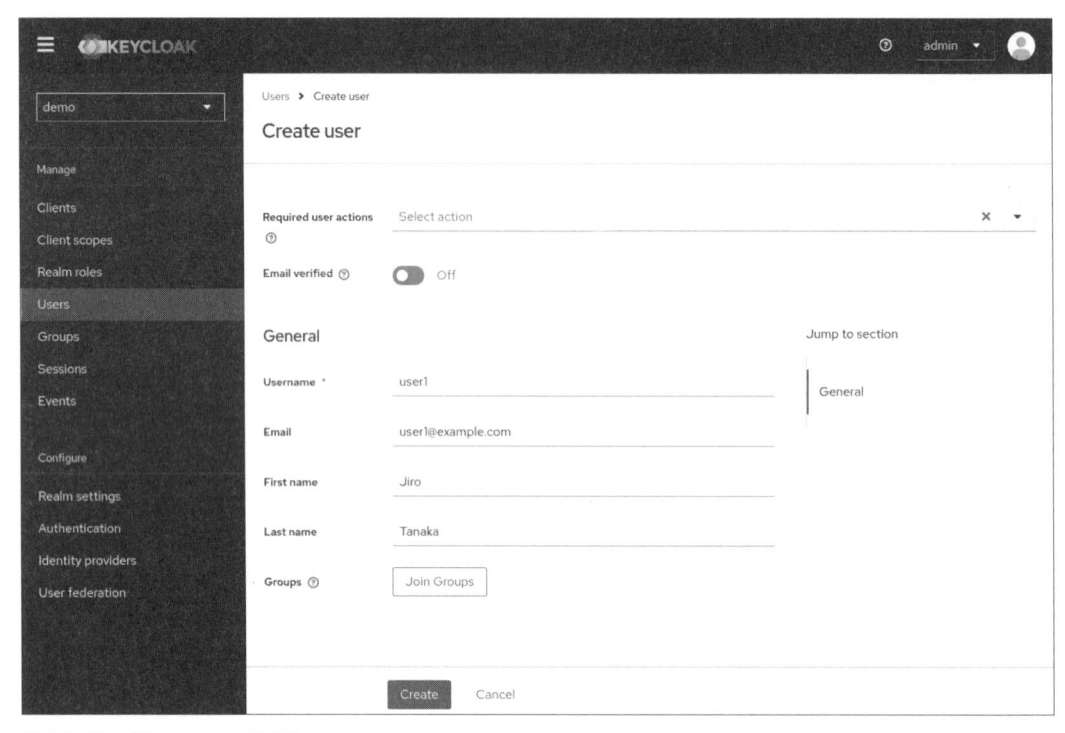

図 1.3.12　「Create user」画面

　ユーザーが追加されると、「user1」ユーザーの「Details」画面が表示されます。「Credentials」タブをクリックし、「Credentials」画面を表示し、「Set password」ボタンをクリックします。

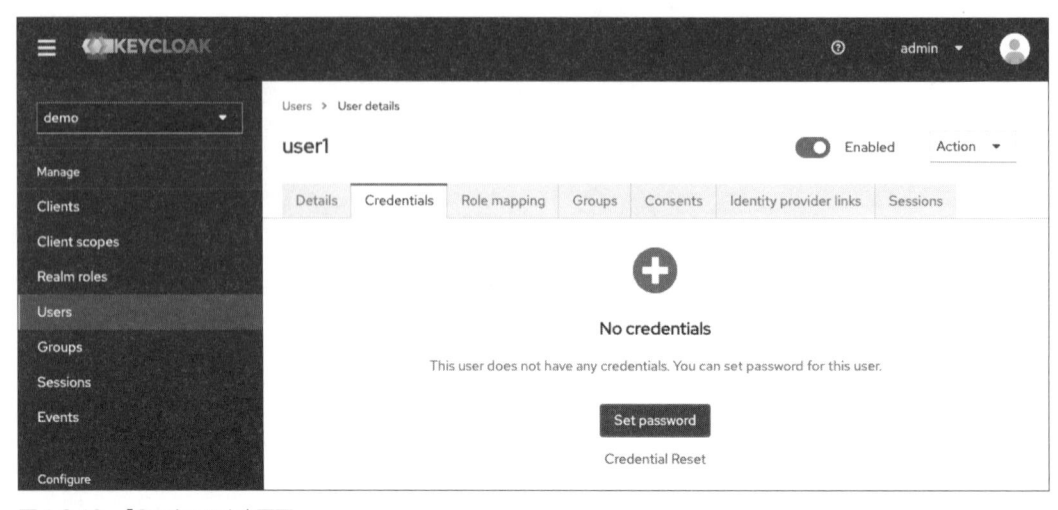

図 1.3.13　「Credentials」画面

パスワード設定画面（図 1.3.14）が表示されるので、表 1.3.2 に示す項目を入力します。確認画面（図 1.3.15）が表示されるので、「Save password」ボタンをクリックしてパスワードを保存します。

表 1.3.2 「Set password」のセクションの項目

設定項目	設定値	設定値の説明
Password	password	ユーザーのパスワード。
Password confirmation	password	ユーザーのパスワード。
Temporary	Off	初回ログイン時にパスワードの変更を要求しない場合は Off に変更します。

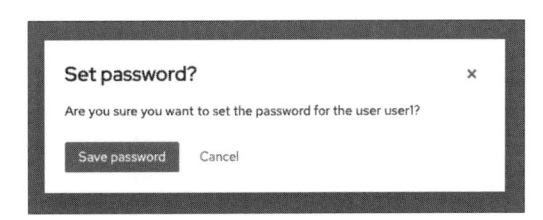

図 1.3.14　パスワード設定画面　　　　図 1.3.15　パスワード設定の確認画面

■ (3) アカウント管理コンソールの表示

Keycloak のアカウント管理コンソールにアクセスして、追加した「user1」ユーザーでログインできることを確認します。

現在、管理者ユーザーとして操作中の管理コンソールとは別のウィンドウを開き、「user1」ユーザーでアカウント管理コンソール（http://localhost:8080/realms/demo/account/）にアクセスします[21]。

ログイン画面が表示されるので、「user1」ユーザーでログインします。

---

[21] 管理者ユーザーとしてログイン中のまま、同一セッションのブラウザーで demo レルムのユーザーでログイン可能です。これは、Keycloak の認証セッションはレルム単位で分離されているためです。

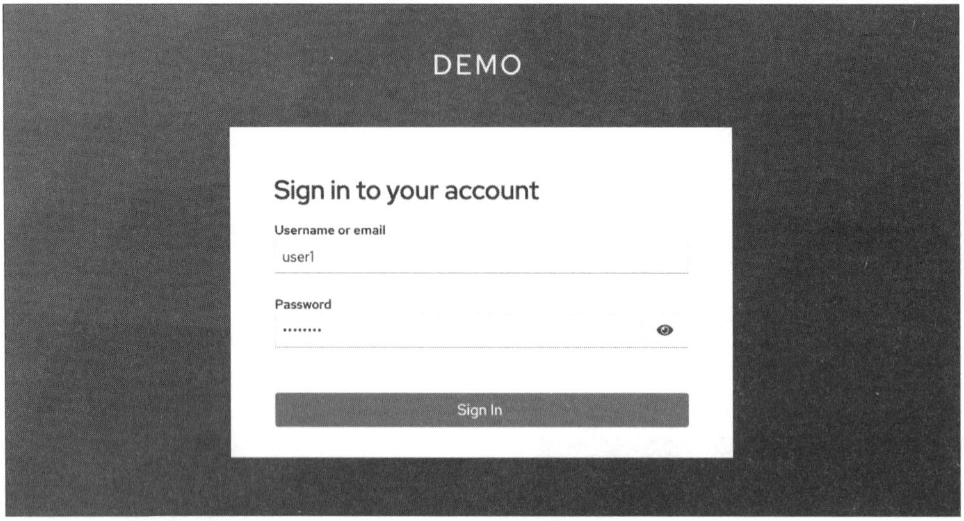

図 1.3.16　ログイン画面

　なお、「user1」ユーザー作成時に「Username」以外が未設定の場合は、プログレッシブプロファ
イリング機能により、ログイン時に図 1.3.17 のような画面が表示され入力が求められます。設定
済みの場合はこの画面はスキップされます。

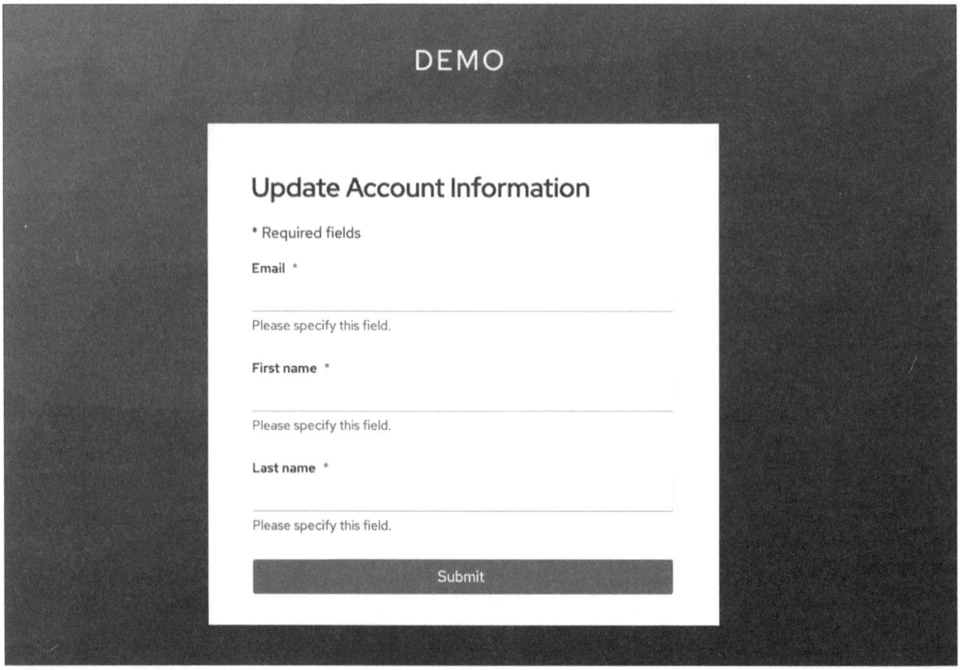

図 1.3.17　プログレッシブプロファイリングによるユーザー情報の設定画面

アカウント管理コンソールに遷移し、ユーザー情報が表示されていれば、ログインは成功です。

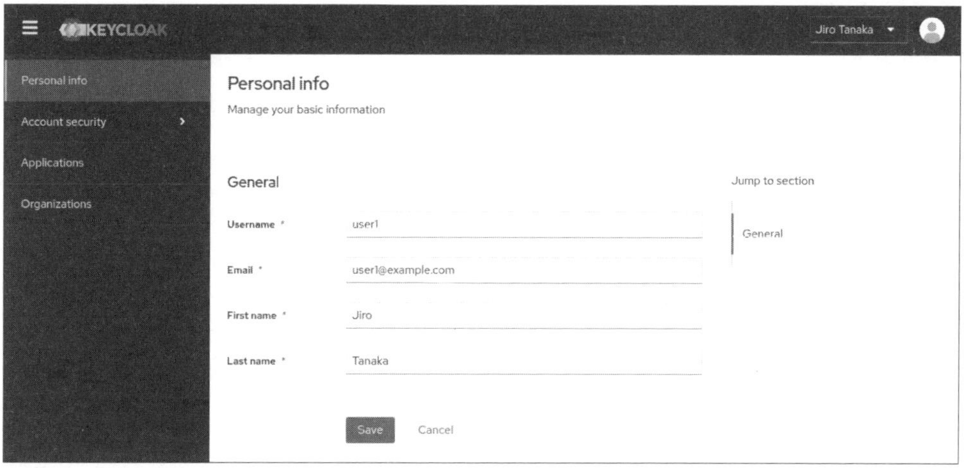

図 1.3.18　ログイン後のアカウント管理コンソール

■ (4) セッションの確認

「user1」ユーザーが、アカウント管理コンソールにログインしたことにより、セッションが生成されます。これは一般的な Web アプリケーションでいう HTTP セッションであり、ユーザーにはセッションクッキー[*22] が発行されます。このセッションが生成されていることを、管理者ユーザーで確認します。

管理者ユーザーでログインしている管理コンソールのウィンドウに戻り、左メニューの「Sessions」をクリックし、「Sessions」画面を表示します。

[*22] KEYCLOAK_IDENTITY、KEYCLOAK_SESSION などのキー名でクッキーが発行されます。詳細は第 4 章 4.2 節のコラム「Keycloak のクッキー」を参照してください。

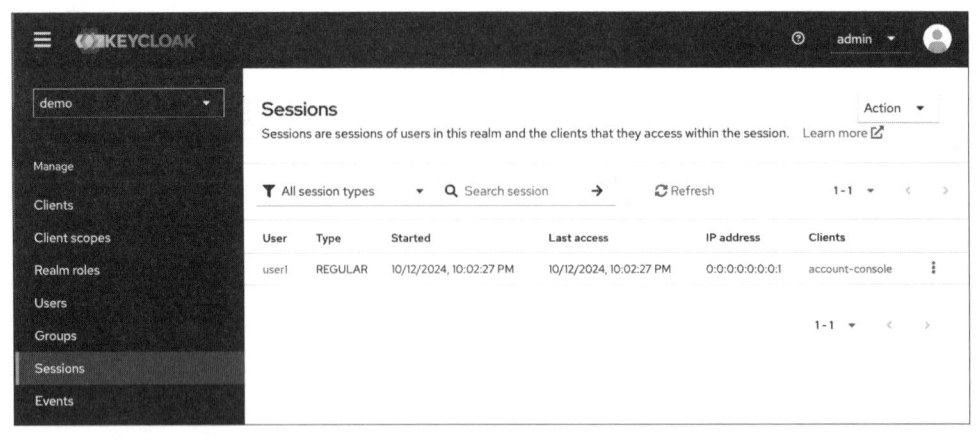

図 1.3.19 「Sessions」画面

先ほどアカウント管理コンソールにログインした「user1」ユーザーのセッションが存在することがわかります。「account-console」というクライアント[23] は、アカウント管理コンソールのことです。

このように、「user1」ユーザーによるログインが、Keycloak によって管理されていることが確認できました。

> **COLUMN**

日本語での表示

Keycloak 26.0.0 は、30 の言語に対応しており、管理コンソールやアカウント管理コンソール、ログイン画面などを、ユーザーの好む言語で表示することができます。この国際化機能を有効にするには、管理コンソールにログインして以下の設定を行ってください。

1. 左メニューの「Realm settings」をクリックします。
2. 「Localization」タブをクリックします。
3. 「Internationalization」を「Enabled」に変更します。
4. 「Supported locales」でサポートする言語を設定します。「Japanese」を追加します。
5. 「Save」ボタンをクリックします。

---

[23] クライアントについては第 4 章 4.1.2 項で詳細に説明します。

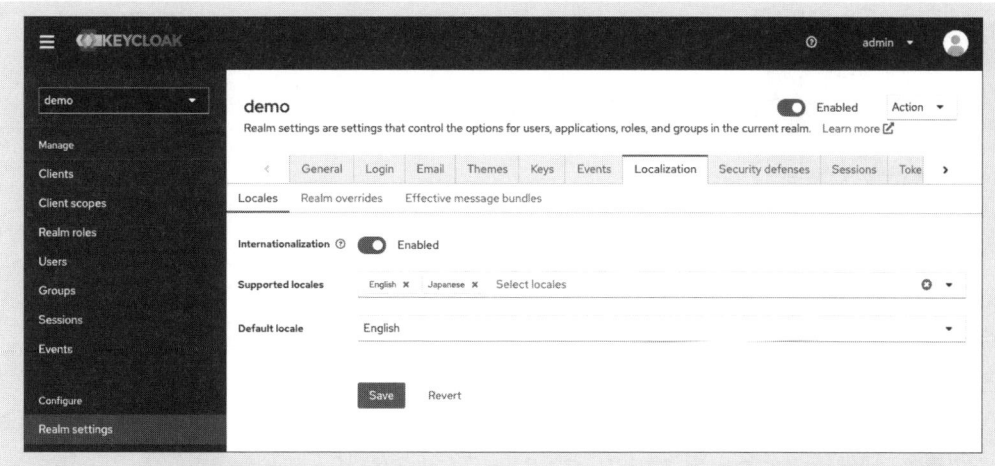

図 1.3.20 国際化機能の有効化

変更したら、変更したレルムのアカウント管理コンソール（http://localhost:8080/realms/demo/account/）にアクセスし、ログイン画面を表示してみましょう。

DEMO

アカウントにログイン 日本語

ユーザー名またはメールアドレス

パスワード

ログイン

図 1.3.21 日本語表示されたログイン画面

ユーザーが利用するブラウザーの言語設定に応じて、ログイン画面の表示が切り替わっていることがわかります。そして、画面中央の白い部分の右上に、言語を切り替えるためのスイッチが表示されることに注目してください。ここをクリックすると、他の言語に表示を変更することもできます。

本章のまとめ

本章では、Keycloak を理解するための第一歩として以下を解説しました。

- **1.1 節「認証と認可および Keycloak の概要」について**
  Keycloak が対象とする Web ベースのシステムにおける認証と認可とは何かを説明し、Keycloak の機能の概要と Keycloak の代表的な 3 つのユースケースを紹介しました。

- **1.2 節「Keycloak の動作要件とディレクトリー構成」について**
  Keycloak をインストールする前に必要となる前提知識として、プラットフォームやライブラリーなどの動作要件や Keycloak のディレクトリー構成を解説しました。

- **1.3 節「Keycloak のセットアップと動作確認」について**
  Keycloak をローカル環境にインストールし、管理コンソールを表示できることを確認しました。Keycloak でユーザーを作成し、作成したユーザーでアカウント管理コンソールにログインできることを確認しました。

第2章

OAuth と OIDC の
基礎知識

本章では、Keycloak を構築する際の前提知識として
必要となる OAuth と OIDC の基礎知識を解説しま
す。OAuth の基本的なフローやトークンの使い方に
ついて理解を深めた後に、OAuth との差異を中心に
OIDC を学習しましょう。

OAuth のフロー

本節では、API 認可で使われるプロトコルである OAuth[1] のフローを解説します。OAuth を拡張した OIDC もこのフローに基づくため、SSO を設計する上でも OAuth のフローの理解は不可欠です。まずは、OAuth のフローを理解するために必要な前提として、OAuth の登場人物を明確にし、その後で Keycloak を認可サーバーにした場合の OAuth のフローを、実際のリクエストとレスポンスを交えて詳細に解説します。

2.1.1　OAuth の登場人物と API 認可

OAuth は、ユーザーのリソース[2] へのアクセスを外部アプリケーション[3] に認可するためのプロトコルであり、API 認可で広く用いられています。API 認可とは、「API 呼び出しを行う際の認可」のことです。第 1 章 1.1.2 項で解説したように、認可とは、リソースへのアクセス権を与える行為を意味します。なお、アクセス権に基づき、API へのアクセス可否を判断する行為は、認可の一部として解説されることもありますが、本書ではこの行為を認可とは区別し、認可判断と呼びます。

OAuth の具体的なフローの前に、OAuth の登場人物と API 認可の関係を理解する必要があります。X 銀行の残高照会 API を、外部アプリケーションである家計簿アプリが呼び出す例で、その関係を解説します（図 2.1.1）。

---

[1]　第 1 章で記したように、本書では、OAuth と記載した場合は OAuth 2.0 を指します。

[2]　OAuth の仕様書 RFC 6749 で「protected resource」（保護されたリソース）と表記されていますが、本書では単に「リソース」と表記します。

[3]　RFC 6749 で「third-party application」と表記されているものです。本書では「外部アプリケーション」と訳しています。

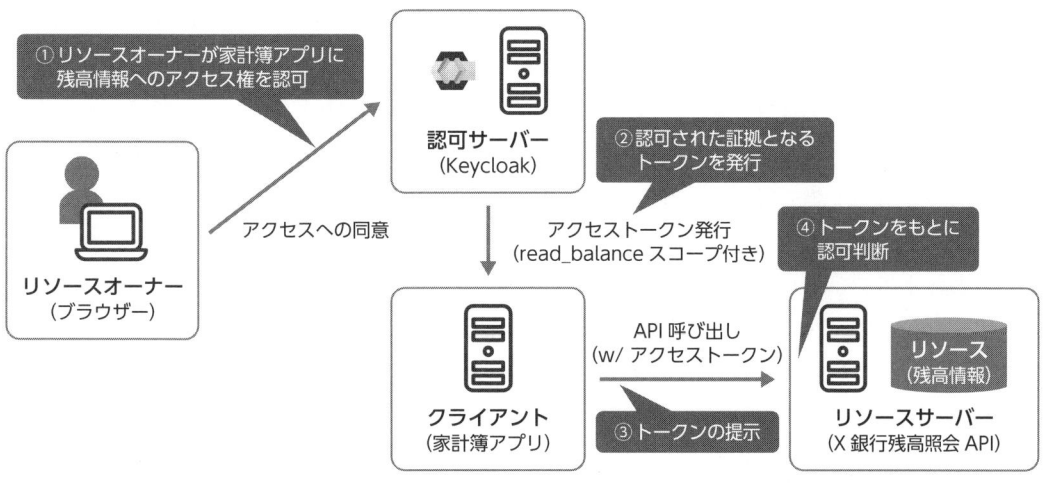

図 2.1.1 OAuth の登場人物と API 認可の関係

OAuth には次のような登場人物が存在します。

● **リソースオーナー**

ユーザーは、リソースオーナーと呼ばれます。リソースオーナーは、ブラウザーなどのユーザーエージェントを介して外部アプリケーションへアクセスします。

● **リソースサーバー**

銀行の API サーバーのような、リソースオーナーのリソース（例では残高情報）を管理し、リクエストを受け付けてリソースを提供するサーバーは、リソースサーバーと呼ばれます。

● **クライアント**

家計簿アプリケーションのような、リソースサーバーで管理されたリソースにアクセスする外部アプリケーションは、クライアントと呼ばれます。

● **認可サーバー**

認可サーバーは、「アクセストークン」をクライアントに発行し管理するサーバーです。アクセストークンとは、API を呼び出すときに使う「認可された証拠」です。アクセストークンには、どのようなリソースアクセスがクライアントに認可されたかを示す「スコープ (scope)」と呼ばれる情報が関連付けられており、またユーザーの属性情報（例：ユーザーの名前）も関連付けられています。

API 認可との関係性を見ていきましょう。

図の①で、認可サーバーは、リソースオーナーを認証した上で、クライアントによる残高情報へのアクセスの認可をリソースオーナーから取得します。

図の②で、認可サーバーは、認可の証拠としてアクセストークンをクライアントに発行します。

このアクセストークンには残高照会権限を表す「read_balance」スコープが関連付けられています。

　図の③で、クライアントは、認可された証拠としてアクセストークンを提示し、リソースサーバーの API を呼び出します。

　図の④で、アクセストークンを受け取ったリソースサーバーは、スコープやリソースオーナーの属性情報を用いて認可判断をすることができます。例えば、アクセストークンに残高照会権限を表す「read_balance」スコープがあれば、残高照会 API へのアクセスは可能であると判断します。なお、本書ではフローを表す図に「w/ 」という表記が登場します。これは「with」の略で、パラメーターとして付与するという意味です。例えば「API 呼び出し（w/ アクセストークン）」はアクセストークンを API 呼び出しのパラメーターとして付与するという意味です。

　OAuth では、アクセストークンを上記の登場人物間でどのように安全にやり取りするか、というフローを主に定めています。Keycloak は、アクセストークンを発行し管理する認可サーバーの役割を果たします。

■ 2.1.2　OAuth のフローの種類

　OAuth ではアクセストークンを発行するため、表 2.1.1 のように 4 種類のフロー[4]が定義されています。Keycloak は認可サーバーとしてこれらすべてのフローに対応しています。なお、Keycloak の管理コンソールや公式ドキュメントでは、フローの名前が OAuth の仕様とは異なる表記となっているので注意が必要です。表 2.1.1 では、OAuth の仕様での表記の他に、Keycloak での表記も記載しています。

表 2.1.1　OAuth の 4 種類のフロー

フロー	Keycloak での表記	利用ケース
認可コードフロー	Standard flow	ユーザーの認証および認可が必要な場合。
インプリシットフロー	Implicit flow	セキュリティー上の理由で使うべきではないとされています。
リソースオーナーパスワードクレデンシャルズフロー	Direct access grants	
クライアントクレデンシャルズフロー	Service accounts roles	クライアント認証のみ必要な場合。

　これらのうち、ユーザーの認証が必要な場合は認可コードフローが、不要な場合はクライアントクレデンシャルズフローが、よく用いられています。インプリシットフローについては、アクセストークンの横取りによる不正アクセスなどの攻撃方法がよく知られるようになってきたこと

---

[4]　4 種類のグラントタイプ（クライアントへのアクセス権の与え方）に応じて 4 種類のフローが用意されています。例えば、認可コードグラントというグラントタイプで定められたフローが、認可コードフローです。

から、現在は用いるべきではないとされています[*5]。また、リソースオーナーパスワードクレデン
シャルズフローについても、インプリシットフローと同様、使うべきでないとされながらも[*6]、レ
ガシーなシステムとの連携やアプリケーションの内部連携で、今も使われることがあります。本
書では、4 種類のフローのうち、前述した理由で近年使われることが少なくなったインプリシッ
トフローを除く、3 つのフローの詳細を解説します。

◼ 2.1.3 クライアントタイプ

　上記の OAuth のフローでクライアントがアクセストークンを取得する際に、クライアント認
証が行われます。クライアント認証の方式は複数ありますが、クライアントに保存された「クラ
イアントシークレット」と呼ばれるクレデンシャルを用いることが一般的です[*7]。クレデンシャル
を安全に保存できるか否かに応じて、OAuth では、「コンフィデンシャルクライアント」と「パブ
リッククライアント」と呼ばれるクライアントタイプが定義されています。

- **コンフィデンシャルクライアント**
  コンフィデンシャルクライアントは、クレデンシャルの機密性を維持することができるクライアン
  トと定義されています。一般的には、外部からのアクセスを制限し、セキュアな状態を維持できる、
  サーバーサイドに設置された Web アプリケーションが想定されています。

- **パブリッククライアント**
  逆に、クレデンシャルを安全に保存できないため、クレデンシャルを持たずにクライアント認証
  も行われないクライアントを、パブリッククライアントと呼びます。ブラウザー上で動作する
  JavaScript が例として挙げられます。このようなクライアントでは、クレデンシャルをセキュアに
  保持することが困難であるため、クレデンシャルは持たせません。パブリッククライアントでは、
  クライアント認証も行われないためセキュリティーレベルが下がることに注意が必要です。

◼ 2.1.4 認可コードフロー

　ユーザーの認証と認可が必要な場合に使われるフローが、認可コードフローです。これは

[*5] IETF の RFC 9700: Best Current Practice for OAuth 2.0 Security (OAuth Security BCP) の 2.1.2 項に「clients SHOULD NOT
use the implicit grant」と記載があります。なお、インプリシットフローは、もともと SPA がアクセストークンを取得するケースな
どを想定して作られた仕様ですが、現在は、代わりに PKCE (Proof Key for Code Exchange) とともに認可コードフローを使用する
ことが推奨されています。PKCE については第 5 章 5.5 節で詳しく解説します。

[*6] もともとは、クライアントが認可コードフローを使えない場合を想定して作られました。その後、OAuth Security BCP の議論が深まる
中で、クライアントにパスワードが渡ることは攻撃対象領域を増やすことにつながるなどの理由で使うべきでないとされました。

[*7] 策定中の OAuth 2.1 (第 5 章 5.5 節参照) では、非対称鍵ペアやクライアント証明書ベースのクライアント認証方式が推奨されていま
す。第 5 章 5.1.4 項のコラム「クライアント認証」を参照してください。

OAuth の最も基本的なフローです。クライアントが認可サーバーからアクセストークンを取得し、それを使って API を呼び出します。

図 2.1.2 のような構成を例に、フローの詳細を解説します。

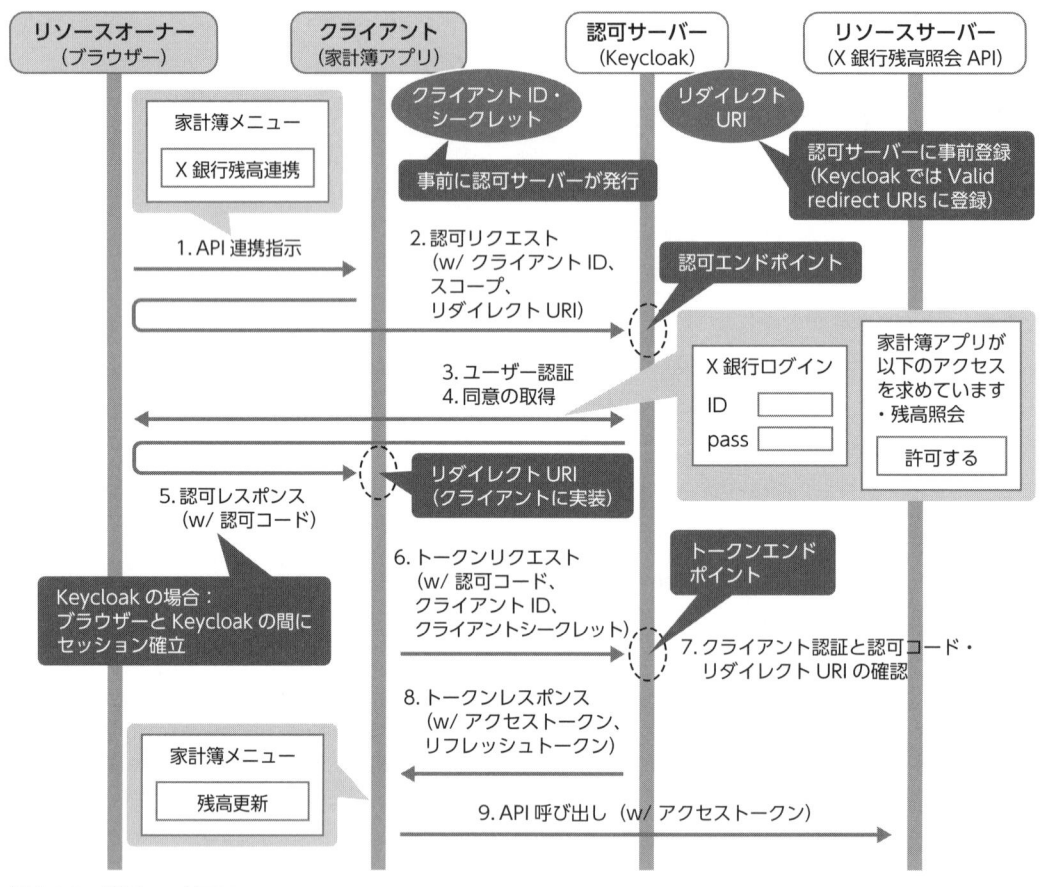

図 2.1.2　認可コードフロー

認可サーバーは Keycloak であり、リソースオーナーであるユーザーは、ブラウザーを介してクライアントにアクセスしているものとします。リソースサーバーは X 銀行残高照会 API であり、クライアントは、Web アプリケーションとして実装された家計簿アプリケーションであるとします。

Web アプリケーションはクレデンシャルの機密性を維持することができるため、クライアントタイプはコンフィデンシャルクライアントです。クライアントに対しては、クライアントの識別子である「クライアント ID」とクライアント認証に使われる「クライアントシークレット」が、認可サーバーより発行されてクライアントに安全に保存されている必要があります。

また、クライアントには、「リダイレクト URI」という 5. でコールされるエンドポイント[8]が実装されている必要があり（以下の例では https://kakeibo.example.com/gettoken というエンドポイントです）、本エンドポイントは、あらかじめ認可サーバーに登録されている必要があります（Keycloak では「Valid redirect URIs」という項目に登録します）。

では、フローを上から順に見ていきましょう。

1. リソースオーナーが、クライアントに対し API 連携開始を指示します。例えば、図 2.1.2 にあるような、連携を促すボタンをクリックして指示します。
2. ここからが認可コードフローの処理です。クライアントは、認可サーバーの「認可エンドポイント」に対して、「認可リクエスト」と呼ばれるリクエストをリダイレクトで送信します。Keycloak の場合、認可エンドポイントは以下のとおりです。

http(s)://[ホスト]（:[ポート]）/realms/[レルム]/protocol/openid-connect/auth

Keycloak のホストが keycloak.example.com、レルムが example である場合のリクエストの例を以下に示します。HTTP ステータスコードは「302」であるため、ブラウザーは Location ヘッダーで指定された URL にリダイレクトされます。

●リクエストの例

```
HTTP/1.1 302 Found
Location: https://keycloak.example.com/realms/example/protocol/openid-connect/
auth?response_type=code&client_id=kakeiboapp&redirect_uri=https%3A%2F%2F
kakeibo.example.com%2Fgettoken&scope=read_balance
```

主なクエリーパラメーターを表 2.1.2 に示します。これら以外にも、セキュリティーを高めるために「state」「code_challenge」「code_challenge_method」「nonce」などのパラメーターを追加することが推奨されています。これらについては、第 5 章 5.5 節で紹介します。

---

[8] 認証・認可の文脈における「エンドポイント」とは、多くの場合、API として公開された URL を意味します。

表 2.1.2　主なクエリーパラメーター

パラメーター	内容
response_type	レスポンスタイプ。認可コードフローの場合は「code」。
client_id	クライアント ID。
redirect_uri	リダイレクト URI。OAuth の仕様上は省略することも可能です。Keycloak の場合、「Valid redirect URIs」が一意であれば省略可能ですが、後述の OIDC では必須であるため省略しないことが推奨されます。
scope	アクセストークンに関連付けたいスコープ。OAuth の仕様上は省略することも可能です。複数ある場合は半角スペース区切り。

また、認可サーバーが、事前に認可サーバーに登録されたリダイレクト URI と、認可リクエストに含まれるリダイレクト URI が一致するかをチェックします。これは、第三者のサイトにリダイレクトされ、認可コード（5. で発行される）を奪われないようにするためです。

3. 認可サーバーは、認可リクエストを受け取ると、ログイン画面を表示しユーザーを認証します。

4. 続いて同意画面を表示し、スコープで表される権限をクライアントに与えてよいかの同意をユーザーから取得します（図では、残高照会権限を家計簿アプリケーションに与えてよいかの同意を取得しています）。これにより、クライアントはスコープで表される権限を認可されたことになります。

   なお、Keycloak では、第 5 章の構築例で紹介するように、同意画面はデフォルトでは表示されません。OAuth では、ログイン時の認証と認可の方法については何も定めておらず、認可サーバーの実装に任されています。

5. 認証と認可が成功すると、認可サーバーは、「認可コード」という認証と認可が済んでいることを示す文字列を、リダイレクトを使ってクライアントに返却します（この際のレスポンスを認可レスポンスと呼びます）。リダイレクト先は、認可リクエストの際にクエリーパラメーターに付与された redirect_uri です。このリダイレクト先で認可コードを受信できるように、クライアントを実装しておく必要があります。

   Keycloak の認可レスポンスの例を以下に示します。

```
HTTP/1.1 302 Found
Location: https://kakeibo.example.com/gettoken?session_state=0c1ab474-d596-4ab
e-aeea-2b57af3304a5&iss=https%3A%2F%2Fkakeibo.example.com%2Frealms%2Fapi&code=
54af2eef-8b71-4c4e-b5f4-381165cda2a5.0c1ab474-d596-4abe-aeea-2b57af3304a5.e24e
64db-66d5-479b-8cfc-e921e1b429d3
```

Location ヘッダーの URL には、クエリーパラメーターの「code」に認可コードが付加されています。なお、「session_state」というパラメーターも付加されていますが、これは Keycloak 独自の

パラメーターです。Keycloak がセッションの管理のために用いるパラメーターであるため、クライアントでは無視しても問題ありません。さらに、クッキーもセットされており、Keycloak とブラウザーの間にセッションも確立されます。セッションについては第 4 章 4.2 節で詳しく解説します。

6. クライアントは、認可サーバーの「トークンエンドポイント」に対して、受け取った認可コードを付与してトークンリクエスト[*9] を送信します。

Keycloak の場合は、トークンエンドポイントは以下のとおりです。

http(s)://［ホスト］（:［ポート］）/realms/［レルム］/protocol/openid-connect/token

POST メソッドで、トークンエンドポイントにトークンリクエストを送ります。コンフィデンシャルクライアントの場合は、クライアント認証のためにクライアント ID とクライアントシークレットを Authorization ヘッダーまたはボディーに付与します。ボディーへの付与よりも Authorization ヘッダーへの付与のほうが、セキュリティー的に推奨されています。

OAuth では、他にもさまざまなリクエストでクライアント認証が求められますが、本書ではヘッダーに付与する方式を採用するものとします。

以下に、トークンリクエストの形式を示します。

- Authorization ヘッダー：Basic 認証のスキームで、クライアント ID とクライアントシークレットを Base64 エンコードした文字列
- ボディーのパラメーター（以下を & で連結）
  grant_type=authorization_code
  code=［認可コード］
  redirect_uri=［リダイレクト URI］

次に具体的なリクエストの例を示します。今後の例では Host ヘッダーは省略しています。

```
POST /realms/example/protocol/openid-connect/token HTTP/1.1
Authorization: Basic a2FrZWlibzo5M2U1ODEzYy1kYTJhLTRmMzQtOWZjNi01ZmJmM2FmNmZkN
jE=
Content-Type: application/x-www-form-urlencoded
```

---

*9 RFC 6749 では「Access Token Request」と記載されており、OIDC では「Token Request」と記載されていますが、本書では「トークンリクエスト」と記載します。以降出てくる Access Token Response についても「トークンレスポンス」と記載します。

```
grant_type=authorization_code&code=54af2eef-8b71-4c4e-b5f4-381165cda2a5.0c1ab4
74-d596-4abe-aeea-2b57af3304a5.e24e64db-66d5-479b-8cfc-e921e1b429d3&redirect_
uri=https%3A%2F%2Fkakeibo.example.com%2Fgettoken
```

7. 認可サーバーは、あらかじめ発行したクライアント ID およびクライアントシークレットが、トークンリクエストで渡された値と一致することをもって、クライアントを認証します。また、code パラメーターに指定された値が、認証したクライアントに発行した認可コードと一致することの確認と、redirect_uri が認可リクエスト時に指定したリダイレクト URI と一致するかの確認も行います。

8. 以上の処理が成功すると、認可サーバーはアクセストークンを生成します。ここで、認可サーバーはアクセストークンとスコープ（今回の場合、「read_balance」スコープ）を関連付けて管理し、トークンレスポンスにアクセストークンを含めてクライアントに返却します。

   認可サーバーが Keycloak の場合、トークンレスポンスは以下のようになります。

```
HTTP/1.1 200 OK
Content-Type: application/json
Cache-Control: no-store
Pragma: no-cache

{
  "access_token":"eyJhbGciOiJS<略>",
  "expires_in":300,
  "refresh_expires_in":1800,
  "refresh_token":"eyJhbGciOiJI<略>",
  "token_type":"Bearer",
  "not-before-policy":0,
  "session_state":"98793696-3f01-4a35-801a-4d30dcf75628",
  "scope":"read_balance"
}
```

トークンレスポンスのパラメーターは、表 2.1.3 に示すような意味になります。トークンレスポンスも OAuth で定められていますが、独自パラメーターが許容されています。Keycloak 独自のパラメーターについてはその旨を記載してあります。

表 2.1.3　トークンレスポンスのパラメーター

パラメーター	説明
access_token	アクセストークン。フォーマットは次節で解説します。
expires_in	アクセストークンの有効期間。単位は秒です。
refresh_expires_in	リフレッシュトークン（アクセストークン再取得に利用、次節で解説）の有効期間。単位は秒です。Keycloak 独自のパラメーター。
refresh_token	リフレッシュトークン。
token_type	アクセストークンのトークンタイプ。通常は「Bearer」という値が指定されます。
not-before-policy	アクセストークンの有効期間の開始日時。UNIX 時間で指定されます。発行後即時有効になる場合は、0 が指定されます。Keycloak 独自のパラメーター。
session_state	アクセストークンに関連するセッション（第 4 章 4.2 節で解説）の ID。Keycloak 独自のパラメーター。
scope	アクセストークンに関連付けられたスコープ。今回は「read_balance」が設定されています。

9. クライアントは、取得したアクセストークンを、RFC 6750[10] で定められた Bearer スキームの書式で付与し、API を呼び出します。Bearer スキームの書式は単純であり、以下の例のように、アクセストークンを Authorization ヘッダーに付与するだけです。
http://server.example.com/sampleapi へのリクエスト例を示します。

```
GET /sampleapi HTTP/1.1
  Authorization: Bearer eyJhbGciOiJS<略>
```

API リクエストを受け取ったリソースサーバーは、まずアクセストークンが改ざんされてないか、有効期限内なのかを検証します。また、アクセストークンに関連付けられたスコープ（今回の例では「read_balance」スコープ）も確認します。これらの認可判断の詳細は 2.3 節で解説します。最後に、アクセストークンに関連付けられた X 銀行のユーザーID から残高情報を取得して、クライアントに返却します。

以上の認可コードフローにより、図 2.1.1 で示した API 認可を実現できています。つまり、ユーザーは、家計簿アプリケーションに残高照会の権限を認可することができ、残高照会 API は認可の証拠として発行されたアクセストークンにより認可判断を行うことができます。

---

*10 RFC 6750: The OAuth 2.0 Authorization Framework: Bearer Token Usage, https://datatracker.ietf.org/doc/html/rfc6750

2.1.5 クライアントクレデンシャルズフロー

　次に、クライアントであるアプリケーションがリソースオーナーでもある場合や、ユーザーを識別せずに動作するアプリケーションがクライアントになる場合などに使われる、クライアントクレデンシャルズフローを見ていきましょう。例として、バッチプログラムから API を呼び出すフローを図 2.1.3 に示します。

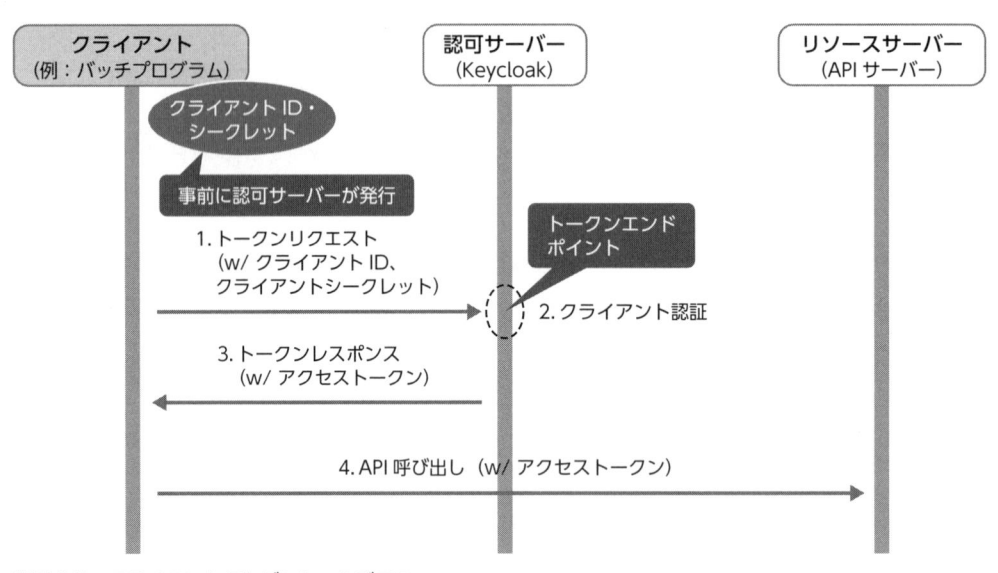

図 2.1.3　クライアントクレデンシャルズフロー

1. クライアントは、トークンエンドポイントに、トークンリクエストを POST メソッドで送信します。Authorization ヘッダーには、Basic 認証のスキームで、クライアント ID とクライアントシークレットを Base64 エンコードして付加し、ボディーのパラメーターには、grant_type として client_credentials を指定します。なお、クライアント ID とクライアントシークレットは、事前に認可サーバーからクライアントに発行されていることが前提になります。
   以下に、Keycloak が認可サーバーの場合のリクエストの例を示します。

```
POST /realms/example/protocol/openid-connect/token HTTP/1.1
Authorization: Basic YXBwbGljYXRpb246OTNlNTgxM2MtZGEyYS00ZjM0LTlmYzYtNWZiZjNhZjZmZDYx
Content-Type: application/x-www-form-urlencoded

grant_type=client_credentials
```

2. 認可サーバーは、受け取ったクライアント ID およびクライアントシークレットが、認可サーバーに保存されている値と一致するかを確認することで、クライアントを認証します。

3. クライアント認証が成功すると、認可サーバーはアクセストークンをトークンレスポンスに含めてクライアントに返します。トークンレスポンスの形式は、認可コードフローの場合と類似していますが、パラメーターが異なります。次節で解説するリフレッシュトークンおよびセッションの ID（refresh_token、session_state）が含まれません。

4. 認可コードフローの場合と同様に、アクセストークンを付与して API を呼び出します。

■ 2.1.6 リソースオーナーパスワードクレデンシャルズフロー

最後に、リソースオーナーパスワードクレデンシャルズフローを解説します。フローを図2.1.4 に示します。

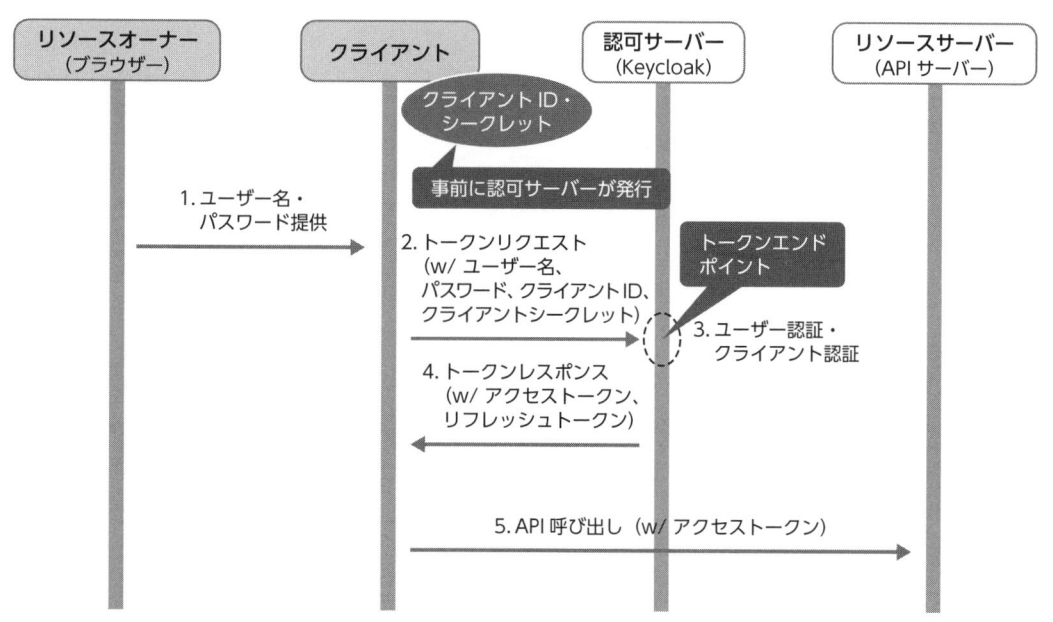

図 2.1.4 リソースオーナーパスワードクレデンシャルズフロー

1. リソースオーナーが、クライアントに何らかの方法でユーザー名とパスワードを提供します。例えば、クライアントが画面を表示し、リソースオーナーに入力させるなどの方法があります。

2. クライアントは、POST メソッドで、以下のようにトークンエンドポイントにトークンリクエストを送ります。

- Authorization ヘッダー：Basic 認証のスキームで、クライアント ID とクライアントシークレットを Base64 エンコードした文字列
- ボディのパラメーター（以下を & で連結）
  grant_type=password
  username=[1. で提供されたユーザー名]
  password=[1. で提供されたパスワード]

3. 認可サーバーは、受け取ったユーザー名およびパスワードが、認可サーバーに保存されている値と一致するかを確認することで、ユーザーを認証します。また、受け取ったクライアント ID およびクライアントシークレットが、認可サーバーに保存されている値と一致するか確認することで、クライアントを認証します。

4. 認可サーバーは、アクセストークンをトークンレスポンスに含めてクライアントに返します。トークンレスポンスは、認可コードフローと同様です。

5. 認可コードフローの場合と同様にアクセストークンを付与して API を呼び出します。

リソースオーナーパスワードクレデンシャルズフローでは、クライアントにユーザー名とパスワードが渡ります。セキュリティーリスクが高いことが仕様にも記載されており、利用は推奨されません。

2.2 アクセストークンとリフレッシュトークン

前節で解説した OAuth のフローは、アクセストークンを発行するためのものでした。認可サーバーである Keycloak では、アクセストークンに関する設定を適切に行い、クライアントでは、発行されたアクセストークンを適切に扱う必要があります。また、アクセストークンの有効期限に関連するリフレッシュトークンも、適切に取り扱う必要があります。

本節では、まず Keycloak におけるアクセストークンの形式を紹介し、次にリフレッシュトークンについて解説します。

2.2.1 アクセストークンの形式

前節では、アクセストークンにスコープや属性などの情報が関連付けられていることを説明しました。アクセストークンとこれら情報を関連付ける方式、つまりアクセストークンの表現形式は一般的に 2 つあります。

1 つ目が、Handle 型 [11] で、アクセストークンは意味を持たないランダムな文字列で表現されます。アクセストークンに関連付いた情報は、認可サーバーで管理されており、アクセストークンは、その情報への参照を表す識別子となります。識別子であるため、アクセストークンのサイズは小さく、通信量が少ないメリットがあります。その一方で、リソースサーバーがスコープなどの情報を取得するためには、認可サーバーにアクセスする必要があり、パフォーマンス上のデメリットがあります。

2 つ目が、Assertion 型 [12] で、アクセストークンは意味を持つ文字列で表現されます。例えば、JSON 形式の情報をエンコードした文字列にすることができます。Assertion 型では、リソースサーバーでアクセストークンからスコープなどの必要な情報をすぐに抽出できるメリットがある一方、アクセストークンのサイズが大きくなり、通信量が多くなるデメリットがあります。

Keycloak では、Assertion 型のアクセストークンをサポートしています。Keycloak のアクセストークンは RFC 7515 で定められる JWS（JSON Web Signature）に従ったフォーマットで表現され、スコープなどの情報はこの中に格納されます。なお、Keycloak 24 より Assertion 型でありながら Handle 型に近い lightweight アクセストークンという機能がサポートされています。

---

*11 Opaque Token、Reference Token と呼ばれることもあります。

*12 Self-Contained Token と呼ばれることもあります。

こちらについては第 5 章 5.3.5 項のコラムで紹介します。

　実際に Keycloak で使われているアクセストークンの例（図 2.2.1）をもとに説明します。

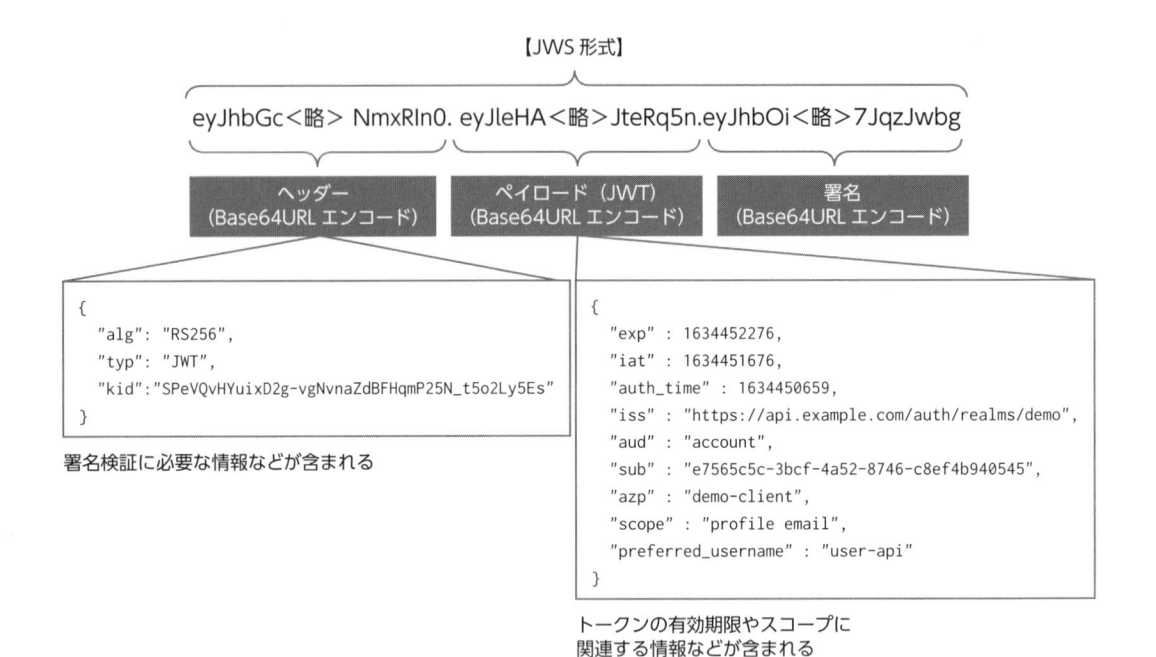

図 2.2.1　Keycloak のアクセストークンの形式

　Base64URL エンコードされた 3 つの文字列が「.」で連結されています。そのうち、中央のペイロード部分にトークンとして扱うために必要な情報が、JWT（JSON Web Token）と呼ばれる JSON 形式で格納されています。キーと値のペアのことをクレーム（claim）といい、キーのことを「クレーム名」、値のことを「クレーム値」といいます。

　Keycloak では、スコープを表す scope などのクレームがデフォルトでセットされており、主なクレームとしては表 2.2.1 のようなものがあります。「マッパー」と呼ばれる設定で任意のクレームをセットすることができます。例えば、Keycloak で管理されているユーザーのグループ情報を、groups というクレーム（省略して「groups」クレームと呼びます）にセットすることができます。

　また、JWS では、改ざん防止のために、認可サーバーによる署名が付与されます。ヘッダー部分に署名アルゴリズムや鍵の ID が付与されており、署名部分にヘッダー部分とペイロード部分のハッシュ値を Keycloak の署名鍵で署名した情報が入っています。これらの情報を使うことで、アクセストークンが改ざんされていないことを確認できます。Keycloak の場合、デフォルトの署名アルゴリズムは RS256 と呼ばれるものですが、変更することも可能です。詳しくは第 5 章

5.5 節のコラム「デフォルトの署名アルゴリズムと鍵管理」を参照してください。

表 2.2.1　Keycloak のアクセストークンの主なクレーム

クレーム	意味
exp	アクセストークンの有効期限 (UNIX 時間)。
auth_time	ユーザーが認証された時刻 (UNIX 時間)。
iat	アクセストークンが発行された時刻 (UNIX 時間)。
aud	アクセストークンの行使先。意図した値にするためには、設定が必要です。設定方法は第 5 章 5.6.2 項で解説します。
azp	認可された対象者の識別子。クライアントのクライアント ID が格納されています。
iss	トークン発行者 (認可サーバー) の識別子。Keycloak の場合、http(s):// [ホスト] (: [ポート])/realms/[レルム] が格納されています。
sub	ユーザーの識別子。Keycloak の場合、Keycloak が採番するユーザーID (第 4 章 4.1.1 項で解説) が格納されています。
scope	スコープ。
preferred_username	ユーザーのユーザー名。

■ 2.2.2　アクセストークンの有効期限とリフレッシュトークン

　図 2.2.1 の例にもあるように、アクセストークンには、有効期限があります。万が一、アクセストークンが漏洩してしまった場合の被害を最小限にするため、一般的には有効期間を短くすることが推奨されています（数分や数十分）。

　一方で、アクセストークンが短期間で無効になると、認可コードフローでは、ユーザーの再認証が頻繁に生じ、利便性が低下してしまいます。このような課題に対して、OAuth で用意されているのが「リフレッシュトークン」です。リフレッシュトークンは、アクセストークンと一緒に発行され、トークンレスポンスの「refresh_token」パラメーターにセットされます[13]。

　一般的に、リフレッシュトークンの有効期間は、アクセストークンより長く設定されます（数時間や数日など）。Keycloak のリフレッシュトークンの形式は JWS 形式となっており、有効期限などの情報は、ペイロード部分の JWT に記載されます。なお、Keycloak では、トークンの有効期間を細かく設定することができますが、その設定方法については第 4 章 4.2 節で解説します。

　リフレッシュトークンを使って、アクセストークンを再発行する（トークンリフレッシュとも呼びます）ためのフローを図 2.2.2 に示します。

---

[13] フローによって含まれない場合もあります。詳細はコラム「Keycloak におけるリフレッシュトークンの利用」を参照してください。

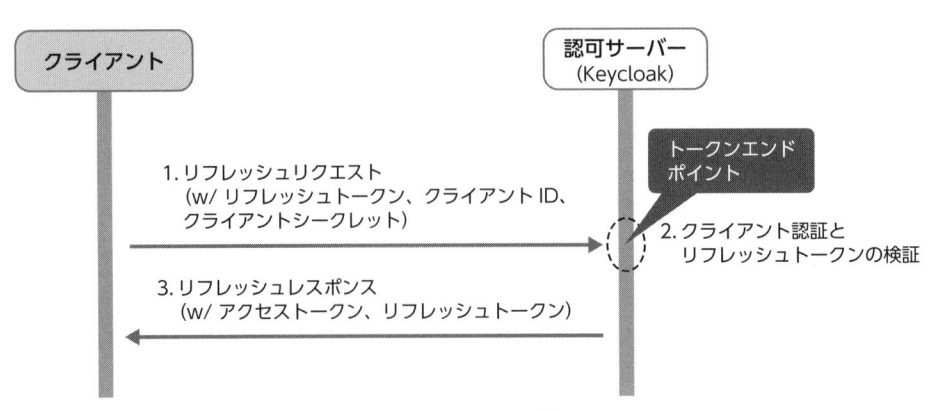

図 2.2.2　リフレッシュトークンによるアクセストークン再発行

1. クライアントは、トークンエンドポイントに対して、次のようなリフレッシュリクエストを POST メソッドで送信します。

   - Authorization ヘッダー：Basic 認証のスキームでクライアント ID とクライアントシークレットを Base64 エンコードした文字列
   - ボディのパラメーター（以下を & で連結）
   grant_type=refresh_token
   refresh_token=［リフレッシュトークン］
   scope=［スコープ］（任意。現在関連付けられているスコープに含まれているもののみ指定可能です。スコープを現在より制限したい場合に利用します）

   実際のリクエストの例を以下に示します。

```
POST /realms/example/protocol/openid-connect/token HTTP/1.1
Authorization: Basic YXBwbGljYXRpb2460TNlNTgxM2MtZGEyYS00ZjM0LTlmYzYtNWZiZjNhZ
jZmZDYx
Content-Type: application/x-www-form-urlencoded

grant_type=refresh_token&refresh_token=eyJhbGciOiJI<略>
```

2. 認可サーバーは、受け取ったクライアント ID とクライアントシークレットが、認可サーバーに保存されている値と一致することを確認することにより、クライアントを認証します。また、リフレッシュトークンの検証[14] を行います。

---

[14] リフレッシュトークンの検証では、有効期間内かの確認、署名の検証、認証したクライアントの識別子が「azp」クレームのクライアント識別子と一致するかの確認、要求されたスコープが現在のスコープを超えていないかの確認などが行われます。

3. クライアント認証とリフレッシュトークンの検証が成功すると、認可サーバーは、アクセストークンとリフレッシュトークンを含むレスポンス (リフレッシュレスポンスと呼ばれます[*15]) をクライアントに返します。リフレッシュレスポンスの内容は、認可コードフローのトークンレスポンスと同様です。

   ここで、新しいリフレッシュトークンを受け取ったクライアントは、古いリフレッシュトークンを破棄する必要があります。また、リフレッシュリクエスト時に、scope パラメーターでスコープを要求していた場合は、要求したスコープと受け取ったリフレッシュトークンのスコープが同じであることを確認する必要があります。

　以上のように、アクセストークンの有効期限が切れていたとしても、リフレッシュトークンを認可サーバーに渡すことで、アクセストークンを再度取得できます。このとき、ユーザーの再認証は生じません。

> **▶ COLUMN**
>
> # Keycloak におけるリフレッシュトークンの利用
>
> 　本文で説明したリフレッシュトークンの OAuth の各フローでの利用について、仕様では以下のように定められています。
>
> - 認可コードフロー：リフレッシュトークンをサポートしてもよい (必須ではない)
> - リソースオーナーパスワードクレデンシャルズフロー：リフレッシュトークンをサポートしてもよい (必須ではない)
> - インプリシットフロー：リフレッシュトークンを使ってはならない
> - クライアントクレデンシャルズフロー：リフレッシュトークンを使うべきではない
>
> 　Keycloak の場合、認可コードフローおよびリソースオーナーパスワードクレデンシャルズフローでは、デフォルトではアクセストークンと一緒にリフレッシュトークンが返ってきます。この動作は、クライアントの「Advanced」画面の「OpenID Connect Compatibility Modes」の「Use refresh tokens」を「Off」にすることで、リフレッシュトークンを返さないように変更することもできます。
>
> 　一方で、インプリシットフローおよびクライアントクレデンシャルズフローでは、リフ

[*15] RFC 6749 には「Access Token Refresh Response」と記載されていますが、本書では「リフレッシュレスポンス」と表記します。

レッシュトークンは返ってきません。この動作は、クライアントクレデンシャルズフローでは、クライアントの「Advanced」画面の「OpenID Connect Compatibility Modes」の「Use refresh tokens for client credentials grant」を「On」にすることで、リフレッシュトークンを返却するように変更することもできます。ただし、特別な理由がない限りは On にするべきではありません。

トークンの無効化と認可判断

前節では、アクセストークンおよびリフレッシュトークンの詳細を解説しました。これらのトークンには有効期限があり、いずれは無効になります。ただし、その前に API 連携を解除する場合やセキュリティー上の問題が発生した場合は、これらのトークンを無効化する必要があります。また、アクセストークンを受け取るリソースサーバーでは、無効化を考慮した認可判断が必要です。

本節では、Keycloak におけるトークンの無効化の方法と、リソースサーバー側での無効化を考慮した認可判断の方法を解説します。

2.3.1 トークンの無効化

トークンを無効化する方法は、認可サーバーによっていろいろありますが、Keycloak では表2.3.1 の方法でトークンを無効化できます。

表 2.3.1 Keycloak が対応しているトークン無効化の方法

無効化の方法	誰が無効化するか
トークン無効化エンドポイントによる無効化	クライアント
アカウント管理コンソールによる無効化	リソースオーナー
管理コンソールによる無効化	管理者ユーザー

■（1）トークン無効化エンドポイントによる無効化

トークン無効化エンドポイントは、RFC 7009 という標準で定められたトークンを無効化させるためのエンドポイントで、Keycloak では以下の URL となります。

```
http(s)://[ホスト]（:[ポート]）/realms/[レルム]/protocol/openid-connect/revoke
```

本エンドポイントへのリクエストと、そのレスポンスの形式および例は、次のようになります。

● メソッド：POST

- Authorization ヘッダー：Basic 認証のスキームでクライアント ID とクライアントシークレットを Base64 エンコードした文字列
- ボディのパラメーター（以下を & で連結）
  token=[無効化させたいリフレッシュトークンもしくはアクセストークン]
  token_type_hint=refresh_token（リフレッシュトークンの場合）
  または token_type_hint=access_token（アクセストークンの場合）
- レスポンス
  200 が返ってくれば無効化成功

● リクエストの例

```
POST /realms/example/protocol/openid-connect/revoke HTTP/1.1
Authorization: Basic YXBwbGljYXRpb246OTNlNTgxM2MtZGEyYS00ZjM0LTlmYzYtNWZiZjNhZjZmZD
Yx
Content-Type: application/x-www-form-urlencoded

token=eyJhbGciOiJS<略>&token_type_hint=refresh_token
```

　なお、リフレッシュトークンを無効化した場合は、同時に関連するアクセストークンも無効化されます。アクセストークンを無効化した場合は、リフレッシュトークンは無効化されません。

■（2）アカウント管理コンソールによる無効化

　リソースオーナーは、アカウント管理コンソールにアクセスして無効化することができます。詳しくは第 5 章 5.4.3 項で紹介します。

■（3）管理コンソールによる無効化

　Keycloak の管理コンソールの「Sessions」画面から無効化することもできます。詳細は第 5 章 5.4.3 項で紹介します。

■ 2.3.2　リソースサーバーでの認可判断

　リソースサーバーは、アクセストークンを用いて、認可判断や業務処理を行います。前述の無効化の概念を念頭に置いた上で、具体的にどのように認可判断や業務処理が行われるかを、図 2.3.1 を用いて解説します。

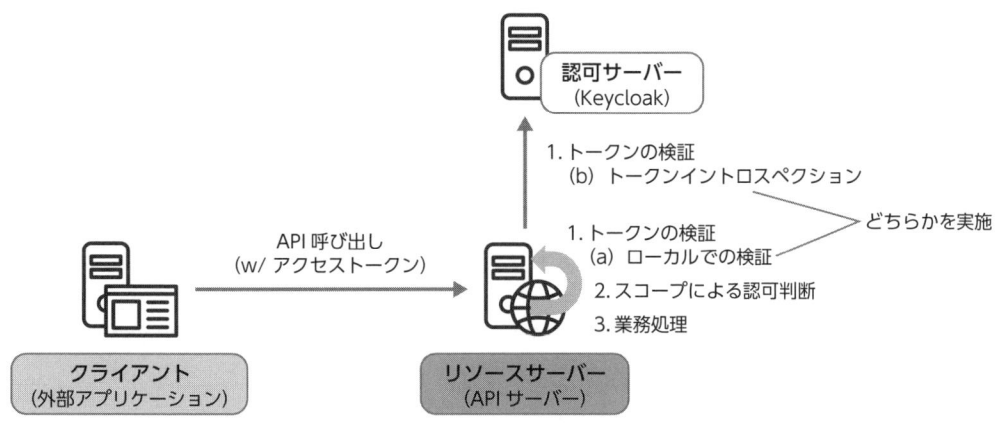

図 2.3.1　リソースサーバーでのアクセストークンの取り扱い

■ (1) トークンの検証

リソースサーバーは、API 呼び出しを受信すると、まず、アクセストークンの検証を行います。検証方法には次の2つがあり、いずれかを実施します。

- **(a) ローカルでの検証** [16]

    ローカルでの検証では、アクセストークンの署名の検証と有効期限や発行者の確認をリソースサーバー自身が行います。この方法では、認可サーバーとの通信が頻繁に発生することはありません。一方で、有効期間内に何らかの方法でアクセストークンが無効化された場合、無効化されたことは認可サーバーしか知らないため、それをリソースサーバーが検知することはできません。そのため、無効化されたアクセストークンを有効とみなしてしまうリスクがあります。また、リソースサーバーには、ローカルでの検証処理の実装が必要となります。処理をライブラリーに頼る場合はライブラリーの適切な選定が必要です。

- **(b) トークンイントロスペクション**

    トークンイントロスペクションとは、RFC 7662 で定められた方法で、トークンの状態（有効か無効か）やメタ情報（スコープなどの属性情報 [17]）を認可サーバーから取得する手段です。トークンイントロスペクションのための認可サーバーのエンドポイントのことを、イントロスペクションエンドポイントと呼びます。Keycloak はこのエンドポイントを実装しています。認可サーバーのイン

---

*16 アクセストークンが、JWS 形式である場合のみ可能です。Keycloak では、アクセストークンは JWS 形式です。

*17 Handle 型のトークンの場合は、リソースサーバーは、トークンイントロスペクションを使って属性情報を取得します。Keycloak のアクセストークンにはデフォルトで属性情報が入っているので、トークンイントロスペクションによる属性情報の取得は必須ではありません。一方で第 5 章 5.3.5 項のコラムで紹介する lightweight アクセストークンの場合は、Handle 型と同様にここで属性情報を取得する必要があります。

　トロスペクションエンドポイントにトークンを送信すると、認可サーバーは、それが有効であるか否か（トークンが改ざんされてないか、有効期間内か、無効化されていないか）を判断し、結果を属性情報とともに返却します。

　トークンイントロスペクションは、トークンの無効化を確実に検知でき、ローカルでの検証と比較して実装が簡単ですが、認可サーバーとの通信が比較的頻繁に発生し、パフォーマンス面で問題になる可能性があります。

　無効化の検知の正確さや、実装の単純さを優先するのかパフォーマンスを優先するのか、これらを要件に応じて、いずれを使うかを判断します。実際には、無効化の検知の正確さが重視され、トークンイントロスペクションが使われることが多いです。

■ (2) スコープによる認可判断

　次に、スコープを用いて認可判断します。アクセストークンには、2.1 節で解説したようにスコープが関連付けられています。Keycloak の場合は、アクセストークンのクレームにスコープが含まれているため、それを用いて API を呼び出してよいかを判断します。

■ (3) 業務処理

　これらのチェックが通った後、はじめて業務処理と認可されたリソースへのアクセスが行われます。業務処理の中で、ユーザーの属性情報（ユーザー名など）を用いる場合もあります。その場合、アクセストークンやトークンイントロスペクションのレスポンスにユーザーの属性情報をセットするよう Keycloak を設定しておけば、アクセストークンやレスポンスから属性情報を取り出して業務処理に使うことができます。

　以降では、認可判断で使うトークンイントロスペクションと、ローカルでの検証の詳細を見ていきます。

■ 2.3.3　トークンのローカルでの検証

　Keycloak のアクセストークンや ID トークン（次節で扱います）は、2.2 節の図 2.2.1 で解説したような署名付きの JWS 形式です。署名を検証するには、署名検証用の鍵情報が必要になります。鍵情報については、RFC 8414 で定められた「jwks_uri」というエンドポイントから入手できます。Keycloak では以下の URL となります。

http(s)://[ホスト]（:[ポート]）/realms/[レルム名]/protocol/openid-connect/certs

本エンドポイントを呼び出すと、以下のようなレスポンスが返ってきます。

```
{
  "keys": [
    {
      "kid": "ZgvlZqrgiEo0qCb6mt5kszJYx1tkWyB5X6JzPNxRimo",
      "kty": "RSA",
      "alg": "RS256-OEAP",
      "use": "sig",
      "n": "qn00M<略>",
      "e": "AQAB",<略>
```

JWS ヘッダーの中には、JSON Web Key（JWK）[18] と呼ばれるフォーマットで鍵に関する情報が入っています。「kid」（鍵の ID を表す）と「alg」（署名アルゴリズムを表す）が一致したものが対応する鍵情報です。例えば、上記レスポンスには、kid が ZgvlZqrgiEo0qCb6mt5kszJYx1tkWyB5X6JzPNxRimo、署名アルゴリズムが RS256-OEAP の鍵情報が n と e に記載されています。

これらの情報を使うことで、リソースサーバーは、トークンの署名を検証できますが実装は煩雑です。そのため、ライブラリーに頼ることがあります。ライブラリーについては、https://jwt.io/ などのサイトで、各言語に対応したものが紹介されています。

署名の検証を行った後は、トークンのクレームをチェックします。Keycloak の場合は、トークンが有効期間内であるかの確認のために、現在時刻が exp クレームの前であることをチェックし、また iss クレームが意図したトークン発行者であることをチェックします。

2.3.4　トークンイントロスペクション

トークンイントロスペクションは、前述したようにリソースサーバーの認可判断においてよく使われます。そのため、リソースサーバーを実装するには、エンドポイントの呼び出し方を知っておく必要があります。Keycloak のイントロスペクションエンドポイントは、以下の URL となります。

http(s)://[ホスト]（:[ポート]）/realms/[レルム]/protocol/openid-connect/token/introspect

以下に、本エンドポイントへのリクエスト（イントロスペクションリクエスト）の形式を示し

[18] JWK フォーマットの各項目の詳細は RFC 7517 を参照してください。
RFC 7517 - JSON Web Key：https://datatracker.ietf.org/doc/html/rfc7517

ます。

- メソッド：POST
- Authorization ヘッダー：Basic 認証のスキームでクライアント ID とクライアントシークレットを Base64 エンコードした文字列
- リクエストボディー：token＝[検証したいトークン文字列]
- 正常系レスポンス[19]
  ステータス「200」に続いて、トークンのペイロードと active クレーム。active クレームが true の場合トークンは有効で、false の場合トークンは無効

● リクエストとレスポンスの例

```
POST /realms/example/protocol/openid-connect/token/introspect HTTP/1.1
Authorization: Basic cmVzb3VyY2Utc2VydmVyOmIxNzg0MzI3LWIxMGEtNDJlNi1iMWIxLWVkZDc5ND
g0MGMxZg==
Content-Type: application/x-www-form-urlencoded

token=eyJhbGciOiJS<略>
```

```
HTTP/1.1 200 OK
Content-Type: application/json
Cache-Control: no-store
Pragma: no-cache

{
    [アクセストークンのJWSペイロードの内容]
    "active": true
}
```

リソースサーバーは、レスポンス内の active クレームの値を確認します。アクセストークンが有効の場合は、「true」が返ってきます。トークンが無効の場合は、「false」が返ってきます。また、第 4 章 4.1.7 項で紹介するプロトコルマッパーの設定により、レスポンスに任意の属性情報を含めてリソースサーバーで活用することもできます。

　ここで、注意すべきは、クライアント認証が必要になることです。この場合のクライアントは、リソースサーバーになるため、認可サーバーからクライアント ID とクライアントシークレット

---

[19] クライアント認証が失敗した場合などは異常系のレスポンスとして、ステータス 401 が返ります。

をリソースサーバーに対して発行しておく必要があります。

■ 2.3.5 API ゲートウェイでの認可判断

APIの数が増えてくると、ここまでに紹介した認可判断の処理を、すべてのAPIに実装することは煩雑になってきます。このような場合、「APIゲートウェイ」が使われることがあります。APIゲートウェイとは、APIを管理（APIの公開や流量制御などを管理）するために設置されるもので、クラウドサービスからOSSまで、さまざまな実装があります。リソースサーバー内の各APIで行われていた認可判断を、APIゲートウェイに集約することができます（図2.3.2）。

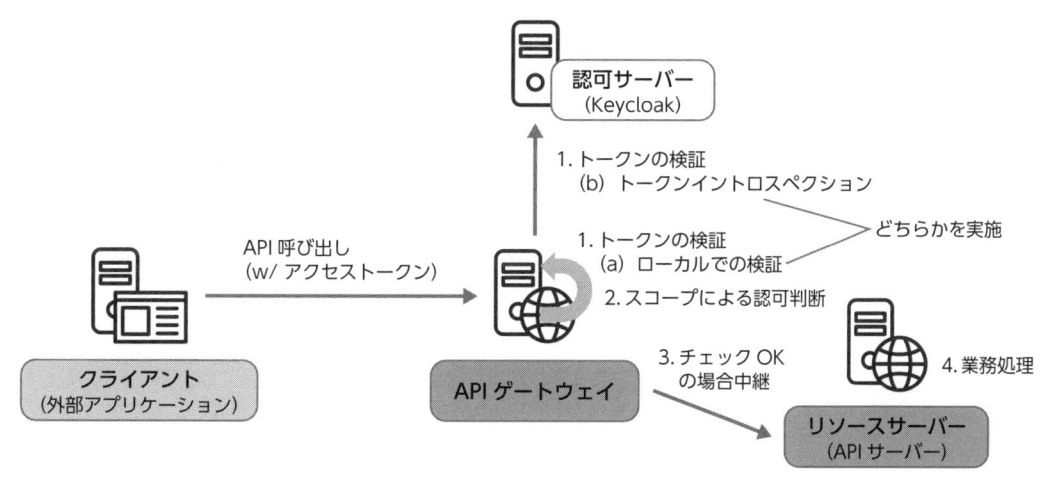

図 2.3.2　認可判断を API ゲートウェイに集約したパターン

2.4　OIDC のフロー

　OIDC は、OAuth を拡張して作られた認証のためのプロトコルであり、主に SSO に使われます。SSO については第 3 章で詳しく解説しますが、OIDC は API 認可に用いられることもあることから、本節で OIDC を解説します。基礎として、OIDC のフローや OAuth との違いを述べた後に、パブリッククライアントでの OIDC のフローやログアウトのフロー、OIDC の関連仕様を紹介します。

■ 2.4.1　OIDC のフローと OAuth との差異

　OIDC による認証の典型的なフローを解説します。図 2.4.1 は、ユーザー[20] が、Web アプリケーション A（RP）に、Keycloak（OP）で管理されているユーザー名とパスワードでログインするフローです。OAuth の認可コードフローを拡張したものです。

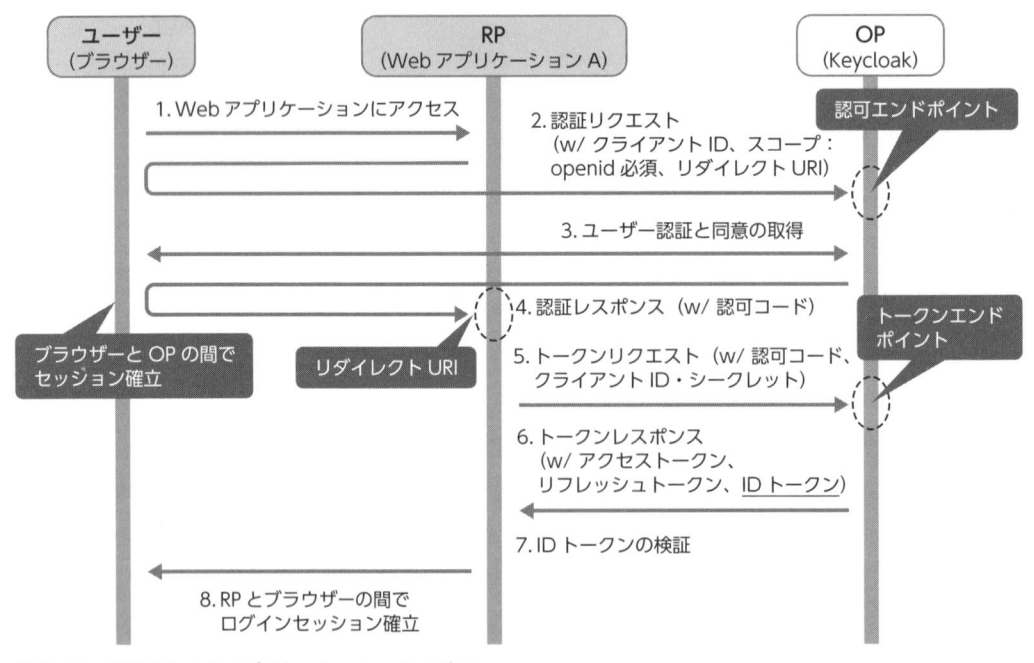

図 2.4.1　OIDC によるアプリケーションへのログイン

---

[20] OIDC の仕様書では「エンドユーザー (End-User)」と記載されますが、Keycloak では、単にユーザーと呼ばれるため、本文中ではユーザーと記載します。

　最初に、ユーザーが RP にアクセスします (1.) 。RP は、認証リクエストを作成し、OP の認可エンドポイントにリダイレクトします (2.) 。2.〜7. が、OIDC で定められた認証フロー (認可コードフロー) です。OAuth の目的は認可でしたが、OIDC の目的は認証になります。フロー自体は OAuth の認可コードフローとほぼ同じですが、目的が違うため OAuth との差異があります。主な差異は次の (1)〜(4) のようになります。

◼ (1) 用語の差異

　OAuth と比較して、表 2.4.1 に示す用語の差異があります。

表 2.4.1　OAuth と OIDC の用語の差異

OAuth での名称	OIDC での名称
リソースオーナー	エンドユーザー
クライアント	RP (Relying Party)
認可サーバー	OP (OpenID Provider)
認可リクエスト	認証リクエスト
認可レスポンス	認証レスポンス

◼ (2) ID トークンの存在

　図 2.4.1 の 6. のトークンレスポンスで、アクセストークンやリフレッシュトークンとともに、ID トークンが返ってきます。ID トークンは、Keycloak のアクセストークンと同じ JWS 形式であり、クレームにユーザーの認証結果がセットされます。Keycloak の ID トークンの主なクレームを表 2.4.2 に示します。

　Keycloak では、アクセストークンと同様にマッパーの設定を行うことで、ID トークンのクレームに任意の情報をセットできます。クレームは、同図の 7. の ID トークンの検証の後に RP のログイン処理で使われるため、要件に合わせてクレームを設定する必要があります。

表 2.4.2　Keycloak の ID トークンの主なクレーム

クレーム	意味
exp	ID トークンの有効期限 (UNIX 時間)。
auth_time	ユーザーが認証された時刻 (UNIX 時間)。
iat	ID トークンの発行時刻 (UNIX 時間)。
aud	ID トークンの行使先の識別子。RP のクライアント ID が格納されています。
azp	認可された対象の識別子。RP のクライアント ID が格納されています。
iss	OP の識別子。Keycloak の場合、http(s)://[ホスト] (:[ポート])/realms/[レルム] が格納されています。
sub	ユーザーの識別子。Keycloak の場合、Keycloak が採番するユーザーID (第 4 章 4.1.1 項で解説) が格納されています。
preferred_username	ユーザーのユーザー名。

■ (3) ID トークンの検証が必須

RP は受け取った ID トークンを検証しなければなりません (図 2.4.1 の 7.)。JWS の署名検証[21]の他、各種クレームの検証が必要です。具体的には、iss クレームの値が OP の識別子と一致すること、azp クレームおよび aud クレームの値が RP のクライアント ID と一致すること、また現在の時刻が exp クレームの値より前であることを確かめます。これらの処理を RP に実装する場合は、第 4 章 4.1.6 項で紹介する各種ライブラリーやフレームワークを使うことができます。

■ (4) scope に openid が必須

認証リクエスト時の scope パラメーターに、openid をセットする必要があります。また、認証リクエスト時の redirect_uri パラメーターも必須になっています。

以上のように、OAuth の認可コードフローとの差異はありますが、OAuth と同様に、アクセストークンとリフレッシュトークンが RP に発行されるため、OIDC の目的は認証であるものの、OIDC を API 認可に用いることもできます。

OIDC で定められたフローの後は、RP は ID トークンを用いてログイン処理を行います (図 2.4.1 の 8.)。この処理は業務要件に依存します。例えば、ID トークンのクレームに含まれるユーザー情報を用いて、ユーザー登録やログインを行うなどの処理があります。

また、OIDC により SSO も実現できます。上記フローが成功した後、別の Web アプリケーション B が、Keycloak を OP としてログインしようとした場合を例に見てみます (図 2.4.2)。

---

[21] TLS を使っている場合は TLS サーバーの検証で代替することもできます。

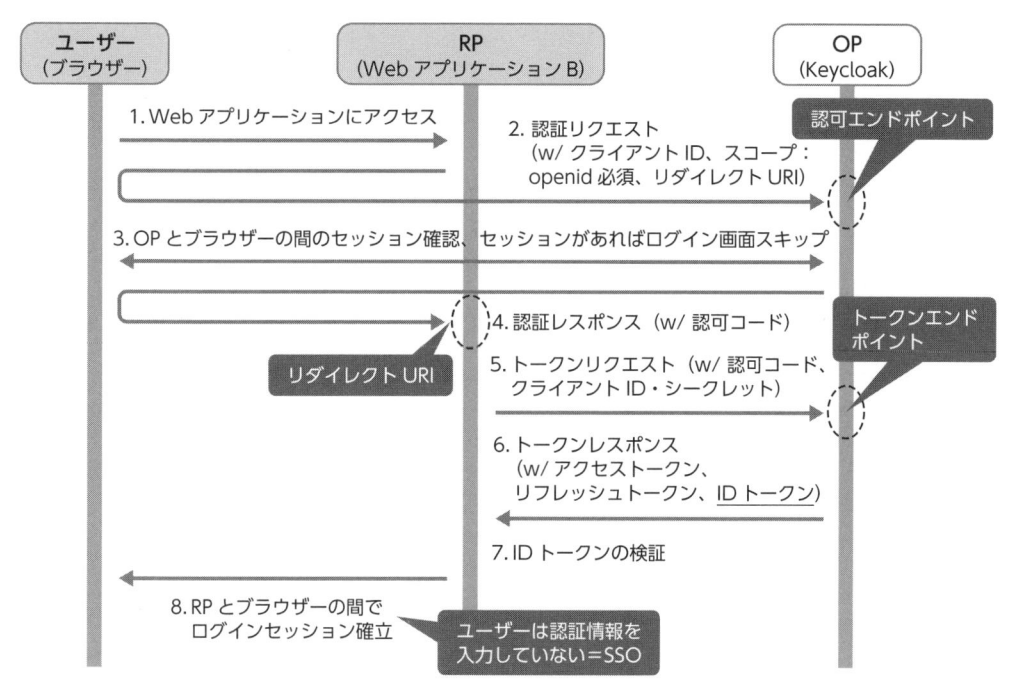

図 2.4.2　別のアプリケーション B にログインする際のフロー

　図 2.4.1 とほぼ同様のフローですが、図 2.4.2 の 3. のユーザー認証において、OP はブラウザーと の間にセッションが確立されているかを、クッキーを用いてチェックします[*22]。図 2.4.1 の 4. で、 OP との間にセッションが確立されているため、ログイン処理がスキップされ、図 2.4.2 の 6. で ID トークンがアプリケーション B に返されます。以降の処理で ID トークンを使うことで、アプ リケーション B にログインできます。このとき、ログイン画面にユーザー名とパスワードを入力 していないため、OP は SSO のユーザー体験を提供できていることになります。

■ 2.4.2 UserInfo エンドポイント

　OIDC では、認可エンドポイントやトークンエンドポイント以外にも、いくつかのエンドポイ ントを規定しています。この中でよく使われるエンドポイントに、UserInfo エンドポイントがあ ります。RP で、ID トークンに含まれていないユーザー属性情報が必要な場合や、最新のユーザー 属性情報が必要な場合に使われます。

　Keycloak における、UserInfo エンドポイントは以下の URL となります。

http(s)://［ホスト］（:［ポート］）/realms/［レルム］/protocol/openid-connect/userinfo

-----

*22 Keycloak の仕様です。ここでのユーザー認証の方法については OIDC の仕様では定められていません。

　RP が、アクセストークンを付与して UserInfo エンドポイントを呼び出すと、JSON 形式の
ユーザー情報を含む UserInfo レスポンスが返却されます。UserInfo レスポンスにどのようなク
レームを含めるかは、Keycloak のマッパーの設定により設定できます。

■ 2.4.3　openid-configuration エンドポイント

　OIDC では、OpenID Connect Discovery 1.0[*23] という仕様書で RP が OP との対話に必要な情
報（各種エンドポイントなど）を取得するためのメカニズムを定義しています。この仕様では
「openid-configuration エンドポイント」が定義されています。本エンドポイントは、メタデータ
と呼ばれる各種エンドポイントの URL やサポートする機能の一覧を、JSON 形式で返します。

　openid-configuration エンドポイントの URL は、Issuer 識別子に /.well-known/openid-
configuration を連結したものです。Keycloak では、Issuer 識別子は、http(s)://［ホスト］（:［ポー
ト］）/realms/［レルム］であり、Keycloak での本エンドポイントの URL は以下のとおりです。

http(s)://［ホスト］（:［ポート］）/realms/［レルム］/.well-known/openid-configuration

　RP に OP の Issuer 識別子を設定すれば、RP は openid-configuration エンドポイントを通じて
各種エンドポイントがどこにあるのか判別することができるようになります。

　例えば、第 1 章で導入した Keycloak の demo レルムの openid-configuration エンドポイント
「http://localhost:8080/realms/demo/.well-known/openid-configuration」に Web ブラウザーでア
クセスすると、以下のような JSON 文字列が表示されます。

```
{
  "issuer": "http://localhost:8080/realms/demo",
  "authorization_endpoint": "http://localhost:8080/realms/demo/protocol/openid-
connect/auth",
  "token_endpoint": "http://localhost:8080/realms/demo/protocol/openid-connect/
token",
  "introspection_endpoint": "http://localhost:8080/realms/demo/protocol/openid-
connect/token/introspect",
  "userinfo_endpoint": "http://localhost:8080/realms/demo/protocol/openid-connect/
userinfo",
  "end_session_endpoint": "http://localhost:8080/realms/demo/protocol/openid-
connect/logout",
```

---

*23 https://openid.net/specs/openid-connect-discovery-1_0.html

```
"frontchannel_logout_session_supported": true,
"frontchannel_logout_supported": true,
<略>
```

「token_endpoint」クレームのクレーム値はトークンエンドポイントの URL を表しているなど、RP はエンドポイントがどこにあるのかを知ることができます。

2.4.4 パブリッククライアントでの OIDC によるログイン

ここまでは、コンフィデンシャルクライアントのフローを紹介しましたが、ここからは、SPA（シングルページアプリケーション）を例に、パブリッククライアントのフローを紹介します。

SPA とは、基本的に 1 つのページのみで実現される Web アプリケーションのことです。SPA にも、パブリッククライアント方式とコンフィデンシャルクライアント方式の 2 通りありますが、ここではパブリッククライアント方式を取り上げます。

SPA では、従来の Web アプリケーションのように、ユーザーの操作ごとにページ全体をロードしません。画面の更新に必要な最小限のデータを、バックエンドのリソースサーバーから、JavaScript の XHR（XMLHttpRequest）や Fetch API で取得して画面を再描画します。XHR や Fetch API のリクエスト送信方法は、基本的にこれまで説明した API と同じなので、OAuth や OIDC を利用した API 認可を行うことができます。

ここでは、ブラウザーで動作する JavaScript が RP となって、トークンを取得したり API を呼び出したりします。JavaScript でクライアントシークレットを保存しても、ソースから簡単に漏洩するため、クライアントタイプは、クライアントシークレットを持たない「パブリッククライアント」です。

パブリッククライアント方式の SPA の OIDC のフローは、いくつかあります。今回は、Keycloak に同梱される JavaScript アダプター（クライアントアダプターの 1 つ）を RP に用いた場合のフローを紹介します。また実際の構築例は、第 6 章 6.4 節で解説します。

フローを図 2.4.3 に示します。なお、本項のフローでは、簡単のためパブリッククライアントの認可コードフローのセキュリティー確保に必要なパラメーター（第 5 章 5.5 節で解説する state や nonce など）は、記載していません。さらに、パブリッククライアントでは、ブラウザーが、アクセストークンや ID トークンを保持しますが、これらのトークンの漏洩リスクは、コンフィデンシャルクライアントより高いことに注意する必要があります[24]。

---

[24] このようなリスクを許容できない場合は、コンフィデンシャルクライアント方式の SPA を選択します。サーバーサイドのバックエンドアプリケーションを、コンフィデンシャルクライアントである RP とします。その場合の OIDC のフローは、基本的には図 2.4.1 と同様です。

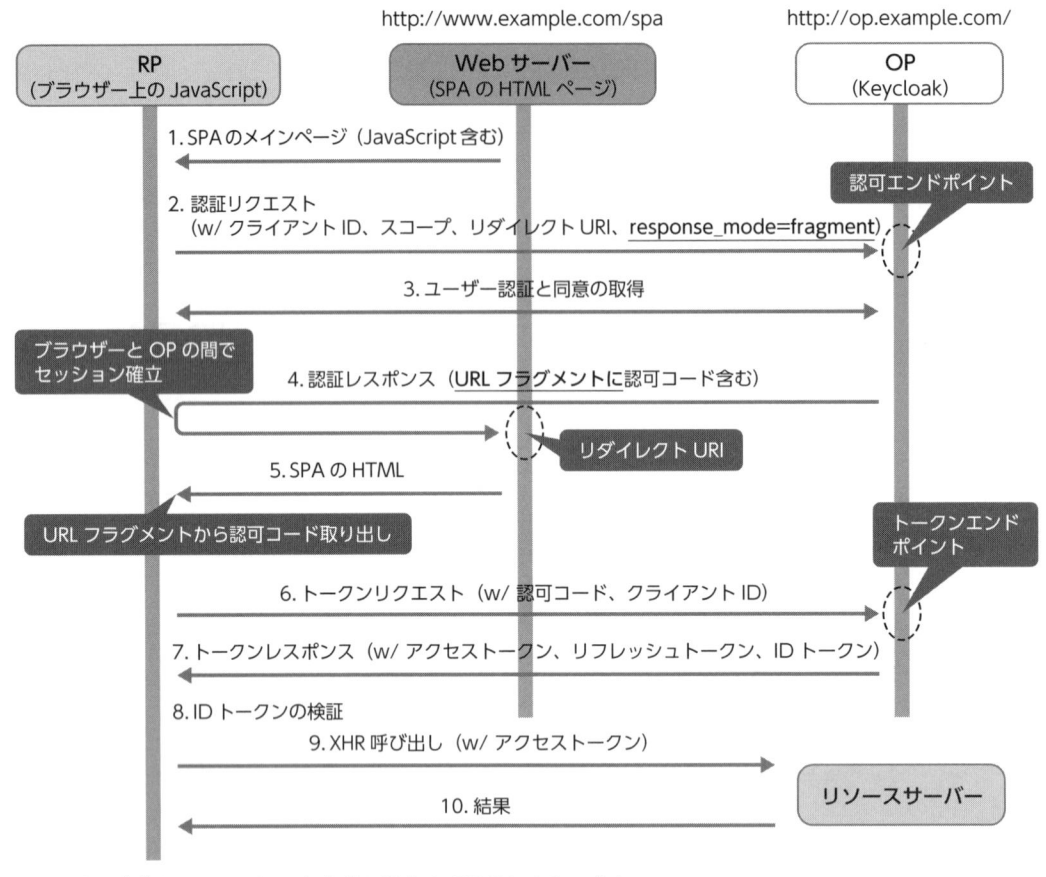

図 2.4.3　パブリッククライアント方式の SPA の OIDC によるログイン

　ブラウザー上で動作する JavaScript が、OIDC の認可コードフローでアクセストークンを取得し（図の 1.〜8.）、リソースサーバーから XHR でユーザーに応じたリソースを取得することで（同図 9.、10.）、アプリケーションの画面を描画しています。詳しく見ていきましょう。

1. ブラウザーは、SPA の HTML ページが格納された Web サーバーにアクセスします。ここでは、http://www.example.com/spa にアクセスします。すると、JavaScript を含む HTML ページがブラウザーに表示されます。
2. JavaScript は OP（Keycloak）に次のような認証リクエストを送ります。

```
http://op.example.com/realms/demo/protocol/openid-connect/auth?client_id=spa-
client&response_type=code&scope=openid&redirect_uri=http%3A%2F%2Fwww.example.
com%2Fspa%2F&response_mode=fragment
```

リダイレクト URI には、SPA の HTML ページを指定します。ここで、新たなパラメーターとして「response_mode=fragment」を指定します。OIDC で規定されたパラメーターであり、認証レスポンスにおいて、認可コードを URL フラグメントに含めるように指示しています。URL フラグメントとは、URL の末尾に付与された「#」以降の値のことです。この値はブラウザーでは参照できますが、サーバーには送信されません。

3. 認証と認可が行われます。

4. 認証リクエストで、response_mode=fragment が指定されていたため、Keycloak は、以下のように、認可コードを URL フラグメントに含めた認証レスポンスを、リダイレクト URI へのリダイレクトで返却します。また、ブラウザーと Keycloak の間にセッションを確立します。

```
HTTP/1.1 302 Found
Location: http://www.example.com/spa/#session_state=99bffe15-7e9b-45bb-aecb-df
2f5b5060d6&iss=http%3A%2F%2Fop.example.com%2Frealms%2Fdemo&code=41360241-6676-
48ed-b41c-1fcf5c46c4cb.99bffe15-7e9b-45bb-aecb-df2f5b5060d6.9f870482-1c9b-470c
-ba1e-11f3c90c4689
```

5. リダイレクト URI が SPA の HTML ページであるため、ブラウザーは SPA の HTML ページを表示します。また、JavaScript が、URL フラグメントから認可コードを取り出します。

6. JavaScript は、取り出した認可コードを付加しトークンリクエストを送信します。このとき、パブリッククライアントであるため、クライアントシークレットは付加しません。

7. Keycloak は、トークンレスポンスでアクセストークンや ID トークンを返却します。ここでは、クライアント認証は行われません。

8. JavaScript は、受け取った ID トークンを図 2.4.1 と同様に検証します。検証できたら、ID トークンからユーザーの認証結果を取り出して、JavaScript のアプリケーション処理で利用します。

9. JavaScript は、アクセストークンを付与して XHR をリソースサーバーに送信します。

10.リソースサーバーは、アクセストークンを用いて認可判断を行い、ユーザーのリソースを返却します。JavaScript は、受け取ったリソースを用いてブラウザーに画面を描画します。

　以上でポイントとなっているのが、図 2.4.3 の 4. のように、URL フラグメントで SPA の HTML ページに認可コードを返却している点です。これにより、認証後に SPA の HTML ページに画面が切り替わるだけでなく、JavaScript が、認可コードを URL フラグメントから取り出してトークンリクエストができます。さらに、URL フラグメントは、ブラウザーから Web サーバーへのリクエストには含まれないため、認可コードが Web サーバーに渡ることもありません。

■ 2.4.5　ログアウトのフロー

　これまで、ログインのフローを見てきましたが、OIDC ではログアウトについても規定されています。OIDC では、ログアウトに関して以下のような仕様が規定されており、Keycloak も対応しています。

- **OpenID Connect RP-Initiated Logout 1.0**

  下記仕様書で RP を起点としたログアウトのためのエンドポイントについて定義しています。

  https://openid.net/specs/openid-connect-rpinitiated-1_0.html

- **OpenID Connect Front-Channel Logout 1.0**

  下記仕様書で、ユーザーのブラウザーを経由するリクエストであるフロントチャネルリクエストによるログアウトリクエスト（フロントチャネルログアウトと呼びます）を用いた SLO を実現するためのメカニズムを定義しています。SLO（シングルログアウト）とは、1 回のログアウトでログイン済みのすべてのアプリケーションからログアウトすることです。

  https://openid.net/specs/openid-connect-frontchannel-1_0.html

- **OpenID Connect Back-Channel Logout 1.0**

  下記仕様書で、ブラウザーを経由しないリクエストであるバックチャネルリクエストによるログアウトリクエスト（バックチャネルログアウトと呼びます）を用いた SLO を実現するためのメカニズムを定義しています。

  https://openid.net/specs/openid-connect-backchannel-1_0.html

　フロントチャネルログアウトとバックチャネルログアウトはクライアント単位でどちらを使うか選択できますが、両方を同時に使うことはできず、どちらかを使うことになります。クライアントの「Settings」タブに「Front channel logout」の On/Off の設定があり、そこでどちらを使うかを設定します。例えば Off にして、「Backchannel logout URL」を設定するとバックチャネルログアウトを用いることになります。フロントチャネルログアウトは、ログアウトリクエストにiframe が使われるため、本番環境ではクロスドメインアクセスが必要となることが多く、適用できる場面は限定的です。本書では、バックチャネルログアウトのみを扱います。

　以降では、OIDC におけるログアウトについて、RP である Web アプリケーション A、B（以下RP A、RP B）に OP として Keycloak を用いてログインしている状態から、バックチャネルログアウトを用いた SLO を例に説明します。図 2.4.4 がログアウトのフローです。また、このログアウトのフローは RP を起点としたログアウトである「RP 起点ログアウト」となります。

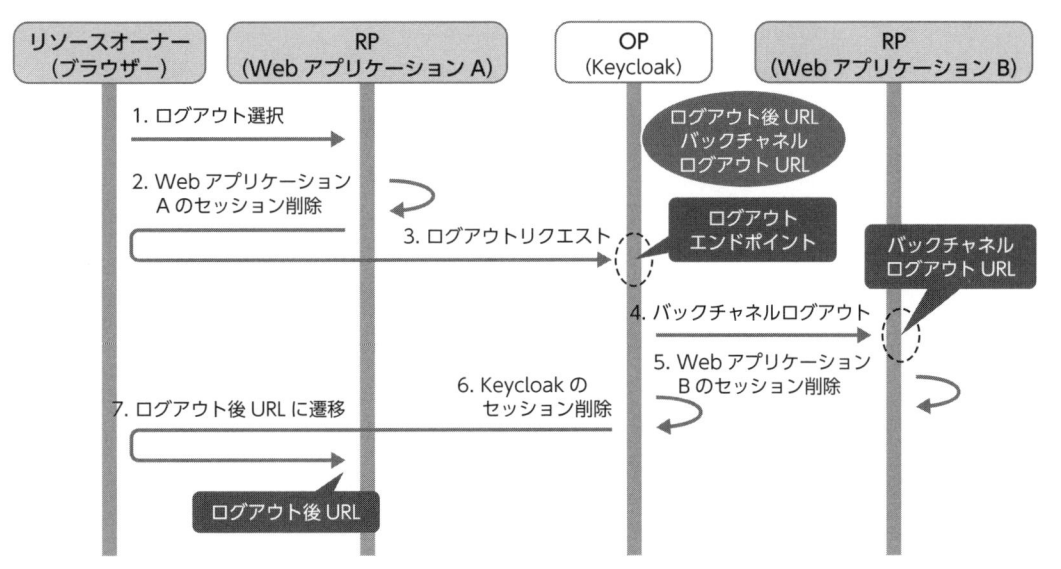

図 2.4.4 ログアウトのフロー

　ここでは、ログアウト後に RP A のログアウト後 URL に画面遷移する例としており、ログアウト後 URL は、OP に事前に登録されている必要があります（Keycloak では、「Valid post logout redirect URIs」という項目に登録します）。また、RP B にはバックチャネルログアウト URL が実装されており、OP に事前に登録されている必要があります（Keycloak では、「Backchannel logout URL」という項目に登録します）。

　では、フローを順に見ていきましょう。

1. ユーザーは RP A のログアウトリンクを選択します。
2. RP A は、セッションを削除します。これで RP A からはログアウトされた状態になりました。
3. RP A は、OP のログアウトエンドポイントにリダイレクトし、ログアウトリクエストを送信します。

    Keycloak の場合のログアウトエンドポイントは、次の URL であり、OpenID Connect RP-Initiated Logout 1.0 に準拠しています。

    http(s)://［ホスト］（:［ポート］）/realms/［レルム］/protocol/openid-connect/logout

    post_logout_redirect_uri パラメーターで、ログアウト後の遷移先 URL を指定できますが、オープンリダイレクトを抑止するために、事前に OP に登録されている URL である必要があります。また、id_token_hint パラメーターで ID トークンをセットする、もしくは client_id パラメーター

でクライアント ID をセットするかのどちらかの指定が必須です。これはリダイレクト URI チェックを行うクライアントを確定させるために必要となります。

今回は、RP A は、post_logout_redirect_uri パラメータとしてログアウト後 URL をセットします。

4. OP は、RP B に実装されているバックチャネルログアウト URL を呼び出します。

5. RP B は、セッションを削除します。これで RP B からログアウトされた状態になりました。

6. OP は、セッションを削除します。これで OP からログアウトされた状態になりました。

7. OP は、post_logout_redirect_uri パラメータで指定されたログアウト後 URL にリダイレクトします。

以上により、RP A、RP B、OP すべてからログアウトし、SLO が実現できています。

今回は、RP A を起点としてログアウトしましたが、OP を起点としたログアウトもあります。例えば OP のログアウトエンドポイントからログアウトすると、RP のバックチャネルログアウト URL を呼び出して、RP からもログアウトする、という形になります。

■ 2.4.6　OIDC の関連仕様

これまでに紹介してきた OIDC の仕様は、下記に規定されています。

OpenID Connect Core 1.0：

https://openid.net/specs/openid-connect-core-1_0.html

本書では紹介しきれていない各種仕様も記載されています。例えば、認可エンドポイントとトークンエンドポイント双方からトークンを発行できるハイブリッドフローや、クライアント ID とクライアントシークレットに頼る方式以外のクライアント認証、認証リクエストのパラメーターを JWT で渡すリクエストオブジェクトについても定められています。また、Keycloak はこれらにも対応しています。

OIDC の仕様は、この他にも多岐にわたっており、本書ですべてを紹介することはできません。興味のある方は、仕様を策定した OpenID Foundation の公式サイト（https://openid.net/developers/specs/）を参照してください。なお、Keycloak の「kc-sig-fapi」リポジトリー（https://github.com/keycloak/kc-sig-fapi）に主要な仕様への対応状況の一覧が記されています。本節では以下に、Keycloak が実装している、または実装中の仕様と認定制度について紹介します。

- **OpenID Connect Dynamic Client Registration 1.0**

  下記仕様書で RP が自身の情報を OP に動的に登録するためのメカニズムを定義しています。

  https://openid.net/specs/openid-connect-registration-1_0.html

  この仕様では、クライアント登録エンドポイントというエンドポイントが定義されています。Keycloak での URL は以下のとおりです。

  http(s)://［ホスト］（:［ポート］）/realms/［レルム］/clients-registrations/openid-connect

- **Financial-grade API (FAPI)**

  OAuth や OIDC を決済などの、高セキュリティーが求められる API 認可に用いるための仕様です。OAuth プロトコルのセキュリティーを高めたものになっており、Keycloak も対応しています。下記ページに、関連する仕様などの情報がまとめられています。

  https://fapi.openid.net/

- **OpenID Certification**

  OIDC に対応した実装であることを、OpenID Foundation が認定する制度です。OpenID Foundation は、RP や OP への準拠性を確認するためのテストプログラム（Conformance Test）を公開しており、またテストをパスした実装に、認定（Certification）を与える取り組みを行っています。Keycloak は、OP としての Conformance Test にパスし、認定も取得しています。最近では、前述の FAPI についても Certification が始まっています。詳しい情報については、下記ページを参照してください。

  https://openid.net/certification/

本章のまとめ

本章では、API 認可を実現する際の、Keycloak の設定や連携するアプリケーション開発に必要な基礎知識として、OAuth と OIDC の概要を解説しました。

- **2.1 節「OAuth のフロー」について**

  API 認可や SSO の設計で重要になる、OAuth のフローを解説しました。OAuth のフローの特徴と、最も典型的なフローである認可コードフローの概要を解説しました。

- **2.2 節「アクセストークンとリフレッシュトークン」について**

  Keycloak では、JWS という形式でアクセストークンが発行されます。アクセストークンには有効期限があり、再発行のためにリフレッシュトークンという仕組みがあることを説明しました。

- **2.3 節「トークンの無効化と認可判断」について**

  アクセストークンの無効化方法を解説しました。リソースサーバーでの認可判断の概要と、認可判断で重要なアクセストークンの検証方式として、ローカルでの検証とトークンイントロスペクションを解説しました。

- **2.4 節「OIDC のフロー」について**

  OAuth を拡張した OIDC について、認証フローや OAuth との差異を解説し、OIDC が SSO・SLO に使えることを示しました。また、OIDC の関連仕様を紹介しました。

第3章

SSO の基礎知識

本章では、SSO の基礎知識として、SSO が求められる背景と SSO の方式、標準プロトコルを用いた SSO のフロー、アプリケーションタイプに応じて SSO 構成を選定する上での留意点を説明します。また、関連する話題としてシングルログアウトや ID 管理などについても言及します。

SSO を理解する

Keycloak の代表的なユースケースとして SSO があります。SSO を実現するには、標準プロトコルである OIDC と SAML の使い分けや、さまざまなアプリケーションタイプに応じた SSO の構成方式を理解する必要があります。これらの方式の詳細な解説の前に、本節では背景となる基礎的な知識を解説します。

3.1.1　認証連携による SSO

SSO とは、一度のログインで複数のアプリケーションやサービスに対してアクセス可能になる特性や機能のことをいいます。これにより、利用者側と管理者側の双方に次のメリットがあります。

- 利用者側
  - 1 つのユーザーID とパスワードの組を覚えるだけで済む。
  - 一度ログインするだけで複数のアプリケーションを利用することができるようになり、アプリケーションごとに認証を要求されずに済む。
- 管理者側
  - パスワードを保持する箇所、認証箇所を 1 か所に集約でき、アタックサーフェス（攻撃対象領域）を少なくできる。
  - 認証処理に多要素認証などを組み込んで、認証強度を上げることが容易になる（アプリケーションが複数ある場合、個別に対応するのではなく認証サーバー側で対応するだけで済む）。
  - アプリケーションごとのパスワード忘れ対応といった、ヘルプデスク運用の負荷を軽減できる。

SSO 自体は新しいユースケースではありません。実装プロトコルの 1 つである Kerberos は、1980 年代に開発され現在でも使われています。一方、Keycloak が対象とする SSO は、Web 技術に特化したものになっています。2000 年代までの Web 分野における SSO 方式としては、クッキーを使用した簡易的な方式が広く使われていました。

クッキーは同一ドメイン内で自動的に共有される特性があります。そのため、クッキーでブラウザーと認証済みのセッションを紐づけることで、他のアプリケーションからでもクッキーの値

をチェックすれば認証済みかどうかを確認することができます。図 3.1.1 はクッキーを利用した旧来の簡易的な SSO 方式を表したものです。

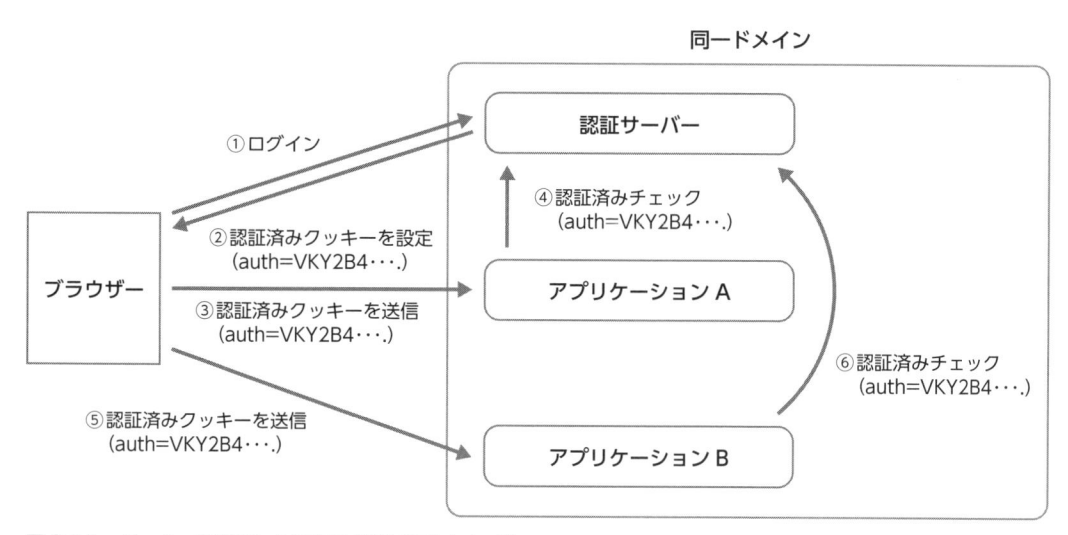

図 3.1.1　クッキーを利用した旧来の SSO 方式イメージ

エンタープライズ分野の IAM[*1] では、企業内のドメインに閉じて SSO を実現するのが大半であったため、このようなクッキーベースの簡易的な仕組みで十分でした。ところが、次第に以下のようなユースケースに対応するため、異なるドメイン間で認証結果を連携して SSO を実現するケース（一般的に認証連携[*2] と呼ばれます）が必要とされてきました（図 3.1.2）。

- すでに存在する社内の認証基盤とクラウドサービスの SSO を実現するケース。2010 年代になると、日本国内でも SaaS アプリケーションの活用が増加してきました。代表的なものとして、Salesforce や Microsoft 365（旧 Office 365）があります。
- M&A などによる企業の統廃合において、コストも期間もかかる ID 統合を行うのではなく、各社のシステムで ID 情報を連携して利用させるといったケース
- 企業間のコラボレーションにて自社システムに他社の ID 情報でログインさせるケース

---

*1　主に従業員をターゲットとした IAM の分野であり、EIAM（Enterprise IAM）とも呼ばれます。

*2　英語ではフェデレーション（Federation）と表現されています。

入門編

3

SSO の基礎知識

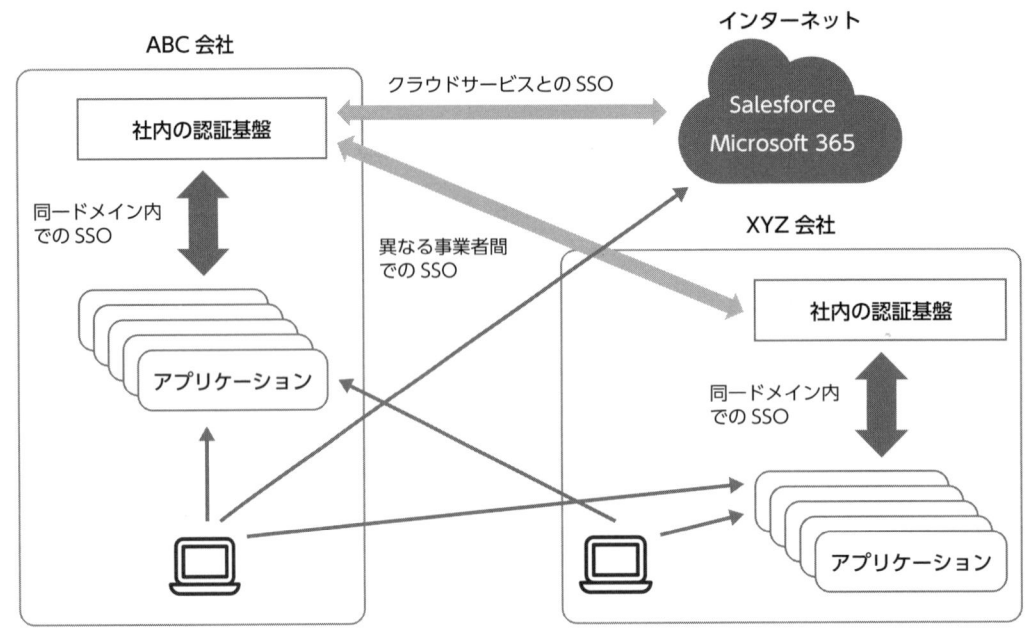

図 3.1.2　エンタープライズ分野における SSO イメージ

　このようなユースケースでは、それまでの単純なクッキーベースの SSO では対応が難しくな
りました。クッキーは同一ドメインでは共有されますが、異なるドメイン間では共有されず、
クッキーだけでは、認証済み状態を異なるドメインにあるアプリケーション間で共有することが
できないためです。

　一方、コンシューマー分野の IAM[*3] に目を向けると（図 3.1.3）、消費者の間で広く使われてい
る外部の ID、特にソーシャルネットワークサービスの ID を利用した自社サービスへのサイン
アップ機能を提供することで、アカウント登録負荷による離脱率を改善し、コンバージョン率[*4]
を向上するという施策が広く行われるようになりました。このように、ソーシャルネットワーク
サービスの ID を使ってログインすることを、ソーシャルログインと呼びます。

---

*3　主に一般消費者をターゲットとした IAM の分野であり、CIAM (Consumer または Customer IAM) とも呼ばれます。

*4　サイトにアクセスして、最終的にアカウント登録まで至った割合のこと。

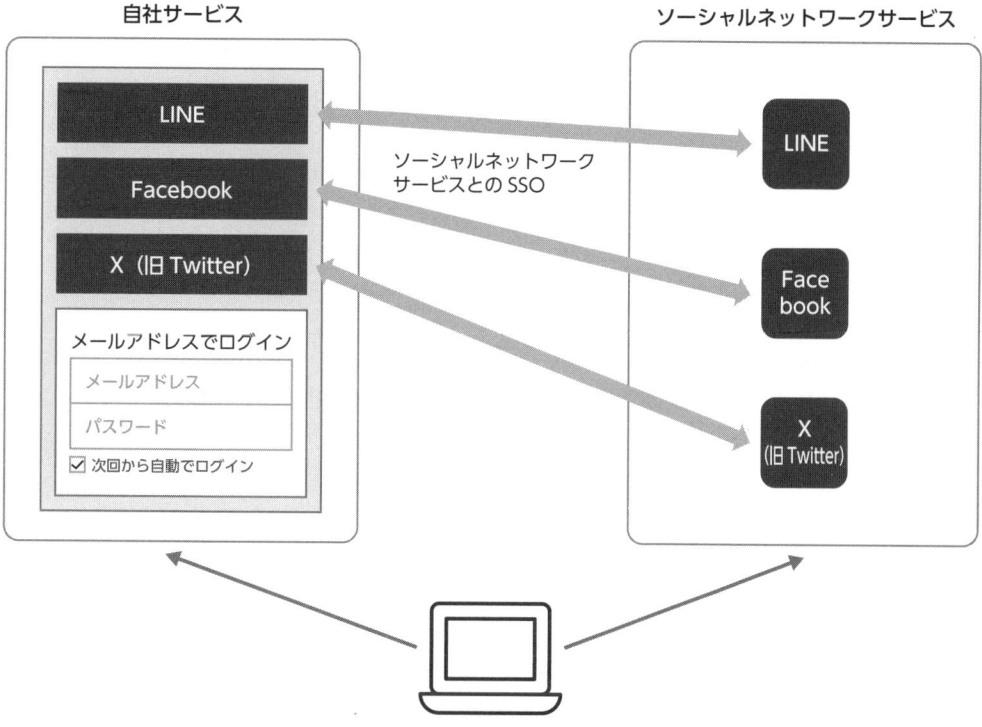

図 3.1.3　コンシューマー分野における SSO イメージ

　このような異なるドメイン間での SSO を実現するためには、クッキー以外のものでブラウザーを介して認証結果を安全にやりとりする、認証連携の方式が必要となります。現在に至るまで、製品独自の方式やオープンな仕様として策定された方式がいくつかありましたが、現在は標準化された方式が広く利用されています。それが SAML と OIDC という 2 つの認証連携のためのプロトコルです。Keycloak はデファクトスタンダードであるこの 2 つのプロトコルをサポートしており、分野問わず広く利用できるソフトウェアになっています。

　次に、これらのプロトコルを利用した SSO の仕組みを見ていきましょう。

▶ COLUMN

エンタープライズ分野とコンシューマー分野の違い

　どちらの分野でも認証と認可を行いますが、それぞれで要件が異なるため求められる機能が異なります。

エンタープライズ分野での要件

　企業内には数多くのシステムがあります。社内のポータルサイトなら認証不要というケースはありますが、基本的には認証が必要になります。また、機微な情報を扱うことも多く、アクセス制御も必要となるでしょう。例えば、所属部署や役職に応じてアクセスできる範囲を変えるといったアクセス制御がよくあります。エンタープライズ分野特有の要件には以下のようなものがあります。

- 各システム利用時に認証が必要
- 所属組織や役職に応じた細かいアクセス制御が必要
- Active Directory などのディレクトリーサーバーと連携が必要

コンシューマー分野での要件

　コンシューマー分野向けでは、ユーザー数の桁がエンタープライズ分野よりも大きくなるため、非機能面で大きな違いがあります。システム基盤としてスケールできることが求められるでしょう。また、インターネット利用が大前提のため、高度なセキュリティーも求められます。コンシューマー分野特有の要件には以下のようなものがあります。

- 高度な認証機能の実装が必要 (パスキーや多要素認証 [5]、リスクベース認証 [6] に対応)
- ユーザー数が増大してもスケールできるシステム基盤が必要
- ソーシャルネットワークサービスなどの ID を利用したサインアップ、ログイン機能が必要

　一方で、従来はエンタープライズ分野とコンシューマー分野は、それぞれ異なる要件を持つことが多かったのですが、近年は、それぞれの領域が重なってきています。例えば、エンタープライズ分野においてはリモートワークの利用増加に伴い、インターネットから企業内

---

[5]　例えば、スマートフォンのアプリが生成した OTP (ワンタイムパスワード) を入力させる認証方式があります。

[6]　接続元 IP アドレス、時刻、ブラウザーのヘッダー情報、過去のアクセス履歴などから不審なアクセスを判断し、追加認証などを行う認証方式。

のアプリケーションにアクセスするケースが増えてきています。そのため、従来のユーザーIDとパスワードによる認証だけではなく、コンシューマー分野で要求されるパスキーや多要素認証、リスクベース認証、不正アクセス検知などが求められるようになってきています。

　Keycloak は、双方の分野で利用できる基本的な機能を備えており、足りない部分は、要件に応じてカスタマイズ可能な拡張性を備えています。

■ 3.1.2　SSO の仕組み

　OIDC、SAML のどちらの方式も、考え方としては、ブラウザーなどのユーザーエージェントを介して認証サーバーで得られた認証結果を、安全な形でアプリケーションに伝える（認証連携する）ことで SSO を実現しています。Web アプリケーションにおける SSO の登場人物は、以下の 3 つになります。

- ブラウザー（ユーザー）
- 認証サーバー
- アプリケーション

　認証連携の方式によってそれぞれを表す用語が異なりますので、ここで先に整理しておきます。また、前章で取り上げた OAuth の用語もここで併せて記載します。なぜならば、OIDC は OAuth をベースにしたプロトコルであり、基本的には OAuth と処理の流れや処理の内容は同じですが、用語が異なる部分があるからです。混乱しないように注意してください。

表 3.1.1　登場人物の用語の整理

	SAML	OIDC	OAuth
ブラウザー （ユーザー）	User Agent (End-User)	User Agent (End-User)	User Agent (Resource Owner)
認証サーバー	Identity Provider (IdP)	OpenID Provider (OP)	Authorization Server
アプリケーション	Service Provider (SP)	Relying Party (RP)	Client

　この 3 つの間で認証結果を連携することで SSO を実現します。異なるドメイン間での SSO を実現するために、クッキー以外の方法で、認証結果を受け渡す必要があります。

　図 3.1.4 は、認証結果をアプリケーションに渡すことで SSO を行うイメージ[7]です。前提として、アプリケーション A と B の 2 つがあり、A にログインした後、続いて B にアクセスするというシナリオです。

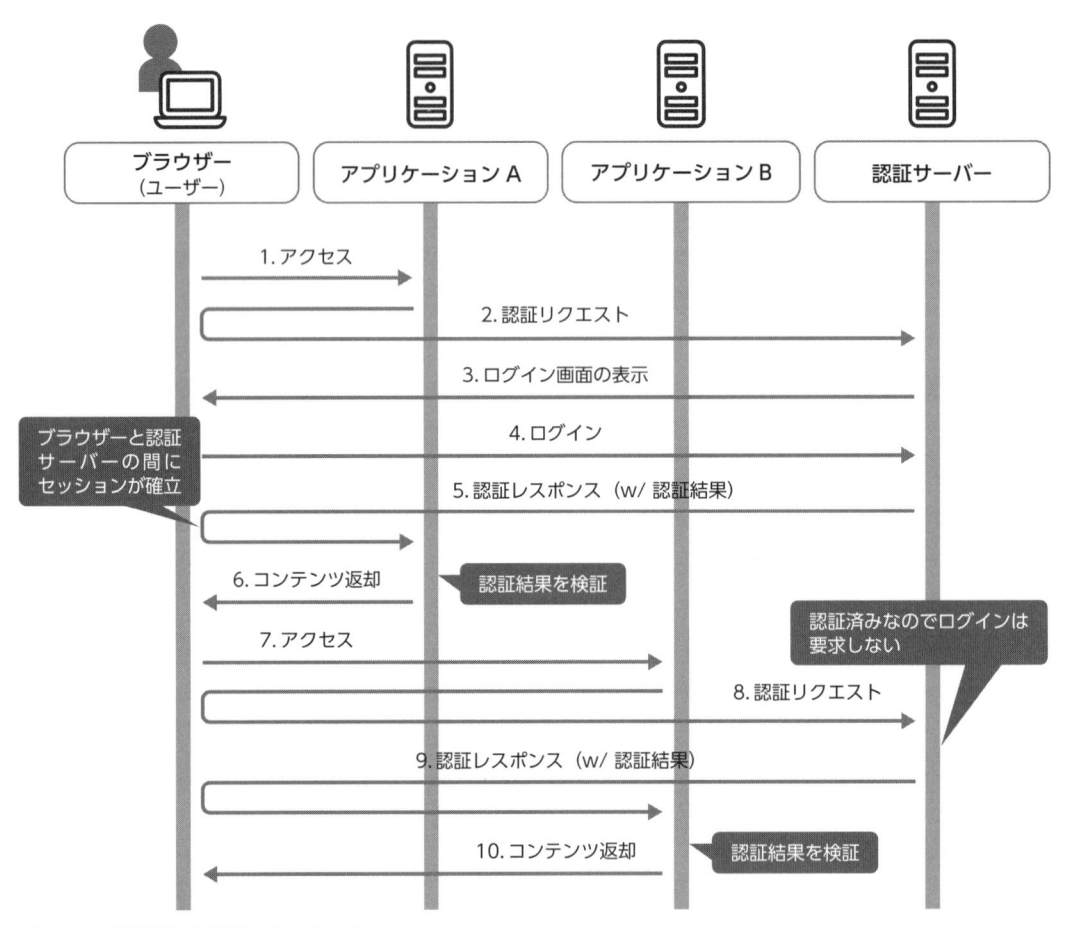

図 3.1.4　認証結果を連携するイメージ

1. ユーザーはアプリケーション A にアクセスし、ログイン処理を開始します。
2. アプリケーション A はブラウザーを介して認証サーバーに認証リクエストを送信します。
3. 認証サーバーはログイン画面を表示します。
4. ユーザーはユーザーID とパスワードなどによるログインを行います。
5. 認証が成功すると、認証サーバーはブラウザーを介して認証結果をアプリケーション A に連携し

ます。加えて、認証サーバーはブラウザーとの間で認証セッション[8]を作成します。アプリケーションAは、認証結果が認証サーバーから正しく連携されたものかを検証します。

6. 検証が成功すると、アプリケーションAは認証結果よりユーザーを識別することができ、コンテンツを返却します。ユーザーはアプリケーションAを利用できるようになります。

7. 次に、ユーザーは別のアプリケーションBにアクセスし、ログイン処理を開始します。

8. 再びブラウザーを介して認証サーバーに認証リクエストを送信しますが、すでにブラウザーと認証サーバー間の認証セッションが有効であり、ログインはスキップされます。

9. 認証サーバーは、ブラウザーを介して認証結果をアプリケーションBに連携します。アプリケーションBは、認証結果が認証サーバーから正しく連携されたものかを検証します。

10. 検証が成功すると、アプリケーションBは認証結果よりユーザーを識別することができ、コンテンツを返却します。ユーザーはアプリケーションBを利用できるようになります。

このように、一度ログインを行うだけで他のアプリケーションを利用可能になりました。これがSSOです。

ここでの「認証結果」（図中5.と9.）を、OIDCではIDトークン、SAMLではSAMLアサーションと呼びます。認証結果には、認証時刻や認証対象（通常はユーザー）の識別子、認証対象の属性情報、認証メソッド[9]などが含まれます。また、大事な点として、改ざん耐性を持たせるために電子署名が付与されています。ブラウザーを介してこれらの認証結果をやりとりする方式の場合、改ざんされてしまうと容易に成りすましされ、アプリケーションに不正アクセスされてしまいます。電子署名を付与することで、受け取り側が改ざんチェックをすることができ、このような成りすましを防ぐことができます。

さて、OIDC、SAMLのどちらの方式でもアプリケーションは認証結果を受け取りますが、これはあくまで認証サーバーで認証された内容を示すものであり、ブラウザーとアプリケーション間の認証セッションを維持するためのものではありません。

アプリケーション側で認証済み状態を維持するには、この認証結果をもとにアプリケーションとしての認証セッションを作成し、以後のブラウザーとの間のやりとりはアプリケーション側の責任で認証セッションを維持する必要があります。例えば、アプリケーション固有のセッションIDを生成し、クッキーを利用して認証セッションを維持します。つまり、一般的なWebアプリケーションのセッションと同じです。IDトークンやSAMLアサーションそのものをセッションIDとして扱うことは想定されていませんので、注意してください。

----

[8] ブラウザーと認証サーバー間で、認証済みの状態が維持されるセッション。一般的に、クッキーを使用して実装します。認証サーバーは予測困難な値をセッションIDとして払い出し、クッキーに設定します。以後のアクセスでは、クッキーで渡されるセッションIDで同一ユーザーからのアクセスであることを識別します。認証サーバーの認証セッションは、アプリケーションの認証セッションと区別してSSOセッションとも呼ばれます。

[9] 認証の具体的な方式（パスワード認証、OTP認証など）。

■ 3.1.3　シングルログアウト

　ここまでは SSO の仕組みについて説明しました。SSO は、一度のログインで複数のアプリケーションに対してアクセス可能になる特性や機能のことです。それとは逆に、一度のログアウトで、複数のアプリケーションからログアウトすることを、シングルログアウト（SLO）と呼びます[10]。

　前項で説明したように、SSO を行った後は、認証サーバーと各アプリケーションでそれぞれ認証セッションを持つことになります。そのため、あるアプリケーションからログアウト（アプリケーションの認証セッションを破棄）しても、その他のアプリケーションの認証セッションは有効なままです。また、認証サーバーとの間の認証セッションも有効なため、ログアウトしたアプリケーションにアクセスすると即座に SSO が行われ、アクセス可能になります。

　これはユーザーが自分専用の PC やデバイスを利用するケースでは大きな問題にはなりません。例えば、Google アカウントでソーシャルログインしたあるサービスからログアウトしても、Google からはログアウトされませんし、他のサービスからもログアウトされません。仮に Google やその他のサービスからもログアウトされてしまうと、ユーザーは不便に感じるでしょう。Google とソーシャルログインしている各サービスは、運営企業が別であり、一体となってログアウトされる動作は、ユーザーからすると意図したものではありません。

　一方、自分専用ではなく第三者と PC やデバイスを共用している場合[11]は、この挙動が問題となる可能性があります。アプリケーションからログアウトして PC の利用者が代わっても、認証サーバーの認証セッションが有効な状態では、第三者が SSO によりアプリケーションにアクセスできてしまうためです。また、認証サーバーに加え、SSO を行っている他のアプリケーションの認証セッションも破棄しないと、自分の情報に第三者が不正にアクセスできてしまう恐れがあります。

　この点をカバーするものとして SLO があり、OIDC と SAML でも仕様が規定されています（図 3.1.5）。仕様では、②と③のログアウトを要求する方法について規定しています。

---

[10] グローバルログアウトと呼ぶこともあります。本書では SLO で統一しています。
[11] 公共施設に置かれている共用 PC や、従業員間で使いまわしされる PC など。

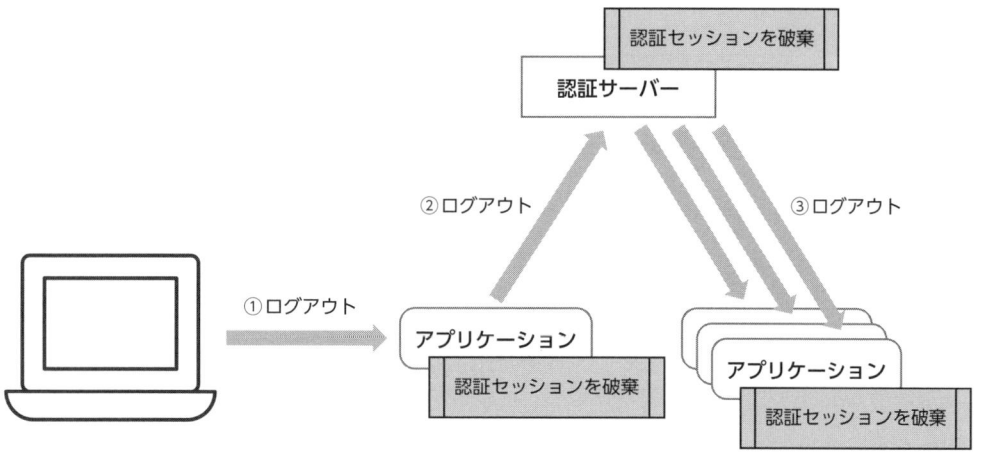

図 3.1.5　SLO のイメージ図

1. ユーザーがアプリケーションに対してログアウトを要求すると、アプリケーション側でログアウト
　処理を行います。
2. アプリケーションは認証サーバーにログアウトのメッセージを送ります。通常、これは認証サー
　バーのログアウト URL に対してリダイレクトすることで行われます。
3. ログアウトのメッセージを受け取った認証サーバーは、ログアウトしつつ、SSO を行っているアプ
　リケーションに対して、さらにログアウト要求を送信します。

　上記はアプリケーション起点の SLO となっていますが、認証サーバー起点の SLO もあります。
その場合、①②をスキップしてブラウザーから認証サーバーのログアウト用 URL にアクセスし、
SLO を開始します。

　なお、③のログアウト要求の方式は2種類あります。1つ目は、認証サーバーとアプリケーショ
ンの間で直接通信を行ってログアウトする方式で、バックチャネルログアウトと呼びます。2つ
目は、直接通信ではなく、ブラウザー経由で iframe やリダイレクトなどを利用して各アプリケー
ションに対してログアウト通信を行う方式で、フロントチャネルログアウトと呼びます[*12]。フロ
ントチャネルログアウトは、バックチャネルログアウトより比較的実装は容易なものの、昨今の
ブラウザーベンダーによるサードパーティークッキーのブロックにより、今後動作しなくなる恐
れがあります。

　このように SLO では、いずれかのアプリケーションからログアウトすると、認証サーバーも
含めて他のアプリケーションからもログアウトされます。

[*12] OIDC のフロントチャネルログアウトには iframe を利用します。SAML の場合は iframe ではなく、HTTP Redirect Binding、HTTP
　　POST Binding、HTTP Artifact Binding のいずれかの方式を利用しますが、Keycloak はすべて対応済みです。

▶ COLUMN

SLO は難しい

SLO を実現するには、認証サーバーとアプリケーションが、この SLO の仕様に対応している必要があります。非対応なアプリケーションがあれば、そのアプリケーションの認証セッションは残り続けることになります。自分たちが完全にコントロールできない SaaS やパッケージアプリケーションを含めると、すべて SLO に対応することは現実には難しいでしょう。企業内のアプリケーションも、SSO だけではなく SLO まで対応するには労力がかかります。また、SLO にすべて対応していたとしても、DB のトランザクションのようなアトミックな処理ではないため、エラーケースを考えると部分的に認証セッションが残る場合も想定されます。

そのような状況を許容できない場合、別の対策を考える必要があります。例えば、認証サーバーやアプリケーションにおいてはセッションクッキー[*13] を利用すれば、ユーザーがブラウザーを閉じることで、認証セッションが再利用されることを防ぐことができます。加えて、ユーザーによるブラウザーの閉じ忘れも想定して、認証セッションの有効期限を短く設定し、不正にアクセスされるリスクを下げるという対策もあります。

一方でこのような対策を行うと、ユーザーの利便性は低下します。セッションクッキーを利用するということは、ユーザーはブラウザーを新規に起動するたびに再ログインする必要があります。また、認証サーバー側の認証セッションの有効期限が短いと、頻繁に再ログインが求められることになります。

別のアプローチとして、アプリケーションの SSO を常に自動で行うのではなく、アプリケーションの重要度に応じて再認証を行うように認証サーバー側に要求する方法もあります。例えば、OIDC の場合は認証リクエストのパラメーターを設定することで、認証済みだとしてもログイン画面を表示することが可能です。

また、認証時刻を表す値を ID トークンに含めるように要求するパラメーターもあります。これを利用して、ユーザーが直前に認証を行ったかどうかをアプリケーション側で確認することができます。

他にも、アプリケーション側でリフレッシュトークンによるトークン更新を行い、失敗した場合にアプリケーションセッションを破棄するというアプローチもあります。この場合、トークン更新の間隔時間のずれは生じますが、SSO セッションを破棄することで緩やかにアプリケーション側の認証セッションを破棄させることが可能です。

[*13] ブラウザーのメモリー内で保持されるタイプのクッキーのことです。ブラウザーを閉じると自動的に削除されます。逆に、ブラウザーを閉じても保持されるタイプのクッキーを永続クッキーと呼びます。

アプリケーションの SSO 実装処理に手を加える必要がありますが、これらのほうが SLO よりも対応が容易かもしれません。

　以上のような対策はあるものの、実装も容易でユーザーの利便性も下げない方式はなかなかないのが現状です。アプリケーションの用途や扱う情報の重要度に応じて、ログアウトの方式、セッションの種類、有効期限、再認証の必要性を検討することがポイントです。

3.1.4　SSO と ID 管理

　ここまで SSO を中心とした解説をしてきましたが、ここでは SSO と関係の深い「ID 管理」について説明します。Keycloak は、「Identity and Access Management（IAM）」の課題を解決するためのソフトウェアです。この IAM という分野は幅広く、「アクセス管理（Access Management、AM）」と「ID 管理（Identity Management、IDM）」の領域を含んでいます。また、近年は ID 管理を拡張した IGA（Identity Governance and Administration）という概念も登場しています。図 3.1.6 は、それぞれのおおまかな役割を表したイメージ図になります。

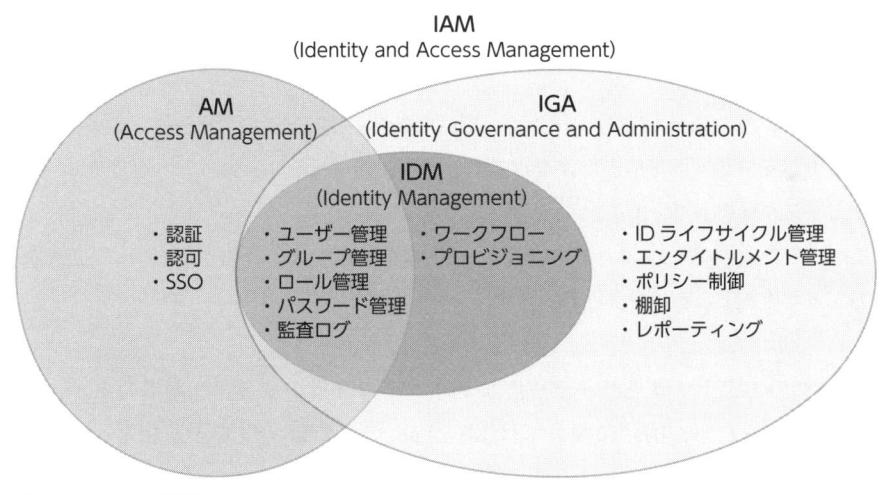

図 3.1.6　IAM の役割

　Keycloak は、この中のアクセス管理（AM）に特化したソフトウェアになっています。つまり、IDM や IGA の要素が求められる場合は、Keycloak 単体で解決することは難しいということです。これは特に、これらの要素が強く求められるエンタープライズ分野では顕著にあらわれます。

　例えば「プロビジョニング」とは、SSO 先のアプリケーションにユーザー情報やグループ情報などを連携する同期機能のことを指します。このプロビジョニングに関する標準仕様としては

「SCIM（System for Cross-Domains Identity Management）」がありますが、Keycloak はその機能を備えていません。Keycloak は外部の ID ストアとして Active Directory や LDAP を使うことができますが（詳しくは、第 7 章で解説）、SSO を行うアプリケーションに対してユーザーやグループ、ロール情報などを同期するための機能は備えていません。

　ただし、ユーザー情報の連携は Just In Time Provisioning（JIT プロビジョニング）と呼ばれる手法を使うことで、IDM や IGA なしでも実現することができます。JIT プロビジョニングとは、OIDC や SAML の認証結果にユーザーの属性情報を含めることで、認証連携のタイミングで動的にアプリケーション側でユーザーアカウントを作成するという手法です。Keycloak は、ID トークンや SAML アサーションの内容を容易にカスタマイズできる機能を備えているため、連携したいユーザーの属性情報を認証結果に細かく設定することが可能です。一方、この手法を利用するには、対象のアプリケーションが JIT プロビジョニングの機能を備えている必要があります。JIT プロビジョニングに対応していれば、IDM や IGA なしでもユーザーはシームレスにアプリケーションを利用することができます。

　このように、サービスを利用開始することだけを考えると、JIT プロビジョニングで要件を満たせるケースもあるでしょう。しかしながら、エンタープライズ分野のユースケースでは、アカウント削除の連携や、グループやロール情報といったエンタイトルメント管理[*14] が、以下の理由から近年では重要視されています。

- 不正アクセス対策：近年では SaaS アプリケーションだけでなく、社内アプリケーションもインターネットからのアクセスを許可する形態が増えてきており、不必要な権限やアカウントをリアルタイムに削除したいニーズが高まっています。
- コスト抑制：SaaS アプリケーションは、基本的にユーザー数課金のため、不要なアカウントを削除する運用もきちんと実施することが望まれています。

　JIT プロビジョニングの方式上、ユーザーが実際に利用するタイミング（認証連携のタイミング）で属性情報が連携されるため、削除に関しては Keycloak のみでは実現できません。その他にも、エンタープライズ分野のユースケースでは、ワークフローによるアカウントの作成や更新、アプリケーションの利用権限の追加などもよくあります。これも Keycloak 単体では実現できない分野になります。

　このように、Keycloak をエンタープライズ分野で利用する場合は、IDM や IGA 分野の対応についてもよく検討することがポイントとなるでしょう。Keycloak が提供する IDM や IGA 要素

---

*14 資格、権利を意味する言葉ですが、IAM では、グループやロールなどを利用したユーザーの権限管理を表す言葉として使用されています。

の機能は、簡易的なものであるため、必要に応じてこれらの機能を有するソフトウェアやサービスを組み合わせることで、エンタープライズ分野で求められる IAM の範囲全体をカバーすることができるようになります。

> ● COLUMN

OSS による IDM と IGA の実現

参考までに OSS で IDM、IGA を実現するソフトウェアの midPoint を紹介します。IDM を実現する OSS はいくつかありますが、プロビジョニング機能を中心としたものでした。midPoint は IGA 分野までカバーしている点が特徴です。ヨーロッパを中心に利用されており、欧米の大学や政府機関（EU Commission（欧州委員会）など）、金融機関などで採用されています。詳細は下記の GitHub のページを参照してください。

https://github.com/Evolveum/midpoint

3.2 標準プロトコルによる SSO

本節では標準プロトコルによる SSO のフローについて解説します。SSO を実現する標準プロトコルには OIDC と SAML がありますが、OIDC については第 2 章 2.4 節ですでに解説しているため、ここでは SAML についてのみ解説します。そして、アプリケーションを SSO 対応するための方式について説明します。

3.2.1 SAML による SSO

SAML は、2002 年に策定され、2005 年にバージョン 2.0 が OASIS 標準として承認されました[15]。当時は XML が主流の時代であり、SAML もそのデータ表現で XML を利用しています。SAML の仕様には現在ではあまり利用されない機能が多数ありますが、本書では現在もよく使われており、かつ Keycloak でサポートしている Web SSO のユースケースに絞って解説します。その他の SAML の仕様に関して興味がある方は、OASIS のページ（https://wiki.oasis-open.org/security/FrontPage）を参照してください。

典型的な SAML による SSO のフローを図 3.2.1 に示します。OIDC のフロー（第 2 章 2.4 節の図 2.4.1）と同じく、アプリケーションへのアクセスを起点としてフローが開始されます。SAML ではこれを SP-Initiated SSO（SP 起点の SSO）と呼びます。なお、SAML では認証サーバーを起点とする IdP-Initiated SSO（IdP 起点の SSO）のフローも存在し、Keycloak でもサポートしています。しかしながら、IdP-Initiated SSO にはその仕組み上、CSRF の脆弱性が存在するため推奨されません[16]。よって、ここでは SP-Initiated SSO に絞って解説します。

---

[15] 以降、「SAML」といった場合、この「SAML バージョン 2.0」を指すものとします。

[16] 非推奨に加えて、アプリケーション（SP）側の実装で気をつけるポイントもいくつかあります。詳細は、OWASP による SAML Security Cheat Sheet (https://cheatsheetseries.owasp.org/cheatsheets/SAML_Security_Cheat_Sheet.html) を参照してください。

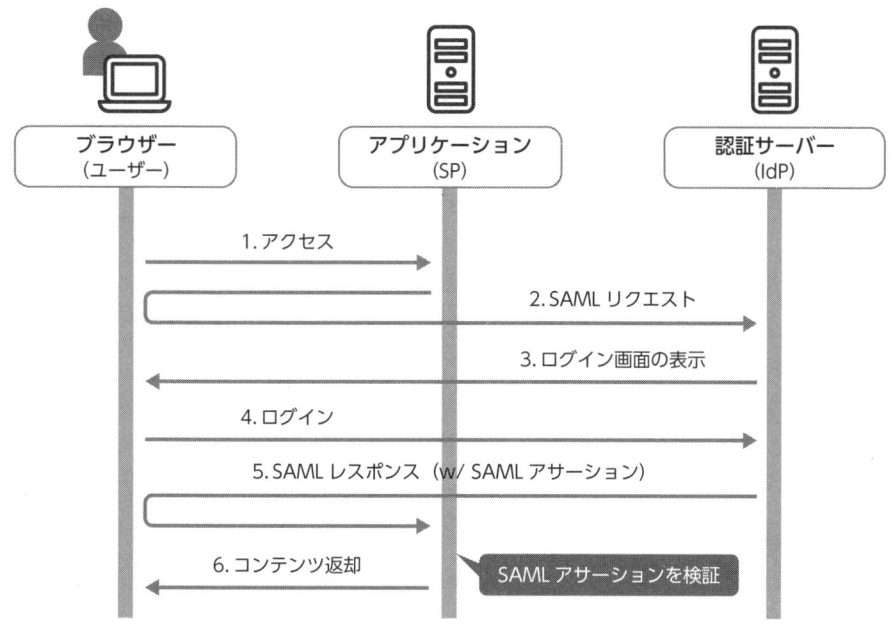

図3.2.1　SAMLによるSSO (SP-Initiated SSO)

1. ユーザーは、アプリケーションにアクセスします。

2. アプリケーションは、「SAMLリクエスト」というXML形式のメッセージを含む認証リクエストを
   HTTPで認証サーバーに送信します。

3. 認証サーバーは、ユーザーに対して認証を要求します。図ではログイン画面でのユーザーID/パス
   ワードによる認証としていますが、認証そのものに関してはOIDCと同様、SAMLでは規定されて
   おりません。

4. ユーザーは、ユーザーIDとパスワードを送信します。

5. 認証サーバーは、ユーザーを識別し、その結果として「SAMLレスポンス」を発行し、アプリケー
   ションに返します。

6. アプリケーションは、SAMLレスポンスに含まれる「SAMLアサーション」を検証し、ユーザーに
   コンテンツを返却します。

　なお、2.のSAMLリクエストでは、ブラウザーを経由するためにOIDCと同様にHTTPリダ
イレクトを利用しますが、POSTメソッドで行う方式もあります（ブラウザーを経由するため、
JavaScriptで自動POSTさせるHTMLフォームを一旦ユーザーに返却します）。SAMLリクエ
ストを行うタイミングはOIDCと同じで、アプリケーション内の「ログイン」ボタンをクリック
したタイミングや、最初にアプリケーションにアクセスしたタイミングなどになります。
　5.のSAMLレスポンスはXMLの形式のメッセージであり、サイズが比較的大きいため、

OIDC のように HTTP リダイレクトで渡すと GET メソッドのサイズ制限でエラーになる恐れがあります。そこで、SAML レスポンスを返す際は、POST メソッドを使う方式（HTTP POST Binding）を採用することが一般的です。Keycloak はこの HTTP POST Binding をサポートしており、POST メソッドを利用して、SAML レスポンスがアプリケーションに連携されます。また、認証結果を表す SAML アサーションがこの SAML レスポンスに含まれています[*17]。

　SAML アサーションは、ブラウザーを経由してアプリケーションに送信されます。改ざんなどによる成りすましを防ぐため、アプリケーション側では受け取った SAML レスポンスを適切に検証する必要があります。SAML レスポンスには、電子署名が付与されていますので、事前にアプリケーション側に連携されている検証用の鍵を利用し、改ざんされていないかどうかをチェックすることが必須となります。

　SAML アサーションには、さまざまな情報が格納されています。「NameID」という要素には、認証サーバー側でユーザーを一意に識別することができる識別子が格納されています。アプリケーションはこの情報を使い、ユーザーを識別しつつアプリケーションとして認証を行い、ユーザーはアプリケーションを利用することができるようになります。必要であれば、認証に必要な条件（認証方法や認証時刻など）を満たしているかも確認します。

　その他、メールアドレスや姓名といったユーザーの属性情報も、SAML アサーションで連携される場合があるため、必要に応じてアプリケーションで利用します。なお、OIDC の場合は、UserInfo エンドポイントで別途ユーザーの属性を取得可能ですが、SAML の場合はそのような専用のエンドポイントはありません。

▶ COLUMN

OIDC と SAML の使い分け

　OIDC と SAML は、ともに認証結果をアプリケーションに安全に伝えるための仕組みを規定したもので、認証連携を実現するための仕様です。両者の違いをまとめると表 3.2.1 のようになります。

---

*17 Keycloak では、SAML の HTTP Artifact Binding という方式もサポートしています。HTTP Artifact Binding の場合は、「SAML アーティファクト」というものが HTTP リダイレクトでアプリケーションに渡され、アプリケーション側で SAML アーティファクトを SAML アサーションに交換します。OIDC の認可コードフローと同様のフローとなります。

表 3.2.1　OIDC と SAML のプロトコルの違い

OIDC	SAML
・OAuth がベース ・データの表現形式は JSON ・仕様が SAML と比較してシンプル ・ブラウザーに認証結果は返されず、RP が OP と直接通信して、認証結果を受け取る方式が一般的	・データの表現形式は XML ・仕様が OIDC と比較して複雑 ・ブラウザーを経由して認証結果をやりとりする方式が一般的

　OIDC は、ソーシャルログインなどのコンシューマー分野で使われることが多いです。一方、SAML は企業向けの SaaS アプリケーションとの SSO でよく使われており、エンタープライズ分野ではまだまだ必要とされています。ただし、Keycloak のように OIDC と SAML の両方をサポートする認証サーバーが増えてきているため、今後はどの分野でも OIDC に対応したアプリケーションが徐々に増えていくのではないかと期待しています。アプリケーションが OIDC と SAML の両方に対応可能な場合は、以下の観点から OIDC を選択するほうがメリットがあります。

- OIDC は JSON ベースであり、現代の開発言語やフレームワークで扱いやすい（XML は単体でも複雑な仕様になっており、XML 起因の脆弱性を作り込んでしまうケースがある）。
- JSON はデータ量が XML と比べて小さく、パフォーマンス面で有利。
- OIDC は OAuth をベースにしているため、同時に API 認可のためのユースケースにも対応できる。

　ただし、アプリケーションから認証サーバーに直接通信できないネットワーク構成の場合、OIDC ではよく利用される認可コードフローを使用できず、インプリシットフローを使用する必要があります。インプリシットフローに対応しているライブラリーは少ないため、アプリケーションによっては SAML のほうが対応しやすい場合があります。

3.2.2　アプリケーションの SSO 対応

　ここまでは、OIDC と SAML を利用した一般的な Web アプリケーションの SSO の処理の流れを説明しました。さて、Web アプリケーションというカテゴリーの中には、さまざまなアーキテクチャーのアプリケーションが存在します。従来型のサーバーサイドでの処理を中心としたアプリケーションもあれば、モダンな SPA もあります。加えて、ブラウザーを使用しないタイプのアプリケーションもあるでしょう。身近なところでは、スマートフォン上で動作するモバイルア

プリケーションなどです。その他にも、デスクトップ向けのネイティブアプリケーションや、スマートスピーカーといった IoT 家電もあります。また、自分たちで開発するのではなく、サービスとして利用する SaaS アプリケーションや、OSS または商用のパッケージソフトウェアもあります。

このような多種多様なアプリケーションと SSO するには、アプリケーションのタイプに応じて適切な SSO の実現方式を選択する必要があります。

Keycloak で SSO を実現するには、アプリケーションが OIDC か SAML に対応していなければなりません。したがって、SSO を実現するには、アプリケーションをどのように OIDC や SAML に対応させるかがポイントとなります。

本章で扱うアプリケーションのタイプと SSO の実現方式は、以下のとおりです。

- アプリケーションのタイプ
  - SaaS アプリケーション (Salesforce など)
  - パッケージソフトウェア (SAP、WordPress など)
  - 従来型 Web アプリケーション (Spring アプリケーション、Django アプリケーションなど)
  - SPA (Angular アプリケーション、React アプリケーションなど)
  - 静的サイト (Apache HTTP Server、Nginx など)
  - ネイティブアプリケーション (Android アプリケーション、iOS アプリケーションなど)
- SSO の実現方式
  - ライブラリーを利用
  - リバースプロキシーサーバーを利用
  - アプリケーションの機能 (標準プロトコル対応機能) を利用
  - 代理認証を利用

SSO の実現方式は、アプリケーションタイプごとに一意に決まるわけではありません。アプリケーションタイプによって、採りうる実現方式が複数あり、要件、特性、アーキテクチャーなどから実現方式が決まります。ここでは、3.2.3 項で、まず各 SSO の実現方式の概要について説明します。その後、3.2.4 項で、各アプリケーションタイプはどういうケースでどの実現方式とマッチするかを解説します。

3.2.3　SSO の実現方式

ここでは、4 つの SSO の実現方式について解説します。

■ (1) ライブラリーを利用する方式

OIDC と SAML は標準プロトコルであるため、RP/SP として機能するライブラリーをアプリケーションに組み込むことができれば、認証サーバー（OP/IdP）である Keycloak と連携ができます。そのようなライブラリーは、複数のサードパーティーからオープンソースで公開されています。この実現方式は、図 3.2.2 のように、これらのライブラリーをアプリケーションに組み込んで SSO を実現する方式です[18]。なお、RP/SP として機能する Keycloak 専用のライブラリーとしてクライアントアダプターが以前は提供されていましたが、各プラットフォームで OIDC 対応ライブラリーの普及が進んだため、バージョン 26 時点では一部を除いて非推奨または提供されていません（詳細は第 4 章 4.1.6 項を参照）。

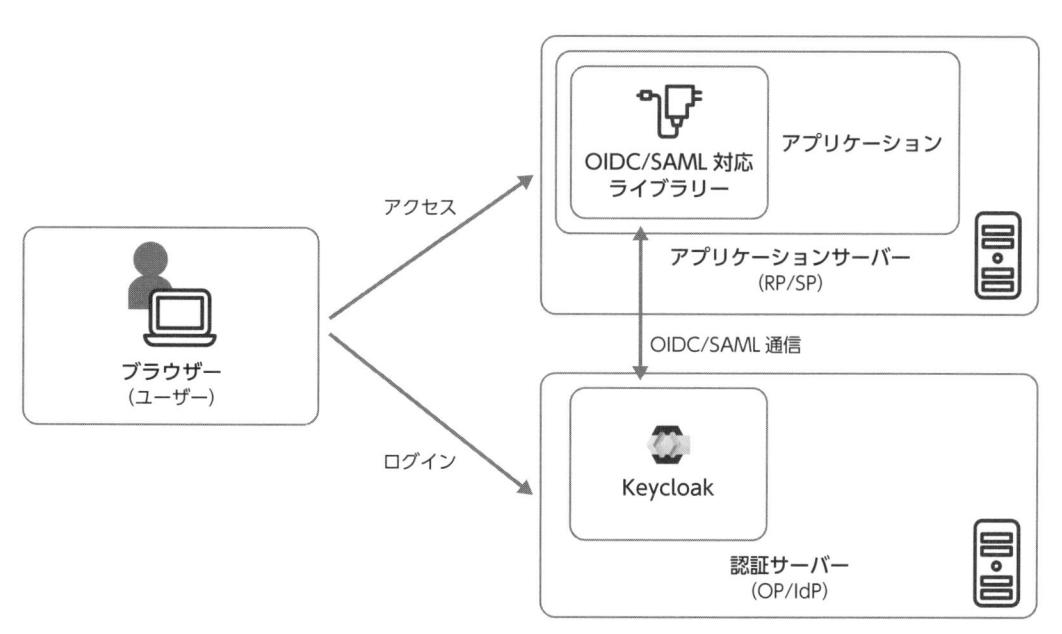

図 3.2.2　ライブラリーを利用した実装方式

■ (2) リバースプロキシーサーバーを利用する方式

図 3.2.3 に、リバースプロキシーサーバーを利用した SSO の実装方式（リバースプロキシー方式とも呼びます）の概要を示します。この方式は、OIDC や SAML に対応したリバースプロキ

---

[18] このようなライブラリーを組み込む方式は、他の書籍や記事でよくエージェント型といわれています。ただし、OIDC や SAML といった標準プロトコルではなく、独自プロトコルで SSO するためのエージェントとして説明されているケースが多いため、本書ではエージェント型という表記は避けています。

シーサーバー[19] をアプリケーションの前段に配置し、アプリケーションの代わりに、OIDC または SAML で認証サーバーとやりとりをします。そして認証サーバーより得た認証結果（ID トークンや SAML アサーション）に含まれる識別子（ユーザー名やメールアドレスなど）を、HTTP ヘッダーに設定し、後続のアプリケーションにリクエストを送信します。

　後続のアプリケーションは、HTTP ヘッダーに設定された値を読み取り、該当ユーザーで認証済みと判断して処理します（これを、HTTP ヘッダー認証と呼びます）[20]。その結果、アプリケーションは、OIDC、SAML に直接対応することなく SSO することができます。

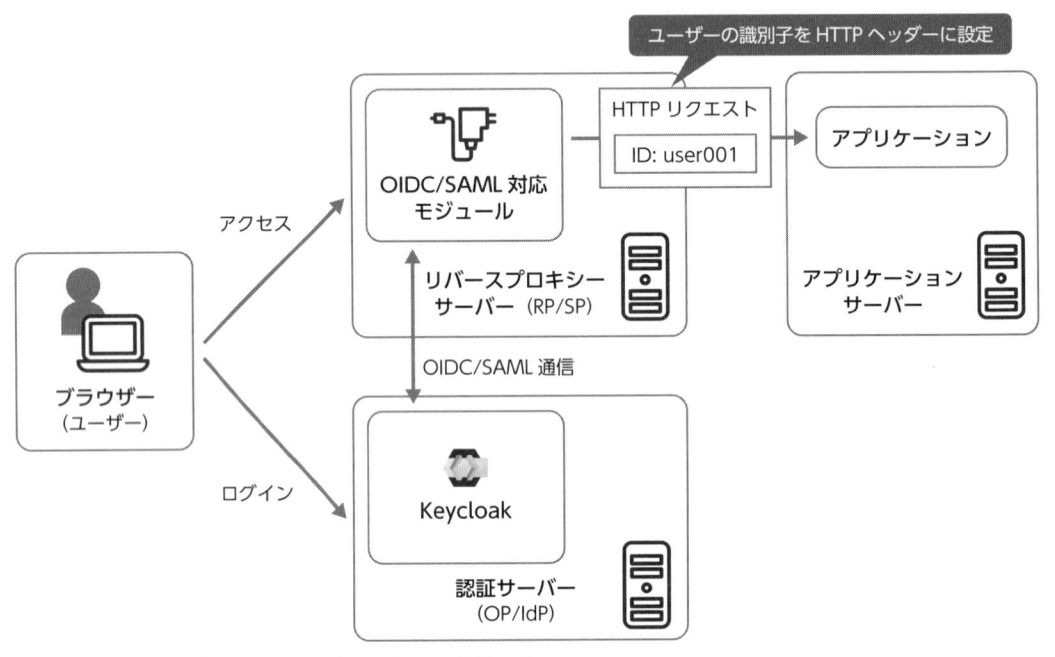

図 3.2.3　リバースプロキシーサーバーを利用した実装方式

■ (3) アプリケーションの機能（標準プロトコル対応機能）を 利用する方式

　アプリケーションによっては、OIDC や SAML にすでに対応していたり、用意されているプラグインの追加などで、これらの標準プロトコルに対応できるものがあります。そのような場合は、ライブラリーやリバースプロキシーサーバーなどを導入せずに SSO することができます。

----

[19] ロードバランサー製品も含みます。例えば、マネージドサービス型のロードバランサーである AWS の Application Load Balancer は、OIDC に対応しています。

[20] HTTP ヘッダー認証を行う場合、成りすましを防ぐために、信頼された接続元（この場合はリバースプロキシーサーバー）から送信された HTTP ヘッダーのみを受け付けるように、ネットワークを構成する必要があります。

■ (4) 代理認証を利用する方式

アプリケーションによっては、OIDC や SAML だけでなく、HTTP ヘッダー認証にも対応しておらず、SSO の実現のために改修することが難しい場合があります。その場合は、既存のログイン画面に対して、ユーザーに代わってクレデンシャルを自動送信する代理認証エージェントをサーバーサイドまたはクライアントサイドに配置します。それにより、アプリケーションには一切手を加えなくても、ユーザーから見ると SSO と同じ UX を実現することができます。

以上、4 つの実現方式の概要を説明しました。次に、アプリケーションタイプ別に、これら実現方式の選択方法について解説します。

■ 3.2.4 SSO の実現方式の選択方法

前項では、4 つの SSO の実現方式を説明しました。ここでは、6 つのアプリケーションタイプで、それぞれ採用可能な実現方式を示し、実現方式ごとに代表的な採用されるケースを紹介します。ただし、複数の条件が当てはまる場合もあり、その場合は個別のシステム要件で判断する必要があります。

■ (1) SaaS アプリケーション

SaaS アプリケーションの SSO の実現方式を表 3.2.2 に示します。

SaaS アプリケーションがすでに OIDC または SAML に対応していれば、設定のみで SSO を実現することができます。アプリケーションによって、OIDC や SAML への対応有無や設定方法などが異なるため、各アプリケーションのドキュメントを参照したり、サポートを利用したりする必要があります。

一方、OIDC や SAML に対応していないアプリケーションの場合は、代理認証方式を採用する必要があります。

表 3.2.2　SaaS アプリケーションにおける SSO の実現方式

実現方式	採用されるケース
アプリケーションの機能 (標準プロトコル対応機能) を利用	アプリケーションが OIDC または SAML に対応している場合
代理認証を利用	アプリケーションが OIDC または SAML に対応していない場合

■ (2) パッケージソフトウェア

　パッケージソフトウェアにおける SSO の実現方式を、表 3.2.3 に示します。

　パッケージソフトウェアが、OIDC または SAML に対応していれば、設定のみで SSO を実現することができます。アプリケーションによって、OIDC や SAML への対応有無や設定方法などが異なるため、各アプリケーションのドキュメントを参照したり、サポートを利用したりする必要があります。

　OIDC や SAML に対応していないアプリケーションでも、HTTP ヘッダー認証に対応していれば、リバースプロキシーサーバーを利用した SSO 方式を採ることができます。また、パッケージソフトウェアによっては、認証機能を拡張可能な場合があります。その場合、ライブラリーを利用した SSO 方式を採れる可能性があります。いずれの方式にも対応できない場合は、代理認証方式を採用する必要があります。

表 3.2.3　パッケージソフトウェアにおける SSO の実現方式

実現方式	採用されるケース
アプリケーションの機能 (標準プロトコル対応機能) を利用	アプリケーションが OIDC または SAML に対応している場合
リバースプロキシーサーバーを利用	アプリケーションが HTTP ヘッダー認証に対応している場合
ライブラリーを利用	認証機能を拡張でき、ライブラリーを組み込み可能な場合
代理認証を利用	上記実現方式を採れない場合

■ (3) 従来型 Web アプリケーション

　サーバーサイド処理が存在する、従来型の Web アプリケーションの SSO 実現方式を表 3.2.4 に示します。多くの場合、アプリケーションの改修を伴うため、どのレベルまで改修可能かが実現方式選択のポイントとなります。

表 3.2.4　従来型 Web アプリケーションにおける SSO の実現方式

実現方式	採用されるケース
ライブラリーを利用	ライブラリーを組み込み認証処理を実装可能な場合
リバースプロキシーサーバーを利用	アプリケーションの開発言語、フレームワークにマッチするライブラリーが存在しない場合、かつアプリケーションが HTTP ヘッダー認証に対応するように実装可能な場合
代理認証を利用	上記実現方式を採れない場合

■ (4) SPA

第 2 章 2.4.4 項でも紹介した SPA には、2 つのケースがあります。1 つ目は、ブラウザー上で動作する SPA が直接認証サーバーと認証結果である ID トークンをやりとりして SSO を行うケース（バックエンドなしのパブリッククライアント方式）です。2 つ目は、SPA であってもバックエンドのサーバーサイドアプリケーションが、認証サーバーと ID トークンをやりとりして SSO を行うケース（バックエンドありのコンフィデンシャルクライアント方式）です。それぞれのケースでは、表 3.2.5 のような SSO 実現方式があります。

表 3.2.5　SPA における SSO の実現方式

実現方式	採用されるケース
ライブラリーを利用	バックエンドがなく、パブリッククライアントのリスクを許容可能な場合[21]
従来型 Web アプリケーションと同方式	・バックエンドがある場合 ・パブリッククライアントのリスクを許容できない場合 　（バックエンドがない場合は用意する必要あり）

■ (5) 静的 Web アプリケーション

静的 Web アプリケーション（すべて静的コンテンツで構成される Web サイト）の SSO では、表 3.2.6 のようにリバースプロキシーサーバーを利用した実現方式のみとなります。また、リバースプロキシーサーバーによっては、静的コンテンツをサーバー内に配置することが可能です。

表 3.2.6　静的 Web アプリケーションにおける SSO の実現方式

実現方式	採用されるケース
リバースプロキシーサーバーを利用	静的サイトに全体または URL 単位で認証によるアクセス制限をかけたい場合

■ (6) ネイティブアプリケーション

Web アプリケーションではないタイプのモバイル向けや、デスクトップ向けのネイティブアプリケーションは、OIDC を利用して SSO を実現することが可能です。OIDC をどのようにネイティブアプリケーションに適用するかについては、ベストプラクティスという形で RFC 8252[22] で文章化されています。

表 3.2.7 に、ネイティブアプリケーションの SSO 実現方式を示します。ネイティブアプリケー

---

[21] 本書では、第 2 章 2.4.4 項で紹介したバックエンドなし SPA のみを解説しています。バックエンドが存在する場合は、コンフィデンシャルクライアント方式が選択可能なため、バックエンドありのパブリッククライアント方式は推奨せず、対象外としています。

[22] https://datatracker.ietf.org/doc/html/rfc8252

ションも、クライアントシークレットの安全な保管が困難な場合があり、パブリッククライアントとして扱うことが主流であり、SPA と考え方は同じです。パブリッククライアントのリスクを許容可能かどうかが実現方式選択のポイントとなります。

表 3.2.7　ネイティブアプリケーションにおける SSO の実現方式

実現方式	採用されるケース
ライブラリーを利用	バックエンドがなく、パブリッククライアントのリスクを許容可能な場合、かつライブラリーを組み込み認証処理を実装可能な場合
従来型 Web アプリケーションと同方式	・バックエンドがある場合 ・パブリッククライアントのリスクを許容できない場合（バックエンドがない場合は用意する必要あり）

▶ COLUMN

クラウドサービスの認証・認可サービスとの違いについて

　マネージドなクラウドサービスとして提供されている認証・認可サービスがあります。有名なものとして、Amazon Cognito、Auth0 by Okta（Customer Identity Cloud）、Google の Firebase Authentication、Microsoft の Entra ID、Okta Workforce Identity Cloud などが挙げられます。これらのサービスと Keycloak の違いは何でしょうか？

● **提供される認証連携の範囲の違い**
　OIDC、SAML の両方に対応しているサービスもあれば、片方だけ対応、または認証連携には非対応といったサービス（つまり、SSO はできず 1 アプリケーションの認証に特化したもの）もあります。

● **課金モデルの違い**
　クラウドサービスは、基本的にユーザー数に応じた課金モデルを採用しています。サービスがそれなりのユーザー数を抱えるようになると高額費用になりがちです。一方、Keycloak は、OSS のため、自前で運用する分にはそのような費用モデルにはなりません。商用版の RHBK や、その他の Keycloak 商用サポートを利用したとしても一般に CPU コア数に応じた課金モデルのため、クラウドサービスよりもトータルで安く済む可能性があります。

● **カスタマイズの制限**
　クラウドサービスでは、カスタマイズできる範囲が限られており、さまざまな制限があるケースが多いです。一方 Keycloak は、カスタマイズ性を重視したアーキテクチャーとなっており、好みの機能を追加することが比較的容易になっています。加えて OSS のため、カ

スタマイズする際は、Keycloak のソースコードを参照するだけではなく、修正することもできます。

● クラウドロックイン

認証連携のプロトコルは、オープンな標準仕様であっても、標準仕様のスコープ外であるユーザー管理の仕組みや認証処理部分は各クラウドサービス固有となっているため、基本的にはクラウドロックインになります。一方 Keycloak の場合は、Java が動作する環境であればよいので、実行基盤の選択に自由度があり、マルチクラウドで構築することも可能です。

マネージドなクラウドサービスの強みとして、Keycloak のような OSS 単体では実現が難しい付加価値機能があります。例えば、膨大なアクセス記録をもとにした機械学習を活用する高度なリスクベース認証機能や、コンテキストベース（振る舞いベース）のアクセス制御機能を有するサービスもあります。どこを重視するかは結局のところ「アプリケーションの要件次第」ですが、適材適所で使い分けるとよいと思います。

本章のまとめ

本章では、SSO の基礎知識として以下を解説しました。

- **3.1 節「SSO を理解する」について**
  SSO のメリットや仕組み、異なるドメイン間の SSO が求められる背景、SLO などを説明しました。認証結果を連携することで、異なるドメイン間の SSO が実現できることを示し、そのための標準プロトコルとして OIDC と SAML があることを解説しました。また、SSO と関連する ID 管理の概要を紹介しました。

- **3.2 節「標準プロトコルによる SSO」について**
  SSO を実現する標準プロトコルである OIDC と SAML のうち、第 2 章で解説しなかった SAML について、SSO のフローを中心に解説しました。また、アプリケーションタイプに応じた SSO の方式とその選択方法を示しました。

　ここで身に付けた基礎知識を応用できるように、第 6 章で、Keycloak を使った SSO の構築方法を解説します。

第4章

Keycloak の基礎を理解する

本章では、Keycloak を設定するための基礎知識を解説します。Keycloak 特有の用語と関連する設定画面、構築や運用の要となるセッションについて詳しく紹介します。また、一次情報源としての公式ドキュメントやコミュニティーについても言及します。

Keycloak の用語解説

　前章までで、Keycloak のユースケースを理解するための前提としての、プロトコルや背景知識について詳しく説明しました。Keycloak には、独自の概念がいくつかあり、実際に Keycloak を使いこなすためには、それらを理解する必要があります。

　本節では、後の章を読み進めるにあたり必要になる、「ユーザー」「クライアント」「ロール」「グループ」「レルム」「クライアントアダプター」「プロトコルマッパー」「クライアントスコープ」の概念とこれらの設定方法について解説します。特に、ユーザーとクライアントは、Keycloak を使用する上で理解が必須の概念です。それ以外の概念については、やや高度な考え方も含まれるため、後の章で関連する記載が出てきたら、適宜読み進めてもよいでしょう。

4.1.1　ユーザー

　Keycloak は、システムのユーザーを認証するために使われます。認証の対象となるユーザーは、標準プロトコルの観点では表 4.1.1 のように呼ばれます。

表 4.1.1　プロトコルにおけるユーザーの呼称

プロトコル	ユーザーの呼称
OAuth	リソースオーナー
OIDC	エンドユーザー
SAML	ユーザー

　Keycloak は、ユーザーに関する情報（以下の識別情報、属性情報）を管理して、認証や認可に用いています。

識別情報

　ユーザーを認証したり管理するためには、ユーザーが誰であるかを識別するための情報が必要です。Keycloak において、識別のための情報としては、Keycloak 内部でユーザーを一意に識別するためのユーザーID と、ログインに使われる識別情報の 2 種類があります。

　ユーザーID は、Keycloak がユーザー作成時に採番するユーザーの識別子です。例えば「fe9f4fc3-7a34-46b5-8630-94adc2b21f65」のように採番されます。内部的には、ユーザーに関する

情報は、すべてこのユーザーID に関連付けられて管理されています。アクセストークンや ID トークンの sub クレームにも、この値が格納されています[*1]。

ログインに使われる識別情報としては、ユーザー名（Username と表示）とメールアドレスの両方を、デフォルトでは使うことができます。メールアドレスでのログインを禁止したい場合は、管理コンソールの「Realm settings」の「Login」タブの「Login with email」を「Off」にします。「Login」タブでは、その他にも便利な設定を行うことができます。詳細はコラム「ログイン画面とパスワードポリシーの設定」を参照してください。

属性情報

Keycloak では、ユーザー属性として、ユーザー名やメールアドレスなどの項目が標準で用意されています。また、任意の属性を追加することも可能で、キーと値のセットでユーザーに設定を行います。具体例は以降の (2) で紹介します。

ユーザー属性は、アクセストークンや ID トークン、UserInfo のクレーム、トークンイントロスペクションのレスポンスにマッピングできます。マッピングされたユーザー属性は、クライアントやリソースサーバーの処理で利用したり、属性ベースのアクセス制御（Attribute-Based Access Control：ABAC）の実現に利用したりすることができます。

ユーザー管理に用いられる画面は、管理コンソールの「Users」画面と、ユーザー自身が自分の情報を管理するアカウント管理コンソールの 2 種類があります。また、これらの画面に新たなユーザー属性を追加することもできます。

■ (1) ユーザーの管理

管理コンソールの「Users」画面を見てみましょう。管理コンソールの左メニューの「Users」をクリックすると、「Users」画面が表示されます。第 1 章 1.3 節で使ったように、「Add user」で新たなユーザーを作成することができます。

[*1] デフォルトでは、ユーザーの識別子が sub クレームに使用されますが、クライアント別に名寄せ防止のための識別子を発行する方式（OIDC の Pairwise Identifier）にも対応しています。図 4.1.39 の画面で「Pairwise subject identifier」という Mapper type のプロトコルマッパーを使うことで対応できます。

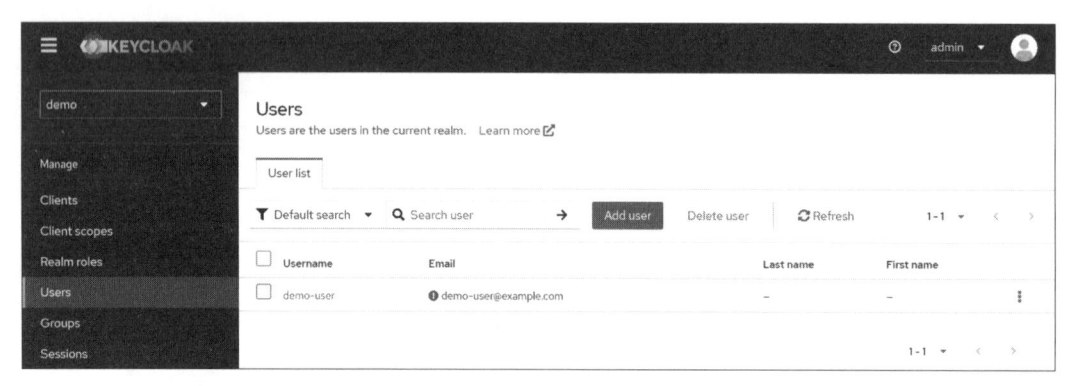

図 4.1.1　「Users」画面

ユーザー名をクリックするとユーザーの「Details」画面が表示されます。

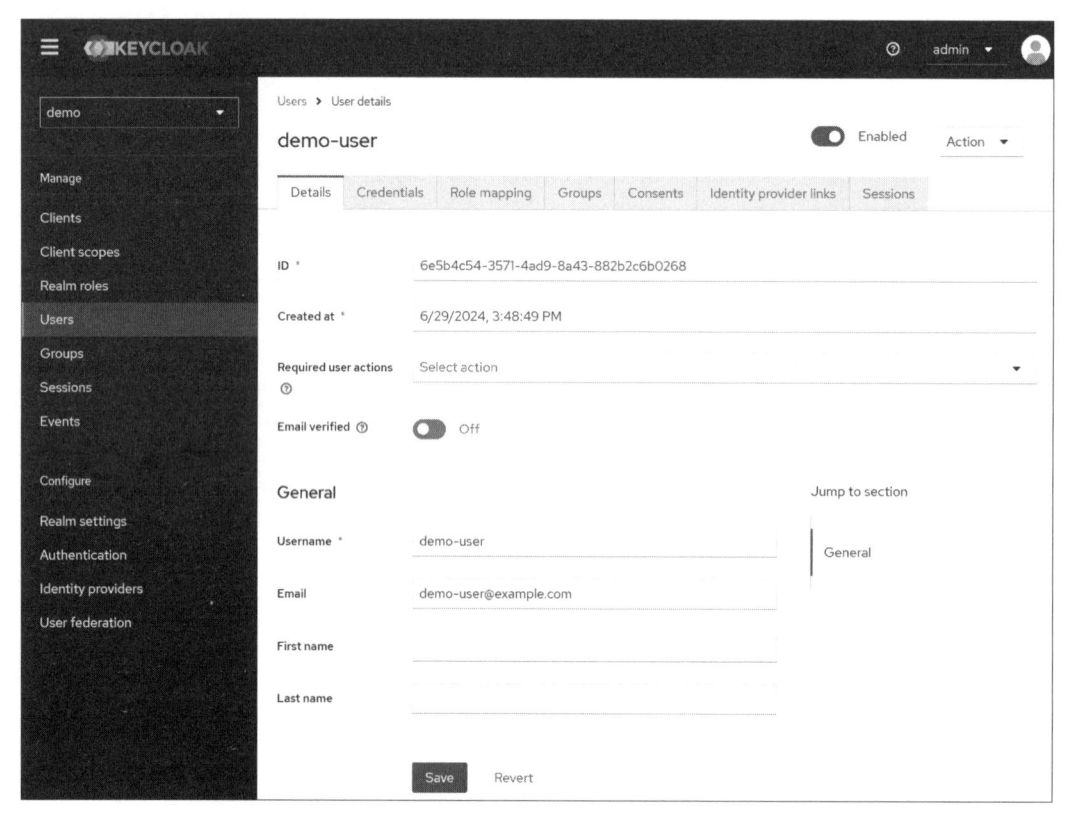

図 4.1.2　ユーザーの「Details」画面

この画面上の各タブで、ユーザーに表 4.1.2 のような情報が設定可能です。

表 4.1.2　ユーザーの各タブで設定できる内容

タブ	設定できる内容
Details	ユーザー名やメールアドレスなど基本的な情報
Credentials	パスワードなどクレデンシャルに関する設定
Role mapping	ユーザーとロール（4.1.3 項で解説）の関連付け
Groups	ユーザーとグループ（4.1.4 項で解説）の関連付け
Consents	ユーザーが同意している OAuth スコープの情報
Identity provider links	外部アイデンティティープロバイダーのアカウントとの関連付け
Sessions	ユーザーに関連するセッション（4.2 節で詳細に解説）

■（2）ユーザーの属性の追加

図 4.1.2 のように、デフォルトではユーザーの属性情報は Username、Email と First name、Last name のみです。他の情報を追加したい場合は、管理コンソールの「Realm settings」の「User profile」タブで行います（図 4.1.3）。

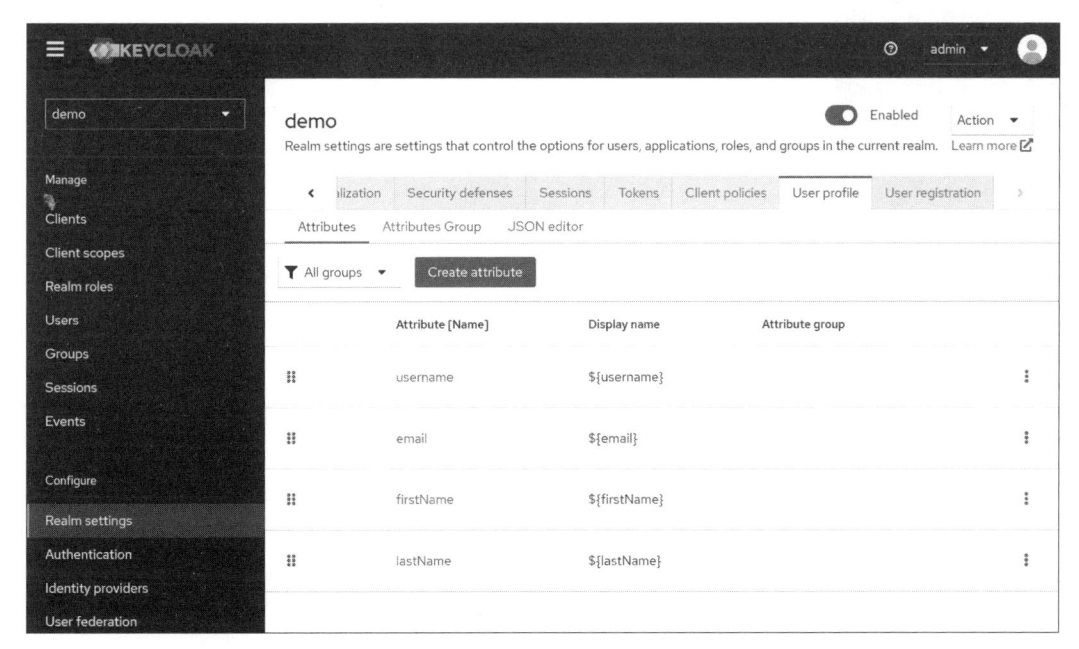

図 4.1.3　「Realm settings」の「User profile」タブ

この画面には属性情報の一覧が表示されています。新しい属性を追加する場合には「Create attribute」ボタンをクリックします。図 4.1.4 のような「Create attribute」画面が表示されます。今回は年齢を表す「age」を追加してみましょう。この画面ではさまざまな設定が可能ですが、本

入門編

4

Keycloak の基礎を理解する

107

書ではよく利用する項目のみ解説します。すべての設定項目は公式ドキュメント[*2] を参照してください。

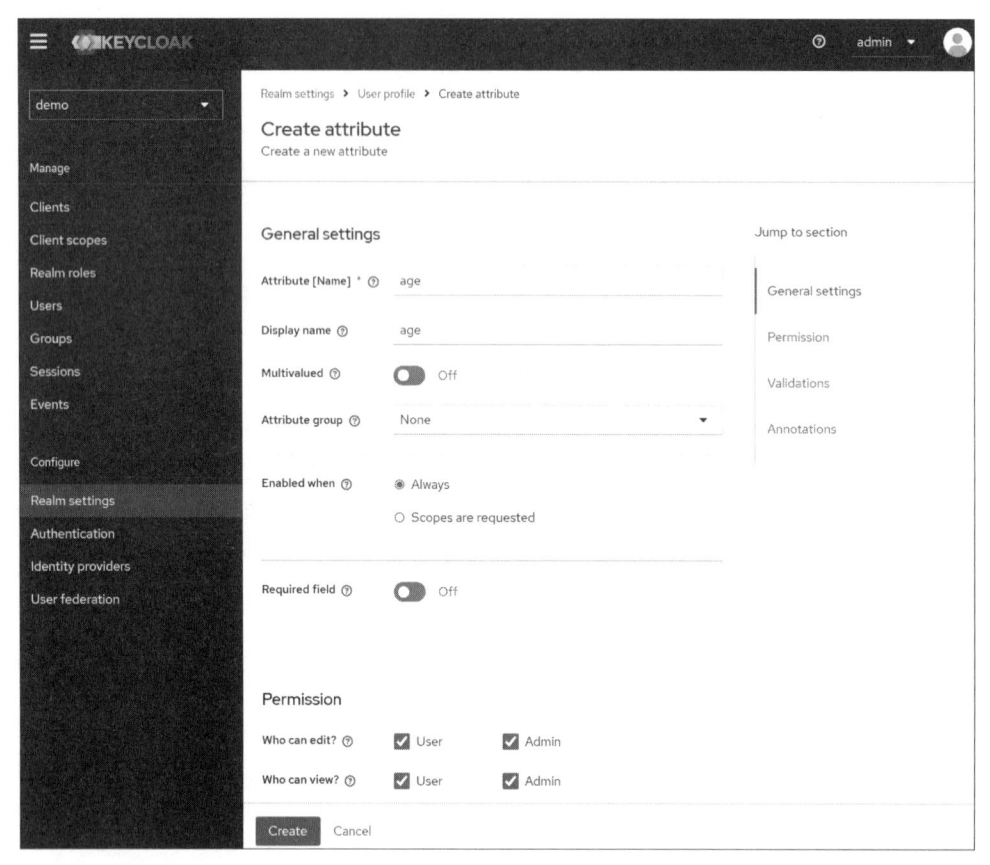

図 4.1.4　「Create attribute」画面

デフォルトから変えている部分は次のとおりです。

表 4.1.3　「Create attribute」画面から設定を変更した項目

項目	設定内容と意味
Attribute [Name]	age。属性の名前を設定します。
Display name	age。表示される名称。なお日本語化するためには、ここは $age のように設定して、メッセージプロパティーファイルに age= 年齢、のように設定します。画面のカスタマイズの詳細は、第 8 章 8.2 節を参照。
Permission	「Who can edit?」、「Who can view?」ともに「User」、「Admin」にチェックし、ユーザーと管理者からの閲覧と編集を可能にします。

[*2]　https://www.keycloak.org/docs/26.0.0/server_admin/#managing-the-user-profile

今回は設定していませんが、「Required field」を「On」にすることで、アカウント作成時に age の入力を必須にすることもできます。「Create」ボタンをクリックすることで、age 属性を追加することができます。

また、便利な設定項目として画面を下にスクロールすると現れる「Validations」というものがあります。設定値チェックを行う Validator を選択し設定値に制約を設けることができます。例えば、Validations から「Add validator」を選択し、図 4.1.5 左のように Integer Validator を設定することで、0 から 150 までの整数値であることを強制できます[*3]。こうしておくと、例えば管理コンソールの「Users」画面より age に数字以外を入力した場合は、図 4.1.5 右のようにエラーが出ます。

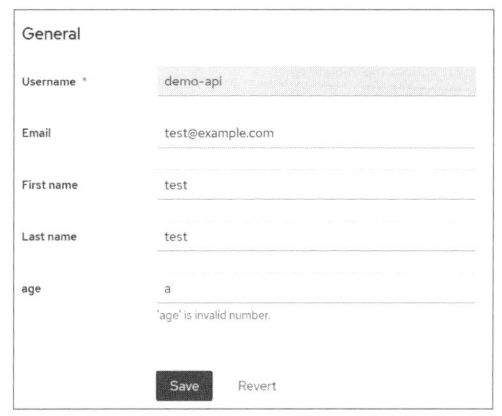

図 4.1.5　age 属性が 0 から 150 の整数値であることを強制

他にも、URL の書式チェックを行ったり、不適切な文字列を指定してチェックを行うなど便利な Validator が用意されています。

■ (3) 自身によるユーザーの管理

アカウント管理コンソールは、ユーザーが自身の情報の確認や編集をしたり、ログアウトするために利用されます。以下の URL となります。

http(s)://［ホスト］(:［ポート］)/realms/［レルム］/account

ログイン後、「Personal info」を選択すると、氏名やメールアドレスなどの属性情報を編集することができます。

---

*3　ここで「Save」した後に「Edit attribute」画面側でも「Save」しないと設定が反映されないため注意してください。

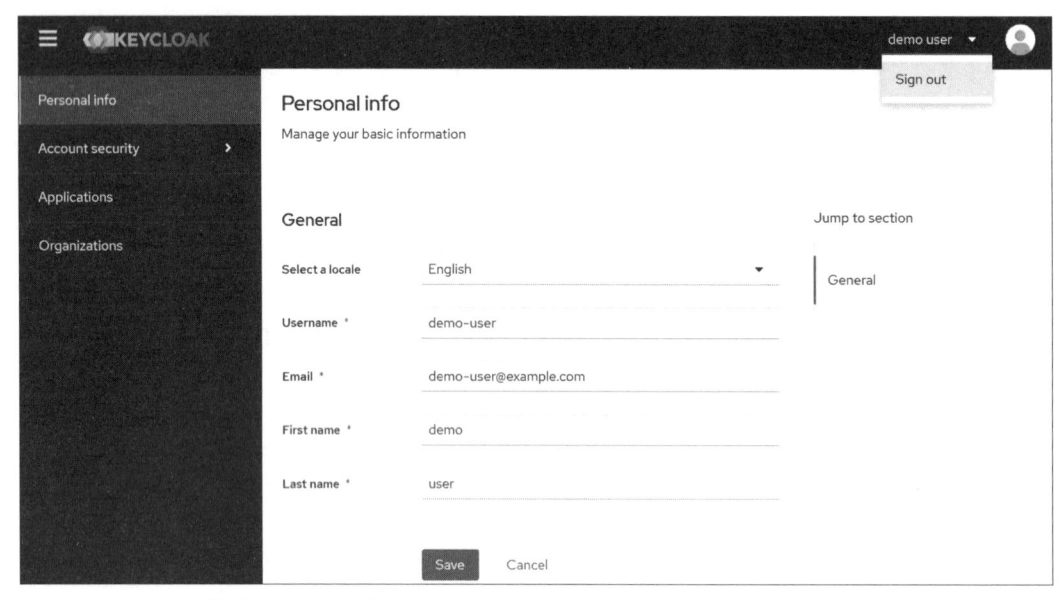

図 4.1.6　アカウント管理コンソールの「Personal info」画面

　また、画面右上のユーザー名をクリックすると現れる「Sign out」をクリックしてログアウトすることができます。

▶ COLUMN

ログイン画面とパスワードポリシーの設定

Keycloak では、ログインに関するさまざまな設定が可能です。ここでは、ログイン画面に関する設定とパスワードポリシーを紹介します。

ログイン画面に関する設定

「Login」画面は、管理コンソールの「Realm settings」の「Login」タブを選択することで表示されます（図 4.1.7）。ここでは、ログイン画面に関する便利な設定を行うことができます。

本画面の設定項目について、表 4.1.4 に示します。なお、表中の「User registration」と「Verify email」の機能を使うためには、「Realm settings」の「Email」タブからメールサーバーに関する設定を行っておく必要があります。

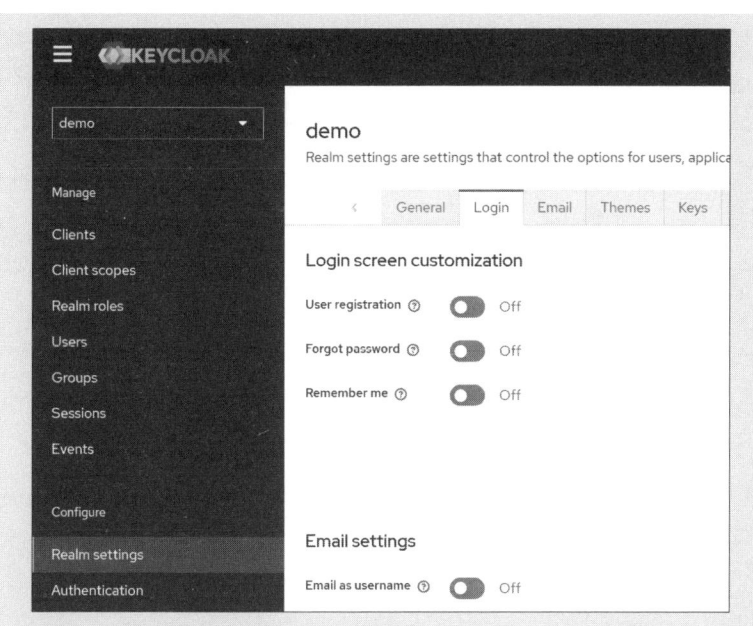

図 4.1.7 「Realm settings」の「Login」画面

表 4.1.4 「Login」画面の設定項目

設定項目	意味
User registration	「On」にすると、Keycloak のログイン画面に「Register」というリンクが表示されます。本リンクから、新規ユーザーが自身を登録できます。
Forgot password	「On」にすると、ログイン画面に「Forgot Password?」のリンクが表示され、ユーザーがパスワードを忘れたときに自身でパスワードをリセットできます。
Remember me	「On」にすると、ログイン画面にログイン状態を保存するための「Remember me」のチェックボックスが表示されます。このチェックボックスにチェックすると、ブラウザーを閉じてもログイン状態が保存されます。
Email as username	「On」にすると、「Register」からのユーザー登録画面で、Email を入力するとそれがユーザー名になります。
Login with email	「On」にすると、メールアドレスでログインできます。
Duplicate emails	「On」にすると、別々のユーザー名で同じメールアドレスを使うことを許容します。
Verify email	「On」にすると、初回ログイン時に確認メールをユーザーに送信し、メールアドレスの有効性確認を行います。
Edit username	「On」にすると、アカウント管理コンソールでユーザー自身がログインに使うユーザー名を編集できます。

パスワードポリシー

パスワードポリシーは、管理コンソールの左メニューの「Authentication」をクリックし、「Policies」の下の「Password policy」をクリックして表示される画面の「Add policy」から設定することができます。図 4.1.8 の設定例では、「Not Username」を設定することで、ユー

ザー名をパスワードとして使うことを禁止しています。それ以降では、パスワードの最小長を 8 文字にし、数字 /大文字 / 小文字 / 特殊文字をそれぞれ1 文字以上パスワードに含めることを求めています。設定項目の詳細は Server Administration Guide[*4] を参照してください。

　また、関連する機能として、パスワードの総当たり攻撃を検知するための機能もあります。こちらについても、Server Administration Guide の対応する項目 [*5] を参照してください。

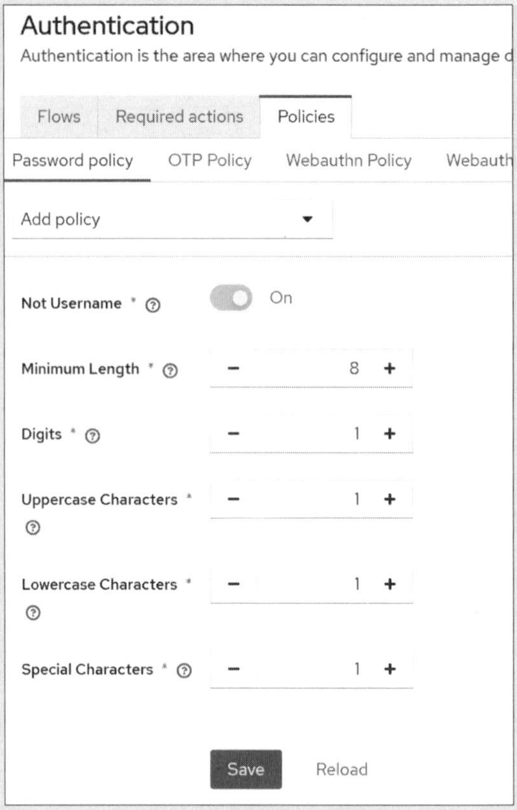

図 4.1.8　パスワードポリシーの設定例

4.1.2　クライアント

　Keycloak におけるクライアントとは、認証・認可サーバーである Keycloak のサービスを利用するアプリケーションのことを指します。

　Keycloak のクライアントは、利用するプロトコルに応じて「Client type」によって分類されます。「OpenID Connect」と「SAML」の 2 種類があり、それぞれが表 4.1.5 のような役割を担います。

---

*4　https://www.keycloak.org/docs/26.0.0/server_admin/#_password-policies

*5　https://www.keycloak.org/docs/26.0.0/server_admin/#password-guess-brute-force-attacks

表 4.1.5　Keycloak の Client type とクライアントが担う役割

Client type	役割
OpenID Connect	OIDC の RP OAuth のクライアント、リソースサーバー
SAML	SAML の SP

　「OpenID Connect」の場合、OIDC の RP だけではなく、OAuth のクライアントも Keycloak のクライアントになります。また、注意が必要なのは、Keycloak では、OAuth のリソースサーバーもクライアントの 1 つとして扱う点です。Keycloak がリソースサーバーを管理することにより、トークンイントロスペクションを行うためのクライアント ID とクライアントシークレットの管理や、高度なアクセス制御機能を使用することができます。

■ (1) クライアントの管理

　クライアントは、管理コンソールの左メニューの「Clients」を選択して表示される「Clients」画面から管理できます。

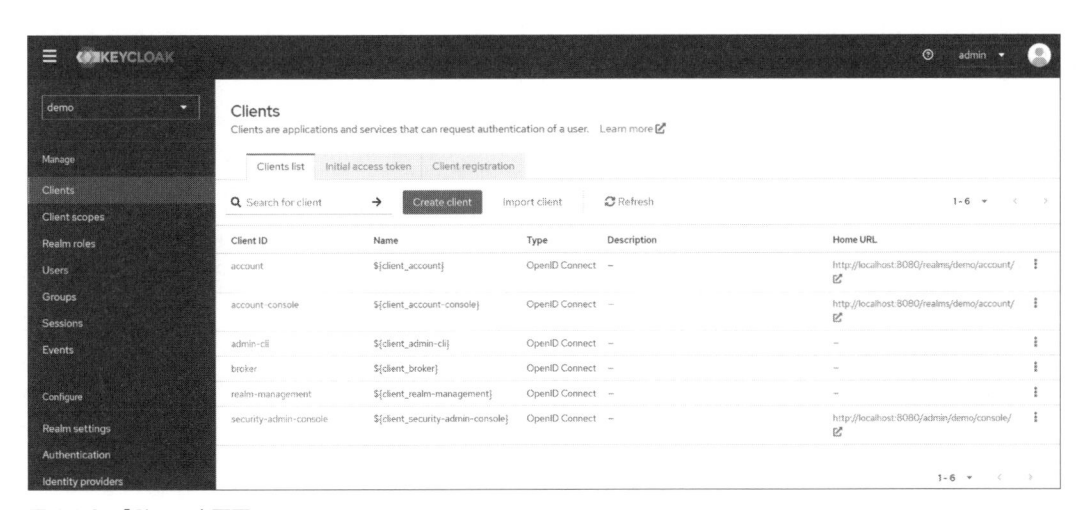

図 4.1.9　「Clients」画面

　「Create client」ボタンをクリックすると、「Create client」画面でクライアントを新規に作成できます。

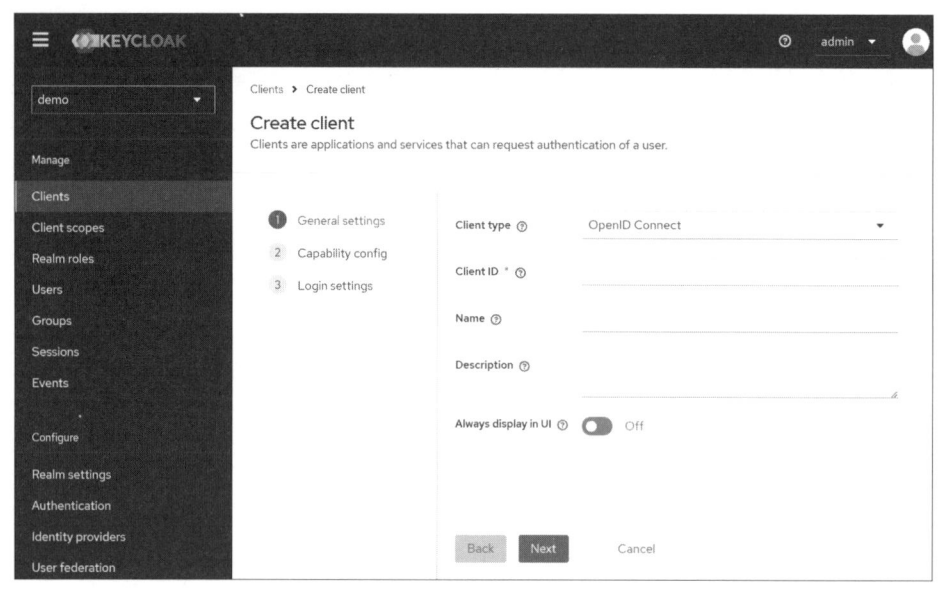

図 4.1.10　「Create client」画面

　また、「Clients」画面でクライアントのクライアント ID を選択すると、クライアントの「Settings」画面に遷移します。ここで、クライアントが使える OAuth のフローなど、クライアントに関するさまざまな設定を行うことができます。具体的な使い方については、実践編で解説します。

図 4.1.11　「demo-client」クライアントの「Settings」画面

　管理コンソールやアカウント管理コンソールも、クライアントとして扱われています。例えば、管理コンソールは、「security-admin-console」というクライアントとして扱われており、本クライアントが管理 REST API を呼び出すことで Keycloak に対してさまざまな操作を行っています。管理 REST API については、コラム「管理 REST API」を参照してください。

　クライアントの作成や設定の更新について、本書では最も一般的である管理コンソールからの方法を紹介しましたが、Keycloak には、クライアント登録サービスという機能があり、JSON ファイルの登録や OpenID Connect の Dynamic Client Registration などでのクライアント作成や更新が可能です。さらにはコマンドラインツールも用意されています。これらの機能の使い方については公式ドキュメント「Client registration service[*6]」や「Client registration CLI[*7]」を参照してください。

▶ COLUMN

管理 REST API

　Keycloak の管理コンソールで行われるすべての操作は、管理コンソールが、管理 REST API を呼び出すことで実現されています。管理 REST API は、レルムごとに下記のパスに用意されています。

　http(s)://[ホスト]（:[ポート]）/admin/realms/[レルム]/

　管理 REST API は、管理コンソール以外からも呼び出すことができます。各レルムには、「admin-cli」というクライアントが用意されており、本クライアントを用いて、アクセストークンを取得し、管理 REST API を呼び出します。管理 REST API をうまく使うことで設定や運用を省力化できます。

　管理 REST API の使用例を紹介します。まず、「master」レルムのトークンエンドポイントからリソースオーナーパスワードクレデンシャルズフローでアクセストークンを取得します[*8]。管理者ユーザーのユーザー名は「admin」とします。Windows の場合は PowerShell の curl コマンドではなくコマンドプロンプトの curl コマンドを使う必要があることに注意します。

---

*6　https://www.keycloak.org/securing-apps/client-registration

*7　https://www.keycloak.org/securing-apps/client-registration-cli

*8　ここでは使用例の解説のため、簡易的に非推奨のリソースオーナーパスワードクレデンシャルズフローを使用しています。本番環境では、使用する API の権限のみを設定したクライアントを作成し、クライアントクレデンシャルズフローでアクセストークンを取得するとよいでしょう。

```
$ curl -d "client_id=admin-cli" -d "username=admin" -d "password=[adminのパ
スワード]" -d "grant_type=password" "http://localhost:8080/realms/master/
protocol/openid-connect/token"
```

次のような結果が JSON で返ってきます。

```
{"access_token":"[アクセストークンの文字列]","expires_in":60,"refresh_expires
_in":1800,"refresh_token":"[リフレッシュトークンの文字列]","token_type":
"Bearer","not-before-policy":0,"session_state":"289fce3b-eae2-46db-a777-71146
a24fa92","scope":"email profile"}
```

　最初の「"access_token"」の値がアクセストークンです。このアクセストークンを使って、
管理 REST API を呼び出します。今回は、「master」レルムの情報を取得する管理 REST API
を呼び出します。ここで、master レルムから発行されるアクセストークンの有効期間は 1 分
であるため、アクセストークン取得から 1 分以内に呼び出す必要があります。

```
$ curl -H "Authorization: Bearer [アクセストークンの文字列]" "http://
localhost:8080/admin/realms/master"
```

　次のように、「master」レルムに関する情報が返ってきます。Keycloak の管理コンソール
も、この管理 REST API を用いて、画面に表示する情報を取得しています。

```
{"id":"608453c6-9c16-4ec5-9cf0-4f973f8d064f","realm":"master","displayName"
:"Keycloak","displayNameHtml":"<div class=\"kc-logo-text\"><span>Keycloak</
span></div>","notBefore":0,"defaultSignatureAlgorithm":"RS256","revokeRefresh
Token":false,"refreshTokenMaxReuse":0,"accessTokenLifespan":60,<略>
```

　本コラムでは、管理 REST API の一例のみを紹介しましたが、他の API については、
Keycloak Admin REST API[*9]を参照してください。また、管理 REST API をコマンドライン
から操作するための kcadm.sh というツールも、Keycloak に同梱されています（Windows
の場合は kcadm.bat）。kcadm.sh の使い方については、Server Administration Guide[*10] を
参照してください。

---

*9　https://www.keycloak.org/docs-api/26.0.0/rest-api/
*10　https://www.keycloak.org/docs/26.0.0/server_admin/index.html#admin-cli

■ 4.1.3 ロール

ロールは、同じアクセス制御を行うユーザーを指定・識別するために使用します。ロールの典型的な例は、Admin（システム管理者）、User（ユーザー）、Manager（管理者）、Employee（従業員）などです。ロールを使ってアクセス制御を実現する方法を、ロールベースのアクセス制御（Role-Based Access Control：RBAC）と呼びます。

ロールをユーザーにアサインすると、OAuth/OIDC では、アクセストークンのクレームにアサインされたロールをマッピングすることができます。また、SAML では、アサーション内のSAML Attribute としてアサインされたロールをマッピングすることができます。マッピングされた値をどう使うかは、クライアントやリソースサーバー次第ですが、通常はアクセス制御をするために利用します。

なお、アクセストークンのクレームにロールをマッピングするには、「roles」スコープが必要です。初期状態では、デフォルトクライアントスコープとして設定されているため、明示的にスコープを指定しなくても自動的にマッピングされます。同様に、SAML についても、ロールのマッピング（「role_list」クライアントスコープ）がデフォルトクライアントスコープとして設定されているため、ロールのマッピングがデフォルトで有効となります。クライアントスコープについては、4.1.8 項で解説します。また、4.1.7 項で解説するように、ID トークンや UserInfo レスポンス、トークンイントロスペクションのレスポンスにもマッピングできます。

ロールには以下の 3 種類があります。

- レルムロール
- クライアントロール
- 複合ロール

レルムロールはレルム単位に定義できるロール（全クライアント共通のロール）で、クライアントロールはクライアント単位に定義できるロールです。

複合ロールは、他のロールを継承したロールです。例えば、部署 A の管理権限を表す「adminA」レルムロール、部署 B の管理権限を表す「adminB」レルムロールがあるとします。ここで、adminA と adminB を継承する「adminALL」レルムロールを複合ロールとして作成すると、「adminALL」レルムロールを付与されたユーザーは同時に adminA、adminB レルムロールも付与されることになります。

ロールがマッピングされた、アクセストークン（デコード済み）のペイロード部分のサンプルを以下に示します。

```
{
  "exp": 1615254380,
  "iat": 1615254320,
  …… (略) ……
  "realm_access": {
    "roles": [
      "offline_access",
      "uma_authorization"
    ]
  },
  "resource_access": {
    "account": {
      "roles": [
        "manage-account",
        "manage-account-links",
        "view-profile"
      ]
    }
  },
  …… (略) ……
  "preferred_username": "ichiro.suzuki"
}
```

　「realm_access.roles」クレームにレルムロールがマッピングされ、「resource_access.[クライアント ID].roles」クレームにクライアントロールがマッピングされます。このアクセストークンには、レルムロールとして「offline_access」と「uma_authorization」が、「account」クライアント（アカウント管理コンソール）のクライアントロールとして「manage-account」「manage-account-links」「view-profile」がマッピングされています。なお、ロールは次項で説明するグループにも設定できます。

　以降では、ロールの確認や作成を行ったり、ロールをユーザーに付与するための設定方法を紹介します。

■ (1) レルムロールの設定

　レルムロールの一覧は、管理コンソールの左メニューの「Realm roles」をクリックして表示される「Realm roles」画面で確認できます。

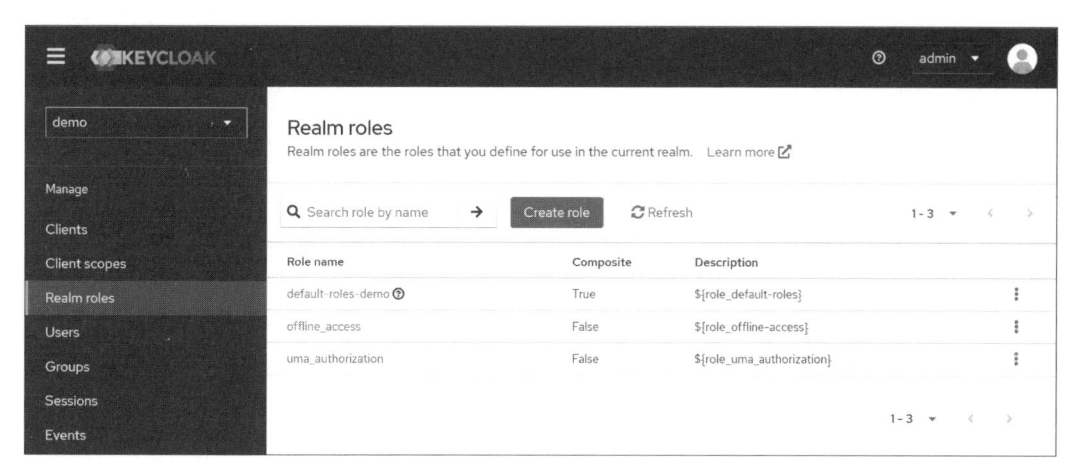

図 4.1.12 「Realm roles」画面

　「Create role」ボタンをクリックすると、「Create role」画面が表示されます。「Role name」に作成したいロールの名前を入力し、「Save」ボタンをクリックすることで新しいロールを作成できます。

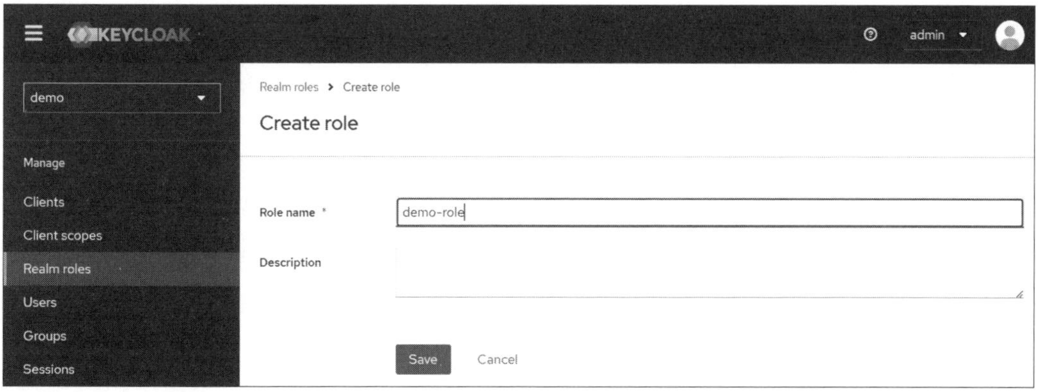

図 4.1.13 「Create role」画面

■（2）クライアントロールの設定

　左メニューの「Clients」をクリックし、クライアントを選択して「Settings」画面を表示し、「Roles」タブをクリックすることで、クライアントの「Roles」画面が表示されます。

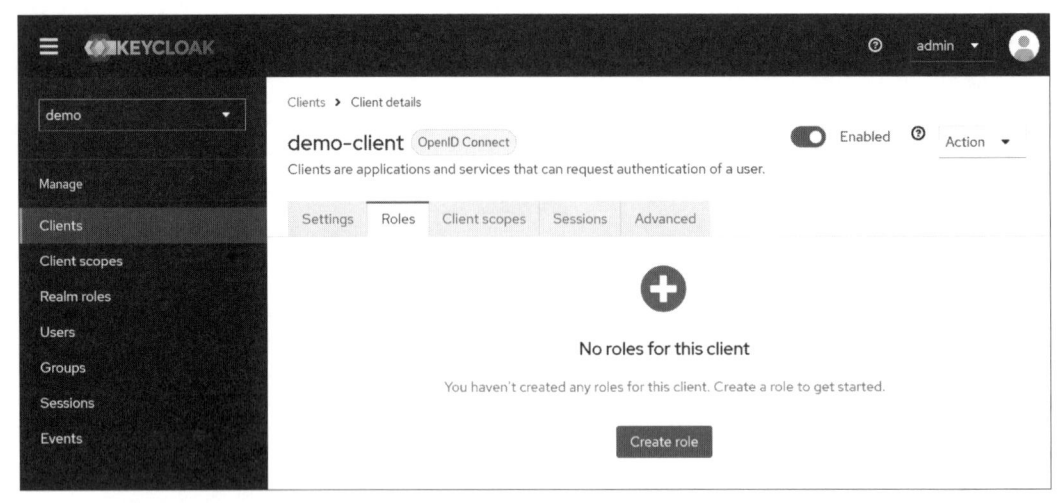

図 4.1.14 「demo-client」クライアントの「Roles」画面

　レルムロールと同様に、「Create role」ボタンをクリックすれば、新しいクライアントロールを作成することができます。

■（3）複合ロールの設定

　複合ロールを設定するには、複合ロールにしたいレルムロールもしくはクライアントロールを作成し、継承するロールを設定します。今回は、「adminA」、「adminB」というレルムロールを継承する複合ロールである「adminALL」レルムロールを作成する設定例を紹介します。これらのレルムロールを作成した状態で、「Realm roles」画面より「adminALL」レルムロールを選択し、「Associated roles」タブより「Assign role」ボタンをクリックします（図 4.1.15）。

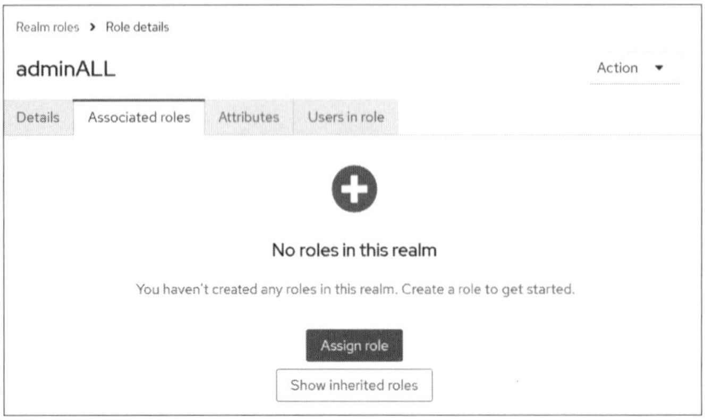

Realm roles > Role details

adminALL   Action ▼

Details　Associated roles　Attributes　Users in role

No roles in this realm

You haven't created any roles in this realm. Create a role to get started.

Assign role

Show inherited roles

図 4.1.15　複合ロールの設定画面を表示

　すると図 4.1.16 のようにロール一覧が表示されるため、継承したいロールを選択します。この ロール一覧画面は、初期表示では「Filter by clients」が選択されており、クライアントロールが 表示されています。これを「Filter by realm roles」に変更し、レルムロールの一覧を表示させま す。今回は「adminA」、「adminB」レルムロールを選択し、「Assign」ボタンをクリックします。

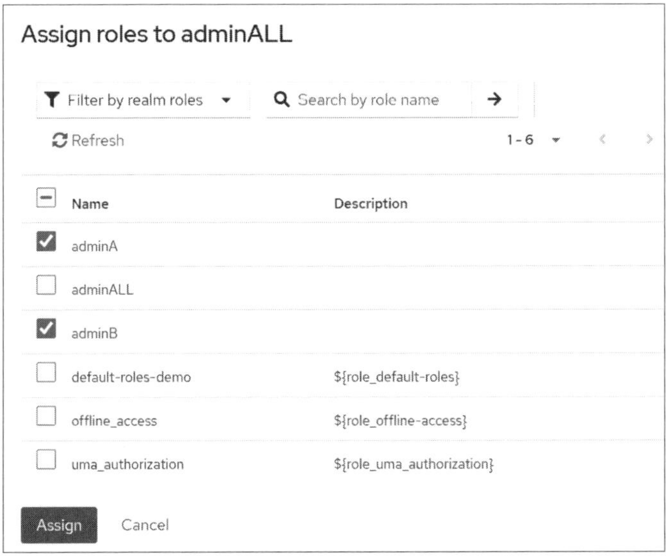

図 4.1.16　複合ロールにしたいロールを選択

　図 4.1.17 のように、「adminALL」レルムロールが「adminA」、「adminB」レルムロールを継承 していることがわかります。

図 4.1.17　「adminALL」レルムロールを複合ロールに設定した結果

■ (4) デフォルトロールの設定

「Realm settings」画面の「User registration」タブの「Default roles」より、デフォルトロールを設定できます。デフォルトロールとは、新規に作成したユーザーに自動的に付与されるロールのことです。

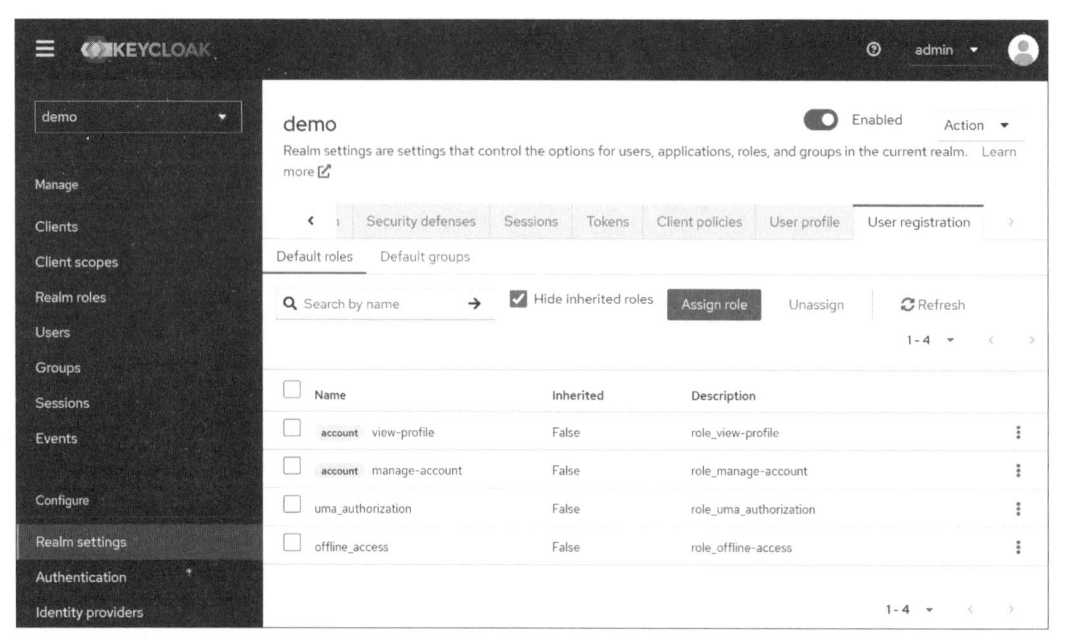

図 4.1.18 「Default roles」画面

図 4.1.18 のように、Name 列にデフォルトのレルムロールとクライアントロールが表示されています。クライアントロールはクライアント名が丸で囲まれており、それで判別できます。例えば「account」の部分が丸で囲まれた「manage-account」は、「account」クライアントの「manage-account」クライアントロールです。また、デフォルトでは「Hide inherited roles」にチェックされており複合ロールで継承されたロールが表示されていません。チェックを外すことで複合ロールで継承されたロールも表示されます。チェックを外した場合の表示を図 4.1.19 に示します。Inherited が「True」になっているものが継承されているロールです。ここでは、「account」クライアントの「manage-account-links」クライアントロールが、継承の結果、デフォルトロールになっていることがわかります[*11]。

デフォルトロールを追加するためには「Assign role」ボタンをクリックします。図 4.1.20 のよ

[*11] クライアントロールの設定を調べていくと、これは、「account」クライアントの「manage-account」クライアントロールが複合ロールとして設定された結果、継承されていることがわかります。

うに、追加可能なロール一覧が表示されます。ここでは、「Filter by realm roles」を選択し、「sample-role」レルムロールをデフォルトロールとして追加しようとしています。「Assign」ボタンをクリックすることで追加されます。なお、「Filter by clients」を選択することで、クライアントロールを表示することができます。

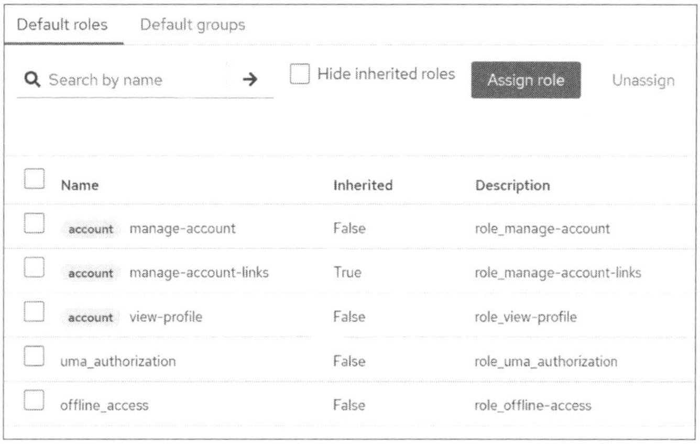

図 4.1.19　複合ロールで継承されたロールも表示

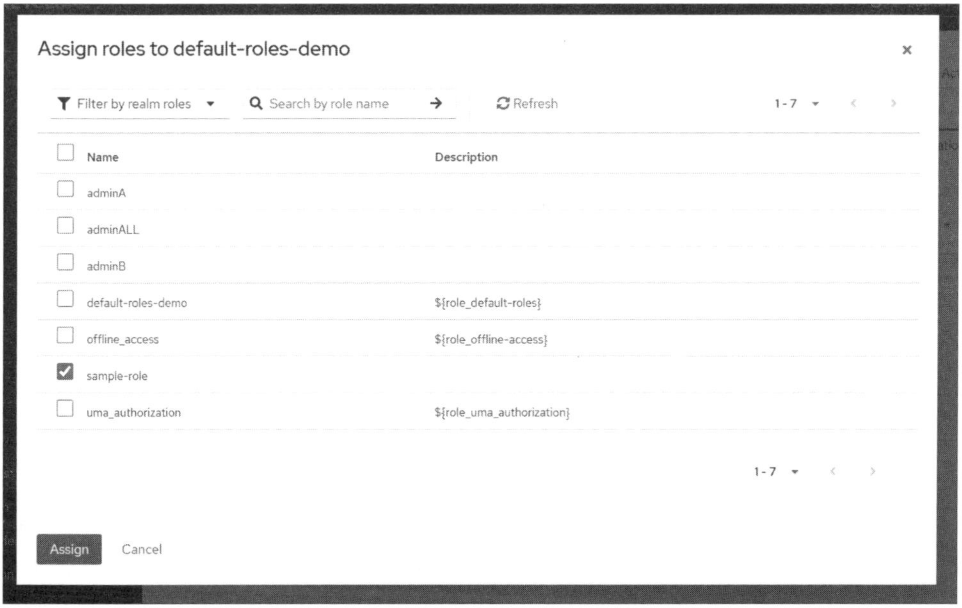

図 4.1.20　レルムロールの「sample-role」をデフォルトロールとして追加

■ (5) ユーザーへのロールの付与

　ユーザーにロールを付与するためには、左メニューの「Users」をクリックして表示される「Users」画面からユーザーを選択し、「Role mapping」タブをクリックします。

　図 4.1.21 は、「demo-user」ユーザーを選択した場合の例です。

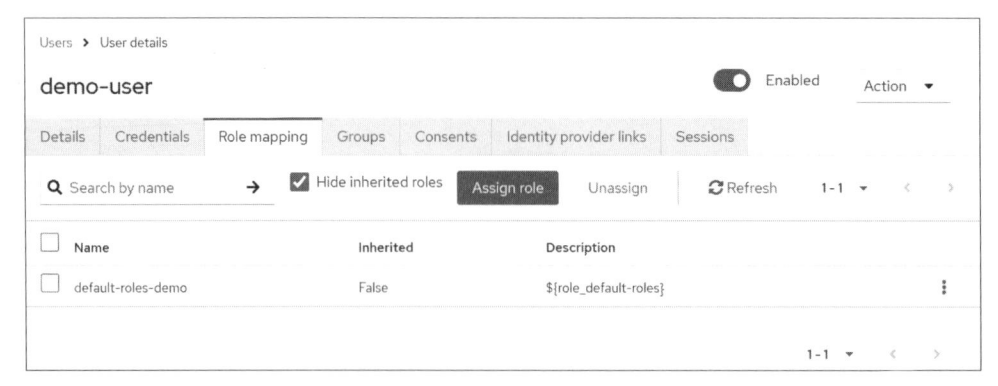

図 4.1.21　「demo-user」ユーザーの「Role mapping」タブ

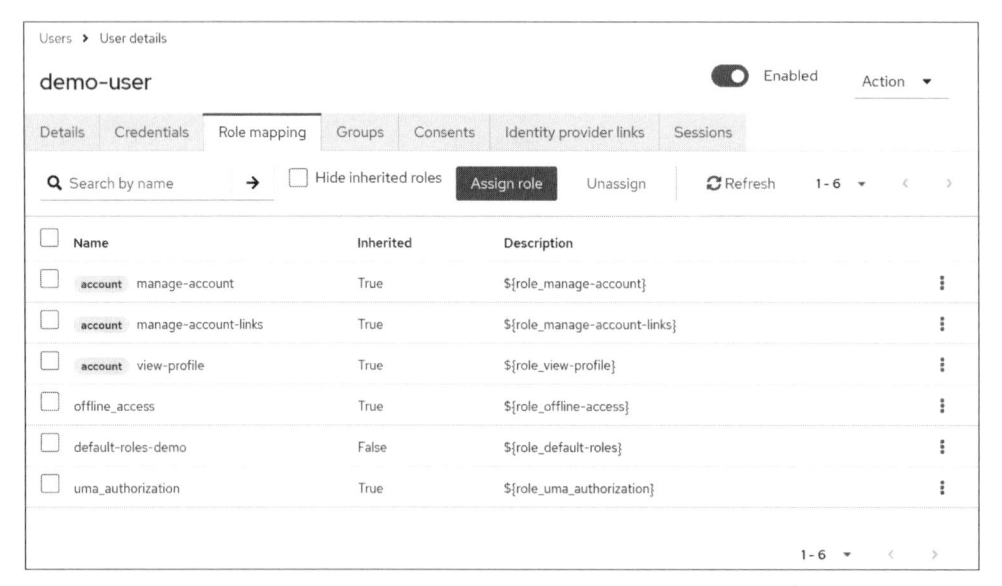

図 4.1.22　継承されているロールの表示

　「default-roles-demo」ロールが付与されています。これは、デフォルトロールを付与するための複合ロールです。「Hide inherited roles」のチェックを外すと、図 4.1.22 のように、継承されているロールが表示されます。これらはデフォルトロールとして設定されているレルムロールやクライアントロールです。

　「Assign role」ボタンをクリックすると、定義されたロールを付与できます。

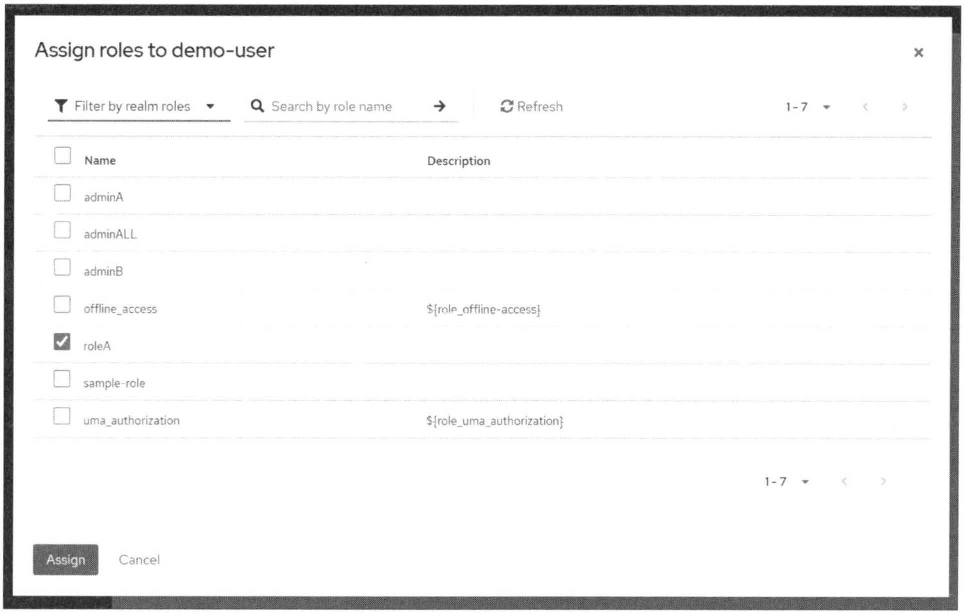

図 4.1.23　ロールの付与

　図 4.1.23 の例では「roleA」レルムロールを付与しようとしています。「Assign」ボタンをクリックすることで設定が反映されます。ここでも、左上が「Filter by realms roles」になっていないと、レルムロールが表示されないことに注意してください。

■ (6) クライアントごとに使えるロールの設定

　ユーザーの設定画面でユーザーに付与したロールは、デフォルトでは、すべてのクライアントに適用されます。例えば、ユーザーが「roleX」と「roleY」を付与されているとします。ここで、複数のアプリケーション (クライアント A とクライアント B) がある場合は、クライアント A、B に発行されるトークン内のロール関連のクレームには、「roleX」と「roleY」が含まれます。

　アプリケーションの要件によっては、使わせたくないロールが存在する場合があります。このような場合には「スコープマッピング」の設定を行います。スコープマッピングは、クライアントの設定画面から、「Client scopes」タブをクリックし、「< クライアント ID>-dedicated」を選択し、「Scope」を選択することで設定できます。ここには Scope という言葉が入っていますが、OAuth のスコープとは関係なく、単に「範囲」という意味で使われていることに注意してください。図 4.1.24 が、「demo-client」クライアントのスコープマッピングの設定画面です。デフォルトでは、「Full scope allowed」が「On」になっており、定義されたロールをすべて使えるようになっています。

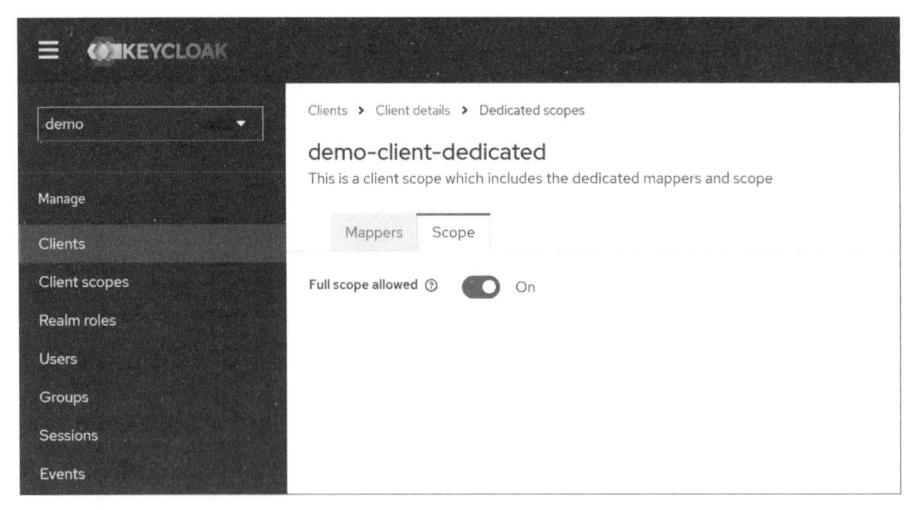

図 4.1.24　「demo-client」クライアントの「Scope」画面

　「Full scope allowed」を「Off」にすれば、使えるロールを制限できます。「Assign role」ボタン
をクリックし、使えるロールを選択・設定します。
　図 4.1.25 が設定例です。「demo-client」クライアントからは「roleX」ロールのみ利用可能に設
定しようとしています。「Assign」で設定を反映します。つまり、ユーザーが「roleX」と「roleY」
の 2 つのロールを付与されていたとしても、ユーザーが Keycloak で認証された後、「demo-client」
クライアントに発行されるトークンには「roleX」しか含まれません。

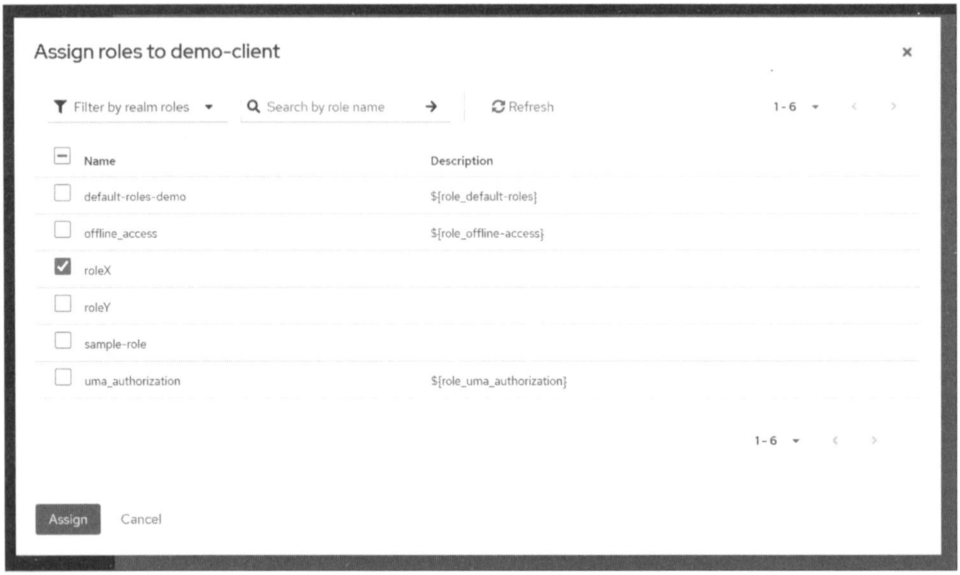

図 4.1.25　スコープマッピングの設定画面で roleX のみ使えるように設定

4.1.4 グループ

グループは、複数のユーザーに対して共通のロールや属性を付与するために利用します。

従業員

ロール：従業員

図 4.1.26　グループ

グループを設定することで、アクセストークンや UserInfo レスポンスのクレームに、グループに設定されたロール名や属性をマッピングできます。これにより、グループベースのアクセス制御（Group-Based Access Control：GBAC）を実現できます。

ユーザーは、複数のグループに所属することも、まったく所属しないことも可能です。グループは、親子関係で定義することができ、子グループは、親グループに設定されたロール名や属性を継承します。以下に、企業でグループを利用する例で解説します。

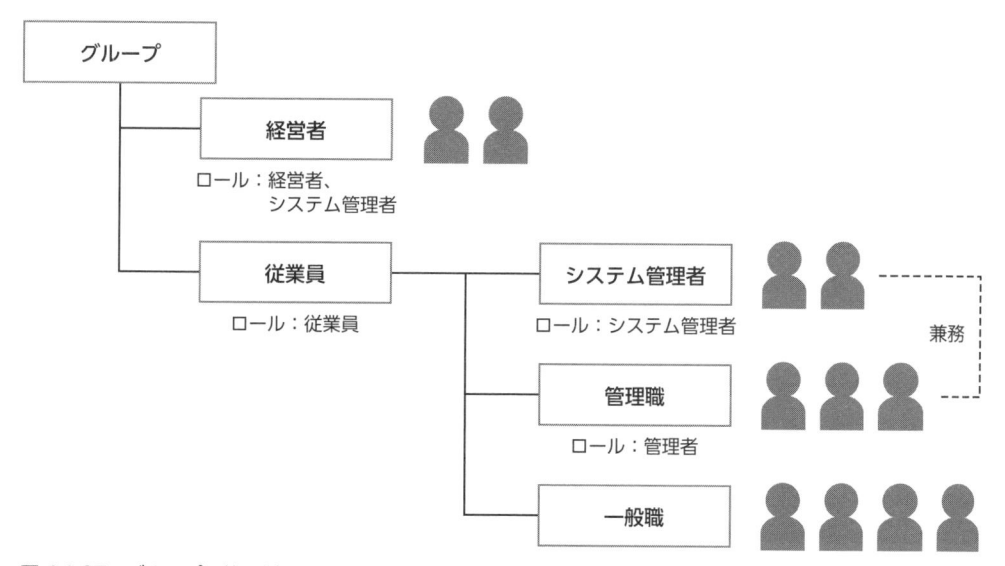

図 4.1.27　グループの使用例

この例では、企業の経営者のグループには、企業内の重要なリソースにアクセスできるように、経営者用のロールを付与しています。また、経営者のグループと一部の従業員のグループには、システム管理者用のロールを付与し、システムの管理に必要なアクセス権限を与えられるようにしています。従業員は、管理職と一般職でアクセス権限を分けるために、管理者用のロールを管理職のグループに付与しています。

　グループが親から子へロールや属性を継承できる点に、注目してみましょう。この例では、従業員のグループには、従業員のロールを付与しています。これにより、従業員の子グループのユーザー全員に、従業員のロールが付与されます。図内で「兼務」と書いたユーザーは、システム管理者グループと管理職グループに所属する同一のユーザーを表しています。このユーザーには、従業員、システム管理者、管理者の3つのロールが付与されていることになります。

　以降では、グループを作成し、ロールやユーザーとマッピングするための設定画面を紹介します。

■ (1) グループの作成

　グループの作成や確認は、左メニューの「Groups」から表示される「Groups」画面から行います。

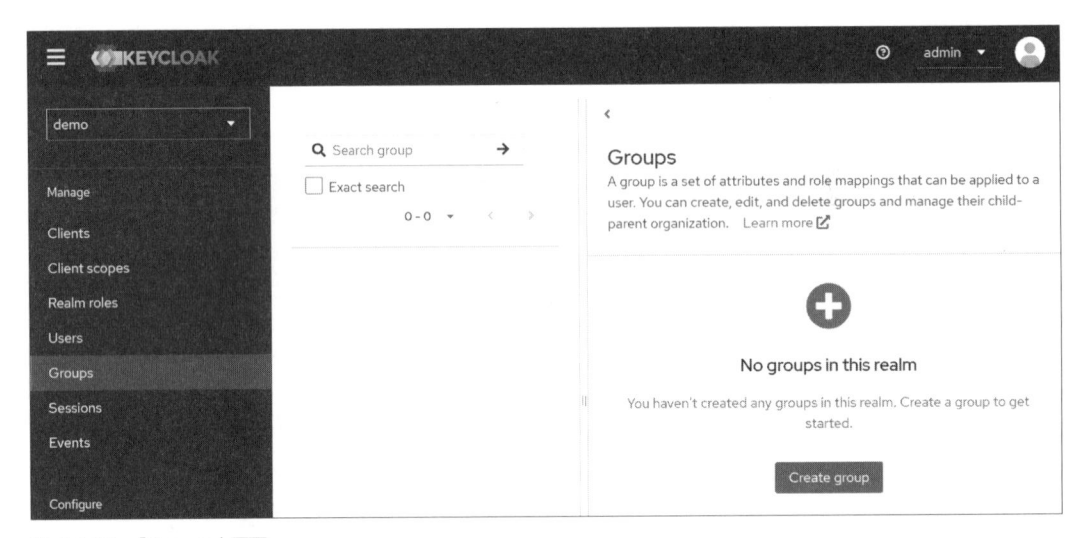

図 4.1.28　「Groups」画面

　「Create group」ボタンをクリックすることで、新しいグループを作成できます。下位のグループを作成するには、親にしたいグループをグループ一覧から選択し、「Create group」ボタンをクリックして作成できます。図 4.1.29 は、「testgroup」の下に「subgroup」というグループを作成した結果です。

Groups
Group details
Search group
Exact search
1-1
testgroup
1-1
testgroup
Action
Child groups
Members
Attributes
Filter groups
Create group
Refresh
1-1
Group name
subgroup
1-1

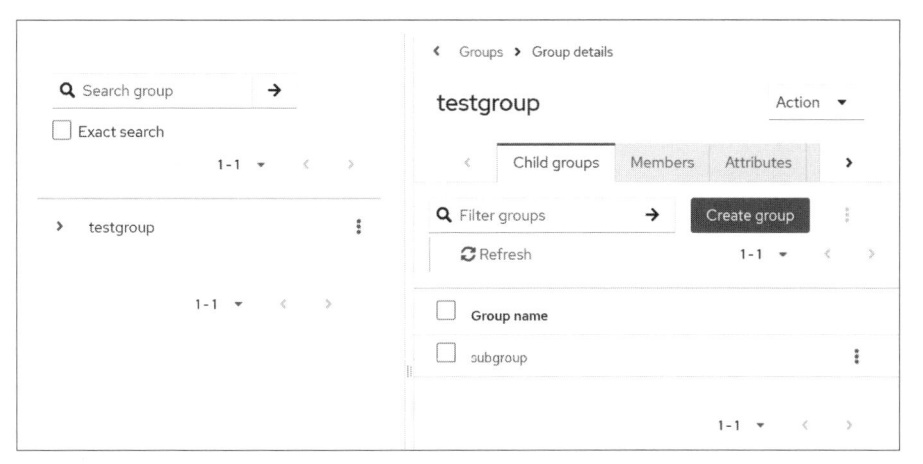

図 4.1.29　下位のグループの作成結果

(2) グループへのロールの付与

グループにロールをマッピングするには、グループの「Role mapping」タブを使います。図4.1.30は、「testgroup」グループの「Role mapping」タブです。「Assign role」ボタンをクリックすることで、ロールのマッピング画面が表示されます。例えば図4.1.31では、「testgroup」グループに「roleX」と「roleY」レルムロールをマッピングしようとしています。「Assign」ボタンをクリックすることで設定が反映されます。

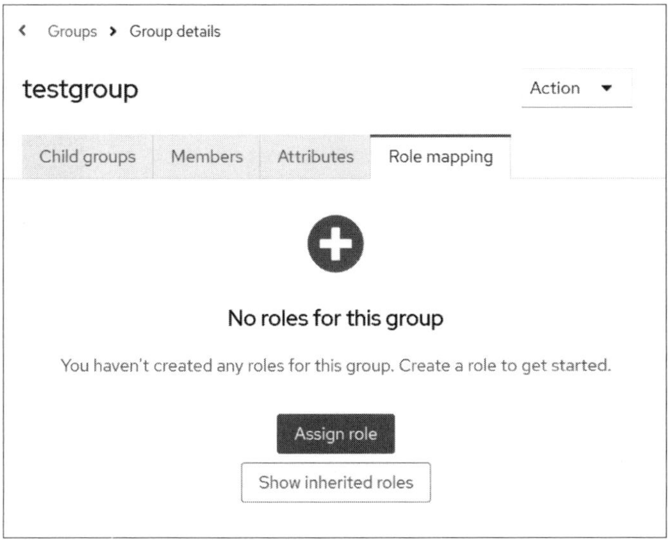

Groups
Group details
testgroup
Action
Child groups
Members
Attributes
Role mapping
No roles for this group
You haven't created any roles for this group. Create a role to get started.
Assign role
Show inherited roles

図 4.1.30　「Role mapping」タブ

Assign roles to testgroup ✕

Filter by realm roles ▼ 🔍 Search by role name → | 🔄 Refresh | 1-6 ▼ ‹ ›

☐	Name	Description
☐	default-roles-demo	${role_default-roles}
☐	offline_access	${role_offline-access}
☑	roleX	
☑	roleY	
☐	sample-role	
☐	uma_authorization	${role_uma_authorization}

1-6 ▼ ‹ ›

Assign　Cancel

図 4.1.31　「testgroup」グループに「roleX」と「roleY」レルムロールをマッピング

■（3）グループへのユーザーの追加

　ユーザーにグループをマッピングするには、左メニューの「Users」より、該当するユーザーを選択し、「Groups」タブから「Join Group」をクリックします。図 4.1.32 の例では、「demo-user」ユーザーを「testgroup」グループにマッピングしようとしています。「Join」ボタンをクリックすることで設定が反映されます。なお、サブグループを選択するには、画面中の青い「>」をクリックし、サブグループ一覧を表示する必要があります。

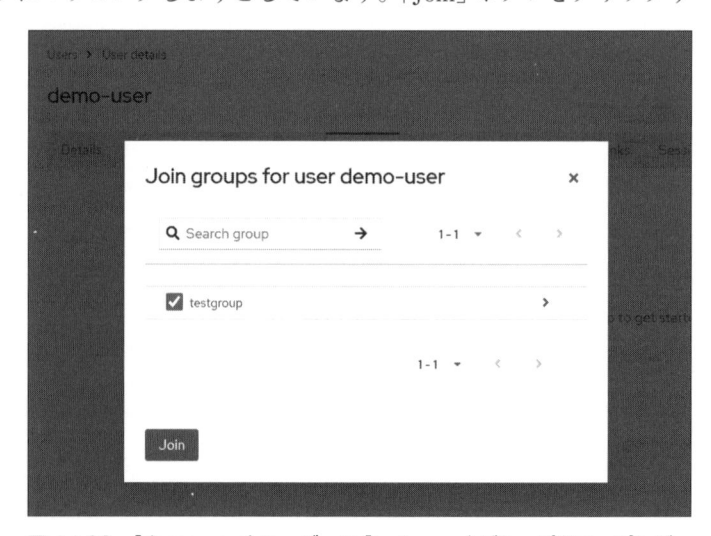

図 4.1.32　「demo-user」ユーザーに「testgroup」グループをマッピング

■ （4）トークンへの連携

グループをトークンのクレームにマッピングすることで、その情報をアプリケーションで利用することができます。具体的な方法については4.1.7 項で解説します。

■ 4.1.5　レルム

レルムとは、ユーザーやクライアント、認証方法などの各種設定が適用される範囲を意味します。レルム内に追加や変更した設定は、そのレルム内で有効であり、異なるレルムに共有されることはありません。例えば、ユーザーは同一のレルム内に作成したグループにしか属することができず、そのレルムに設定した認証方法でしかログインできません。このような独立性により、単一の Keycloak サーバーを複数の目的で使用することができます。

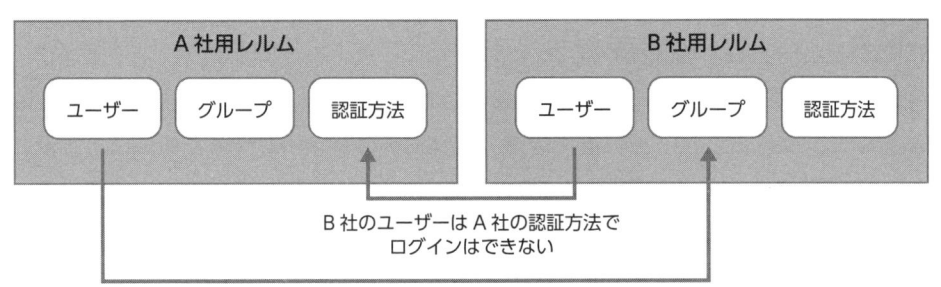

図 4.1.33　レルム

レルムの利用例として代表的なものが、複数の組織（企業など）に対してサービスを提供する、いわゆるマルチテナントです。Keycloak を認証用のサービスとして公開し、複数の企業に利用してもらうようなケースでは、企業ごとにレルムを作成して、その中に社員データを参照するLDAP サーバーの設定をしたり、連携用のアプリケーション（クライアント）の情報を登録して、SSO を実現することができます。

なお、Keycloak 26.0.0 より、「Organization」という、レルムの中で、ユーザーをグループ化して管理することができる機能が正式サポートされています。例えば、「従業員」と「パートナー社員」のように、ユーザーをグループ化し、それぞれ認証方法やユーザーの招待方法を設定することができます。詳しくは、Server Administration Guide を参照してください[12]。

*12 https://www.keycloak.org/docs/26.0.0/server_admin/#_managing_organizations

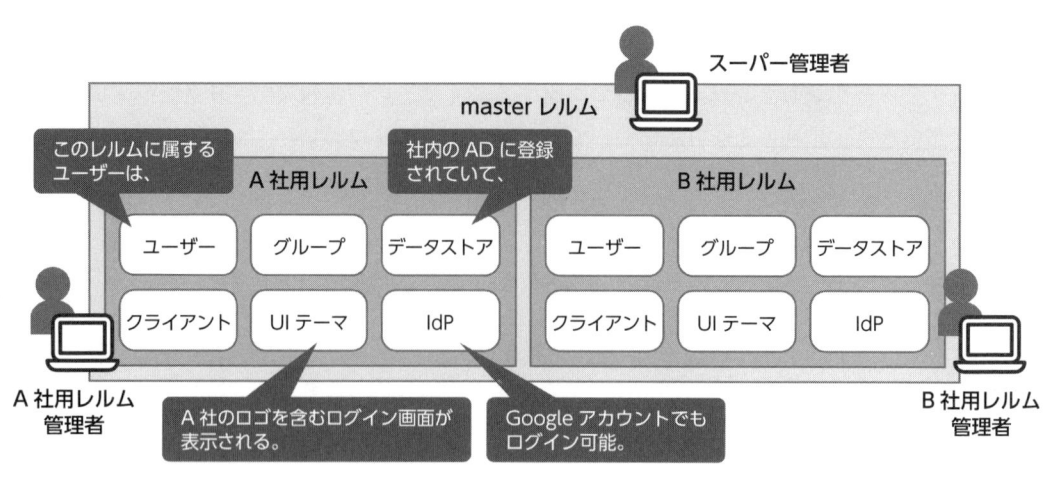

図 4.1.34　レルムの使用例（マルチテナント）

■ （1） master レルムと管理者ユーザー

　Keycloak は、初回起動時に「master」という名前のレルムを作成します。これは、他のレルムを管理できる特別なレルムです。Keycloak の管理コンソールにログインするためには、まずこの「master」レルムに「スーパー管理者」（すべての権限を持つ管理者）の役割を担う管理者ユーザーを作成する必要があります。

　この管理者ユーザーは、すべてのレルムを管理することができます。第 1 章 1.3.1 項で紹介したように、Keycloak のセットアップ時に一時的な管理者ユーザーが作成されますが、この一時的な管理者ユーザーを削除し、新たに管理者ユーザーを作成することが推奨されています。

　実際に管理者ユーザーを作成してみましょう。ユーザー名は admin とします。管理コンソールに一時的な管理者ユーザーでログインし、「master」レルムであることを確認し、「users」メニューより、「admin」ユーザーを作成します。「admin」ユーザーを選択し、「Role mapping」タブの「Assign role」をクリックすると、ロール付与画面が表示されます（図 4.1.35）。スーパー管理者のロールであるレルムロール「admin」を選択し（レルムロールの表示のために「Filter by realm roles」を選択する必要があることに注意します）、「Assign」ボタンをクリックすることで、以降「admin」ユーザーが管理者ユーザーになります。

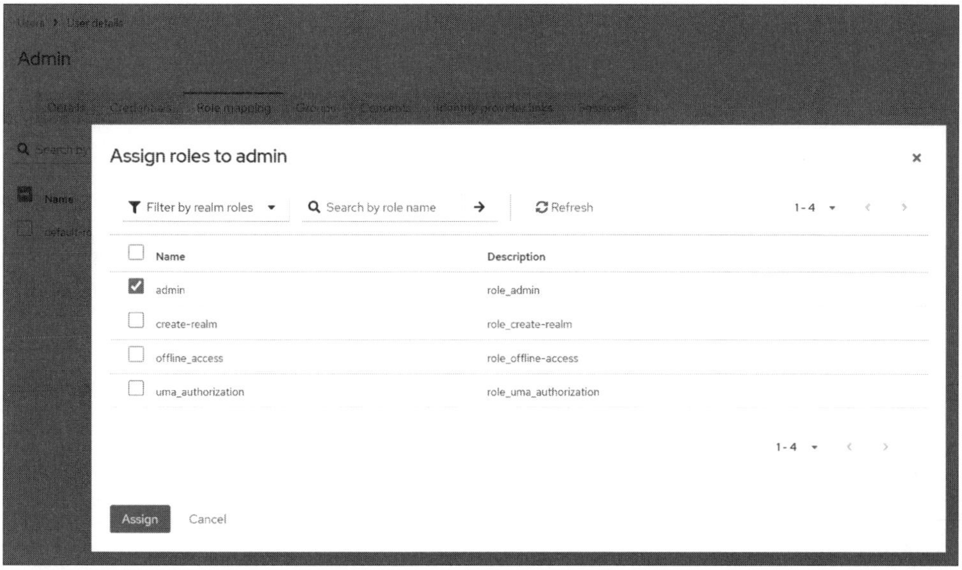

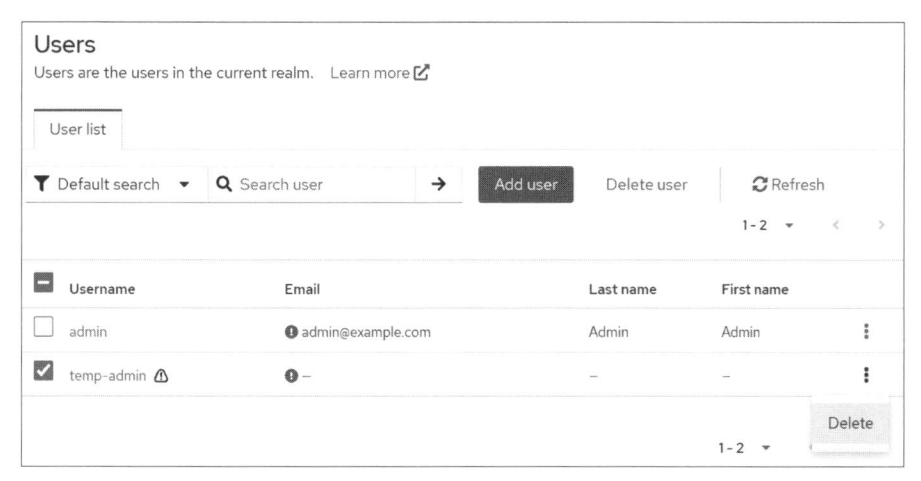

図 4.1.35 「admin」レルムロールを付与

次に一時的な管理者ユーザー「temp-admin」を削除します。管理コンソールからサインアウト
し（右上の「temp-user」を選択し、「Sign out」を選択）、先ほど作成した「admin」ユーザーで管
理コンソールにログインします。「users」から「temp-admin」にチェックを入れて、⋮をクリック
すると現れる「Delete」より、「temp-admin」ユーザーを削除することができます（図 4.1.36）。

図 4.1.36 一時的な管理者ユーザーを削除

なお、「master」レルム内に、他のユーザーやクライアントなどを作成して master レルムだけ
で運用することもできますが、別のレルムを作成して運用することが推奨されています。

■ (2) レルムの設定とレルム管理者

　レルムに共通する設定（ログインセッションのタイムアウトなど）については、管理コンソールの左メニューの「Realm settings」を選択して表示される各画面より行うことができます。

　「Realm settings」の各画面の使い方については、本書の中で必要に応じて解説します。

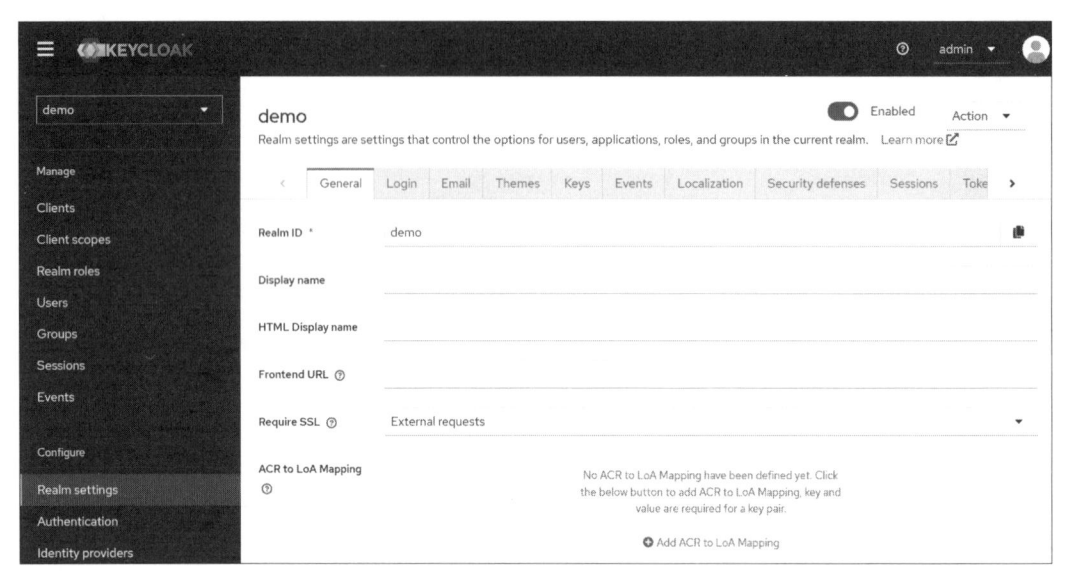

図 4.1.37　「demo」レルムの「General」画面

　作成した個々のレルム内には、そのレルム専用の管理者を作成することができます。レルム専用の管理者には、必要な権限のみを付与するという方針にすることで、偶発的な変更を防ぐことができます。また、各レルムには、そのレルムの管理者のみがログインできる、専用の管理コンソールが存在します。レルム管理者用の管理コンソールには、次のような URL でアクセスできます。

```
http(s)://［ホスト］（:［ポート］)/admin/［レルム名］/console/
```

　レルム管理者を作成するには、「realm-management」というクライアントに用意された「realm-admin」クライアントロールをユーザーに付与します。なお、「realm-admin」クライアントロールは、複合ロールであり、管理に必要な複数のクライアントロールを継承しています。個別にクライアントロールを付与することで、より細かな権限設定も可能です。

4.1.6 クライアントアダプター

OIDC の RP や SAML の SP などの、クライアントサイドのアプリケーションを実装するためには、プロトコルに関するさまざまな処理を実装する必要があります。Keycloak では、これらの処理が実装されていないクライアントに、OIDC の RP や SAML の SP の機能を与える「クライアントアダプター」というライブラリーを提供していました。その一方で、多くのアプリケーションフレームワークに対して、OIDC の RP や SAML の SP の実装が進められてきました。例えば、Java では Spring Security で OIDC の RP や SAML の SP に対応していますし、Node.js では OIDC の RP として openid-client[13]、Go では OIDC の RP として go-oidc[14] などが開発されています。このような状況を踏まえ、2022 年に Keycloak コミュニティーは、順次クライアントアダプターの開発を停止していく方針を表明しました。

Keycloak コミュニティーから配布されるクライアントアダプターとして唯一残っているのは、JavaScript のクライアントアダプターです。JavaScript のクライアントアダプターは npm、tgz ファイルで配布されています。詳しい使い方は、第 6 章 6.4 節で紹介します。

4.1.7 プロトコルマッパー

Keycloak では、OIDC の ID トークン、アクセストークンや UserInfo レスポンス、もしくは SAML のアサーションに Keycloak で管理されている情報を連携することができます。この連携を行うための仕組みを、プロトコルマッパーと呼びます。プロトコルマッパーを用いることで、アプリケーションやリソースサーバーに、さまざまな情報を伝達することができます。

プロトコルマッパーは、連携するデータ項目に応じたものが必要になります。さまざまなものが存在しますが、要件を満たせない場合は、独自に開発して組み込むこともできます。また、プロトコルマッパーの設定は、クライアント単位で行うため、クライアントに応じて連携する内容を設定することができます。

(1) プロトコルマッパーの設定

プロトコルマッパーの設定は、対象とするクライアントの「Client scopes」タブから「＜クライアント ID＞-dedicated」を選択して表示される画面の「Mappers」タブより行います。図 4.1.38 は「demo-client」クライアントの「Mappers」タブです。

「Add predefined mapper」と「Configure a new mapper」の 2 つのボタンが表示されています。「Add predefined mapper」ボタンをクリックすると、あらかじめ設定されたプロトコルマッパー

---

[13] https://www.npmjs.com/package/openid-client

[14] https://github.com/coreos/go-oidc

の一覧が表示されます。説明を見て目的に合うものがあればそれを選択します。

今回は、「Configure a new mapper」よりグループの情報を追加する設定を行ってみます。「Configure a new mapper」ボタンをクリックすると図 4.1.39 のようなプロトコルマッパーを選択する画面が表示されます。

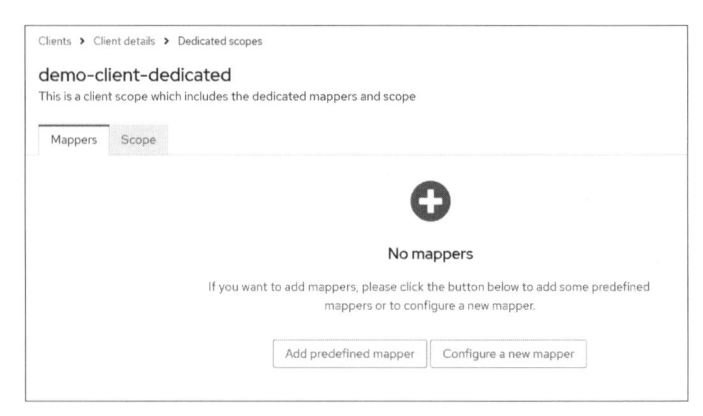

図 4.1.38　「demo-client」クライアントの「Mappers」タブ

Configure a new mapper

Choose any of the mappings from this table

Name	Description
Allowed Web Origins	Adds all allowed web origins to the 'allowed-origins' claim in the token
Audience	Add specified audience to the audience (aud) field of token
Audience Resolve	Adds all client_ids of "allowed" clients to the audience field of the token. Allowed client means the client for which user has at least one client role
Authentication Context Class Reference (ACR)	Maps the achieved LoA (Level of Authentication) to the 'acr' claim of the token
Authentication Method Reference (AMR)	Add authentication method reference (AMR) to the token.
Claims parameter Token	Claims specified by Claims parameter are put into tokens.
Claims parameter with value ID Token	Claims specified by Claims parameter with value are put into an ID token.
Group Membership	Map user group membership
Hardcoded claim	Hardcode a claim into the token.
Hardcoded Role	Hardcode a role into the access token.
Nonce backwards compatible	Adds the nonce claim to Access, Refresh and ID token
Pairwise subject identifier	Calculates a pairwise subject identifier using a salted sha-256 hash and adds it to the 'sub' claim. See OpenID Connect specification for more info about pairwise subject identifiers.
Role Name Mapper	Map an assigned role to a new name or position in the token

図 4.1.39　プロトコルマッパーの選択

「Description」にプロトコルマッパーの説明が書いてありますので、これを参考に適切なプロトコルマッパーを選択します。今回は「Group Membership」を選択し、プロトコルマッパーの設定画面（図 4.1.40）を表示します。

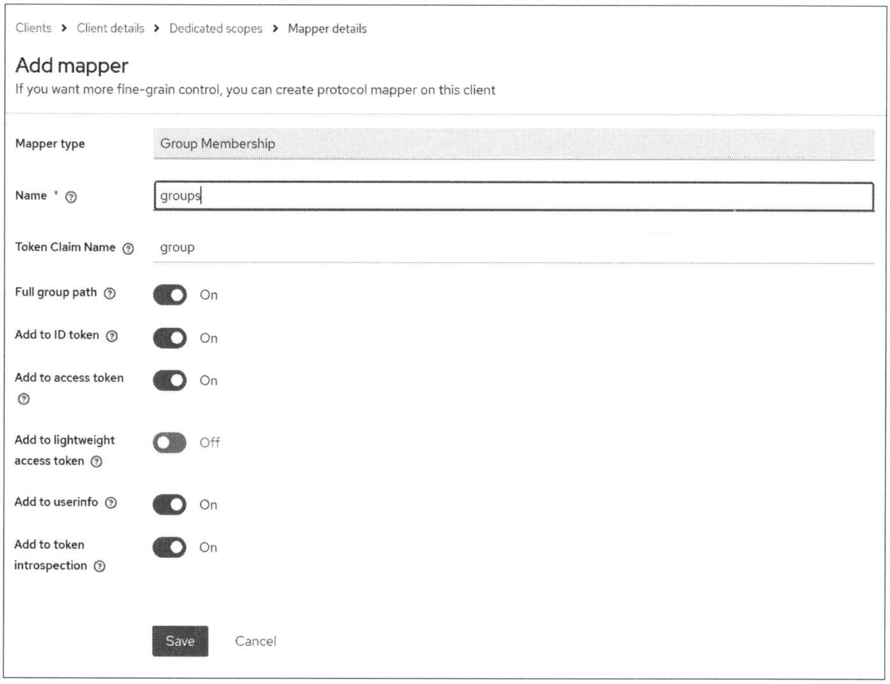

図 4.1.40　プロトコルマッパーの設定画面

設定項目は、プロトコルマッパーの種類によってやや異なりますが、今回選択した「Group Membership」プロトコルマッパーの各設定項目の意味は、表 4.1.6 のようになります。

表 4.1.6　「Group Membership」プロトコルマッパーの設定項目

タブ	設定できる内容
Mapper type	プロトコルマッパーの種類（今回は Group Membership が表示される）。
Name	プロトコルマッパーの名称。
Token Claim Name	グループ名をマッピングするためのクレーム名。
Full group path	クレームにマッピングするグループをフルパス表記にするか否か。「On」の場合、親グループがあれば「/group/subgroup」のように表記され、親グループがなければグループ名の先頭に「/」が付与され「/group」のように表記されます。「Off」の場合、親グループは表記されず、「subgroup」のように表記されます。
Add to ID token	グループ名を ID トークンにマッピングする場合は「On」にします。
Add to access token	グループ名をアクセストークンにマッピングする場合は「On」にします。
Add to lightweight access token	lightweight アクセストークン（第 5 章 5.3 節のコラム「lightweight アクセストークン」参照）の設定をしている場合に、グループ名をアクセストークンにマッピングする場合は「On」にします。
Add to userinfo	グループ名を UserInfo レスポンスにマッピングする場合は「On」にします。
Add to token introspection	グループ名をトークンイントロスペクションのレスポンスに含める場合は「On」にします。

　図 4.1.40 の例では、「groups」という名前でプロトコルマッパーを作成し、アクセストークン、ID トークンおよび UserInfo レスポンスの「group」クレームに、ユーザーが所属するグループの情報が含まれるように設定しています。「Save」ボタンをクリックすることで、プロトコルマッパーが作成され、グループの情報がアクセストークンなどの group クレームにセットされるようになります。

■ 4.1.8　クライアントスコープ

　前述したプロトコルマッパーは、クライアント単位に設定するものでした。しかし、同じマッピングルールを複数のクライアントに設定する場合は面倒であり、設定ミスの心配もあります。そこで、複数のクライアントで共通のマッピング設定を保持するための仕組みとして、Keycloak では「クライアントスコープ」が用意されています。クライアントスコープには OAuth/OIDC 用と SAML 用がありますが、より利用されることの多い OAuth/OIDC 用について解説します。

　クライアントスコープは、OAuth/OIDC のスコープに関連付けられています。つまり、あるスコープが付与されたクライアントに対して、マッピング設定が適用されるようになっています。

■ （1）クライアントスコープの設定

　具体例で見てみましょう。管理コンソールの左メニューの「Client scopes」をクリックすると、「Client scopes」画面にクライアントスコープの一覧が表示されます。ここで「Protocol」が「OpenID Connect」となっているものは、OAuth/OIDC のスコープを兼ねています。

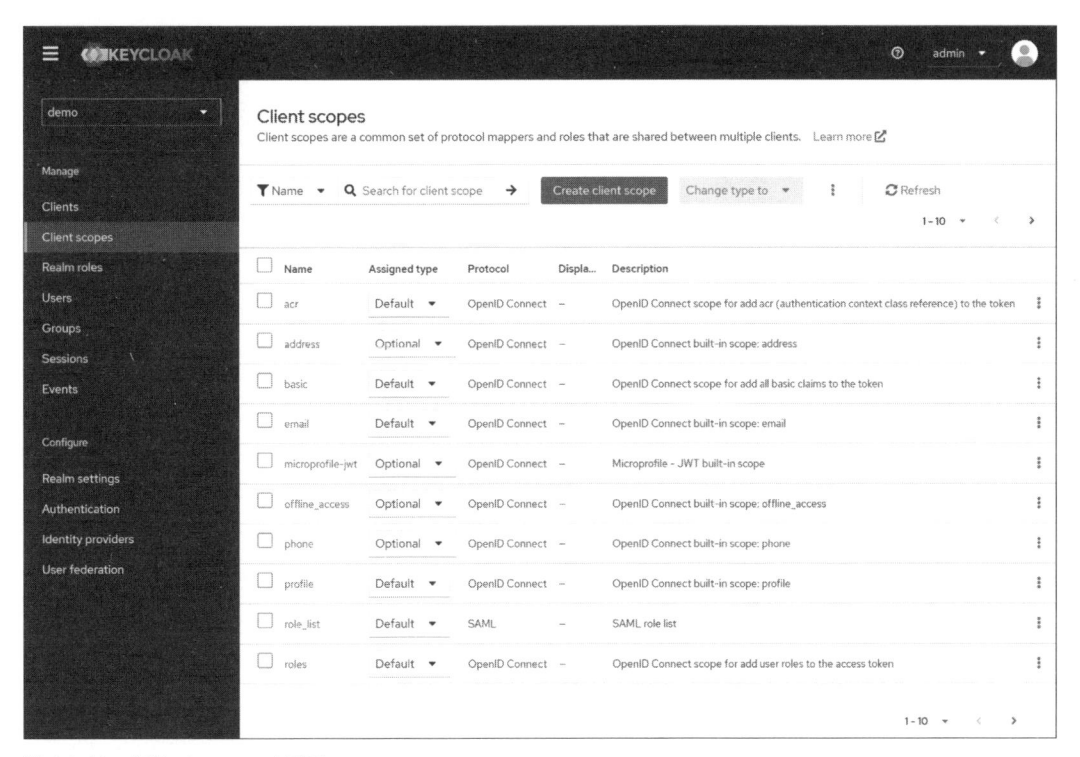

図 4.1.41 「Client scopes」画面

　「roles」を選択し、「roles」スコープの設定画面を表示します。「Mappers」タブを選択します。図 4.1.42 のように、「roles」スコープに関連付けられたプロトコルマッパーの一覧が表示されます。

Client scopes ＞ Client scope details

Roles openid-connect

Action ▼

Settings | Mappers | Scope

🔍 Search for mapper → | Add mapper ▼ | ⟳ Refresh | 1-3 ▼ ＜ ＞

Name	Category	Type	Priority	
audience resolve	Token mapper	Audience Resolve	30	⋮
realm roles	Token mapper	User Realm Role	40	⋮
client roles	Token mapper	User Client Role	40	⋮

1-3 ▼ ＜ ＞

図 4.1.42 「roles」スコープの「Mappers」画面

例えば、「realm roles」を選択すると、「realm roles」プロトコルマッパーの設定画面が表示されます。

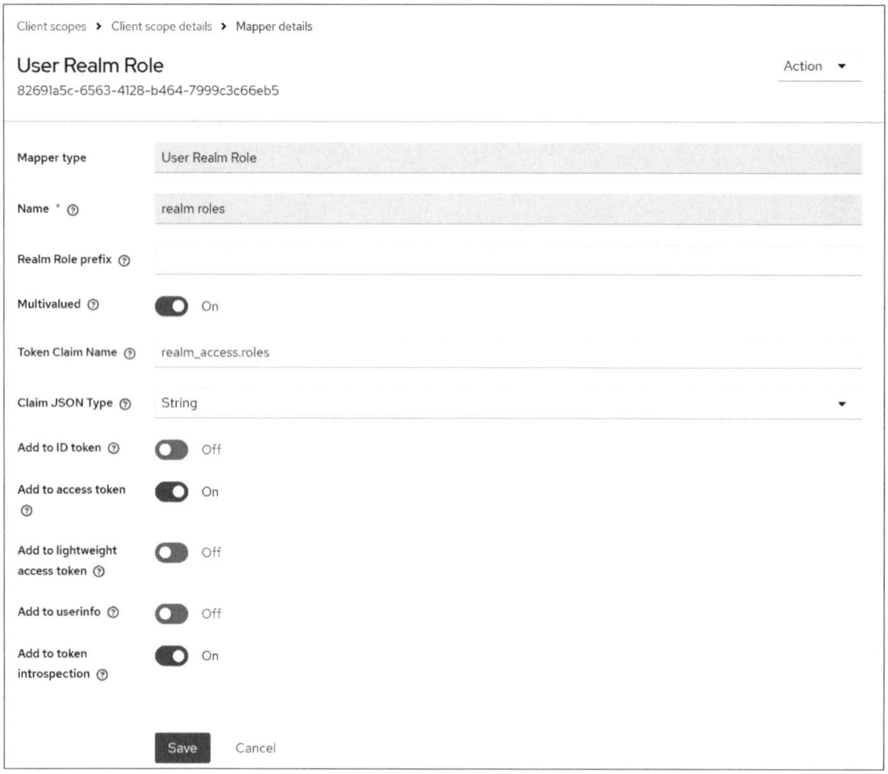

図 4.1.43　「realm roles」プロトコルマッパーの設定画面

　Mapper type が「User Realm Role」となっており、ユーザーに付与されたレルムロールを連携するためのプロトコルマッパーであることが示されています。「Token Claim Name」を見ると「realm_access.roles」となっています。これは「realm_access」の下の「roles」クレームにレルムロール情報をマッピングするという意味です。また「Add to access token」と「Add to token introspection」が「On」になっており、アクセストークンとトークンイントロスペクションのレスポンスにレルムロール情報が含まれることがわかります。

　以上により、OAuth/OIDC のフローで、「roles」スコープが付与された場合に、アクセストークンに、以下のように、ロールの情報が含まれるようになります。

```
"realm_access":{
    "roles":[
        "roleX",
        "roleY"
    ]
},
```

　また、プロトコルマッパーの設定画面で、「Add to ID token」や「Add to userinfo」を「On」にすることで、ユーザーに付与されたロールの情報が、ID トークンや UserInfo レスポンスにも同様にマッピングされるようになります。

　このように、OAuth/OIDC のスコープに応じて、トークンや UserInfo レスポンス、トークンイントロスペクションのレスポンスにマッピングされるクレームを設定できるようになります。なお、以上で紹介した「Client scopes」は、API 認可におけるスコープの設定でも用います。その設定方法は、第5章5.3節で紹介します。

セッションとトークンの管理

第 1 章 1.3 節で解説したように、Keycloak では、ログインが成功するとセッションが生成され、メモリー上で管理されます。このセッションは、ブラウザーと Keycloak との間のログインセッションを表すクッキーや API 認可で用いる各種トークンと関連付けられています。そのため、セッションとその管理方法の理解は Keycloak の設定や構築を行う際の要となります。本節では、Keycloak におけるセッションの実体と、各種トークンとの関係、有効期間の管理方法について詳しく説明します。なお、本節の項目には、発展的な項目も含まれます。基本的なことは 4.2.2 項までで紹介しますので、残りの項目はリファレンスとして活用することも可能です。

4.2.1　セッションの基本

Keycloak では、ログインが成功するとセッションが生成され、Java のオブジェクトとしてメモリー上で管理されます。同時に、ブラウザーに対して、ログインセッションを管理するためのクッキーが発行されます。どのようなクッキーが発行されるかは、コラム「Keycloak のクッキー」を参照してください。

セッションは、Keycloak に認証を要求したクライアントとも関連付けられて管理されています。管理コンソールの左メニューの「Sessions」を選択すると表示される「Sessions」画面で、セッションが有効なユーザーとクライアントが表示されています。例えば図 4.2.1 の一番上の行は、「demo-user」ユーザーが、「demo-client」クライアントを通じて Keycloak でログインし、有効なセッションが存在することを示します。それぞれのクライアントに関連するセッションの数を確認できます。この画面の右上にある「Action」から「Sign out all active sessions」をクリックし、確認画面で「Confirm」ボタンをクリックすると、すべてのセッションが無効化されます。クッキーも無効になるため、ユーザーは Keycloak からログアウトした状態になります。

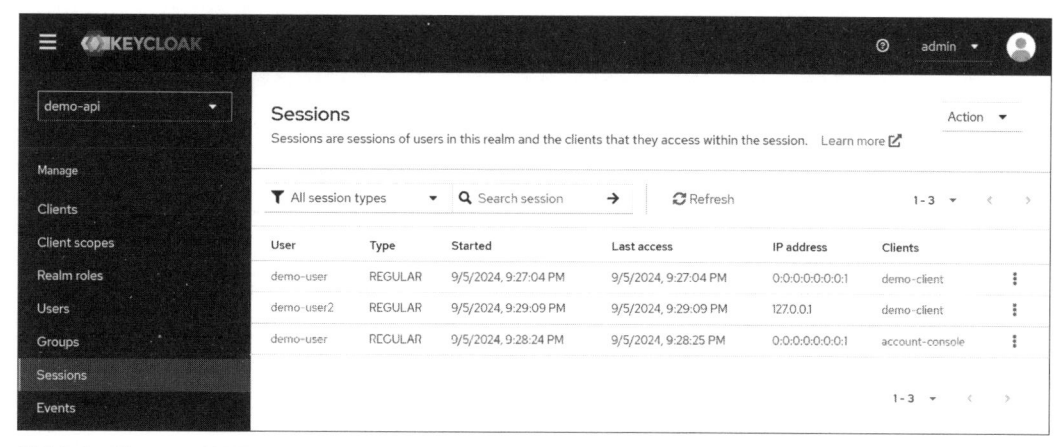

図 4.2.1 「Sessions」画面

　セッションの情報は、デフォルトでは、データベースに永続化されます。ここで、セッションがデータベースに永続化されるようになったのは、2024 年 10 月リリースの Keycloak 26.0.0 からです。それ以前のバージョンでは、メンテナンス等のために Keycloak の再起動（HA 構成を組んでいる場合は、HA 構成内の Keycloak インスタンスをすべて停止した後での起動）の際には、セッションは失われ、全ユーザーがログアウトされますが、26.0.0 以降はセッションは永続化されるため再起動してもセッションは残り、ユーザーはログアウトされません。

> ### ▶ COLUMN
>
> # Keycloak のクッキー
>
> 　Keycloak では、ログインセッションの管理の目的以外にも、認証に関連する処理のために、さまざまなクッキーをブラウザーに発行しています。クッキーの一覧を表 4.2.1 に示します。
>
> 　これらのクッキーは、構築や運用時に意識する機会は少ないのですが、「AUTH_SESSION_ID」については、ロードバランサーでスティッキーセッションを設定する場合に用いられます。スティッキーセッションの設定方法については、公式ドキュメント「Using a reverse proxy[15]」を参照してください。

---

*15 https://www.keycloak.org/server/reverseproxy

表 4.2.1　Keycloak のクッキー一覧

クッキー	内容
AUTH_SESSION_ID	ログイン画面にアクセスするとセットされるクッキー。 <セッション ID>.<クラスターのノード ID> の形式で表現される。
KEYCLOAK_SESSION	ログインに成功するとセットされるセッションクッキー。 <レルム名>.<ユーザーID>.<セッション ID> の形式で表現される。
KEYCLOAK_IDENTITY	ログインに成功するとセットされるセッションクッキー。 JWT 形式でクッキーの発行者や有効期限などが格納される。
KEYCLOAK_REMEMBER_ME	コラム「ログイン画面とパスワードポリシーの設定」の表 4.1.4 の「Remember me」が On になった際にセットされ、ブラウザーを閉じてもログイン状態を維持するために使われる。ユーザー名が格納される。
KEYCLOAK_LOCALE	ログイン画面の多言語化設定（第 1 章 1.3 節参照）を有効にした場合にセットされ、ユーザーによるログイン画面の表示言語設定を記憶するために使われる。表示言語名が格納される。
KC_RESTART	ログイン画面にアクセスした際にセットされ、ログインが成功すると消去される。ログイン処理中にタイムアウトした場合に認証を再開するために使われる。クライアントに関する情報が暗号化されて格納される。

4.2.2　セッションとトークンの関係

　第 2 章で紹介した、OAuth 2.0 におけるアクセストークンとリフレッシュトークンは、JWS 形式の文字列として発行されますが、Keycloak では、これらトークンの文字列データそのものをメモリーや DB に保持しているわけではありません。実際には、トークンはセッションと関連付けて管理されています。トークン関連の設定や管理を行う場合は、セッションを意識する必要があります。セッションとトークンの関係性を図 4.2.2 で解説します。

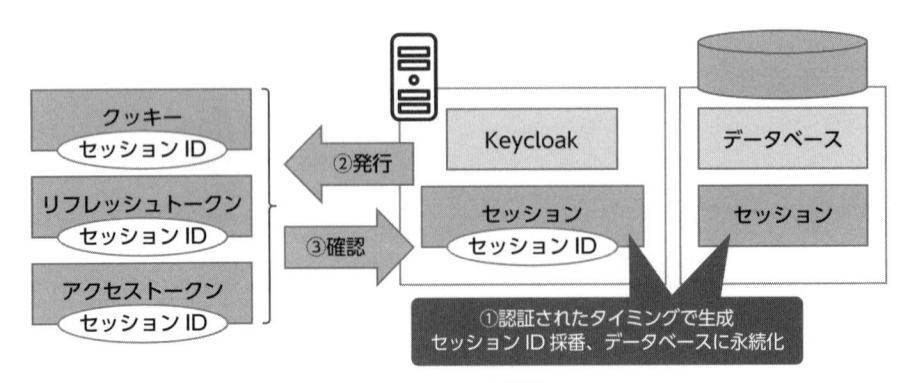

図 4.2.2　Keycloak におけるセッションとトークンの関係

　Keycloak では、ユーザーが認証されたタイミングでセッションがメモリー上に生成され、セッション ID が採番されるとともに、セッションはデータベースに永続化されます（①）。セッショ

ンには、認証されたユーザーやクライアントに関する情報が保持されています。

　セッションに格納された情報を利用して、Keycloak は、アクセストークンやリフレッシュトークンをクライアントに発行します。各トークンの中には、①で採番されたセッション ID が「sid」クレームの値として含まれます。また、セッションの生成と同時に、ブラウザーに対しクッキーも発行します（②）。

　また、Keycloak は、トークンやクッキーを受け取った場合、セッション ID をキーとしてセッションを参照し、有効なセッションが存在するかチェックします（③）。例えば、リフレッシュトークンを Keycloak が受け取った場合、リフレッシュトークンの「sid」クレームの値であるセッション ID をキーとして、対応するセッションが存在することを確認し、セッションの情報をもとにアクセストークンを生成してクライアントに返却します。

　トークンの有効期間を設定したり、トークンを無効にしたい場合、Keycloak の管理コンソールで、セッションに関する設定を変更することになります。例えば、リフレッシュトークンの有効期間を設定したい場合は、セッションの有効期間を設定します。詳しい設定については、4.2.7 項で紹介します。

　なお、アクセストークンの有効期間については、リフレッシュトークンと独立して設定できますが、セッションの影響は受けます。トークンイントロスペクションで、アクセストークンをKeycloak が受け取った場合、アクセストークンの「sid」クレーム値であるセッション ID に対応するセッションがなければ、アクセストークンは有効期間内であっても、無効と判定されます。

　このようなことから、一般的に、セッションの有効期間は、アクセストークンの有効期間より長く設定しておく必要があります。

■ 4.2.3　オフラインセッションの基本

　OIDC には、オフラインアクセスという概念があります。つまり、「offline_access」スコープが認可された状態においては、ユーザーがログアウトした状態であっても、クライアントはリフレッシュトークンを使い続けることができる、という概念です。このオフラインアクセスをサポートするために、Keycloak はセッションとは別にオフラインセッションというものを管理しています。

　OAuth のフローの中で、「offline_access」スコープが認可されると、Keycloak のメモリーに、セッションだけではなく、オフラインセッションという情報も生成され、同時にオフラインセッションは DB に永続化されます。リフレッシュトークンは、オフラインセッションの情報をもとに発行されます。そのようなリフレッシュトークンのことを、オフライントークンと呼びます。なお、オフライントークンは、クライアントから見るとリフレッシュトークンと同じであることから、本書では、オフラインセッションに関する有効期間などの設定を行う場合以外は、「リフ

レッシュトークン」と呼ぶことにします。

　ここで、ユーザーがログアウトした状態になったとしても、オフラインセッションは別に管理されているため、オフラインセッションがタイムアウトされるまでリフレッシュトークンを使い続けることができ、OIDC のオフラインアクセスの状態を実現できています。

　オフラインセッションは、セッションと同様に管理コンソールの「Sessions」画面から確認することができます。「Type」が「OFFLINE」となっているものがオフラインセッションです。オフラインセッションを無効化するには、「Sessions」画面の「Action」から「Sign out all active sessions」をクリックするか、図 4.2.3 のように無効にしたいオフラインセッションの一番右の：をクリックすると現れる「Revoke」を選択します[*16]。

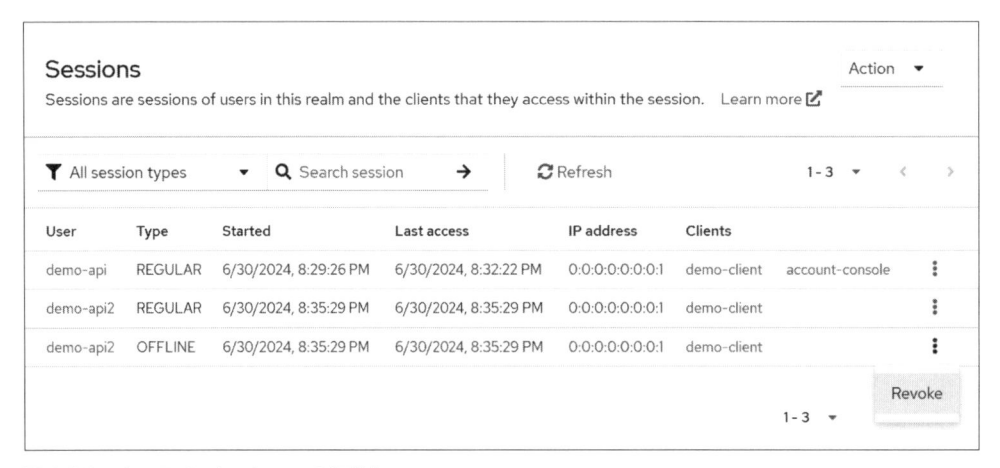

図 4.2.3　オフラインセッションの無効化

■ 4.2.4　サイジングの留意点

　セッションやオフラインセッションは DB に永続化され、Keycloak に同梱される Infinispan という分散キャッシュに、キャッシュデータが保存されています。キャッシュデータの実際の保存先は Java ヒープです。

　キャッシュ数はデフォルトでは 10,000 となっており、10,000 セッションまではメモリーおよび Java ヒープ消費量が増加しますので、少なくとも 10,000 セッション（オフラインセッションを有効にしている場合は 10,000 オフラインセッション）に耐えられるだけのメモリー容量および Java ヒープを確保しておく必要があります。

---

*16 「Sign out all active sessions」をクリックすることで、オフラインセッションは無効化されますが、オフラインセッションは当初の有効期間中「Sessions」画面に表示されます。v26.1 以降では、無効なオフラインセッションが表示されないように修正されます。

　2024年10月時点のサイジングに関する公式ガイド[17]では、オフラインセッションを有効にしていない場合として、1,250MBのメモリー容量とそのうち70％をJavaヒープとして確保することが推奨されていますが、バージョンによってメモリー消費が異なることがありますので、実際に10,000セッションある場合のデータを測定した上でサイジングを行うことが推奨されます。

　ここで、10,000セッションを超えた場合は、キャッシュにすべてのセッションが保存されなくなりますので、DBへのアクセスが増加します。DBの構成によっては、性能劣化につながる可能性があります。こちらについても、想定される負荷シナリオで事前に検証した上で、DBのサイジング設計を行うことが推奨されます。

▶ COLUMN

セッションのデータ構造

　ここまで、KeycloakのセッションはKeycloakに同梱されるInfinispanという分散キャッシュによって管理されていることを解説しました。第9章で紹介するHA構成の設定項目や本章で今後現れるセッションに関する有効期間の細かな設定項目の理解を深めるためには、Keycloakが管理するセッションのデータ構造を知る必要があります。

　シンプルなセッションでは認証済みのユーザー情報を管理するだけで十分ですが、Keycloakの場合、以下のような機能を提供するために、セッションではユーザー情報以外の情報も管理します。

- 認証フローによる複数の認証処理、必須アクションによる認証完了前に強制する追加の処理[18]
- クライアント別の認証状態の管理、各種トークンの発行管理
- オフラインセッションの管理

　図4.2.4は、Keycloak内で生成されるさまざまなセッションの関係性を示したものです。

---

[17] https://www.keycloak.org/high-availability/concepts-memory-and-cpu-sizing
[18] 認証フローや必須アクションは第7章で詳細に解説します。

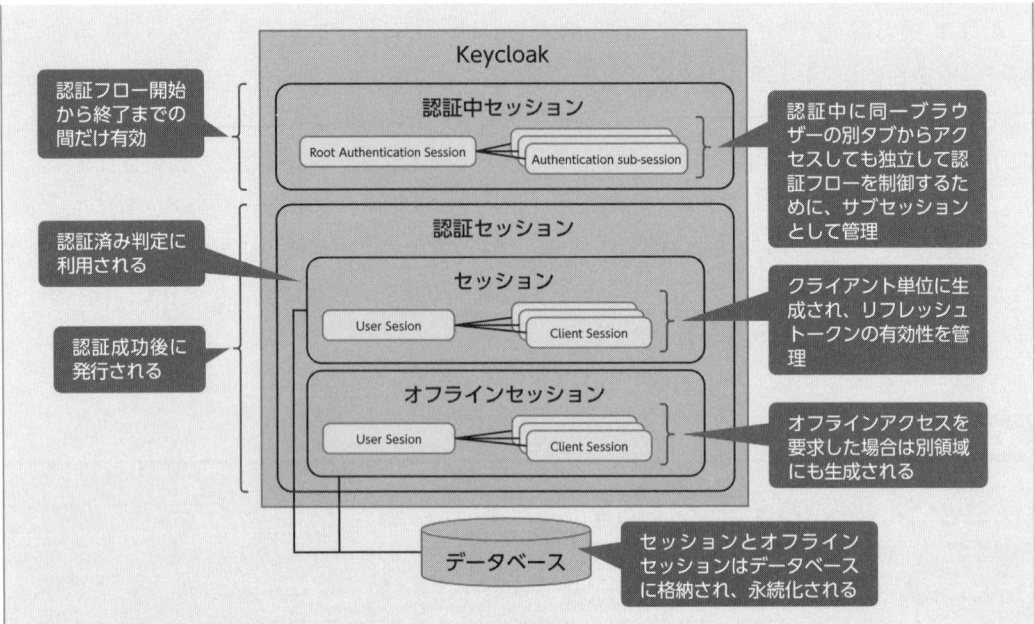

図 4.2.4　Keycloak におけるさまざまなセッションの関係性

　この図のように、大きく「認証中セッション」と「認証セッション」[*19] が存在します。これらのセッションは Keycloak のメモリー上で管理されます。「認証セッション」は DB に永続化されますが、「認証中セッション」はメモリー上のみに存在し、可用性を高めるために複数の Keycloak インスタンス間で Infinispan によってレプリケーションが行われます。

　「認証中セッション」は認証フローの実行中のみ利用します。Keycloak では多要素認証もサポートしているため、認証フロー実行中の一連のブラウザー操作で「認証中セッション」を維持する必要があります。また、「認証中セッション」はブラウザー側ではクッキーで管理するため、同一ブラウザー内の別のタブでログイン画面を開いた場合に、同一の「認証中セッション」を利用してしまいます。

　そこで、タブを開いても認証フローの動作を独立して安全に行えるように、タブごとにサブセッションを作成して状態を管理しています。いずれかのサブセッションが認証成功になると、「認証中セッション」は不要となるため削除します [*20]。

　「認証セッション」は、認証成功のタイミングで生成します。「認証セッション」には、「セッション」と「オフラインセッション」の 2 つがあります。

　「セッション」は、内部的には「ユーザーセッション」と「クライアントセッション」の 2 つ

---

*19 英語の公式ドキュメント上は、「認証中セッション」は「Authentication Session」、「認証セッション」は「Authenticated Session」と記載されています。正確には前者は「認証セッション」、後者は「認証済みセッション」という訳になりますが、本書ではセッションの役割を誤解しないように、この日本語に意訳しています。

*20 複数タブを開いていた場合、残りの認証中のタブも自動的に認証済みとなります。

があります。

「ユーザーセッション」は Keycloak にログイン済みかどうかを表します。「セッション」が有効な場合、ユーザーが別のクライアントに対して認証要求を行っても再認証なしに認証が完了、つまり SSO が実現できます。

「クライアントセッション」はログインしたクライアント単位に生成します。そのため、少なくとも 1 つは存在することになります。ユーザーが SSO により別のクライアントにログインすると、追加で「クライアントセッション」を生成します。「クライアントセッション」には、そのクライアント向けに発行したリフレッシュトークンを関連付けており、発行した日時などリフレッシュトークンの状態をこのセッションで管理します。もし、特定のクライアントのリフレッシュトークンが無効化されると、対応する「クライアントセッション」を破棄します。

「オフラインセッション」は、本章で解説したものです。オフラインセッションも、セッションと同様に、オフラインユーザーセッションとオフラインクライアントセッションの 2 つがあります。

■ 4.2.5　セッションの有効期間の設定項目

セッションの有効期間の設定項目は次の 2 つです。

- SSO Session Idle

  この時間以内にユーザーのアクセスがなければ、セッションは無効になります。クライアントが認証を要求するか、リフレッシュトークンを要求すると、この時間はリセットされます。なお、26.0.0 より前のバージョンでは、実際のタイムアウトはこの値より 2 分多くなっていました。26.0.0 でセッション永続化がサポートされたことに伴いこの挙動はなくなっています。

- SSO Session Max

  セッションの有効期限が切れて無効になる時間です。この設定は、ユーザーのアクセスに関係なく、セッションを有効のまま維持できる最大の時間です。

■ 4.2.6　トークンの有効期間の設定項目

Keycloak の認可コードや各種トークンは、それぞれ有効期限を持ちます。Keycloak では、システム要件に応じて、これらをきめ細かく設定できます。セッションとトークンの有効期限の関係はやや複雑であるため、図を使って説明します。有効期限の設定値は、オフラインアクセスで

あるか否か（scope に offline_access を指定しているかいないか）で異なります。

■（1）オフラインアクセスではない場合

まずは、オフラインアクセスでない場合（scope に offline_access が含まれていない場合）を説明します。セッションとトークンの有効期限に関する設定値の関係を図 4.2.5 に示します。

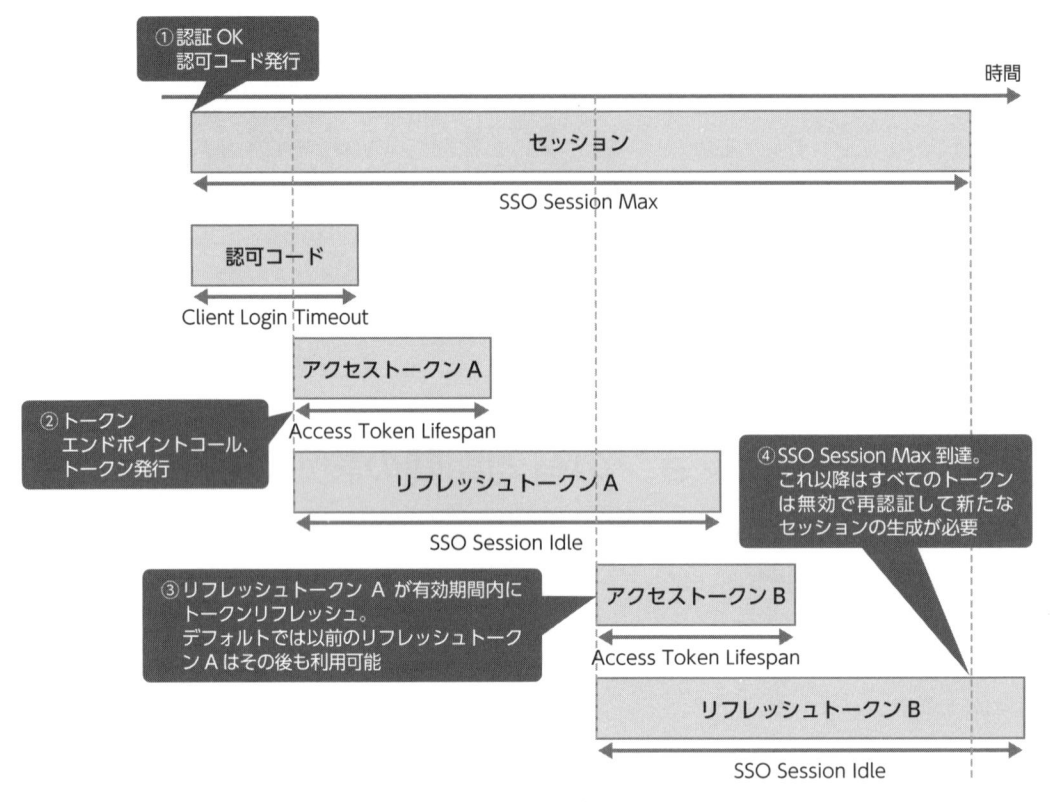

図 4.2.5　セッションとトークンの有効期間に関する設定値の関係

① **認可コードの発行とセッション生成**

ユーザーの認証に成功すると、Keycloak は、セッションとそれに関連付けられた認可コードを発行します。認可コードの有効期間は「Client Login Timeout」で設定でき、デフォルトは 1 分です。セッションの有効期間は「SSO Session Max」で設定でき、デフォルトは 10 時間です。

② **トークン発行**

認可コードの有効期間内にトークンリクエストが成功すると、Keycloak は、アクセストークン、ID トークン（scope に openid が含まれている場合）、リフレッシュトークンを生成します（ここでは「A」とします）。アクセストークンと ID トークンの有効期間は、「Access Token Lifespan」

で設定でき、デフォルトは 5 分です。リフレッシュトークンの有効期間は、「SSO Session Idle」で設定します。デフォルトは 30 分です。

③ **トークンリフレッシュ**

リフレッシュトークン A が有効な間に、トークンのリフレッシュをすると、新たにトークン（「B」とします）が生成され、有効期限がリセットされます。なお、デフォルトでは、以前のリフレッシュトークン A を引き続き利用することができます。

一度利用したリフレッシュトークンを使えなくするためには、「Revoke Refresh Token」を「Enabled」（デフォルトは Disabled）に設定し、「Refresh Token Max Reuse」を「0」（デフォルト値）にします。これらの設定値は、同じリフレッシュトークンを再利用できる回数を規定するものです。「0」に設定すると、リフレッシュトークンが一度利用されると、その時点で再利用できなくなります。リフレッシュトークンが悪意のある第三者に再利用できなくするために、「Revoke Refresh Token」を「Enabled」に変更し、「Refresh Token Max Reuse」は「0」のままにすることとが推奨されます。

④ **SSO Session Max 到達**

最初にセッションが生成されてから、SSO Session Max の時間が経過すると、セッションが無効になり、関連するトークンもすべて無効になります。リフレッシュトークン B の有効期間は、通常「SSO Session Idle」で設定されますが、図の例だと「SSO Session Max」のほうが有効期限が早いため、リフレッシュトークン B の有効期間は「SSO Session Max」の有効期限が切れるまでの期間となります。

■ (2) オフラインアクセスの場合

4.2.3 項で解説したように、認可コードフローで scope に offline_access が含まれている場合、オフラインセッションが生成され、リフレッシュトークンとともに管理されます。そしてオフラインセッションは永続化されます。ユーザーがログアウトしたとしてもオフラインセッションは残り、リフレッシュトークンも有効のままになります。この場合のリフレッシュトークンは、オフライントークンとも呼ばれます。

オフラインセッションとオフライントークンは、デフォルトでは無期限です。これらの有効期間を設定したい場合は、「Offline Session Max Limited」を「Enabled」に設定する必要があります。その場合の有効期限の考え方を図 4.2.6 に示します。

「Offline Session Idle」で設定した値が、オフライントークンの有効期間に設定されます（「SSO Session Idle」と同様の考え方）。デフォルトは 30 日です。同様に、「Offline Session Max」で設定した値が、オフラインセッションの有効期間に設定されます（「SSO Session Max」と同様の考え方）。デフォルトは 60 日です。

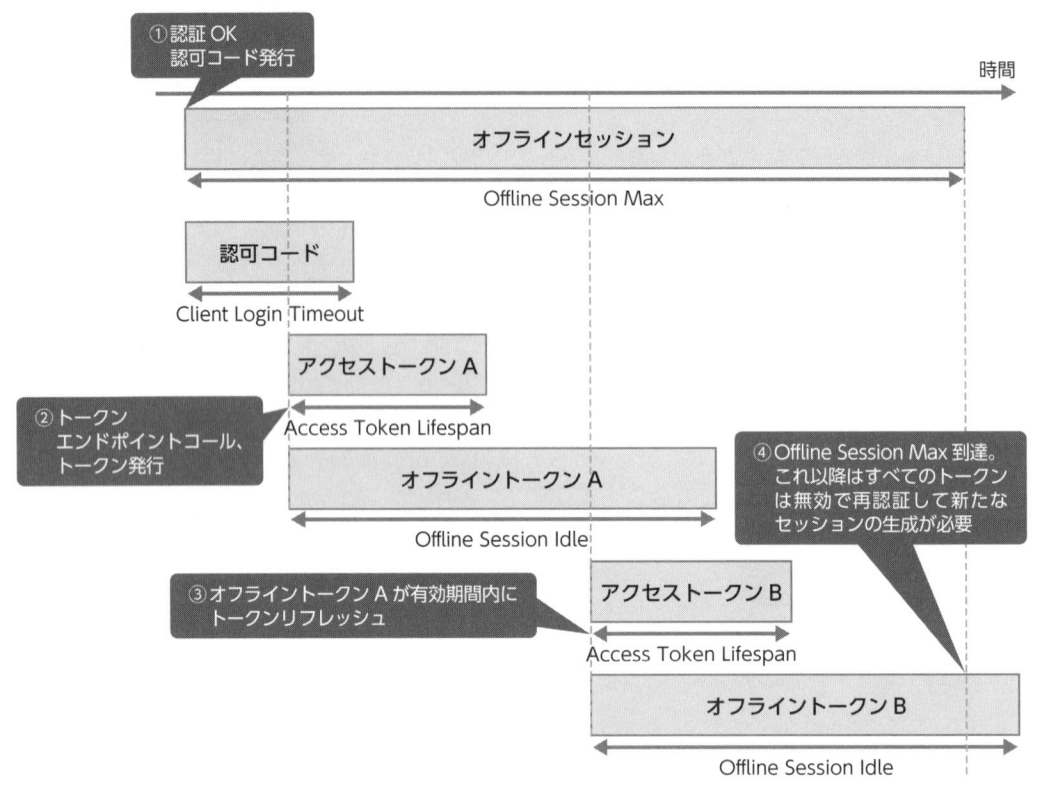

図 4.2.6 オフラインセッションとトークンの有効期間に関する設定値の関係

4.2.7 セッションとトークンの有効期間の設定

　ここまで紹介した有効期間に関する設定値は、レルム単位で設定できます。管理コンソールの「Realm settings」をクリックして表示されるレルムの「Tokens」および「Sessions」画面で設定します。

　「Access Token Lifespan」と「Client Login Timeout」、「Revoke Refresh Token」は「Tokens」画面で設定します。図 4.2.7 は「demo」レルムの「Tokens」画面の例です。なお、この画面の冒頭には、有効期限とは関係のない署名アルゴリズムの設定項目があります。こちらについては、第 5 章 5.4 節のコラム「デフォルトの署名アルゴリズムと鍵管理」を参照してください。下にスクロールすると有効期間に関連する設定項目が現れます。

　「SSO Session Idle」、「SSO Session Max」、「Offline Session Idle」、「Offline Session Max」は、「Sessions」画面で設定します（図 4.2.8）。なお、「Offline Session Max」の設定項目はデフォルトでは表示されず、無期限となっています。設定するには、「Offline Session Max Limited」が Disabled になっているものを「Enabled」にします。

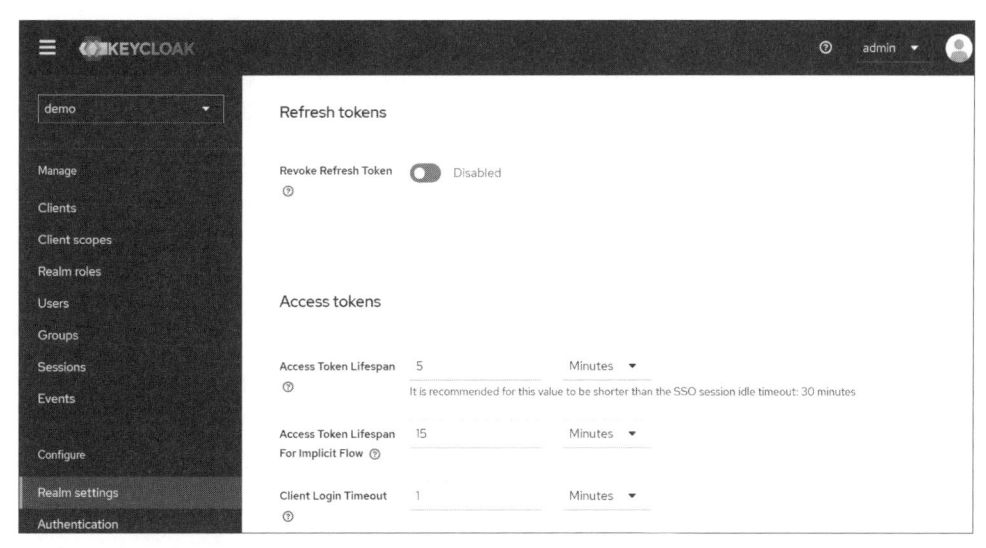

図 4.2.7 「demo」レルムの「Tokens」画面

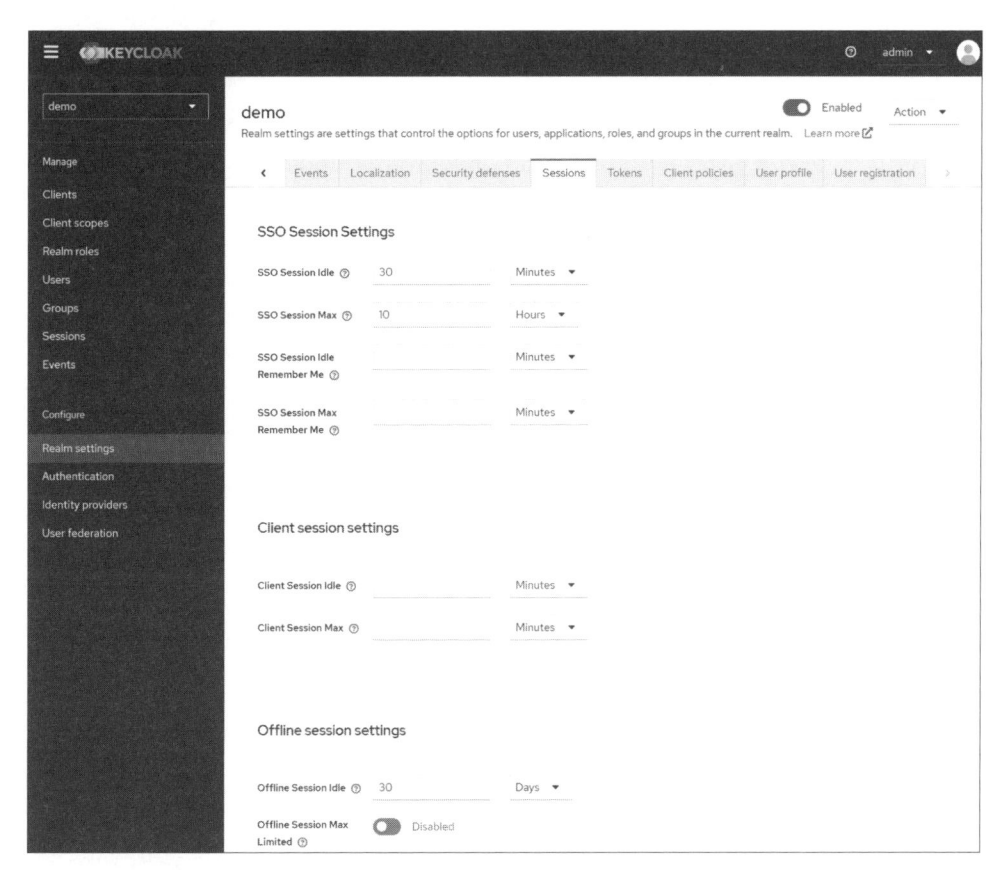

図 4.2.8 「demo」レルムの「Sessions」画面

入門編

4

Keycloak の基礎を理解する

　最後に、認可コードや各トークンの有効期間を、どのように設定すべきかについて説明します[*21]。一般的に、認可コードの有効期間は最大でも 10 分以内、アクセストークンの有効期間は 1 時間以内が推奨されています。これは、漏洩したときの影響を軽減するためです。Keycloak のデフォルト値は、認可コード（Client Login Timeout）が 1 分、アクセストークン（Access Token Lifespan）が 5 分となっており、特段の理由がない限りは変更しないほうがよいでしょう。アクセストークン以外のトークン（リフレッシュトークンや ID トークン）に関しては、各種脅威への対策として、有効期間を小さい値に設定することが、セキュリティーの観点では望ましいとされています。

　一方、リフレッシュトークンやオフライントークンの有効期間を小さい値に設定すると、ユーザー認証の頻度が高くなるため、ユーザビリティーの観点では望ましくありません。よって、セキュリティーとユーザビリティーのトレードオフを考慮した有効期間を設定する必要があります。

■ 4.2.8　クライアントセッション

　ここまで紹介してきたセッションにおいて、コラム「セッションのデータ構造」図 4.2.4 にあるように、内部的には「クライアントセッション」というものも管理されています。クライアントセッションは、クライアント単位にログインした際に生成され、OAuth/OIDC のフローでログインした場合は、主にリフレッシュトークンの有効・無効の管理に使われます。つまり、リフレッシュトークンが無効になるとクライアントセッションも無効になります。また、セッションの内部で管理されているため、セッションが無効になるとクライアントセッションも無効になります。

　デフォルトでは、クライアントセッションの有効期間は、SSO Session Idle と同じであるため、リフレッシュトークンの有効期間も図 4.2.5 で見てきたように、SSO Session Idle と同じとなり、クライアントセッションを意識することはありません。

　一方で、SSO Session Idle よりもリフレッシュトークンの有効期間を短くしたい場合は、クライアントセッションの有効期間を個別に設定する必要があります。クライアントセッションの有効期間は、Realm settings の「Sessions」画面から設定できます（図 4.2.9）。

　「Client Session Idle」は、クライアントセッションの有効期間を表し、デフォルトでは空白になっており、「SSO Session Idle」と同じとなります。トークンリフレッシュリクエストを行うと、「Client Session Idle」のカウントはリセットされますが、「Client Session Max」まで達すると、ク

[*21] 認可コードの有効期間については RFC 6749 (https://datatracker.ietf.org/doc/html/rfc6749)、トークンの有効期間については RFC 6750 (https://datatracker.ietf.org/doc/html/rfc6750) や RFC 6819 (https://datatracker.ietf.org/doc/html/rfc6819) で言及されています。

ライアントセッションは強制的に無効になりリフレッシュトークンも無効になります。「Client Session Max」はデフォルトでは空白となっており、「SSO Session Max」と同じです。

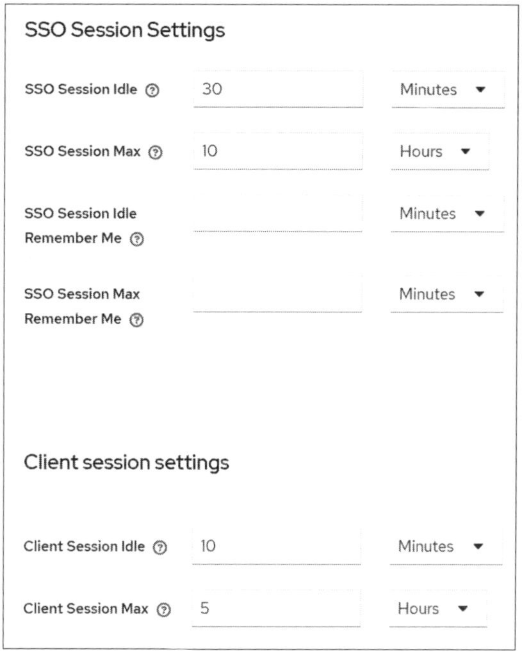

　図4.2.9の例では、「SSO Session Idle」は30分、「SSO Session Max」は10時間、「Client Session Idle」は10分、「Client Session Max」は5時間と設定されています。認可コードフローで、ユーザーが認証され、リフレッシュトークンがクライアントに発行された後、10分経過すると、リフレッシュトークンは無効になります。なお、この状態では、セッションはまだ有効です。ログイン済みのユーザーに再度リフレッシュトークンを発行するために、クライアントが認可コードフローを開始した場合、認可

図4.2.9　クライアントセッションの有効期間の設定

コードフローを図示した第2章の図2.1.2の「3. ユーザー認証」の際に、セッションが有効であることからKeycloakのログイン画面が表示されません。

　また、以上のクライアントセッションの有効期限は、クライアント単位に設定することもできます。「Clients」よりクライアントを選択し「Advanced」タブの下のほうにある「Advanced settings」セクションにて、「Client Session Idle」や「Client Session Max」を設定する項目があります。ここでは、「Access Token Lifespan」においてアクセストークンの有効期限もクライアント単位に設定できます。

　なお、scopeにoffline_accessが含まれる場合は、オフラインセッションとともに、オフラインクライアントセッションも生成されています。オフラインクライアントセッションの期限をオフラインセッションと別の値に設定したい場合は、クライアント単位に設定する必要があります。先ほどの「Advanced settings」セクションで「Client Offline Session Idle」が設定できます。

4.3 Keycloak の情報源

　本書では、Keycloak の代表的な設定方法やユースケースを解説していますが、すべてをカバーできているわけではありません。本節では、本書で紹介しきれなかった情報を得るために役立つ、公式ドキュメントや各種ガイドとコミュニティーを紹介します。

　公式ドキュメントは、Keycloak に関する一次情報源として、より詳細を知りたいときに役立ちます。各種ガイドでは特定の目的を達成するための情報を手早く得ることができます。また、コミュニティーに参加することで、最新の動向を把握したり、Keycloak の開発に関わることもできます。

4.3.1 公式ドキュメント

　Keycloak では、コミュニティーからの公式ドキュメントと API ドキュメントが公開されています。また、日本語ドキュメントも整備されています。

(1) 公式ドキュメント

　Keycloak では、Keycloak のサイト（https://www.keycloak.org）の「Docs」にて、公式ドキュメントを公開しています。執筆時点のバージョンである Keycloak 26.0.0 では、表 4.3.1 と表 4.3.2 に示したような構成となっています。特に「Server Administration Guide」は本書でもたびたび参照しているように、最も利用する頻度が高いです。

表 4.3.1 公式ドキュメント

ドキュメント	内容
Release Notes	Keycloak のリリースノート
Server Administration Guide	Keycloak の管理コンソールや管理機能の解説
Server Developer Guide	Keycloak の拡張方法の解説
Authorization Services Guide	Keycloak の認可サービス機能の解説
Upgrading Guide	Keycloak のアップグレード方法の解説

表 4.3.2　API ドキュメント（公式ドキュメント）

API ドキュメント	主な用途
JavaDoc	Keycloak のソースコードの JavaDoc
Administration REST API	管理 REST API の API ドキュメント

■ (2) 日本語ドキュメント

　NRI OpenStandia では、Keycloak コミュニティーより許可を受け、https://keycloak-documentation.openstandia.jp/ にて、公式ドキュメントの日本語版を公開しています。英語が苦手な方は、ぜひ活用してください。日本語ドキュメントは GitHub にソースコードを公開しており、誰でもコントリビュート可能です。こちら（https://github.com/openstandia/keycloak-documentation-i18n/wiki/Contributing-ja_JP）にてコントリビューターズガイドも公開しています（日本語ドキュメントでは翻訳作業の効率化や用語の統一のため、翻訳支援サービスである Transifex[*22] を利用しています）。

　Keycloak ドキュメントは、ドキュメント量が多く、更新頻度も高いため、日本語翻訳活動への協力者を常に募集しています。例えば、「この表現はこう意訳したほうがいいのでは」といったコメントも大歓迎です。

■ 4.3.2　各種ガイド

　Keycloak のサイト（https://www.keycloak.org）の「Guides」に各種ガイドが公開されています。Docs に公開されている公式ドキュメントは包括的なリファレンスなのに対し、Guides に公開されているガイドは、より特定の目的を達成するために絞られた短いものになっています。

表 4.3.3　Guides に公開されている各種ガイド

カテゴリー	収録されているガイド類
Migration	Wildfly ベースのバージョンを Quarks ベースのバージョンにマイグレーションするためのガイド
Getting started	さまざまな環境で最低限 Keycloak を起動し動作させるためのガイド
Server	Keycloak の共通となるサーバー機能（TLS、ログ、メトリクスなど）を使うためのガイド
Operator	Keycloak Operator に関するガイド
Securing applications	各種アプリケーション基盤上のアプリケーションを Keycloak で認証するためのガイド
High availability	高可用性を実現するための各種構成のガイド

---

*22 https://www.transifex.com/

■ 4.3.3　Keycloak コミュニティーの紹介

　Keycloak のコミュニティーは、目的別にさまざまなコミュニケーション手段を提供しており、誰でもアクセスすることができるようになっています。以下に、目的に応じてどのようにコミュニティーにアクセスしたらよいかを示します。

■ (1) 公式な最新情報を知りたい場合

　Keycloak の新バージョンのリリースなどの、公式な最新の情報を知りたい場合は、Keycloak の公式ホームページのブログや、X（旧 Twitter）アカウントをウォッチします。

- Keycloak 公式 Web サイトのブログ

  https://www.keycloak.org/blog
- Keycloak の X（旧 Twitter）アカウント

  https://x.com/keycloak

■ (2) 質問をしたい場合

　次のようにさまざまな方法が用意されていますが、Slack チャンネルが活発です。

- Slack

  Keycloak は CNCF のプロジェクトですので、CNCF の Slack（https://slack.cncf.io/）にチャンネルがあります。一般的な話題については、#keycloak チャンネル、開発に関する話題は #keycloak-dev チャンネルを用いることができます。
- Discourse

  Discourse にフォーラム（https://keycloak.discourse.group/）が有志により運営されています。
- GitHub Discussions

  Keycloak の GitHub ページの Discussions（https://github.com/keycloak/keycloak/discussions）も質問に使えますが、主に開発に関する議論に使われています。
- メーリングリスト

  ユーザー向けのメーリングリスト（https://groups.google.com/g/keycloak-user/）と、開発者向けのメーリングリスト（https://groups.google.com/g/keycloak-dev/）がありますが、Slack など他のコミュニケーション手段が増えてくるに伴い、あまり活発ではなく、アナウンス目的に使われる傾向があります。

■ (3) バグ報告や機能追加リクエストをしたい場合

Keycloak の GitHub リポジトリー（https://github.com/keycloak/keycloak）の Issues より、新たな Issue を作成します。Issue を作成する前に、Issues を検索し、既知のものがないかを確認することが推奨されます。

■ (4) コードやドキュメントの開発に貢献したい場合

Keycloak のソースコードやドキュメントは GitHub で管理されています。Pull Request を提出することで貢献できますが、いくつかのルールが定められています。Pull Request を提出する前に、最新の Contribution ガイドをよく確認する必要があります。

- Contribution ガイド

  https://github.com/keycloak/keycloak/blob/main/CONTRIBUTING.md

■ (5) 最新の標準仕様の開発に携わりたい場合

次々と定められる OAuth や OIDC に関する標準仕様に Keycloak が追従するために、OAuth SIG（Special Interest Group）というグループが Keycloak コミュニティー内に設置されています。

定期的に会議が開かれており、興味のある人は誰でも参加することができます。会議の情報は、Keycloak 公式ページの「Community」に記載されています。

また、会議の議事録や標準対応のテスト環境などは、Keycloak の GitHub ページの kc-sig-fapi リポジトリー（https://github.com/keycloak/kc-sig-fapi）で管理されています。

■ (6) ユーザーや開発者と交流したい場合

グローバルで Keycloak に関するイベントが時々開催されていますので、そういったイベントに参加することで、ユーザーや開発者と交流し、さまざまな知見を得ることができます。イベントの情報は (1) で紹介した Keycloak のブログや (2) で紹介した Slack に流れてきます。

国内では、CNCF の Japan Chapter である Cloud Native Community Japan のセキュリティー専門のサブチャプターである Cloud Native Security Japan（CNSJ）で、Keycloak も取り扱うミートアップが時折開催されています。ミートアップの情報は CNSJ のホームページ（https://community.cncf.io/cloud-native-security-japan）でアナウンスされます。本ホームページの「Join」より CNSJ に参加すると、ミートアップの更新情報がメールで通知されるようになります。

本章のまとめ

本章では、Keycloak の設定の基礎知識として以下を解説しました。

- **4.1 節「Keycloak の用語解説」について**
  Keycloak の設定を行うために理解が必要な用語を解説しました。「ユーザー」「クライアント」「セッション」「ロール」「グループ」「レルム」「クライアントアダプター」「プロトコルマッパー」「クライアントスコープ」がそれぞれどのようなものであるかを紹介しました。
- **4.2 節「セッションとトークンの管理」について**
  セッションとトークンの関係や、サイジングの際の留意点、セッションやトークンの有効期間の設定パラメーターや設定画面を紹介しました。
- **4.3 節「Keycloak の情報源」について**
  Keycloak をより詳細を知りたい場合に役に立つ Keycloak の公式ドキュメントや、最新動向を把握したり開発に参加する場合に使われる Keycloak コミュニティーのツールや交流の場について紹介しました。

　以降の章では、具体的なユースケースに基づいて、Keycloak を実際に設定していきます。登場する用語については、適宜本章を参照してください。

実践編

実際の３つのユースケースを
題材に基本的な使い方と
設定方法をマスターしよう

実際のユースケースに基づいて Keycloak が連携された環境を構築することが、

Keycloak や認証と認可の習得の早道です。

実践編では、3 つの典型的なユースケースにおける

Keycloak の設定方法を解説します。

必要なユースケースを選択して読み進めてください。

第 5 章では、API 認可について、

サンプルプログラムを使いながら、Keycloak を設定し動作確認を行います。

Keycloak のみならず、

第 2 章で解説した OAuth や OIDC の理解を深めることもできます。

第 6 章では、SSO について、

さまざまなタイプのアプリケーションを題材とし、

Keycloak の設定方法だけではなくアプリケーションの構成方法も解説します。

第 3 章で解説した SSO の概念の理解を深めましょう。

第 7 章では、さまざまな認証の実現方法を扱います。

多要素認証や外部の認証システムと連携した認証など、

具体的な設定方法を解説します。

本章で学んだことにより、

API 認可や SSO における認証を強化することができます。

第5章

OAuth に従った API 認可の実現

本章では、OAuth の認可コードフローに従った API 認可を実現するための Keycloak の利用方法を、動作確認しながら習得します。アクセストークンの発行から、認可判断、運用時に必要になるトークンリフレッシュやアクセストークンの無効化まで、API 認可の一通りの動作を確認できます。また、セキュリティーを確保するために定番となっている OAuth のパラメーターや、その他 API 認可で重要になる Keycloak の使い方も紹介します。

API 認可を実現する環境の構築

　本節では、認可サーバーである Keycloak から、認可コードフローでアクセストークンを取得し、API を呼び出すための検証環境のセットアップと必要な設定を行います。

■ 5.1.1　検証環境の概要

　検証環境と本章で動作確認する内容を図 5.1.1 に示します。

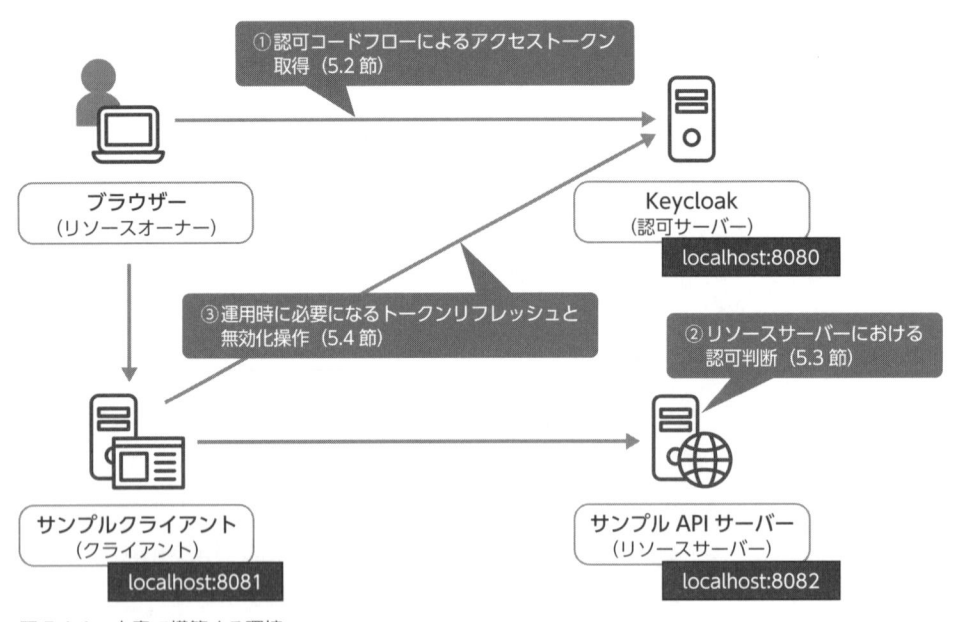

①認可コードフローによるアクセストークン取得（5.2 節）

ブラウザー
（リソースオーナー）

Keycloak
（認可サーバー）
localhost:8080

③運用時に必要になるトークンリフレッシュと無効化操作（5.4 節）

②リソースサーバーにおける認可判断（5.3 節）

サンプルクライアント
（クライアント）
localhost:8081

サンプル API サーバー
（リソースサーバー）
localhost:8082

図 5.1.1　本章で構築する環境

　本章では、検証環境をローカルに構築します。認可サーバーとして Keycloak を構築し、8080 ポートを利用します。OAuth のクライアントとリソースサーバーとしては、筆者が用意したサンプルクライアント Web アプリケーション（以下、サンプルクライアント）とサンプル API サーバーを構築し、それぞれ 8081、8082 ポートを使います。どちらも、Maven でビルドから実行まで行うため、本書冒頭の「ご案内」に記載された Java がインストールされていることが前提になります。

サンプルクライアントとサンプル API サーバーは、あくまで OAuth と Keycloak を理解するための学習および動作確認用であることに注意してください。本番環境で利用するための品質を確保するような実装にはなっていません。

本節においては、これらの環境の準備と設定作業を行い、以降の節において、認可コードフローによるアクセストークンの取得（5.2 節）、API 呼び出し時のリソースサーバーにおける認可判断（5.3 節）、運用時に必要になるトークンリフレッシュと無効化操作（5.4 節）を行うための設定や操作を解説します。

5.1.2 検証環境の構成要素のセットアップ

まずは、検証環境を構成する、Keycloak、サンプルクライアント、サンプル API サーバーをセットアップします。

(1) Keycloak のセットアップ

ここでは、第 1 章における、Keycloak のインストールと管理者ユーザーの登録が終わっていることを前提とします。まず、[KEYCLOAK_HOME] ディレクトリーに移動し、認可サーバーとして Keycloak を起動します。

```
$ ./bin/kc.sh start-dev
```

Keycloak が起動したら、ブラウザーで管理コンソール（http://localhost:8080/）にアクセスし、管理者ユーザーでログインできることを確認します。

(2) サンプルクライアントのセットアップ

サンプルクライアントは、GitHub より取得できます。

```
$ git clone https://github.com/keycloak-book-jp/keycloak-book-jp-v2.git
```

git コマンドがない環境では、上記の URL をブラウザーで開き、「code」→「Download Zip」でダウンロードすることもできます。05/sample-client ディレクトリーにサンプルクライアントが格納されています。サンプルクライアントには、認可コードフローにおけるクライアントとしての機能や、API の呼び出しを行う機能が実装されています。また、設定値は、05/sample-client ディレクトリー内の設定ファイル（src/main/resources/application.properties）に記載するようになっています。設定ファイルの以下の設定により、ポート番号は 8081 に設定されています。

```
server.port=8081
```

　05/sample-client ディレクトリーに移動し、以下の mvnw コマンドを実行することで、サンプルクライアントを起動します。本クライアントは Spring Boot を利用しています。初回起動時は、必要な依存関係のダウンロードのために時間がかかります。

```
$ ./mvnw spring-boot:run
```

　起動したら、ブラウザーでサンプルクライアントのメニュー画面（http://localhost:8081）にアクセスして、図 5.1.2 のようなサンプルクライアントのメニュー画面が表示されることを確認します。

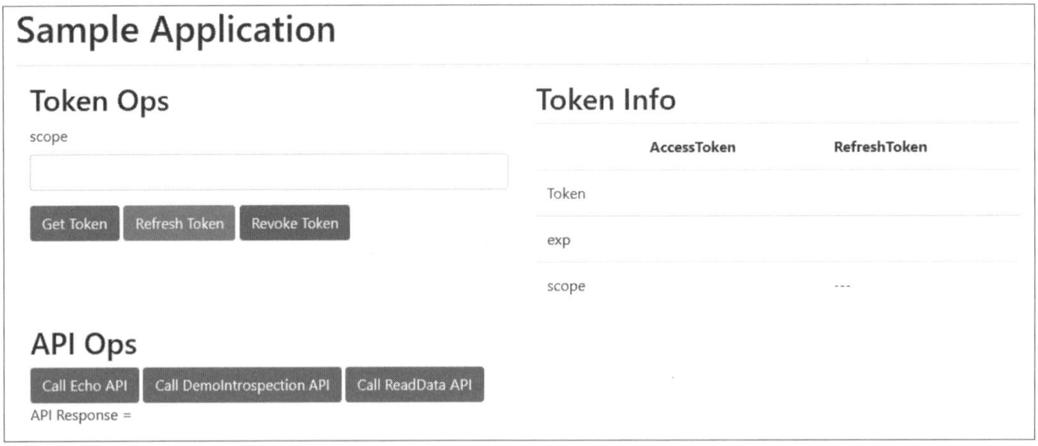

図 5.1.2　サンプルクライアントのメニュー画面

■ (3) サンプル API サーバーのセットアップ

　(2) で取得したサンプルコードの 05/sample-resource-server ディレクトリーに、サンプル API サーバーが格納されています。また、設定値は、05/sample-resource-server ディレクトリー内の設定ファイル（src/main/resources/application.properties）に記載するようになっています。設定ファイルの server.port の設定値が 8082 になっていることを確認します。

　05/sample-resource-server ディレクトリーに移動し、以下の mvnw コマンドでサンプル API サーバーを起動します。サンプルクライアントと同様に、Spring Boot を利用しており、初回の起動時は、必要な依存関係のダウンロードのために時間がかかります。

```
$ ./mvnw spring-boot:run
```

　起動したら、ブラウザーで Echo API（http://localhost:8082/echo）にアクセスして、「{"message": "echo!"}」の文字が表示されることを確認します。

5.1.3　認可コードフローに必要な設定

　認可コードフローによる、API 認可のための最低限必要な設定を行っていきます。図 5.1.3 は、第 2 章で示した認可コードフローを今回のシステムに当てはめたものであり、①～⑤の設定が必要です。

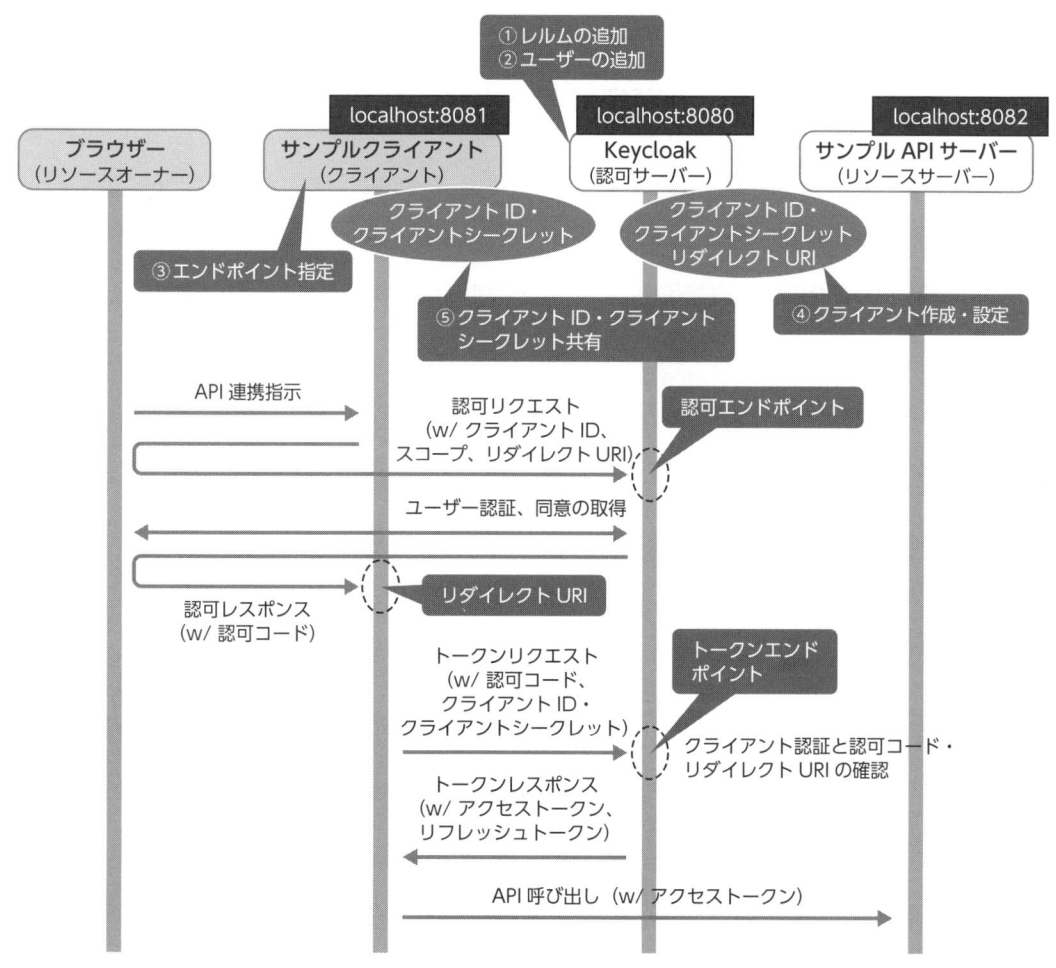

図 5.1.3　認可コードフローと最低限必要な設定内容

① **レルムの追加**

第 1 章でも紹介したように、レルムの追加は必須です。また第 2 章で紹介したように、Keycloak の各種エンドポイントの URL にはレルム名が含まれるため、レルムを追加しないと、Keycloak のエンドポイントが決まりません。

今回は第 5 章の動作確認用に、第 1 章 1.3.3 項と同様の手順で、「demo-api」という名前のレルムを追加します。今後第 5 章では、管理コンソールはすべて「demo-api」レルムで操作します。

② **ユーザーの追加**

動作確認用のユーザーである「user-api」ユーザーを、第 1 章 1.3.3 項の手順を参考に追加します。

表 5.1.1 「user-api」ユーザーの設定項目

設定項目	設定内容
Email	user-api@example.com
First name	Taro
Last name	Sasaki

③ **エンドポイントの設定**

サンプルクライアントは、以下のエンドポイントにリクエストを送信します。

- 認可エンドポイント

  http://localhost:8080/realms/demo-api/protocol/openid-connect/auth

- トークンエンドポイント

  http://localhost:8080/realms/demo-api/protocol/openid-connect/token

- トークン無効化エンドポイント

  http://localhost:8080/realms/demo-api/protocol/openid-connect/revoke

設定ファイルに以下の設定があることを確認します。

```
clientapp.config.authorization-endpoint=http://localhost:8080/realms/demo-api/
protocol/openid-connect/auth
clientapp.config.token-endpoint=http://localhost:8080/realms/demo-api/protocol
/openid-connect/token
clientapp.config.revoke-endpoint=http://localhost:8080/realms/demo-api/protocol
/openid-connect/revoke
```

また、以下のように、サンプル API サーバーの URL が設定されていることも確認します。

```
clientapp.config.apiserver-url=http://localhost:8082
```

④ **クライアントの作成と設定**

Keycloak では、以下の手順でサンプルクライアント用のクライアントの作成と設定を行います。

1. Keycloak の管理コンソールの左メニューの「Clients」をクリックし、「Clients」画面を表示します。

2. 「Clients」画面の上部にある「Create client」ボタンをクリックし、「Create client」画面を表示します。

3. 「General settings」で「Client ID」に「demo-client」を入力して、「Next」ボタンをクリックします。「Capability config」で「Client authentication」を「On」に設定し、「Authentication flow」の「Direct access grants」のチェックを外して、「Next」ボタンをクリックします。「Login settings」で「Valid redirect URIs」に「http://localhost:8081/gettoken」を入力して、「Save」ボタンをクリックし、サンプルクライアント用のクライアントを作成します。クライアントが作成されると「demo-client」クライアントの「Settings」画面が表示されます。追加で「Login settings」の「Consent required」を「On」に変更し、画面下部の「Save」ボタンをクリックして設定を反映します。

表 5.1.2　サンプルクライアントの設定項目

設定項目	設定内容	設定項目の説明
Client authentication	On	「On」に設定することで、クライアント ID とクライアントシークレットを使ったクライアント認証が有効になります[*1]（つまり、コンフィデンシャルクライアントになります）。
Authentication flow	Standard flow	利用するフロー。「Standard flow」で認可コードフローの利用可否を、「Direct access grants」でリソースオーナーパスワードクレデンシャルズフローの利用可否を設定します。リソースオーナーパスワードクレデンシャルズフローは使わないため、チェックを外します。
Valid redirect URIs	http://localhost:8081/gettoken	リダイレクト URI。Keycloak は、認可リクエストに付加されたリダイレクト URI とこの値が一致することをチェックします。サンプルクライアントには、gettoken というエンドポイントでリダイレクト URI が実装されているため、それを登録します。
Consent required	On	デフォルトでは同意画面が表示されないようになっているため、表示されるように「On」に変更します。

[*1] Keycloak は、クライアント ID とクライアントシークレットを使う方法以外のクライアント認証方法もサポートしています。詳細は、コラム「クライアント認証」を参照してください。

実践編

5

OAuth に従った API 認可の実現

4. 次に、「Credentials」タブをクリックして内容を確認します（図5.1.4）。ここの「Client Secret」の値がクライアントシークレットとなります。Copy to clipboardのアイコンをクリックしてコピーしてテキストエディターなどにメモしておきます。なお、「Client Secret」フィールドが空の場合は、「Regenerate」ボタンをクリックして生成する必要があります。

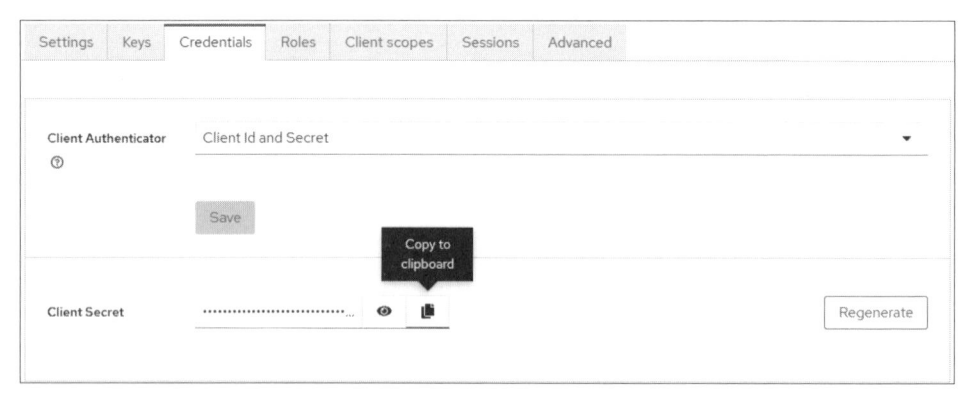

図5.1.4　クライアントシークレットの確認

⑤ **クライアントIDとクライアントシークレットの共有**

Keycloakに保存されている、クライアントIDとクライアントシークレットをサンプルクライアントと共有します。サンプルクライアントでは、設定ファイルにクライアントIDとクライアントシークレットを保存するようになっています。設定ファイルを開き、以下のように設定値を変更します。

```
clientapp.config.client-id=demo-client
clientapp.config.client-secret= ［手順④で生成したクライアントシークレット］
```

■ 5.1.4　トークンイントロスペクションに必要な設定作業

　API呼び出し時のリソースサーバーの認可判断についても、設定や開発が必要になります。今回は、認可判断時に使われるトークンイントロスペクションに関する設定をまず行います。スコープの検証に必要な設定については後述します。

　図5.1.5は、第2章で解説したAPI呼び出し時のトークンイントロスペクションのフローと必要な設定や実装を表しています。

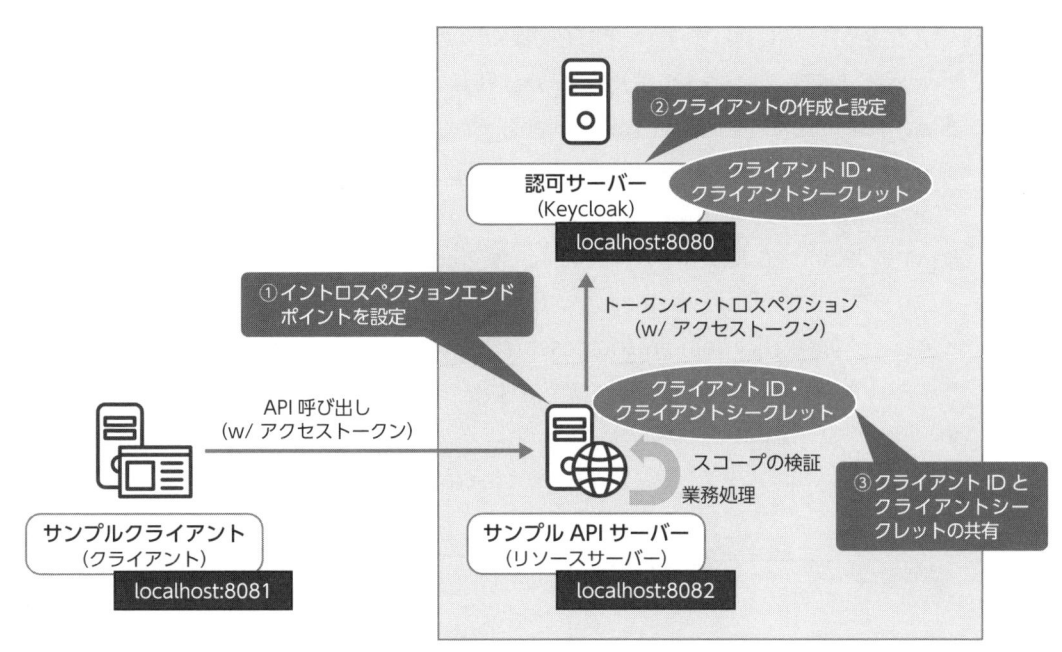

図 5.1.5　トークンイントロスペクションに必要な設定

① イントロスペクションエンドポイントの設定

第 2 章で解説したように、リソースサーバーでは、イントロスペクションエンドポイントにリクエストを送信し、レスポンスを確認します。サンプル API サーバーでは、エンドポイントへのリクエストの送信とレスポンスの確認の処理が実装されており、エンドポイントは設定ファイルで設定できるようになっています。今回、エンドポイントは、http://localhost:8080/realms/demo-api/protocol/openid-connect/token/introspect です。設定ファイルに、以下のようにイントロスペクションエンドポイントが設定されていることを確認します。

```
resourceserver.config.authserver-url=http://localhost:8080/realms/demo-api/
protocol/openid-connect/
resourceserver.config.introspection-endpoint=token/introspect
```

② クライアントの作成と設定

トークンイントロスペクションにおいて、リクエストの送信元であるサンプル API サーバーに対して、クライアント ID とクライアントシークレットを用いたクライアント認証が行われます。サンプル API サーバーのクライアント認証を行うためには、サンプル API サーバーを Keycloak のクライアントとして扱う必要があります。そのために、Keycloak にサンプル API サーバー用のクライアントを作成し、クライアントシークレットを生成する必要があります。

サンプルクライアントに対して行った手順と同様に、以下の手順で設定します。

1. Keycloak の管理コンソールの左メニューから「Clients」を選択します。

2. 表示された「Clients」画面で「Create client」ボタンをクリックします。「General settings」で「Client ID」に「demo-resourceserver」を入力し、「Next」ボタンをクリックします。「Capability config」で「Client authencatication」を「On」に設定し、「Authentication flow」の「Standard flow」と「Direct access grants」のチェックを外して、「Next」ボタンをクリックします。「Login settings」で「Save」ボタンをクリックします。これにより、クライアントが作成され、「demo-resourceserver」クライアントの「Settings」画面が表示されます。「demo-resourceserver」クライアントはトークンイントロスペクションしか行わないため、OAuth の各種フローを無効にしています。

3. 次に、「Credentials」タブを確認して「Client Secret」の値をメモしておきます。

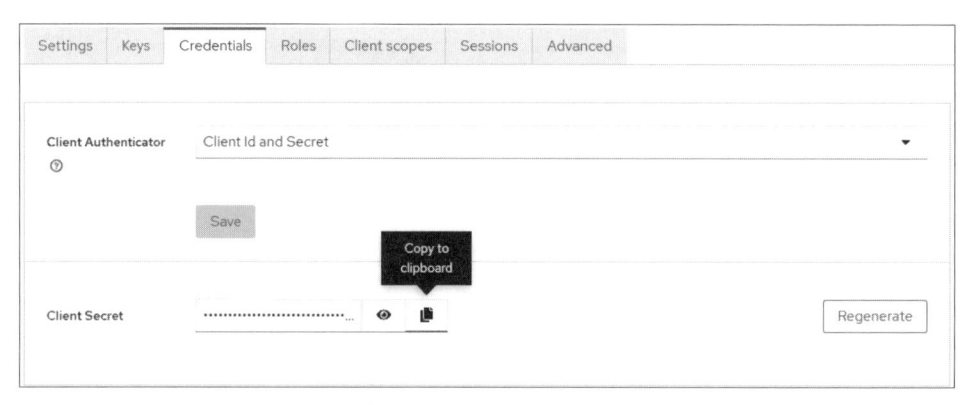

図 5.1.6　クライアントシークレットの確認

③ **クライアント ID とクライアントシークレットの共有**

次に、クライアント ID とクライアントシークレットをサンプル API サーバーと共有します。サンプル API サーバーの設定ファイルに以下のように記載します。

```
resourceserver.config.client-id=demo-resourceserver
resourceserver.config.client-secret=［手順②で生成したクライアントシークレット］
```

最後に、設定を反映するために、サンプルクライアントとサンプル API サーバーを停止し、再度起動します。起動方法は、初回起動時と同じです。

```
$ ./mvnw spring-boot:run
```

以上で検証環境のセットアップと設定は完了です。

● COLUMN

クライアント認証

Keycloak では、クライアント認証方法をクライアントの「Credentials」画面の「Client Authenticator」から選択できます。ビルトインで以下の 4 つのクライアント認証方法があります。なお、OAuth 2.1 では、認可サーバー側で機密性の高い対称鍵を保存する必要がなくより堅牢になる、非対称鍵ペアやクライアント証明書ベースのクライアント認証方法（Signed Jwt または X509 Certificate）が推奨されています。

表 5.1.3 クライアント認証方法

Client Authenticator	クライアント認証方法の説明
Client Id and Secret	クライアント ID とクライアントシークレットを使ったクライアント認証方法。Keycloak におけるコンフィデンシャルクライアントのデフォルトの認証方法です。クライアント ID とクライアントシークレットを、Authorization ヘッダーに Basic 認証スキームで設定する方法と、POST リクエストのボディーに設定する方法があります。OIDC に規定されている「client_secret_basic」と「client_secret_post」に相当します。
Signed Jwt	クライアント ID と非対称鍵ペアを使ったクライアント認証方法。非対称鍵ペアの秘密鍵で署名した JWT を POST リクエストのボディーに設定し、クライアント認証に利用する方法です。OIDC に規定されている「private_key_jwt」に相当します。
X509 Certificate	クライアント ID とクライアント証明書を使ったクライアント認証方法。相互 TLS 認証の TLS ハンドシェイクでクライアント証明書を提示し、クライアント認証に利用する方法です。クライアント証明書として、PKI 証明書を使う方法と自己署名証明書を使う方法があります。RFC 8705 に規定されている「tls_client_auth」と「self_signed_tls_client_auth」に相当します。
Signed Jwt with Client Secret	「Client Id and Secret」と同じくクライアント ID とクライアントシークレットを使ったクライアント認証方法ですが、「Client Id and Secret」と異なりクライアントシークレットを直接送らず、クライアントシークレットで署名した JWT を POST リクエストのボディーに設定し、クライアント認証に利用する方法です。OIDC に規定されている「client_secret_jwt」に相当します。

5.2 認可コードフローによる アクセストークンの取得

　本節では、構築した検証環境を利用し、実際のリクエストとレスポンスを確認しながら認可コードフローの理解を深めます。

5.2.1　検証環境における認可コードフロー

　検証環境における認可コードフロー（トークンの取得まで）を図 5.2.1 に示します。

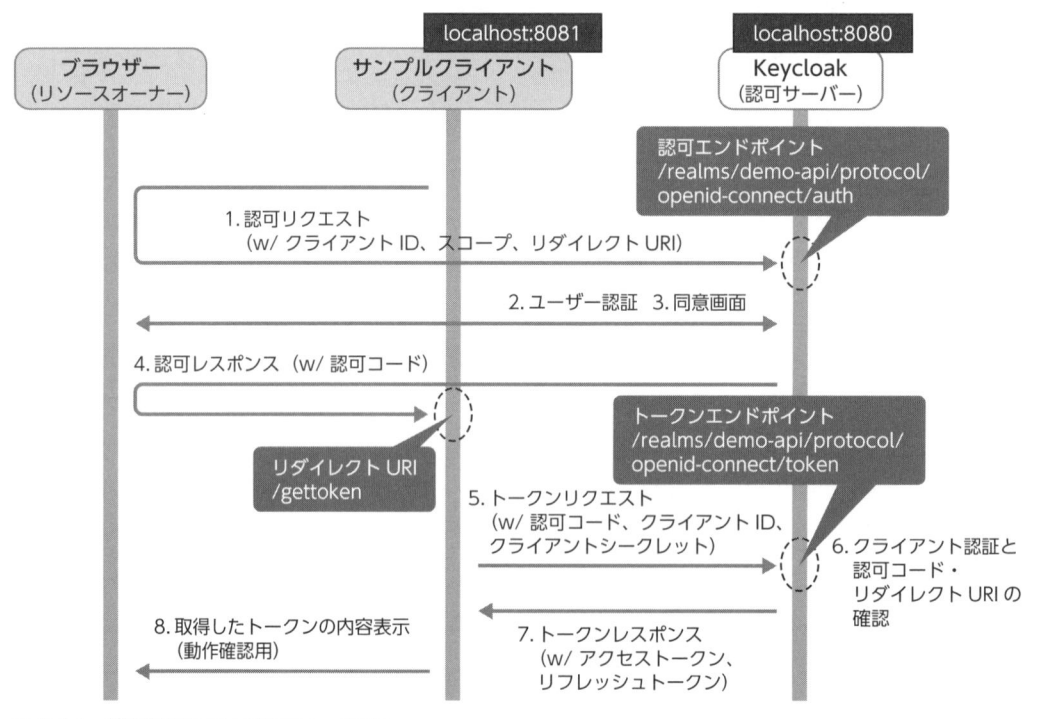

図 5.2.1　検証環境における認可コードフロー

　認可コードフローを確認するにあたって、本サンプルクライアントでは、図 5.2.1 の 8. のように、トークンの内容をクライアントが表示します。本来、トークンはクライアントの外に出してはいけない（ユーザーにも見せてはならない）ものです。しかし、今回は学習用にトークンの中身を確認できるように、あえてブラウザーにトークンを表示しています。

5.2.2 認可コードフローの動作確認

　実際に認可コードフローの動作を確認します。リクエストのパラメーターの意味は、適宜第2章 2.1 節を参照して確認してください。

1. ブラウザーでサンプルクライアントのメニュー画面（http://localhost:8081）にアクセスします。「Get Token」ボタンをクリックすると、クライアントは認可リクエストを組み立て、ブラウザー経由のリダイレクトで、認可リクエストを Keycloak に送信します。

   クライアントのコンソールを確認すると、以下のような認可リクエストを送っているログ（Type="Authorization Request"）が出力されています。

   ```
   2024-07-15T23:14:01.522+09:00 DEBUG 941 --- [nio-8081-exec-8] sample.
   clientapp.ClientAppController    : Type="Authorization Request" Status="302"
   Location="http://localhost:8080/realms/demo-api/protocol/openid-connect/auth?
   redirect_uri=http%3A%2F%2Flocalhost%3A8081%2Fgettoken&response_type=code&
   client_id=demo-client"
   ```

   Status="302" が示すように、クライアントは、リダイレクトで Location ヘッダーに設定されている URI に認可リクエストを送信しています。client_id には、サンプルクライアント用に発行したクライアント ID（demo-client）が設定されており、redirect_uri には、サンプルクライアントの gettoken エンドポイントが設定されています。リクエストの書式は第 2 章 2.1 節で説明したとおりですが、今回は scope パラメーターを指定していません。また、認可コードフローの動作確認のために必要最小限のリクエストパラメーターを付加しています。実システムで使われる他のパラメーターについては 5.5 節で解説します。

2. Keycloak は、認可リクエストを受信すると、事前に登録されたリダイレクト URI（「Valid redirect URIs」で設定した値）と、認可リクエストのクエリーパラメーターの redirect_uri の値が一致するかどうかチェックした後、ユーザー認証を行うため、ログイン画面を表示します（図 5.2.2）。

   ここでは、5.1 節で作成した「user-api」ユーザーでログインします。

3. ログインすると、図 5.2.3 のように「demo-client」クライアントに対してスコープで表される権限を与えることに同意するかどうかを確認する画面が表示されます。一般的には、認可リクエスト時に指定したスコープに対する同意が表示されます。一方、今回はスコープを指定していないにもかかわらず、「User roles」「User profile」「Email address」に対する同意が表示されています。

これは Keycloak のデフォルトで「profile」「roles」「email」というスコープ [*2] が付与されるように
なっているためです。スコープの設定方法は 5.3.3 項で説明します。ここでは「Yes」ボタンを
クリックして同意します。これにより、これらのスコープがサンプルクライアントに認可されたこ
とになります。

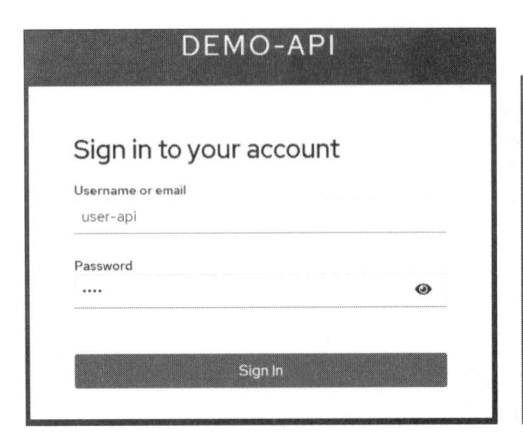
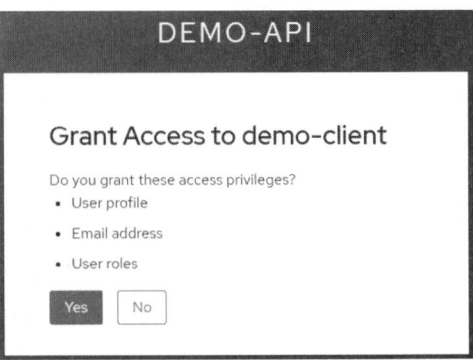

図 5.2.2　認可リクエスト後に表示されるログイン画面　図 5.2.3　同意画面

4. 認証と認可が成功すると、Keycloak はリダイレクト URI（今回はサンプルクライアントの
gettoken エンドポイント）に認可コードを返却します。
実際には、下記のようなリダイレクトを指示するレスポンスがブラウザーに返ってきます。

```
HTTP/1.1 302 Found
Location:
http://localhost:8081/gettoken?session_state=5845a4a6-90c3-4139-8f23-b06bada0a
395&iss=http%3A%2F%2Flocalhost%3A8080%2Frealms%2Fdemo-api&code=b979ea63-b19e-4
169-ae98-6307da6b0665.5845a4a6-90c3-4139-8f23-b06bada0a395.c04f7423-b1f9-4305-
ac8c-e45eb215635b
```

リダイレクト先である Location ヘッダーの URL を見てみると、サンプルクライアントの
gettoken エンドポイントになっています。クエリーパラメーターの「code」（下線部）に認可コー
ドが入っており、これにより gettoken エンドポイントに認可コードが渡されることになります。
ブラウザーでは、図 5.2.4 のような画面が表示されます。ブラウザーの URL 部分を確認すると、
Location ヘッダーに示された URL になっており、「code」に認可コードが付加されていること

---

*2　正確には、「web-origins」スコープという同意画面に表示されない特殊なスコープも付与されます。「web-origins」スコープについて
は 5.3.4 項で説明します。

がわかります。つまり、図 5.2.1 の 4. の gettoken エンドポイントに対するリクエストがブラウザーから送信された後に、サンプルクライアントは、渡された認可コードと引き換えにトークンをKeycloak から取得し（5.～7.）、8. でそのトークンを含む画面を生成してブラウザーに返しています。

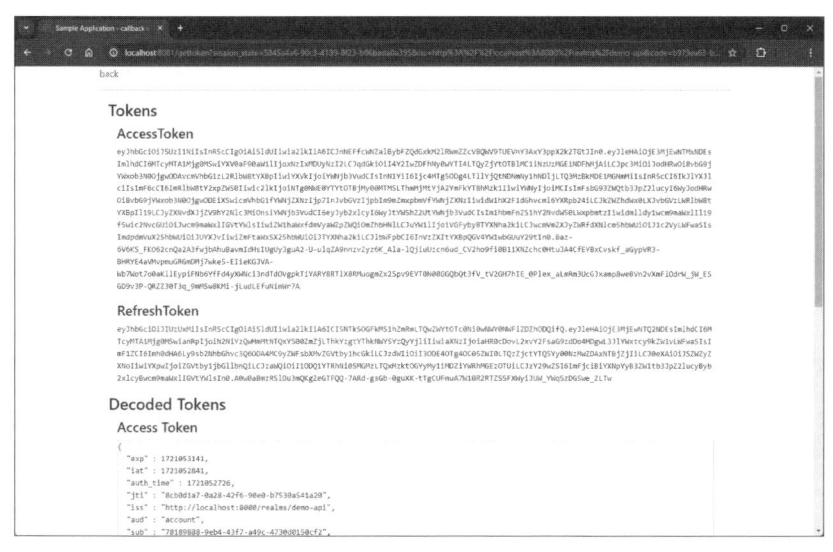

図 5.2.4　サンプルクライアントがトークンを表示

ブラウザーの画面には現れない、5.～7. の処理を詳しく見ていきましょう。

5. サンプルクライアントは、gettoken エンドポイントで受け取った認可コードを使って、トークンエンドポイントにトークンリクエストを送信します。クライアントのコンソールを確認すると、下記のようにリクエストが送信されたログが JSON 形式で表示されます（RequestType="Token Request"）。Authorization ヘッダーには、クライアント ID とクライアントシークレットがエンコードされた文字列が、Basic 認証のスキームで付加されています。ボディーに認可コード（code）やリダイレクト URI（redirect_uri）が付加され、トークンエンドポイント（url）に POST メソッド（method）で送信されています。

```
2024-07-15T23:14:01.544+09:00 DEBUG 941 --- [nio-8081-exec-9] s.clientapp.
service.ClientAppService    : RequestType="Token Request" RequestInfo=
{"headers":{"Content-Type":["application/x-www-form-urlencoded"],
"Authorization":["Basic ZGVtby1jbGllbnQ6bHZsNFFwbTNtak5oMXYwR0hFWjNva0lrMk83YX
pHaTc="]},"method":"POST","body":{"code":["b979ea63-b19e-4169-ae98-6307da6b066
5.5845a4a6-90c3-4139-8f23-b06bada0a395.c04f7423-b1f9-4305-ac8c-e45eb215635b"],
"grant_type":["authorization_code"],"redirect_uri":["http://localhost:8081/
```

```
gettoken"]},"url":"http://localhost:8080/realms/demo-api/protocol/openid-
connect/token"}
```

6. Keycloak は、トークンリクエストを受け取り、Authorization ヘッダーから、クライアント ID と
   クライアントシークレットを取り出し、Keycloak に保存されているものと照合することでクライ
   アントを認証します。また、トークンリクエストの code パラメーターに指定された値（認可コー
   ド）が、上記の 5. で発行した認可コードと一致することや有効であることを確認します。さらに、
   redirect_uri が認可リクエストに付与された redirect_uri と一致することも確認します。

7. 6. の処理が成功したら、Keycloak は、アクセストークンとリフレッシュトークンを生成し、それ
   らを含んだレスポンスを返します。今回は、以下のようにクライアントのコンソールにトークンレ
   スポンスを表すログが出力されます（ResponseType="Token Response"）。ResponseInfo 以
   下を確認すると、アクセストークンなどがクライアントに発行されていることがわかります。

```
2024-07-15T23:14:01.552+09:00 DEBUG 941 --- [nio-8081-exec-9] s.clientapp.
service.ClientAppService    : ResponseType="Token Response" ResponseInfo=
{"headers":{"Cache-Control":["no-store"],"Pragma":["no-cache"],"content-
length":["2255"],"Content-Type":["application/json"],"Referrer-Policy":["no-
referrer"],"Strict-Transport-Security":["max-age=31536000; includeSub
Domains"],"X-Content-Type-Options":["nosniff"],"X-Frame-Options":
["SAMEORIGIN"],"X-XSS-Protection":["1; mode=block"]},"body":{"access_token":
"eyJ<略>","expires_in":300,"refresh_expires_in":1800,"refresh_token":
"eyJ<略>","token_type":"Bearer","not_before_policy":0,"session_state":"5845a4a
6-90c3-4139-8f23-b06bada0a395","scope":"profile email"},"status":"OK"}
```

　トークンレスポンスのパラメーターの意味については、第 2 章 2.1 節を参考にしてください。今
回、scope パラメーターでは profile と email が返ってきています [*3]。この 2 つは Keycloak がデ
フォルトで付与するスコープです。

8. クライアントは、取得したトークンの文字列をブラウザー上に表示します（図 5.2.4）。このトー
   クンは、第 2 章 2.2 節で紹介したように JWS 形式でエンコードされています。図 5.2.4 の画面を
   下にスクロールすると、デコードされたトークンも表示されます。

　ここまでで、アクセストークンの取得処理が完了しました。サンプルクライアントの画面上の
「back」をクリックして、元のメニューに戻ります。

----
*3　「roles」スコープが、デフォルトでスコープの設定に含まれるため、同意画面では「User roles」が表示されましたが、ここには「roles」
　　スコープは含まれていません。これは、5.3.4 項で解説する「Include in token scope」という設定項目が Off になっているためです。

API 呼び出し時の認可判断とスコープの設定

前節では、サンプルクライアントがアクセストークンを取得するところまで解説しました。本節では、取得したアクセストークンを使ってサンプル API サーバーの API を呼び出すことで、認可判断の動作や、Keycloak が認証したユーザーに応じたサンプル API サーバーの処理を確認します。また、認可判断に使うスコープの設定方法や、アクセストークンにユーザーの属性情報を含める方法についても説明します。

■ 5.3.1　サンプル API サーバーの機能

今回用いるサンプル API サーバーには、表 5.3.1 に示す動作検証用の API と認可判断処理が実装されています。

表 5.3.1　動作検証用の API と認可判断処理

API	認可判断処理	概要
Echo	なし	{"message":"echo!"} を返す、誰でも呼び出せる API。
DemoIntrospection	アクセストークンの有効性の確認	トークンイントロスペクションの動作検証目的の API。アクセストークンが有効な場合に {"message":"called demointrospection"} を返します。
ReadData	アクセストークンの有効性と「readdata」スコープの確認	システムに保管されているユーザーのリソースをクライアントに返す API。{"message":" [ユーザー名] 's protected resource"} を返します。

認可判断処理の確認の前に、サンプル API サーバーの動作確認のため、サンプルクライアントから Echo API を呼び出してみます。メニュー画面の「Call Echo API」ボタンをクリックします。Echo API は、先に記載したとおり、認可判断処理はありません。そのため、「Call Echo API」ボタンをクリックすると、Echo API の処理が行われ、「API Response =」に「{"message":"echo!"}」の文字列が表示されます。

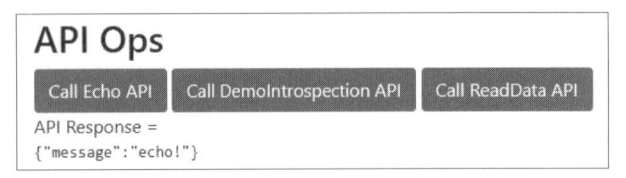

図 5.3.1　Echo API の実行結果

5.3.2　トークンイントロスペクション

　DemoIntrospection API をコールし、トークンイントロスペクションの動作を確認しましょう。DemoIntrospection API をコールすると、図 5.3.2 のような処理が行われます。1. から 3. について順に解説していきます。

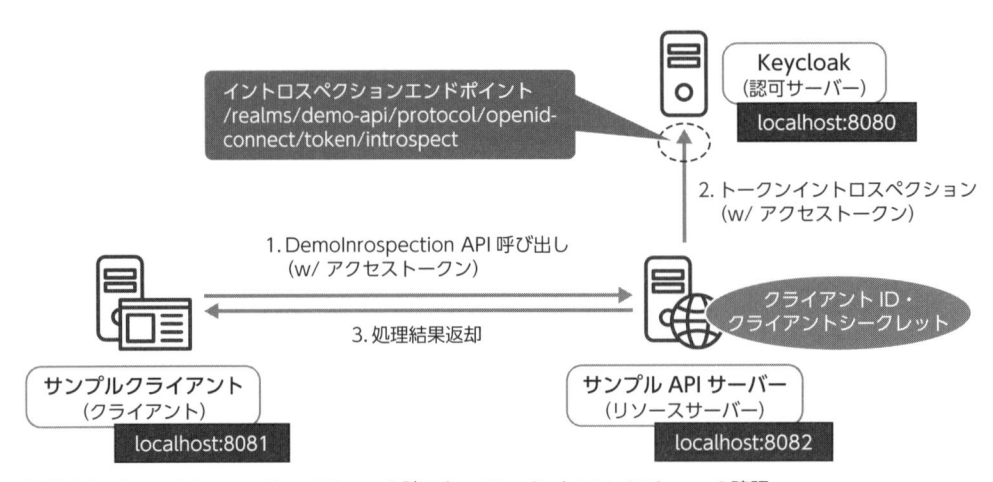

図 5.3.2　DemoIntrospection API コール時のトークンイントロスペクションの確認

1. まず、DemoIntrospection API を呼び出します。5.2 節の手順でアクセストークンを取得して、「Token」にアクセストークンが表示されている状態で「Call DemoIntrospection API」ボタンをクリックします。すると、サンプルクライアントは、アクセストークンをリクエストのAuthorization ヘッダーに指定して API を呼び出します。サンプルクライアントのコンソールには、以下のように出力されます（RequestType="Call API"）。

```
2024-07-16T13:26:47.430+09:00 DEBUG 327 --- [nio-8081-exec-1] s.clientapp.
service.ClientAppService    : RequestType="Call API" RequestInfo={"headers"
:{"Authorization":["Bearer eyJ<略>"]},"method":"GET","url":"http://localhost:
8082/demointrospection"}
```

2. 呼び出されたサンプル API サーバーでは、Authorization ヘッダーに指定されたアクセストークンを取り出します。そして、そのアクセストークンを付加したイントロスペクションリクエストを、Keycloak のイントロスペクションエンドポイントに送信し、アクセストークンを検証します。どのようなリクエストを送ったかは、サンプル API サーバーのコンソールの出力から確認できます（RequestType="Introspection Request"）。

```
2024-07-16T13:26:47.528+09:00 DEBUG 458 --- [nio-8082-exec-1] s.r.Resource
ServerController        : RequestType="Introspection Request" RequestInfo
={"headers":{"Content-Type":["application/x-www-form-urlencoded"],
"Authorization":["Basic ZGVtby1yZXNvdXJjZXNlcnZlcjpJUXZZNzU0YmNEWWdRNDNiNiQ1NRZj
FqOUpmZUddQR2c5bg=="]},"method":"POST","body":{"token":["eyJ<略>"]},"url":"http
://localhost:8080/realms/demo-api/protocol/openid-connect/token/introspect"}
```

Authorization ヘッダーには、クライアント認証に使うクライアント ID とクライアントシークレットを Basic 認証方式で付加しています（5.1 節で、あらかじめサンプル API サーバーに保存していたものです）。検証したいアクセストークンは、「token」パラメーターで body に付加しています。

Keycloak は、アクセストークンが有効なものであるかをチェックし、レスポンスを返します。コンソールには、以下のように出力されます（ResponseType="Introspection Response"）。

```
2024-07-16T13:26:47.599+09:00 DEBUG 458 --- [nio-8082-exec-1] s.r.Resource
ServerController        : ResponseType="Introspection Response" Response
Info={"headers":{"content-length":["788"],"Cache-Control":["no-cache"],
"Content-Type":["application/json"],"Referrer-Policy":["no-referrer"],"Strict-
Transport-Security":["max-age=31536000; includeSubDomains"],"X-Content-Type-
Options":["nosniff"],"X-Frame-Options":["SAMEORIGIN"],"X-XSS-Protection":
["1; mode=block"]},"body":{"active":"true","exp":1721104294,"iat":1721103994,
"auth_time":1721103994,"jti":"8a459b4b-eb0e-40c9-8960-5dd47e967ba0","iss":
"http://localhost:8080/realms/demo-api","aud":"account","sub":"78189888-9eb4-
43f7-a49c-4730d0150cf2","typ":"Bearer","azp":"demo-client","acr":"1","realm_
access":{"roles":["offline_access","uma_authorization","default-roles-demo-
api"]},"resource_access":{"account":{"roles":["manage-account","manage-
account-links","view-profile"]}},"scope":"profile email","sid":"c4684fbe-ba34-
4fa1-ac34-574c31a66050","email_verified":false,"name":"Taro Sasaki","preferred
_username":"user-api","given_name":"Taro","family_name":"Sasaki","email":"user
-api@example.com","client_id":"demo-client","username":"user-api","token_type"
:"Bearer"},"status":"OK"}
```

有効であれば body の「active」クレーム（下線部）が true、無効であれば「active」クレームが
false となります。例では true になっています。サンプル API サーバーは、その値を確認し、ア
クセストークンの有効無効を判断します。

3. ここでアクセストークンが有効な場合は、サンプル API サーバーは "called demointrospection"
というメッセージを返します。サンプルクライアントのコンソールの「ResponseInfo=」にも同じ
メッセージが出力されます。

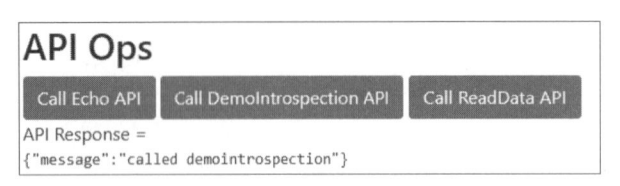

図 5.3.3　DemoIntrospection API の実行結果

5.3.3　スコープによる認可判断

　次に、ユーザー名を返す処理を行う ReadData API を呼び出してみましょう。今回の処理は図
5.3.4 のようになります。3. で、トークンに関連付けられたスコープをサンプル API サーバーが
チェックしています。「readdata」スコープが指定されていないとエラーを返します。また 4. で
ユーザー名に応じた処理結果（{"message":"［ユーザー名］'s protected resource"}）を返します。
ユーザー名はアクセストークンから取り出されます。

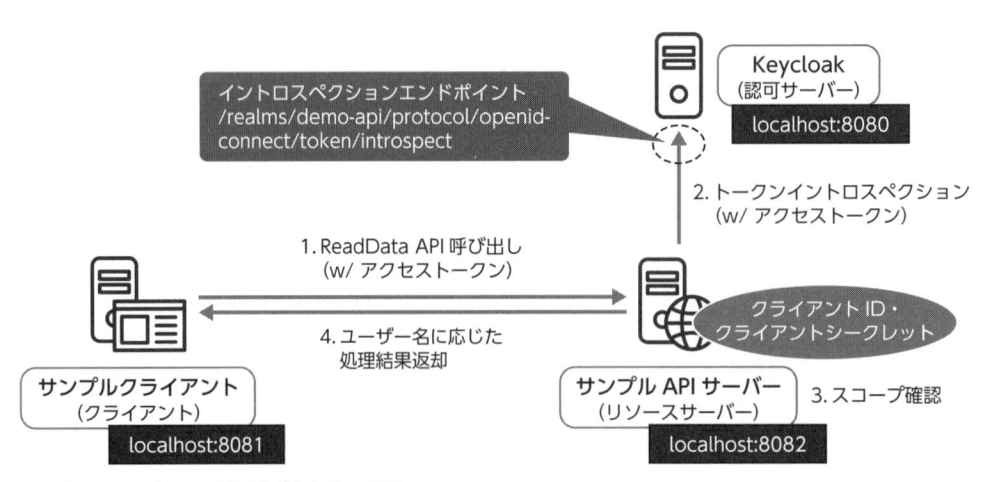

図 5.3.4　ReadData API 呼び出し時の処理フロー

　5.2 節で取得したアクセストークンには、スコープは指定されていないため、このまま「Call
ReadData API」ボタンをクリックして ReadData API を呼び出しても、3. のスコープ確認の処理

でエラーとなり、403 エラーが表示されます。

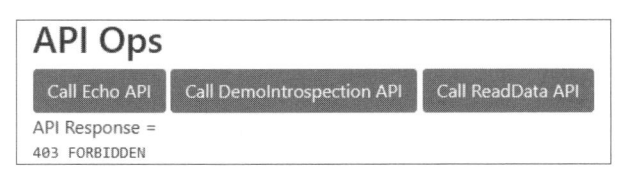

API Ops

Call Echo API　Call DemoIntrospection API　Call ReadData API

API Response =
403 FORBIDDEN

図 5.3.5　ReadData API 呼び出し時のエラー表示

また、サンプル API サーバーのコンソールにも、以下のようなエラーメッセージが出力されます。

```
2024-07-16T13:32:49.743+09:00 ERROR 458 --- [nio-8082-exec-4] s.r.ResourceServer
Controller      : readdata scope is not included.
```

ReadData API を呼び出せるようにするには、「readdata」スコープと「profile」スコープをアクセストークンに関連付ける必要があります。「readdata」スコープは、3. のスコープによる認可判断のために必要です。「profile」スコープは、ユーザーのプロフィール情報をクライアントに提供する権限を表すスコープであり、Keycloak のデフォルトで用意されています。Keycloak では、「profile」スコープが認可されると、アクセストークンにユーザー名などのユーザーのプロフィール情報が含まれるようになります。

5.3.4　スコープの設定方法

ReadData API を呼び出せるように、「readdata」スコープと「profile」スコープを、アクセストークンに設定します。設定する前に、Keycloak におけるスコープの設定について説明します。Keycloak では、たとえ認可リクエストでスコープが要求されたとしても、あらかじめクライアントに対して許可されたスコープとして割り当てられていないと、エラーとなります。スコープは以下の手順で割り当てます。

（1）スコープ文字列の定義

　　まずは、「readdata」スコープのスコープ文字列を定義する必要があります。「Client scopes」画面で、スコープ文字列を定義します。「profile」スコープについてはデフォルトで定義されているため定義は不要です。

（2）クライアントに対して許可するスコープを割り当て

　　割り当て方法（Assigned type）としては「Default」と「Optional」の 2 通りあります。

- Default
  認可リクエストで要求されなくてもクライアントに付与されるスコープです。
- Optional
  認可リクエストで要求された場合のみクライアントに付与されるスコープです。

　これらを、クライアント単位に設定していく必要があります。今回の場合は、「readdata」スコープのスコープ文字列を定義し、当該スコープを「demo-client」クライアントの「Optional」として割り当てればよいことになります。なお、「profile」スコープについては、「Default」にデフォルトで割り当てられているため、追加の設定は必要ありません。

　では、実際に設定していきましょう。

■ (1) スコープ文字列の定義

1. 管理コンソールの左メニューの「Client scopes」をクリックして「Client scopes」画面を表示します。

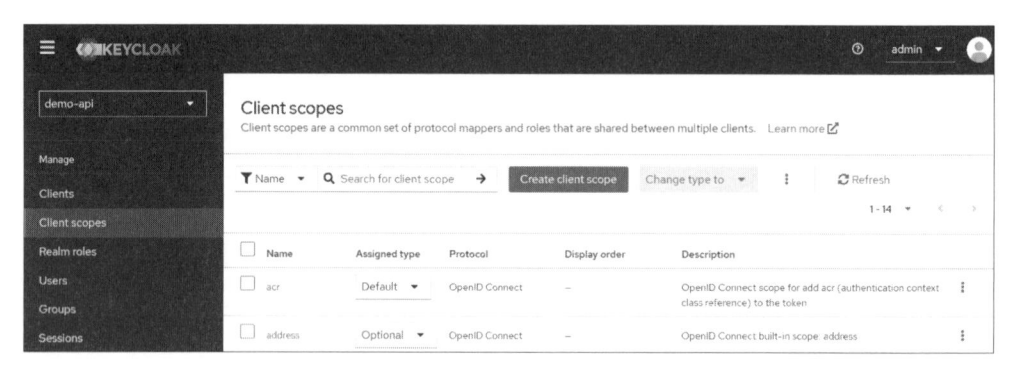

図 5.3.6　「Client scopes」画面

2. 一覧表の上部の「Create client scope」ボタンをクリックして「Create client scope」画面を表示します。

3. スコープ名を示す「Name」に今回設定する「readdata」を入力します。また、「Include in token scope」を「On」に設定します。

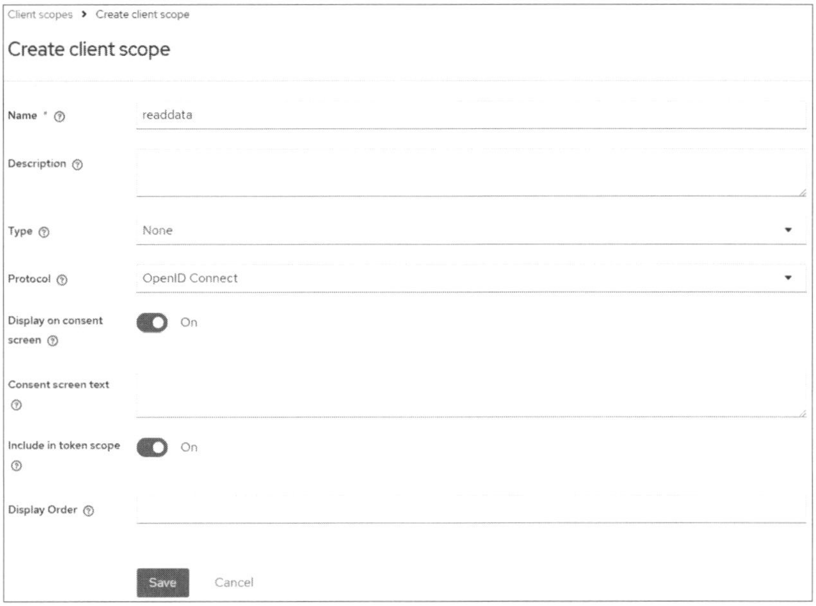

図 5.3.7 「Create client scope」画面

4. 画面下部の「Save」ボタンをクリックします。

　以上で、「readdata」スコープが作成されました。なお、この画面ではいくつか設定を行えますが、特に覚えておくべきものを表 5.3.2 に示します。

表 5.3.2 「Create client scope」画面の設定項目

設定項目	設定項目の説明
Display on consent screen	On の場合、同意画面でスコープが表示されます。デフォルトは On です。
Consent screen text	同意画面におけるスコープの解説文。
Include in token scope	On にすると、アクセストークンにスコープが含まれるようになり、当該スコープを認可判断に使えるようになります。デフォルトは Off です。

■ (2) クライアントに対して許可するスコープの割り当て

　次に、以下の手順で「readdata」スコープをクライアントで使えるようにします。

1. 左メニューの「Clients」をクリックして、「Clients」画面を表示します。
2. 一覧から「demo-client」クライアントをクリックします。
   「demo-client」クライアントの「Settings」画面が表示されるので、「Client scopes」タブを選択します。

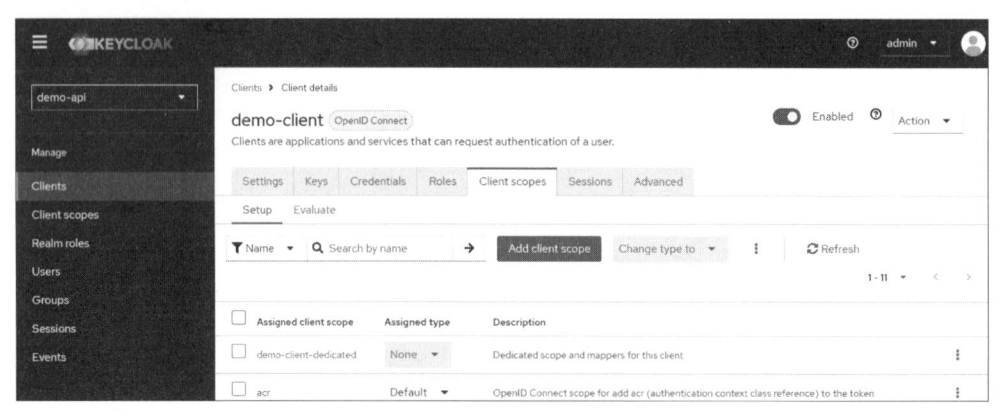

図 5.3.8　「demo-client」クライアントの「Client scopes」画面

3. 一覧表の上部の「Add client scope」ボタンをクリックして「Add client scopes to demo-client」画面を表示します。

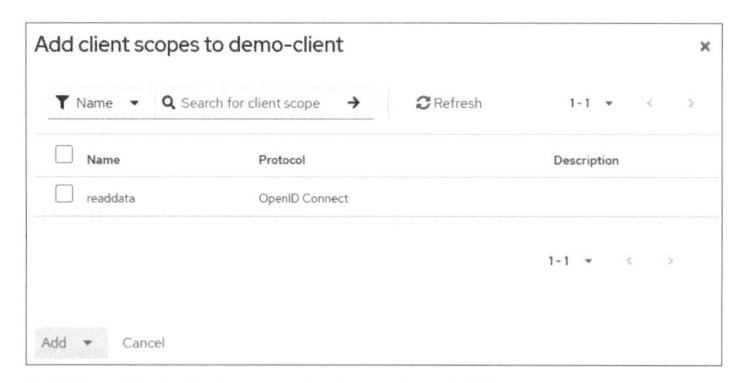

図 5.3.9　「Add client scopes to demo-client」画面

4. 「readdata」スコープにチェックを入れ、「Add」ボタンをクリックし、「Optional」をクリックします。

　以上で、「readdata」スコープが「demo-client」クライアントに「Optional」で割り当てられ、「demo-client」クライアントから「readdata」スコープを要求できるようになりました。なお、ここでは「demo-client」に「Default」で割り当てられているスコープのうち、今回は使わない「email」スコープと「roles」スコープを除去します（5.2 節の動作確認では表示されていました）。一覧表の「email」スコープと「roles」スコープ[*4]の右：から「Remove」をクリックし、除去しま

---

*4　1 ページ目に「roles」スコープがない場合、2 ページ目を確認します。「roles」スコープを除去すると、ロールの情報がアクセストークンに格納されなくなります。ロールを使ったアクセス制御を行いたい場合は、「roles」スコープを残します。

す。

　一覧にある「web-origins」スコープは、特殊なスコープであり、除去するとクライアントアダプターの動作に影響が生じるため、残します（コラム「『web-origins』スコープ」を参照）。また「profile」スコープも、今回は使うため残しておきます。結果は図 5.3.10 のような画面になります。

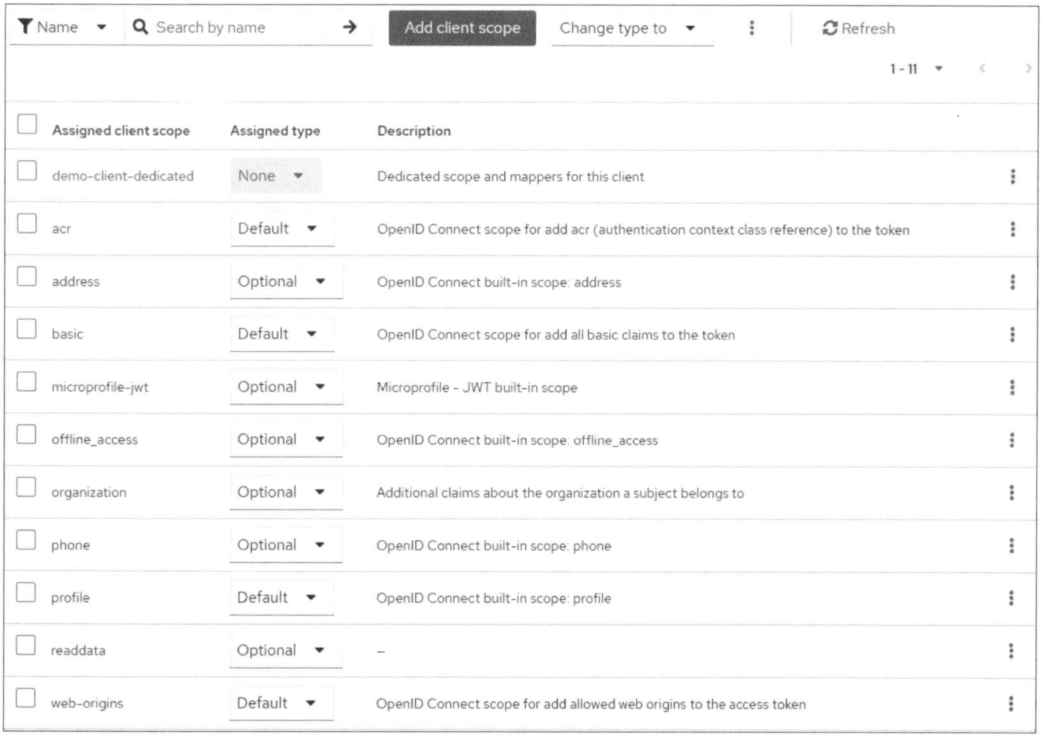

	Assigned client scope	Assigned type	Description	
☐	demo-client-dedicated	None ▼	Dedicated scope and mappers for this client	⋮
☐	acr	Default ▼	OpenID Connect scope for add acr (authentication context class reference) to the token	⋮
☐	address	Optional ▼	OpenID Connect built-in scope: address	⋮
☐	basic	Default ▼	OpenID Connect scope for add all basic claims to the token	⋮
☐	microprofile-jwt	Optional ▼	Microprofile - JWT built-in scope	⋮
☐	offline_access	Optional ▼	OpenID Connect built-in scope: offline_access	⋮
☐	organization	Optional ▼	Additional claims about the organization a subject belongs to	⋮
☐	phone	Optional ▼	OpenID Connect built-in scope: phone	⋮
☐	profile	Default ▼	OpenID Connect built-in scope: profile	⋮
☐	readdata	Optional ▼	–	⋮
☐	web-origins	Default ▼	OpenID Connect scope for add allowed web origins to the access token	⋮

（Name ▼　🔍 Search by name →　Add client scope　Change type to ▼　⋮　↻ Refresh　1 - 11 ▼　< >）

図 5.3.10　「demo-client」クライアントの「Client scopes」画面（設定完了後）

　なお、「demo-client」クライアントの「Client scopes」画面には、当初デフォルト値が設定されていました。これらのデフォルト値は、「Client scopes」画面の「Assigned type」列で設定することもできます（図 5.3.11）が、今回は設定を変更しません。

実践編

5

OAuth に従った API 認可の実現

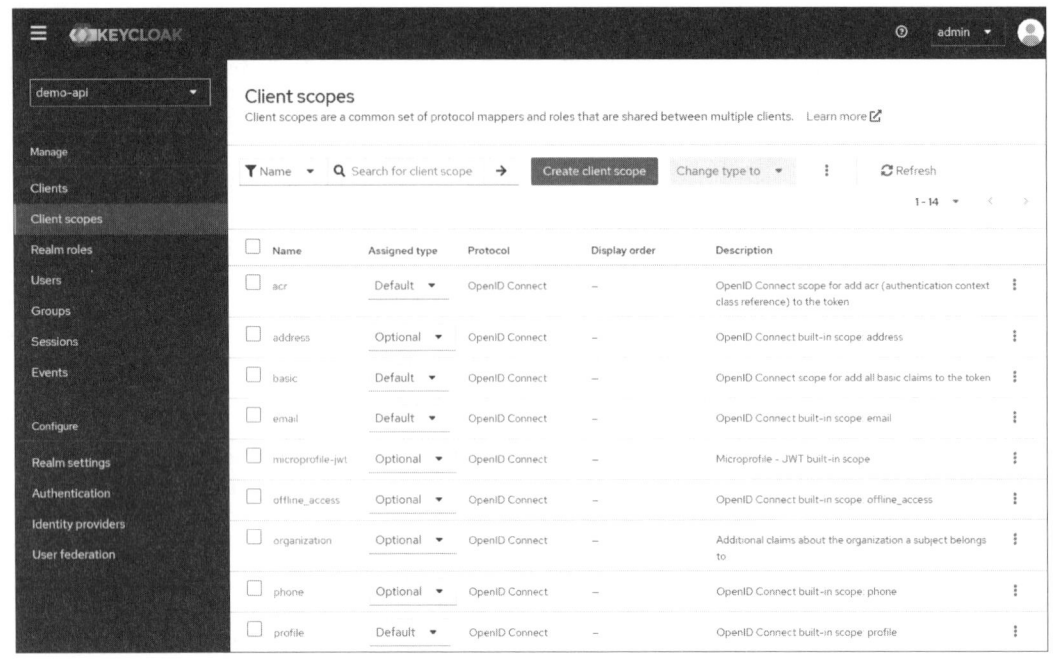

図 5.3.11　「Client scopes」画面

▶ COLUMN

「web-origins」スコープ

　ビルトインのスコープの 1 つに、「web-origins」スコープがあります。これは、CORS[5] に関する情報をリソースサーバーに伝えるための特殊なスコープであり、アクセストークンのスコープには含まれません。このスコープが設定された場合、Keycloak は、アクセストークンの「allowed-origins」クレームに、クライアントの「Settings」画面の「Web origins」の設定値をセットします。リソースサーバーは「allowed-origins」クレームの値を利用して CORS 関連のヘッダーをチェックすることができます。

---

[5]　Cross-Origin Resource Sharing の略。実例については、第 6 章 6.4 節で取り上げます。

5.3.5　ReadData API の動作確認

それでは、ReadData API の動作確認をしてみましょう。まずはブラウザーからサンプルクラ
イアント（http://localhost:8081）にアクセスします。scope のテキストボックスに「readdata」と
入力し、「Get Token」ボタンをクリックしてトークンを取得します。

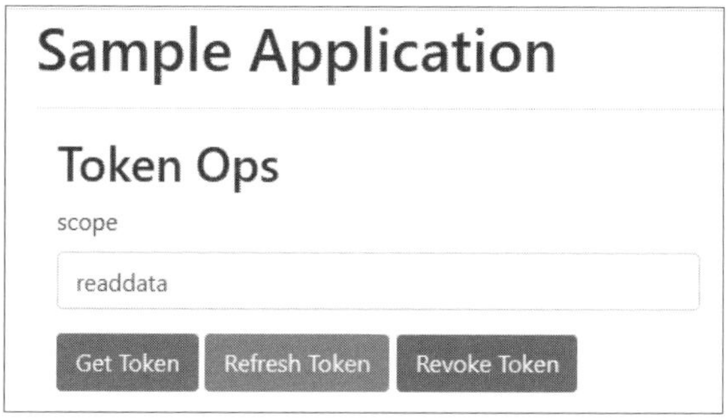

図 5.3.12　「readdata」スコープを指定してトークン取得

セッションが有効期間内の場合は、ログイン画面は表示されず、同意画面のみ表示されま
す。同意画面（図 5.3.13）の「demo-client」クライアントへ与える権限を見ると、追加で指定した
「readdata」スコープが表示されていることがわかります。「profile」スコープについては、すで
に同意しているため表示されません[6]。「Yes」ボタンをクリックして同意します。

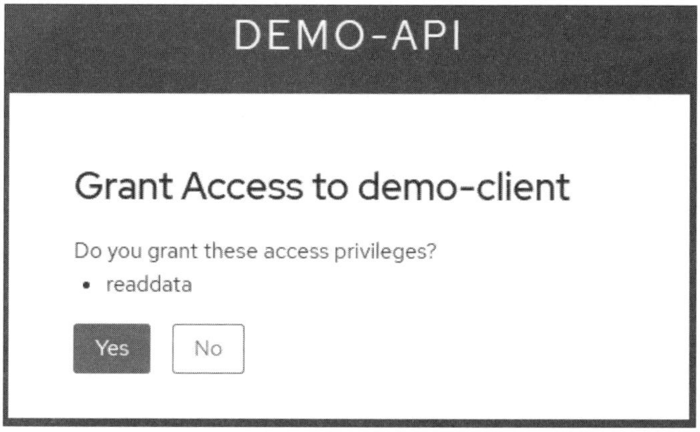

図 5.3.13　同意画面での「readdata」スコープの表示

ここで、返ってきたアクセストークンが、クライアントの画面に表示されます。

----

*6　事前にトークンを無効化した場合は、「profile」スコープも表示されます。

Access Token

```
{
  "exp" : 1721105694,
  "iat" : 1721105394,
  "auth_time" : 1721103994,
  "jti" : "3627706b-7fba-42dc-ada6-069d6f64c444",
  "iss" : "http://localhost:8080/realms/demo-api",
  "sub" : "78189888-9eb4-43f7-a49c-4730d0150cf2",
  "typ" : "Bearer",
  "azp" : "demo-client",
  "sid" : "c4684fbe-ba34-4fa1-ac34-574c31a66050",
  "acr" : "0",
  "allowed-origins" : [ "http://localhost:8081" ],
  "scope" : "readdata profile",
  "name" : "Taro Sasaki",
  "preferred_username" : "user-api",
  "given_name" : "Taro",
  "family_name" : "Sasaki"
}
```

図 5.3.14　アクセストークンの確認

確認すると、「scope」クレームに「readdata profile」が付与されていることがわかります。また、「preferred_username」クレームにユーザー名（user-api）が格納されていることがわかります。

なお、「preferred_username」クレーム以外にも、「name」クレームや「given_name」クレーム、「family_name」クレームがアクセストークンに格納されます。格納されるプロフィール情報をカスタマイズする場合は、コラム「マッパーの設定」を参照してください。

アクセストークンが取得できたので、ReadData API を呼び出してみましょう。「Call Read Data API」ボタンをクリックします。今度は scope に「readdata」が指定されているため、正常なアクセスであると判断されます。またアクセストークンの「preferred_username」クレームのユーザー名を利用して、「API Response =」に「{"message":"user-api's Protected Resource."}」が表示されます。

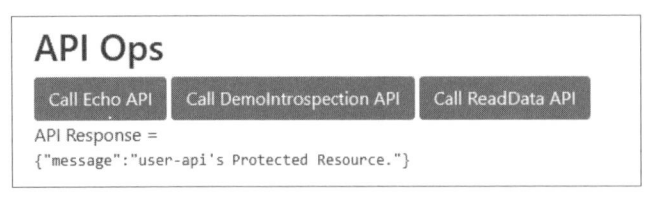

図 5.3.15　ReadData API の呼び出し成功

今回は、最も基本的な認可判断の実装方法として、リソースサーバーであるサンプル API サーバーで処理を行いましたが、第 2 章 2.3 節でも紹介したように、API ゲートウェイをリソースサーバーの前段に配置して処理を実装することも可能です。ただし、API ゲートウェイの製品ごとに仕様が異なるため、本章で紹介した内容を参考に実装する必要があります（API ゲートウェイによっては認可判断用の機能が用意されていることもあります）。

▶ COLUMN

マッパーの設定

「profile」スコープに同意すると、アクセストークンにユーザーのプロフィール情報が格納されるようになります。このプロフィール情報はカスタマイズすることができます。「Client scopes」から「profile」スコープを選択し、「Mappers」を選択します。すると図 5.3.16 のように、「Mappers」画面が表示されます。

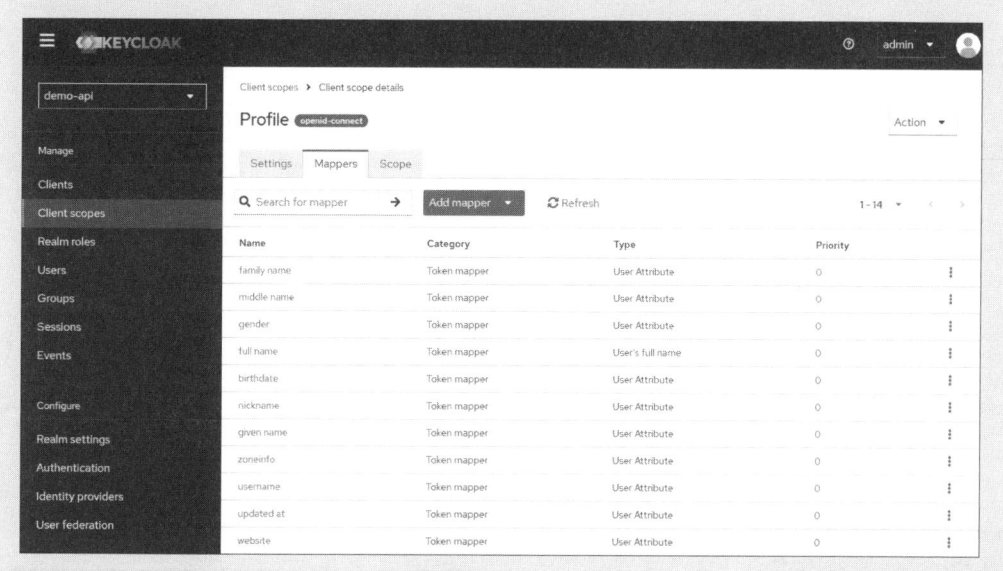

図 5.3.16 「profile」スコープの「Mappers」画面

例えば「birthdate」をクリックすると、図 5.3.17 のような画面が表示されます。この中にある「User Attribute」と「Token Claim Name」は、ともに「birthdate」となっていますが、これは「birthdate」というユーザー属性がある場合は、その属性値を「birthdate」というクレーム名でアクセストークンなどにセットすることを意味しています。「Add to ID token」「Add to access token」「Add to userinfo」「Add to token introspection」が On になっているので、ID トークン、アクセストークン、UserInfo レスポンス、イントロスペクションレスポンスのそれぞれに「birthdate」クレームが含まれるようになります。含めたくない場合は「Off」に設定します。

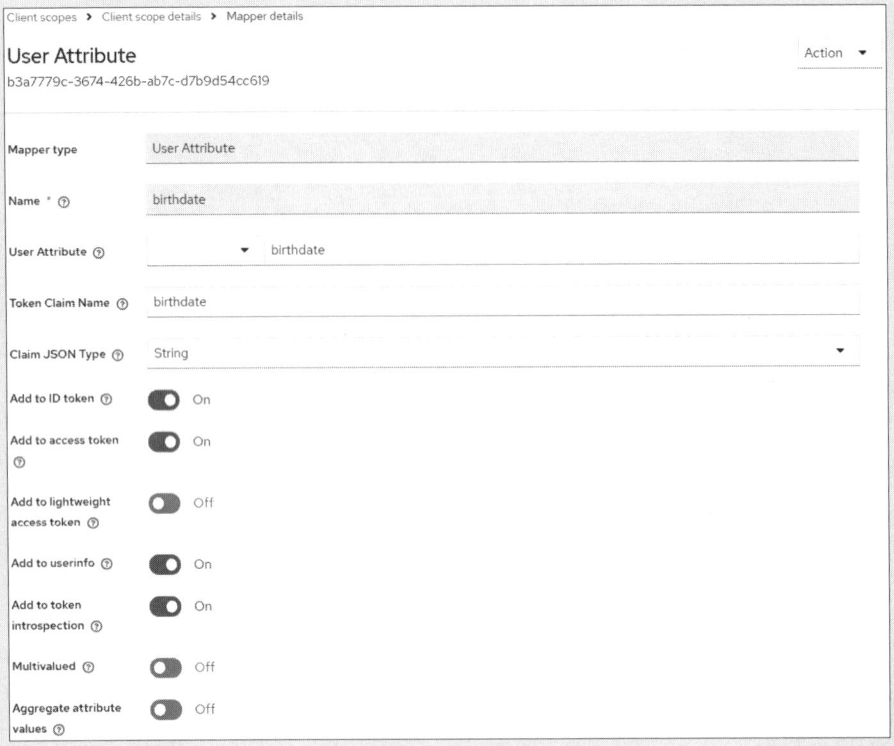

図 5.3.17　「birthdate」マッパー

● COLUMN

lightweight アクセストークン

　Keycloak は、デフォルトではアクセストークンに PII（Personally Identifiable Information：個人識別情報）などのセンシティブな情報を含むことがあります。アクセストークンを受け取るリソースサーバーが、クライアントなどの第三者にそのようなセンシティブな情報を開示したくない場合、Keycloak はそれらの情報を取り除いたアクセストークンである lightweight アクセストークンを発行することができます。リソースサーバーは、受け取った lightweight アクセストークンをイントロスペクションエンドポイントに送信することで、lightweight アクセストークンから取り除かれたセンシティブな情報をイントロスペクションレスポンスから受け取ることができます。

　lightweight アクセストークンに含める情報は、プロトコルマッパーを使って設定できますが、以下のクレームは lightweight アクセストークンから取り除くことはできません。

- 「exp」クレーム、「iat」クレーム、「jti」クレーム、「iss」クレーム、「typ」クレーム、「azp」クレーム、「sid」クレーム、「scope」クレーム、「cnf」クレーム

アクセストークンの代わりに lightweight アクセストークンを発行するには、対象のクライアントの「Advanced settings」の「Always use lightweight access token」を「On」に設定するか、対象のクライアントにクライアントポリシーの「use-lightweight-access-token」Executor を適用します。クライアントポリシーの使い方は、5.5.6 項を参照してください。

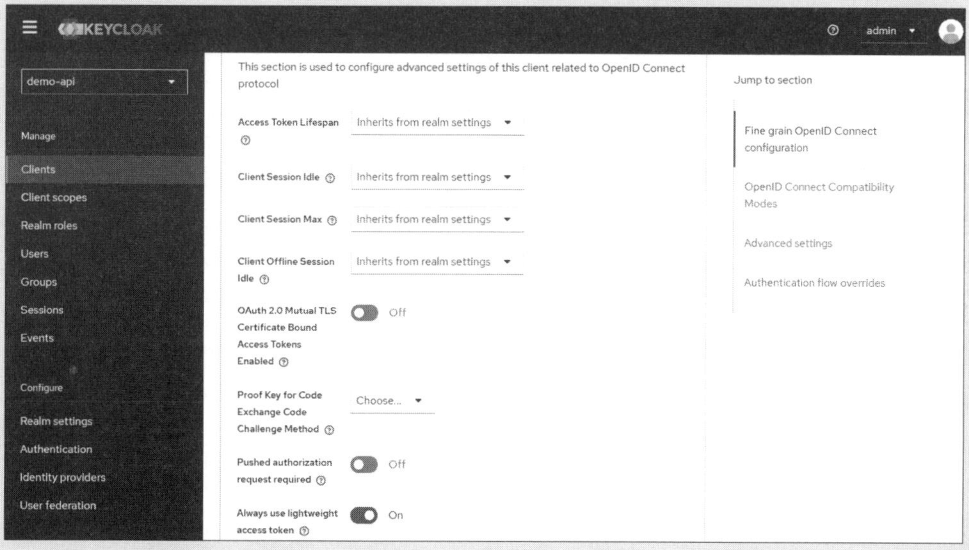

図 5.3.18　クライアントの「Advanced」画面の「Advanced settings」

任意のプロトコルマッパーで、「Add to lightweight access token」を Off にすることでlightweight アクセストークンから当該クレームを取り除くことができます。また、「Add to token introspection」を On にすることで当該クレームをイントロスペクションレスポンスに含めることができます。

193

トークンのリフレッシュと無効化

前節までで、クライアントがアクセストークンを取得してから、リソースサーバーが認可判断するまでの一連の流れを確認できました。本節では、運用時に使うトークンのリフレッシュ、オフライントークンの利用とトークン無効化の動作を確認します。

5.4.1 トークンのリフレッシュ

第2章 2.2 節でも述べたように、アクセストークンの有効期間は、通常短く設定することが推奨されています（有効期間の設定については第4章 4.2 節を参照）。しかし、アクセストークンが無効になるたびに認可コードフローで再度取得することは、ユーザーにとってはログイン画面が再度表示されることになり、利便性が大きく損なわれます。

その点を考慮して OAuth で策定されている仕様が、第2章 2.2 節で紹介したリフレッシュトークンです。リフレッシュトークンを用いることで、リフレッシュトークンが有効な間は、アクセストークンが無効になっても再取得できます。

実際に試してみましょう。「Get Token」のリンクをクリックしてトークンを取得してください。その後、「Token Info」に表示されるアクセストークンの「exp」クレームの値にある時間が過ぎるまで待ってから[7]、「Call DemoIntrospection API」ボタンをクリックしてみましょう。すると、アクセストークンの有効期限が切れているため、「API Response」に 401 エラーが表示されます。

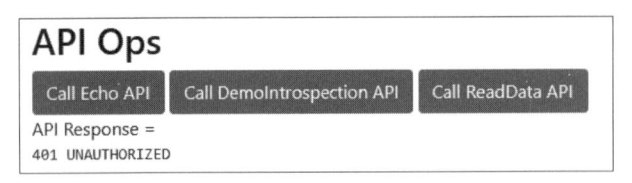

図 5.4.1 DemoIntrospection API 呼び出し後のエラー表示

サンプル API サーバーのコンソールに出力されたログを確認すると、ログ内の下線部のように、イントロスペクションレスポンスの「active」クレームが「false」で返ってきているため、ア

---

[7] アクセストークンの有効期間は変更できます。第4章 4.2.7 項で紹介したレルムの「Tokens」画面で、「Access Token Lifespan」を 1（分）などに変更すると、有効期間を短縮できます。

クセストークンが無効であると判断されています。そのため、「API Response」に 401 エラーが表示されます。

```
2024-07-16T14:19:20.200+09:00 DEBUG 458 --- [nio-8082-exec-8] s.r.ResourceServer
Controller        : ResponseType="Introspection Response" ResponseInfo
={"headers":{"content-length":["16"],"Cache-Control":["no-cache"],"Content-Type":
["application/json"],"Referrer-Policy":["no-referrer"],"Strict-Transport-Security":
["max-age=31536000; includeSubDomains"],"X-Content-Type-Options":["nosniff"],"X-
Frame-Options":["SAMEORIGIN"],"X-XSS-Protection":["1; mode=block"]},"body":
{"active":"false","exp":0,"iat":0,"auth_time":0,"email_verified":false},"status":
"OK"}
```

それではリフレッシュトークンを使って、有効なアクセストークンを再取得してみましょう。サンプルクライアントの「Refresh Token」ボタンをクリックすると、サンプルクライアントから Keycloak へリフレッシュリクエストが行われ、新しいトークンが取得できます。

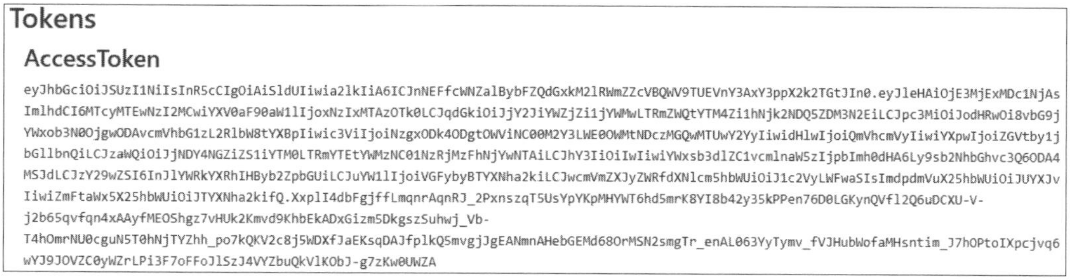

Tokens

AccessToken

eyJhbGciOiJSUzI1NiIsInR5cCIgOiAiSldUIiwia2lkIiA6ICJnNEFfcWNZalBybFZQdGxkM2lRWmZZcVBQWV9TUEVnY3AxY3ppY2k2TGtJIn0.eyJleHAiOjE3MjExMDc1NjAsImlhdCI6MTcyMTEwNzI2MCwiYXV0aF90aW1lIjoxNzIxMTAzOTk1LCJqdGkiOiJjY2JiYWZjZi1iYWMwLTRmZWQtYTYM4Zi1hNjk2NDQ5ZDM3N2EiLCJpc3MiOiJodHRwOi8vbG9jYWxob3N0OjgwODAvcmVhbG1zL2RlbW8tcmVhbG0iLCJhdWQiOiJhY2NvdW50IiwidHlwIjoiQmVhcmVyIiwiYXpwIjoiZGVtby1jbGllbnQiLCJzaWQiOiJjNDY4NGZiZS1iYTM0LTRmMzYtYTViMy02NC01NzRjM2RjRjhhNjQiLCJhY3IiOiIwIiwiYWxsb3dlZC1vcmlnaW5zIjpbImh0dHA6Ly9sb2NhbGhvc3Q6MzA4MCJdLCJzY29wZSI6InByb2ZpbGUgZW1haWwiLCJjbGllbnRJZCI6ImRlbW8tY2xpZW50Iiwic2NvcGUiOiJwcm9maWxlIGVtYWlsIiwiY2xpZW50SG9zdCI6IjEyNy4wLjAuMSIsImVtYWlsX3ZlcmlmaWVkIjpmYWxzZSwicHJlZmVycmVkX3VzZXJuYW1lIjoic2VydmljZS1hY2NvdW50LWRlbW8tY2xpZW50IiwiY2xpZW50QWRkcmVzcyI6IjEyNy4wLjAuMSJ9.XxplI4dbFgjffLmqnrAqnRJ_2PxnszqT5UsYpYKpMHYWT6hd5mrK8YI8b42y35kPPen76D0LGKynQVfl2Q6uDCXU-V-j2b65qvfqn4xAAyfMEOShgz7vHUk2Kmvd9KhbEkADxGizm5DkgszSuhwj_Vb-T4hOmrNU0cguN5T0hNjTYZhh_po7kQKV2c8j5WDXfJaEKsqDAJfplkQ5mvgjJgEANmnAHebGEMd68OrMSN2smgTr_enAL063YyTymv_fVJHubWofaMHsntim_J7hOPtoIXpcjvq6wYJ9JOVZC0yWZrLPi3F7oFFoJlSzJ4VYZbuQkVlKObJ-g7zKw0UWZA

図 5.4.2　リフレッシュリクエストで取得したアクセストークン

ここでは、第 2 章 2.2 節で述べたようなリクエストとレスポンスがやり取りされています。実際に確認してみましょう。サンプルクライアントのコンソールにリクエストとレスポンスのログが表示されます。

リクエストのログは「RequestType="Refresh Request"」が含まれる行です。以下のようにトークンエンドポイントに対して、POST メソッドでリクエストを送信しています。このとき、Authorization ヘッダーには、クライアント ID とクライアントシークレットを Basic 認証のスキームで指定し、「refresh_token」パラメーターにリフレッシュトークンをセットしています。

```
2024-07-16T14:21:00.025+09:00 DEBUG 327 --- [nio-8081-exec-7] s.clientapp.service.
ClientAppService     : RequestType="Refresh Request" RequestInfo={"headers"
:{"Content-Type":["application/x-www-form-urlencoded"],"Authorization":["Basic
ZGVtby1jbGllbnQ6bHZsNFFwbTNtak5oMXYwR0hFWjNva0lrMk83YXpHaTc="]},"method":"POST",
"body":{"grant_type":["refresh_token"],"refresh_token":["eyJ<略>"]},"url":"http://
localhost:8080/realms/demo-api/protocol/openid-connect/token"}
```

　レスポンスのログは、「ResponseType="Refresh Response"」が含まれる行です。以下のように、新しいアクセストークンやリフレッシュトークンが含まれています。

```
2024-07-16T14:21:00.104+09:00 DEBUG 327 --- [nio-8081-exec-7] s.clientapp.service.
ClientAppService     : ResponseType="Refresh Response" ResponseInfo={"headers"
:{"Cache-Control":["no-store"],"Pragma":["no-cache"],"content-length":["1917"],
"Content-Type":["application/json"],"Referrer-Policy":["no-referrer"],"Strict-
Transport-Security":["max-age=31536000; includeSubDomains"],"X-Content-Type-
Options":["nosniff"],"X-Frame-Options":["SAMEORIGIN"],"X-XSS-Protection":["1; mode
=block"]},"body":{"access_token":"eyJ<略>","expires_in":300,"refresh_expires_in"
:1800,"refresh_token":"eyJ<略>","token_type":"Bearer","not_before_policy":0,
"session_state":"c4684fbe-ba34-4fa1-ac34-574c31a66050","scope":"readdata profile"},
"status":"OK"}
```

　なお、トークンリフレッシュは、ユーザーに指示させるのではなく、クライアントの判断で行います。通常は、アクセストークンの有効期限が切れている場合にトークンリフレッシュするように、クライアントを実装します。

　「back」をクリックして、元の画面に戻ります。アクセストークンがリフレッシュされ、有効な状態になっているかについては、「Token Info」のアクセストークンの「exp」クレームを見ると確認できます。このまま「Call DemoIntrospection API」ボタンをクリックすると、今度はAPI が正しくレスポンスを返し、「｛"message":"called demointrospection"｝」が画面に表示されることを確認できます。

■ 5.4.2　オフライントークンの利用

　リフレッシュトークンは、第 4 章 4.2.3 項で紹介したオフライントークンとして発行することができます。方法は簡単で、「scope」パラメーターに「offline_access」スコープを指定するだけです。

　今回のサンプルクライアントを使う場合は、サンプルクライアントの「scope」のテキスト

ボックスに、「readdata offline_access」のように入力します。そのうえで、認可コードフロー
でアクセストークンを取得し、管理コンソールを確認すると、「Sessions」画面（図5.4.3）で、
「REGULAR」タイプのセッションだけではなく、「OFFLINE」タイプのセッションが存在するこ
とがわかります。これは、第4章4.2.3項で説明したように、オフライントークンに関連するオ
フラインセッションが生成されていることを意味します。

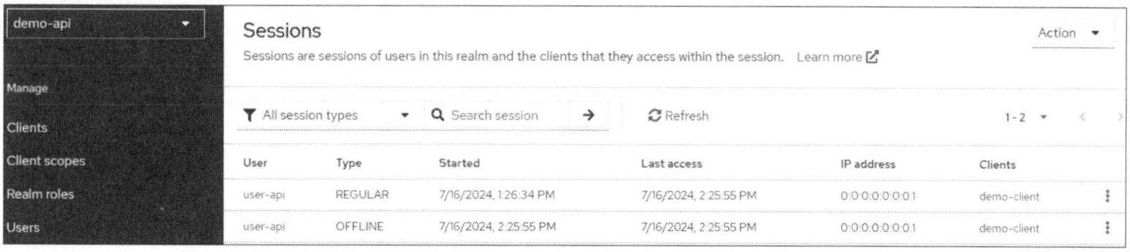

図 5.4.3　オフラインセッションを確認

5.4.3　トークンの無効化

　アクセストークンやリフレッシュトークンは、有効期間が過ぎる前であっても無効化できま
す。例えば、セキュリティー上の問題が起こった場合や、エンドユーザーからの要請があった場
合に、無効化できます。Keycloakにおけるトークンの無効化の方法は、第2章2.3節で紹介した
ように大きく3種類あります。

(1) トークン無効化エンドポイントによる無効化
(2) アカウント管理コンソールによる無効化
(3) 管理コンソールによる無効化

それぞれ実際に行ってみましょう。

（1）トークン無効化エンドポイントによる無効化

　まず、サンプルクライアントからトークン無効化エンドポイントにリクエストを送信します。
ブラウザーからサンプルクライアント（http://localhost:8081）にアクセスして、「Get Token」ボ
タンをクリックしてトークンを取得します。
　次に、サンプルクライアントの「Revoke Token」ボタンをクリックすると、トークンが無効に
なります。このときサンプルクライアントの内部では、第2章2.3節で述べたように、Keycloak
のトークン無効化エンドポイントに対して無効化するリフレッシュトークンを送信しています。

サンプルクライアントのコンソールには、以下のような「ReqeustType="Revoke Request"」を含む行が出力されます。

```
2024-07-16T14:28:30.111+09:00 DEBUG 327 --- [nio-8081-exec-7] s.clientapp.service.
ClientAppService    : RequestType="Revoke Request" RequestInfo={"headers":
{"Content-Type":["application/x-www-form-urlencoded"],"Authorization":["Basic
ZGVtby1jbGllbnQ6bHZsNFFwbTNtak5oMXYwR0hFWjNva01r83YXpHaTc="]},"method":"POST",
"body":{"token":["eyJ<略>"],"token_type_hint":["refresh_token"]},"url":"http://
localhost:8080/realms/demo-api/protocol/openid-connect/revoke"}
```

　Authorization ヘッダーに、クライアント ID とクライアントシークレットを Basic 認証のスキームで指定し、「token」パラメーターにリフレッシュトークンを、「token_type_hint」パラメーターに「refresh_token」を指定して、トークン無効化エンドポイントに対してリクエストを送信しています。

　まず、「Call DemoIntrospection API」ボタンをクリックすると、図 5.4.4 のような 401 エラーが表示され、アクセストークンは無効になっていることがわかります。

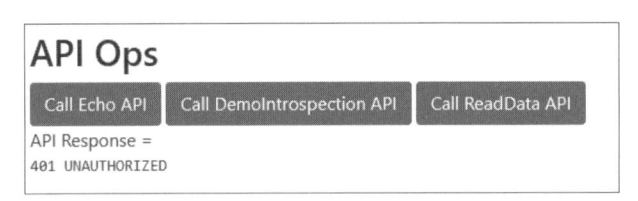

図 5.4.4　トークン無効化後に DemoIntrospection API を呼び出した結果

　また、トークンリフレッシュをしてみます。「Refresh Token」ボタンをクリックすると、図 5.4.5 のようなエラーが表示され、リフレッシュトークンも無効になっていることがわかります[*8]。

```
400 BAD_REQUEST
{"error":"invalid_grant","error_description":"Session not active"}
```

図 5.4.5　トークン無効化後にトークンリフレッシュした結果

[*8]　リフレッシュトークンの代わりにオフライントークンを発行している場合は、error_description として「Offline user session not found」が表示されます。

■(2) アカウント管理コンソールによる無効化

ユーザーが、アカウント管理コンソールでトークンを無効化することもできます。サンプルクライアントでトークンを取得後、ブラウザーで以下のURLにアクセスし、「user-api」ユーザーでアカウント管理コンソールにログインします。

http://localhost:8080/realms/demo-api/account/

左メニューから「Applications」を選択し、「Application」画面を表示します。

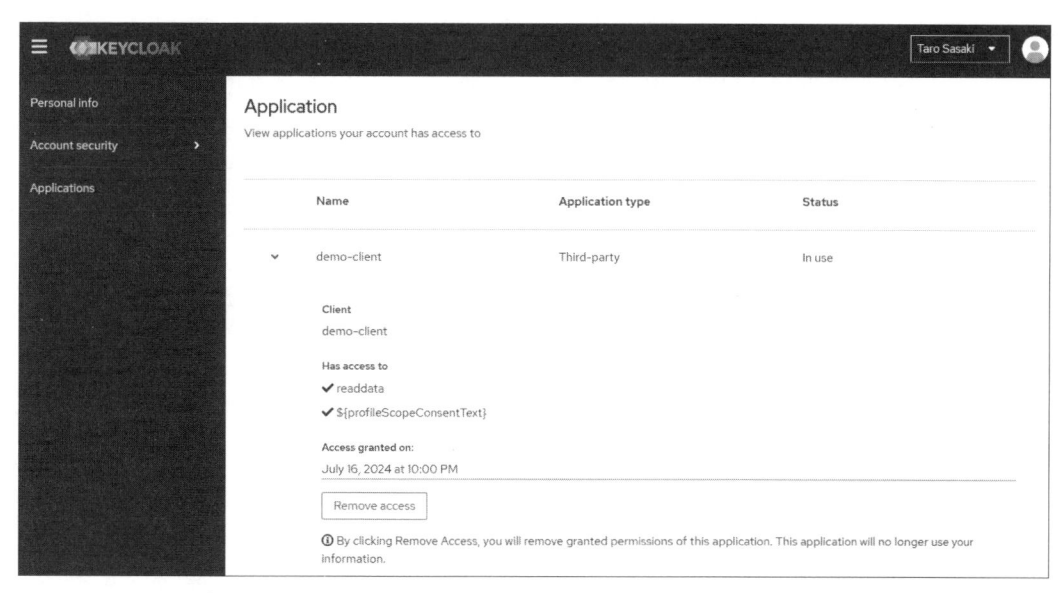

図 5.4.6　アカウント管理コンソールの「Application」画面

ここから、クライアントを選択し「Remove access」ボタンをクリックすることで、本クライアントに発行されたトークンは無効になります[*9]。また、同時にスコープの認可（図5.4.6では「readdata」スコープと「profile」スコープ）も取り消されます。なお、スコープへの同意がある場合やオフライントークンを使用している場合のみ、「Remove access」ボタンが表示されます。

サンプルクライアントに戻って、トークンが無効化されているかを確認してみましょう。「Call DemoIntrospection API」ボタンをクリックすると、ステータスコードが401（Unauthorized）のレスポンスが返ってきて、トークンが無効になっていることが確認できます。

[*9]　なお、サンプルクライアントにアクセスしているブラウザーと同じブラウザーで、アカウント管理コンソールにログインした場合は、画面右上から「Sign out」をクリックしてログアウトすることでもトークンを無効化できます。この場合は、Keycloakからもログアウトされることになります。ただし、この方法ではオフライントークンは無効化できません。

■ (3) 管理コンソールによる無効化

　管理コンソールに管理者ユーザーでログインし、トークンを無効化させてみましょう。再度サンプルクライアントにアクセスして、「Get Token」ボタンをクリックしてトークンを取得します。

　次に Keycloak の管理コンソールの「Sessions」画面を表示します。図 5.4.3 と同様の画面が表示されます。ここで一覧の右上にある「Action」プルダウンから「Sign out all active sessions」をクリックすることで、すべてのセッションを無効化することができます[*10]。

　特定のユーザーに関するセッションだけを無効化する場合は、以下の手順を実施します。

1. 左メニューの「Users」から「Users」画面を表示します。表示されたユーザー一覧からセッションを無効化したいユーザーのユーザー名をクリックします。
2. ユーザーの「Details」画面が表示されるので、「Sessions」タブをクリックし、「Sessions」画面を表示します。図 5.4.7 は、「user-api」ユーザーの「Sessions」画面です。
3. 「Logout all sessions」ボタンをクリックすることで、そのユーザーに関するセッションがすべて無効になります。

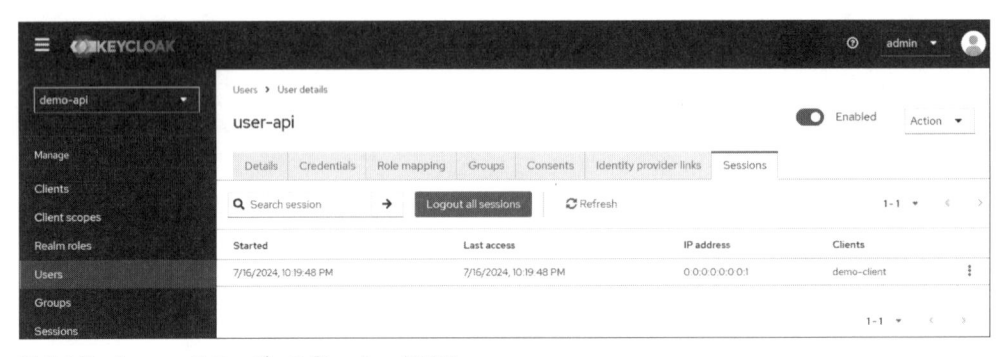

図 5.4.7　「user-api」ユーザーの「Sessions」画面

　サンプルクライアントに戻って、トークンが無効化されているかを確認します。「Call DemoIntrospection API」ボタンをクリックすると、ステータスコードが 401 (Unauthorized) のレスポンスが返ってきて、トークンが無効になっていることが確認できます。

[*10] オフラインセッションについては無効になっていますが当初の有効期間中「Sessions」画面に表示されます。v26.1 以降では、無効なオフラインセッションが表示されないように修正されます。

OAuth / OIDC の
セキュリティー確保

これまでは、OAuth の認可コードフローによる API 認可を Keycloak で実現する、必要最小限の設定方法を紹介しました。認可コードフローでは、リソースオーナー、クライアント、認可サーバー、リソースサーバーの 4 者間で、リダイレクトを伴う複数のリクエストが行われるため、攻撃者が入り込む隙が発生し得ます。OAuth を拡張した OIDC においても、同様です。

このような問題に対処するためのベストプラクティスが、IETF において「RFC 9700：Best Current Practice for OAuth 2.0 Security[*11]」（OAuth Security BCP）という形でまとめられています。さらには、このベストプラクティスに基づいた OAuth のバージョンアップ（OAuth 2.1[*12]）の議論も進められています。本節では、OIDC の利用方法を確認した後に、このベストプラクティスの中から、定番となっているものに絞って、認可コードフローのセキュリティー問題と対策を紹介します。また最後に、さらに高度な機能の概要を紹介します。

■ 5.5.1　OIDC の利用

ベストプラクティスの説明の前に、OIDC の利用方法を確認します。第 2 章 2.4 節で紹介したとおり、認可リクエスト時に「openid」スコープを付与することで、Keycloak は OIDC の OP として機能し、トークンレスポンスでアクセストークンやリフレッシュトークンに加えて、ID トークンが返ってくるようになります。Keycloak の設定は特に必要ありません。

前節までに用いたサンプルクライアントの場合、scope テキストボックスに「openid」を追加で入力するだけで、OIDC を利用することができます。

---

*11 RFC 9700：Best Current Practice for OAuth 2.0 Security (https://datatracker.ietf.org/doc/html/rfc7636)

*12 策定中のドラフトは、https://datatracker.ietf.org/doc/draft-ietf-oauth-v2-1/ より参照できます。Keycloak はバージョン 24 で OAuth 2.1 をサポートしました。

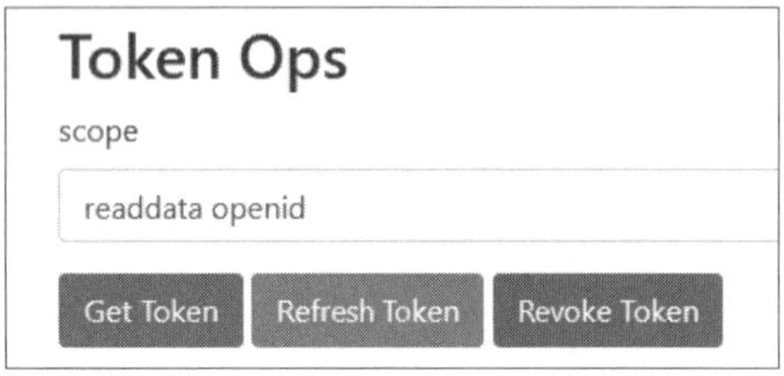

Token Ops

scope

readdata openid

Get Token　Refresh Token　Revoke Token

図 5.5.1　scope に openid を追加

5.5.2　認可コードフロー利用時の課題と対策の概要

　OAuth および OIDC の認可コードフローにおける、主なセキュリティーの問題と対策を、図 5.5.2 に示します。便宜上、OIDC ではなく OAuth の用語で記しています。大きく 2 つの問題があり、それぞれの問題に対応する対策があります。

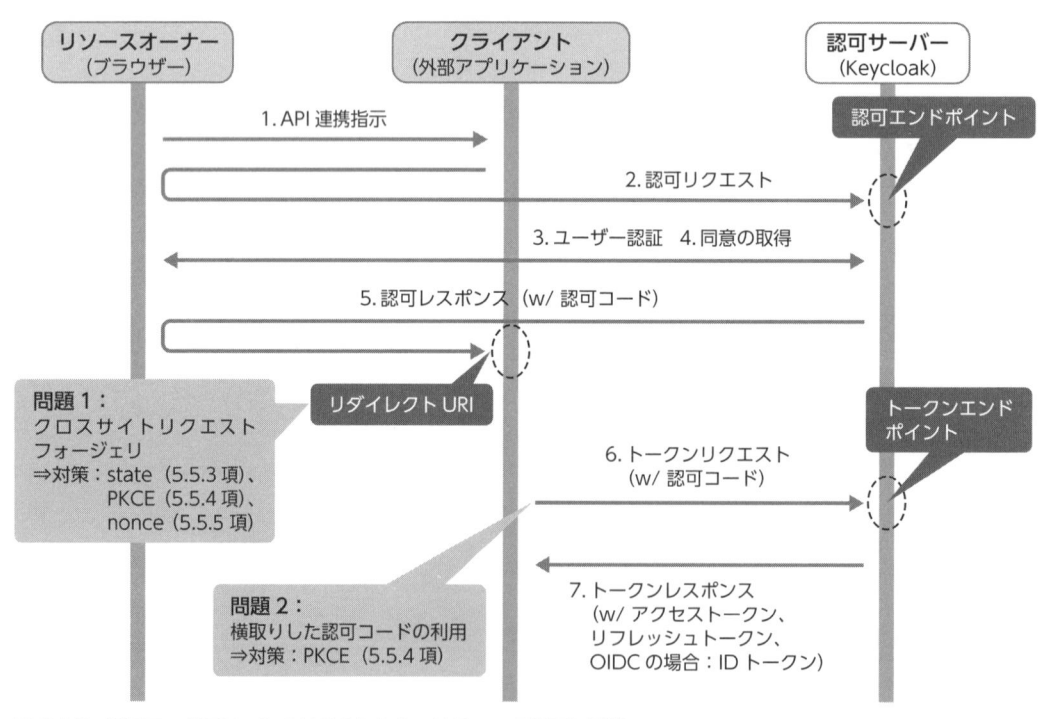

図 5.5.2　認可コードフローにおける主なセキュリティーの問題と対策

- **問題 1：CSRF (Cross-Site Request Forgery：クロスサイトリクエストフォージェリ)**

クライアントは、リダイレクト URI で受け取った認可コードを使ってトークンリクエストを送信します。このクライアントのリダイレクト URI に、攻撃者の認可を得て発行された認可コードが紛れ込む隙があります。図 5.5.2 の 5. に示すとおり、認可コードは、ブラウザーを経由して、リダイレクトでクライアントに送信されます。しかし、ブラウザーにリダイレクトさせないようにするなどして、認可コードだけを取得することもできます。このように、攻撃者は認可サーバーから認可コードを取得し、それを含む以下のようなリダイレクト URI をメールで被害者に送信します。

https://app.example.com/gettoken?code=[攻撃者の認可コード]

被害者がこのリンクをクリックすると、攻撃者が取得した認可コードがクライアントに渡ります。すると、クライアントは、攻撃者が取得した認可コードでアクセストークンを取得し、攻撃者が認可したスコープで API を呼び出すことになります。例えば、ファイルストレージサービスの画像をアップロードする API の場合、攻撃者のファイルストレージに、被害者のデータがアップされてしまいます。対策としては、5.5.4 項で紹介する PKCE が推奨されています。認可サーバーが PKCE をサポートしていない場合、5.5.3 項で紹介する「state」パラメーターと、OIDC では 5.5.5 項で紹介する「nonce」パラメーターの利用が推奨されています。

なお、OIDC の「nonce」パラメーターは、本来 ID トークンのリプレイ攻撃を想定しており、攻撃が容易なインプリシットフローとハイブリッドフローでは必須のパラメーターです。一方、認可コードフローではリプレイ攻撃は受けにくくオプション扱いですが、使用することで「state」パラメーターと同様の対策として機能します。

- **問題 2：横取りした認可コードの利用**

認可コードを何らかの手段 (攻撃者のクライアントにリダイレクトするなど) で攻撃者に横取りされると、トークンエンドポイントでクライアント認証をしないパブリッククライアントの場合、攻撃者がその認可コードを使ってトークンリクエストをして、被害者の認可を得て発行されたアクセストークンを取得できます。そうなると、攻撃者は、被害者が認可したアクセス権限で API を実行し放題になります。一方、コンフィデンシャルクライアントの場合、攻撃者が自身のデバイスで開始した認可フローの認可レスポンスに横取りした認可コードを挿入することで (認可コードインジェクションといいます)、攻撃者のセッションに被害者のリソースへアクセス可能なアクセストークンを関連付けることができます。対策としては、5.5.4 項で紹介する PKCE が知られています。パブリッククライアントでは、PKCE による対策は必須であり、コンフィデンシャルクライアントでも、PKCE の利用が推奨されています。

以降では、このような問題を解決する、「state」パラメーター、PKCE、「nonce」パラメーター

について、前節で利用したサンプルクライアントによる動作例を示しながら解説します。

▨ 5.5.3　認可リクエストと認可コードの関連付け：「state」パラメーター

　CSRF の対策として、「state」パラメーターを用いた認可コードフローを、図 5.5.3 に示します。1'. で、クライアントは「state」というランダムな値を生成し、クライアントのセッションと関連付けて保持します。2. の認可リクエスト時に「state」パラメーターを付与します。5. の認可レスポンスに state が付与され、5'. で、もともと生成した state と一致することを確認します。

　以上のように、クライアントは、自分で始めた認可リクエストによって返ってきた認可コードであることを確認します。つまり、攻撃者が取得した認可コードを何らかの手段でクライアントに挿入されたとしても、state の値が一致しないため、攻撃者に関連付けられた認可コードの挿入を拒否することができます。

　「state」パラメーターを用いた認可リクエストを実施するために、Keycloak 側では特別な設定は必要なく、クライアント側で、認可リクエストに state を付与して、認可レスポンスの state をチェックする実装が求められます。

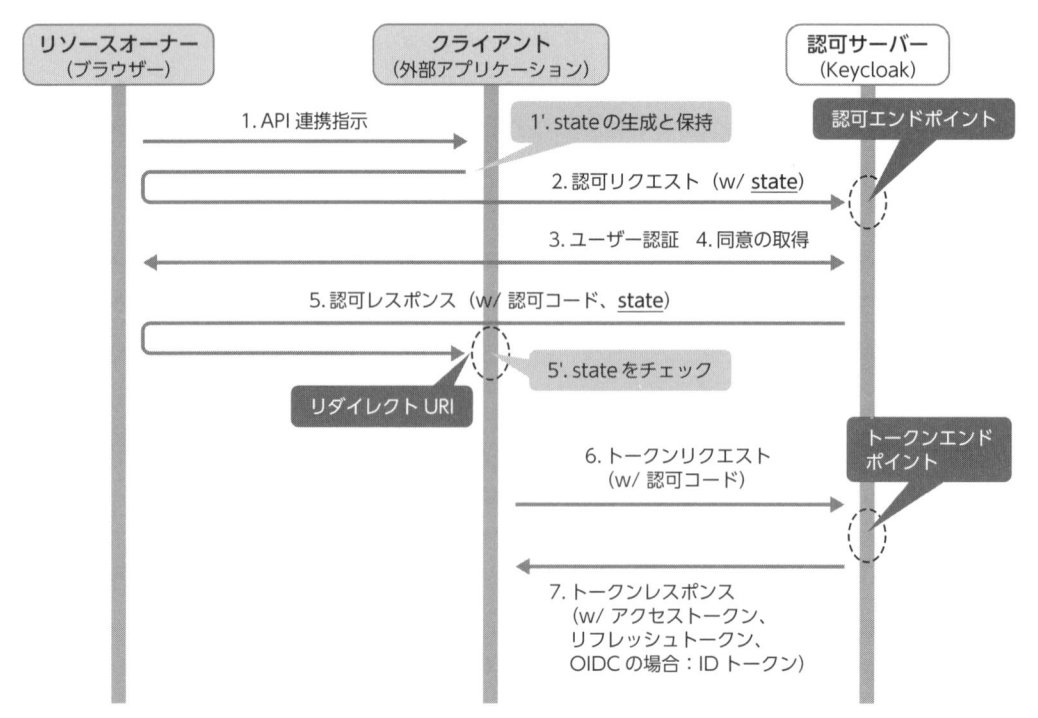

図 5.5.3　「state」パラメーターを用いた認可コードフロー

　実際のリクエストを、サンプルクライアントで確認してみましょう。以下の動作確認では、5.1 節での環境構築が終わっている前提です。サンプルクライアントの設定ファイルに記載されている oauth.config.state を true に設定することで、サンプルクライアントは state を送信するようになります。

　サンプルクライアントを再起動し、サンプルクライアントにアクセスします。「Get Token」ボタンをクリックすると、「state」パラメーターが付加された認可リクエストが、ブラウザーのリダイレクト経由で認可エンドポイントに送信されます。サンプルクライアントのコンソールを確認すると、以下のような認可リクエストのログが表示されています。

```
2024-07-17T21:52:48.358+09:00 DEBUG 670 --- [nio-8081-exec-9] sample.clientapp.
ClientAppController     : Type="Authorization Request" Status="302" Location="http:
//localhost:8080/realms/demo-api/protocol/openid-connect/auth?redirect_uri=http%3A%
2F%2Flocalhost%3A8081%2Fgettoken&response_type=code&client_id=demo-client&state=776
dd669-2acc-412b-83b7-8b8da0ad9634"
```

　下線部の「state」が、「state」パラメーターです。クライアント側で生成し保持する必要があります。「state」パラメーターの値にはランダム値を指定します。同じ値を使いまわさず、毎回異なる値を生成することが必要です。クライアントはこの state を保持しておきます。

　認証と同意が完了すると、認可レスポンスとして、Keycloak からブラウザーに下記のような、リダイレクト URI（サンプルでは /gettoken）へのリダイレクト指示が返ってきます。

```
HTTP/1.1 302 Found

http://localhost:8081/gettoken?state=776dd669-2acc-412b-83b7-8b8da0ad9634&session_
state=40ec3169-3ffa-49f3-82dd-66a0901247aa&iss=http%3A%2F%2Flocalhost%3A8080%2Frea
lms%2Fdemo-api&code=4a787db1-1cde-4741-b081-17d4d89feaab.40ec3169-3ffa-49f3-82dd-
66a0901247aa.c04f7423-b1f9-4305-ac8c-e45eb215635b
```

　下線部にあるように、リダイレクト URI のクエリーパラメーターに state が付加されています。クライアントは、受け取った state ともともと保持していた state が一致することを確認し、その後 state を破棄します。

▣ 5.5.4　認可リクエストとトークンリクエストの関連付け：PKCE

PKCE（Proof Key for Code Exchange）は、RFC 7636[*13] で定められた仕様で、認可コードが意図せずに攻撃者に渡った場合に、攻撃者が行使できなくするために考案された対策です。PKCE を使った場合の認可コードフローを、図 5.5.4 に示します。通常の認可コードフローとの差分を中心に解説します。

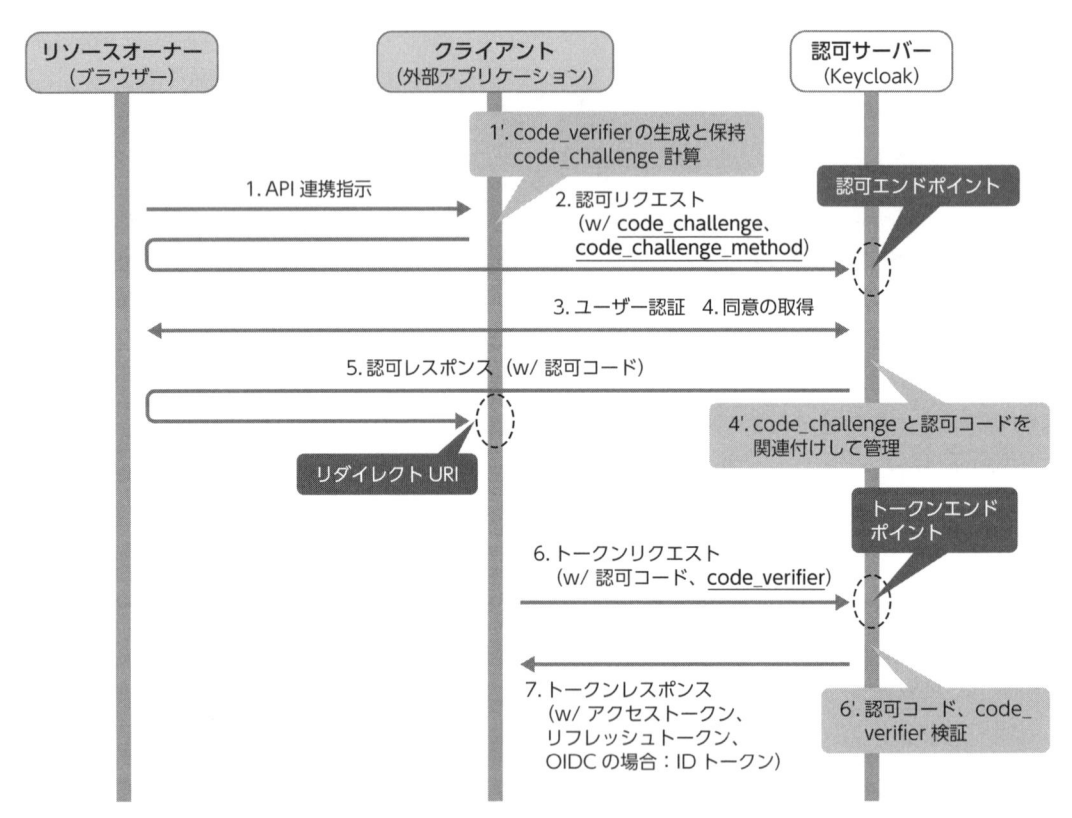

図 5.5.4　PKCE を用いた認可コードフロー

1'. では、認可リクエストの前に、クライアントは「code_verifier」というランダム値を生成し、その code_verifier を SHA256[*14] でハッシュ化し「code_challenge」という値を生成します。詳細な生成方法については、コラム「クライアントでの code_verifier、code_challenge 生成について」

---

*13 RFC 7636：Proof Key for Code Exchange by OAuth Public Clients, https://datatracker.ietf.org/doc/html/rfc7636

*14 仕様上は、ハッシュ化せずに code_challenge を code_verifier と同じにすることもできます（code_challenge_method=plain を指定）。ただし、セキュリティー強度が低くなることから、一般には SHA256 でのハッシュ化（code_challenge_method=S256 を指定）が推奨されています。

を参照してください。

　また、クライアントは「code_verifier」をクライアントのセッションと関連付けて保持します。2. の認可リクエストの際に、先ほど生成した「code_challenge」と「code_challenge_method」を付加します。「code_challenge_method」パラメーターの値には、S256（code_challenge の生成に SHA256 を使っていることを表す）を指定します。以下がリクエストの例になります。

```
https://server.example.com/realms/sample/protocol/openid-connect/auth?response_type
=code&client_id=application&state=xyz&redirect_uri=https%3A%2F%2Fclient%2Eexample%2E
com%2Fcb&code_challenge=E9Melhoa2OwvFrEMTJguCHaoeK1t8URWbuGJSstw-cM&code_challenge_
method=S256
```

　4'. では、認可サーバーは認可リクエストに含まれる、code_challenge の値を保存します。6. のトークンリクエスト時に、「code_challenge」パラメーターの生成の元となった「code_verifier」パラメーターを付与します。以下がトークンリクエストの例です。下線部のように、code_verifier が付与されています。

```
POST /realms/sample/protocol/openid-connect/token HTTP/1.1
Host: server.example.com
Authorization: Basic YXBwbGljYXRpb246OTNlNTgxM2MtZGEyYS00ZjM0LTlmYzYtNWZiZjNhZjZmZD
Yx
Content-Type: application/x-www-form-urlencoded

grant_type=authorization_code&code=f67d0f51-69a4-439d-bab1-c0418f575054.98793696-3f
01-4a35-801a-4d30dcf75628.63859189-99b2-4627-b6b8-930a89d728f0&redirect_uri=https%3
A%2F%2Fclient%2Eexample%2Ecom%2Fcb&code_verifier=dBjftJeZ4CVP-mB92K27uhbUJU1p1r_wW1
gFWFOEjXk
```

　6'. で、トークンリクエストを受信した認可サーバーは、トークンリクエストに含まれる「code_verifier」パラメーターと、4'. で保存した「code_challenge」が一致するかを確認します。つまり、code_verifier を SHA256 でハッシュ化し、code_challenge と一致するかを確認します。ここで一致すれば、確かにトークンリクエストを送信した相手と認可リクエストを送信した相手が同じであることがわかります。

　これは、前述した問題 2 の横取りした認可コードの利用への対策になります。認可コードだけを攻撃者が盗聴してトークンリクエストを送信したとしても、攻撃者は code_verifier を知りえないため、このチェックを突破できません。

　Keycloak は、認可サーバーとしての PKCE の仕様を実装しています。デフォルトの設定では、PKCE に対応した認可リクエストも、そうでない認可リクエストも受け入れるようになっています。セキュリティーを高めるため、特定のクライアントに対し、認可リクエスト時に PKCE の利用および code_challenge_method として S256 を強制することもできます。

　以下で、特定のクライアントに対して、PKCE を必ず使わせるように設定し、動作確認を行います。今回は、5.1 節で作成したクライアントである「demo-client」クライアントに対して設定します。

　「Clients」から「demo-client」を選択し、「Advanced」タブをクリックします。「Advanced settings」の「Proof Key for Code Exchange Code Challenge Method」に「S256」を設定し、「Save」ボタンをクリックします（図 5.5.5）。

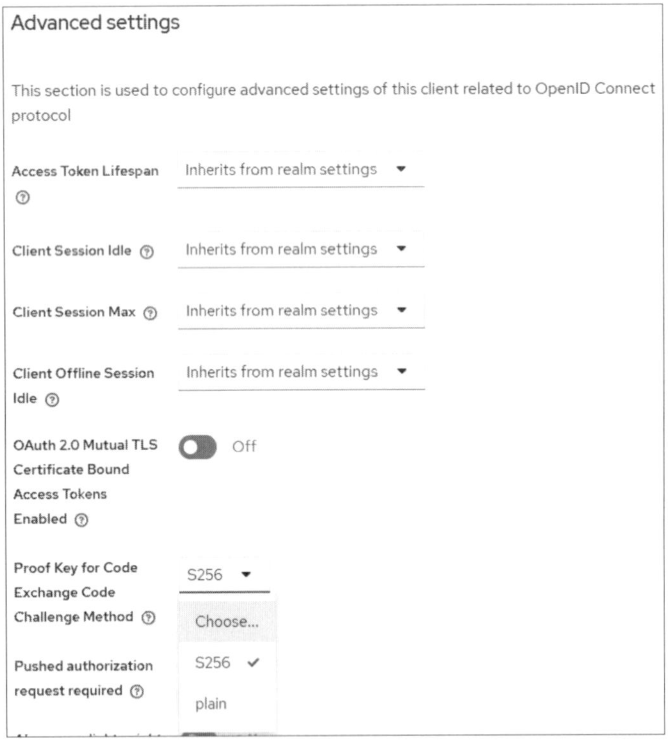

図 5.5.5　Keycloak での PKCE の設定

　このようにすることで、認可リクエストに PKCE 関連のパラメーター（code_challenge_method、code_challenge）が付与されていない場合や、PKCE 関連のパラメーターが付与されていても、code_challenge_method が plain となっている場合は、エラーが返ってくるようになります。

　この状態で、認可リクエストを送ってみます。サンプルクライアントの「Get Token」のリンク（認可リクエストを送信するリンク）をクリックすると、図 5.5.6 のようなエラーが返ってきます。

図 5.5.6　エラー画面

実践編

5

OAuth に従った API 認可の実現

　今回、認可リクエストに PKCE 関連のパラメーターが含まれないため、Keycloak は、ログイン画面を表示せず、リダイレクト URI（/gettoken）に対して、下記のように認可コードを付与せずにリダイレクトしています。

```
http://localhost:8081/gettoken?error=invalid_request&error_description=Missing+para
meter%3A+code_challenge_method&state=d864b28b-4235-4d57-abdc-c1f9c8bf0cc2&iss=http%
3A%2F%2Flocalhost%3A8080%2Frealms%2Fdemo-api
```

　そして、サンプルクライアントにあるリダイレクト URI（/gettoken）の実装は、このリクエストを受信すると上記のようなエラー画面を表示します。

　次に、サンプルクライアントで PKCE を有効にしましょう。サンプルクライアントの設定ファイルに記述されている oauth.config.pkce の値を true に変更します。サンプルクライアントを再起動後、ブラウザーからアクセスし、「Get Token」のリンクをクリックします。サンプルクライアントのコンソールに出力されている認可リクエストを確認すると、以下の下線部のように、code_challenge_method が S256 となっており、かつ code_challenge が付与された認可リクエストが送られたことがわかります。

```
2024-07-17T22:03:50.524+09:00 DEBUG 819 --- [nio-8081-exec-2] sample.clientapp.
ClientAppController    : Type="Authorization Request" Status="302" Location="http
://localhost:8080/realms/demo-api/protocol/openid-connect/auth?redirect_uri=http%3A
%2F%2Flocalhost%3A8081%2Fgettoken&response_type=code&client_id=demo-client&state=5d
33d4a9-3d2b-4b1e-bbb3-9b6b532e12cc&code_challenge_method=S256&code_challenge=Ax4iIk
4PSTTLG8kgBgnPrFt5FzhRkJ4S9w9NirWGQZw"
```

　認証と同意が成功すると、今度はアクセストークンを発行します。サンプルクライアントのコンソールに出力されているトークンリクエストを確認すると、以下の下線部のように、code_verifier が付与されたトークンリクエストが送られたことがわかります。

```
2024-07-17T22:03:50.587+09:00 DEBUG 819 --- [nio-8081-exec-3] s.clientapp.service.
ClientAppService    : RequestType="Token Request" RequestInfo={"headers":{"Content-
Type":["application/x-www-form-urlencoded"],"Authorization":["Basic ZGVtby1jbGllbnQ
6bHZsNFFwbTNtak5oMXYwR0hFWjNva0lrMk83YXpHaTc="]},"method":"POST","body":{"code":["9
f648c29-e5fe-4462-bf9c-04da1743ae7f.40ec3169-3ffa-49f3-82dd-66a0901247aa.c04f7423-
b1f9-4305-ac8c-e45eb215635b"],"grant_type":["authorization_code"],"redirect_uri":
["http://localhost:8081/gettoken"],"code_verifier":["1l7UZKkdeLAUlufe6PLkan1QtFhS
DAuLC_qqOQuhMfg"]},"url":"http://localhost:8080/realms/demo-api/protocol/openid-
connect/token"}
```

> **▶ COLUMN**
>
> ## クライアントでの code_verifier、code_challenge の生成について
>
> 　本節で解説したとおり、PKCE では、クライアント側で、code_verifier と code_challenge を生成する必要があります。JavaScript アダプターは、PKCE に対応しているため、JavaScript アダプターを利用できる場合は、これらの生成処理を実装する必要はありません。それ以外の場合は、以下に示す生成処理の実装が必要です。詳しくはサンプルクライアントのソースコードを参照してください。
>
> ### (1)code_verifier 生成
> 　RFC 7636 には、決められた文字種を使った 43〜128 文字のランダムな文字列と規定されています。この仕様には、32 バイトの乱数を生成し、Base64URL エンコードで、43 文字のランダムな文字列を生成する例が記載されており、それを参考に実装できます。
>
> ### (2)code_challenge の計算
> 　code_verifier 文字列を SHA256 でハッシュ化し、Base64URL エンコードすることで、code_challenge を計算します。

■ 5.5.5 認可リクエストと ID トークンの関連付け：「nonce」パラメーター

OIDC の場合は、「state」パラメーターと類似した対策として「nonce」パラメーターを用いることができます。ID トークンを用いるため OIDC の場合のみ利用可能です。「nonce」パラメーターを用いた認可コードフローを、図 5.5.7 に示します。state と同様、Keycloak には特に設定は必要なく、クライアントでの実装が必要になります。

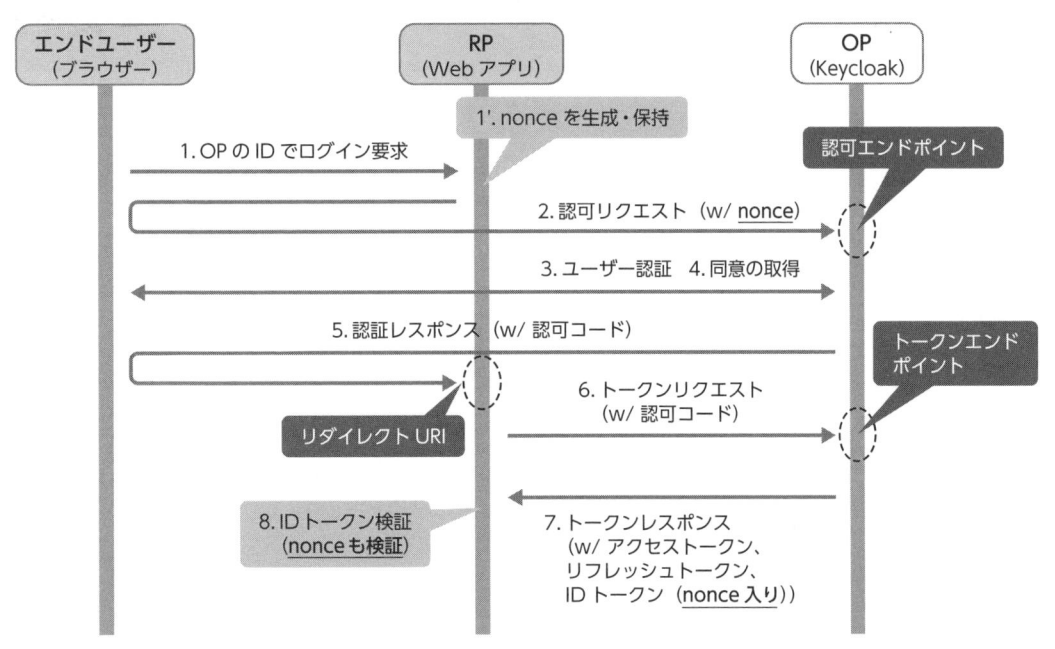

図 5.5.7 「nonce」パラメーターを用いた認可コードフロー

1′. にて、クライアントでは、「nonce」というランダムな値をセッションと関連付けて保持し、2. の認可リクエストでパラメーターに付与します。8. の ID トークンの検証において、ID トークンのクレームに入っている nonce ともともとの nonce が一致するかを確認します。その後、nonce を破棄します。

このようにしておくと、攻撃者が認可コードを挿入したとしても、7. で返ってくる ID トークンに含まれている nonce は被害者のブラウザーのセッションと関連付いた nonce と一致しないため、8. 以降に進むことはできません。

サンプルクライアントも「nonce」パラメーターに対応しています。対応するためには、サンプルクライアントの設定ファイルに記述されている oauth.config.nonce の値を true に変更します。サンプルクライアントを再度起動し、メニュー画面の scope テキストボックスに「openid」を入

力して、「Get Token」ボタンをクリックすると、認可リクエストに、以下のように nonce が付与されていることが、サンプルクライアントのコンソールから確認できます。

```
2024-07-17T22:10:30.814+09:00 DEBUG 935 --- [nio-8081-exec-6] sample.clientapp.
ClientAppController    : Type="Authorization Request" Status="302" Location="http
://localhost:8080/realms/demo-api/protocol/openid-connect/auth?redirect_uri=http%3A
%2F%2Flocalhost%3A8081%2Fgettoken&response_type=code&client_id=demo-client&scope=
openid&state=6926816f-3f50-4beb-a2bf-f8c2138b7c5f&nonce=186078f7-09b5-4ddf-9cb9-26a
f20040d5d&code_challenge_method=S256&code_challenge=BqkHfXxCMyVXNW2qgmmkzrlXxiVuqO2
mDTwZt03otIQ"
```

この nonce 値は、state とまったく同様の方法で生成されています[15]。また、サンプルクライアントの画面で、ID トークンを確認すると、図 5.5.8 のように、「nonce」クレームに上記の nonce の値が入っていることがわかります。

```
IDToken
{
  "exp" : 1721222130,
  "iat" : 1721221830,
  "auth_time" : 1721220746,
  "jti" : "fd1a633f-c5a2-4cbd-9938-a70c89f73076",
  "iss" : "http://localhost:8080/realms/demo-api",
  "aud" : "demo-client",
  "sub" : "78189888-9eb4-43f7-a49c-4730d0150cf2",
  "typ" : "ID",
  "azp" : "demo-client",
  "nonce" : "186078f7-09b5-4ddf-9cb9-26af20040d5d",
  "sid" : "40ec3169-3ffa-49f3-82dd-66a0901247aa",
  "at_hash" : "yb8DxS9HWHBmFu1_4eWoXw",
  "acr" : "0",
  "name" : "Taro Sasaki",
  "preferred_username" : "user-api",
  "given_name" : "Taro",
  "family_name" : "Sasaki"
}
```

図 5.5.8　ID トークンを確認

サンプルクライアントでも、「nonce」クレームを ID トークンから取り出して保存してある nonce と比較しています。

以上の 3 つの対策については、図 5.5.2 の 2 つの問題と対応付けて紹介しましたが、複数の問題に対応できるものや、対応できる範囲が似ているものもあります。実際には、多層防御という観点で、これら 3 つが併用されることもあります。

---

[15] 別々に生成し、同じ値にならないようにする必要があります。

5.5.6 クライアントポリシー

前項までに紹介した state、PKCE、nonce などのセキュリティーを確保する対策では、クライアント側で認可リクエストなどに明示的にパラメーターを付加する必要があります。対策を徹底するには、Keycloak 側でパラメーターが付加されていない場合はエラーを返すようにし、セキュリティー対策が施されていないクライアントにトークンを発行しないようにする必要があります。また、さらに基本的なセキュリティーを確保する対策として、認可コードフローでは、管理コンソールのクライアントの設定で、コンフィデンシャルクライアントを選択したり、リソースオーナーパスワードクレデンシャルフローを無効にしたりすることも推奨されます（5.1.3 項で解説）。これらの設定に漏れが生じると、セキュリティーホールになってしまいますが、クライアントが複数あるような場合や、第 2 章 2.4.6 項で紹介した FAPI のようなセキュリティー仕様に従う場合、数多くの設定が必要になり、そのリスクが高まります。

このような問題に対して、クライアントに関するセキュリティーの対策を一括して行うための仕組みとして Keycloak には「クライアントポリシー」という機能が用意されています。

クライアントポリシーは、Executor、Profile、および Policy で構成されています。

● Executor

クライアントにセキュリティー設定を徹底するためのモジュールです。代表的なものを表 5.5.1 に示します。

表 5.5.1　主な Executor

Executor	設定される内容
confidential-client	パブリッククライアントからの接続を拒否します。
consent-required	クライアントの新規追加時や設定変更時に「Consent required」が必ず On になるように設定します。
pkce-enforcer	認可リクエストの際に PKCE の利用および code_challenge_method を S256 にすることを強制します。
reject-implicit-grant	インプリシットフローおよびハイブリッドフローを禁止します。
reject-ropc-grant	リソースオーナーパスワードクレデンシャルズフローを禁止します。
secure-session	state パラメーターや nonce パラメーターが付加されていないリクエストを拒否します。
use-lightweight-access-token	アクセストークンの代わりに lightweight アクセストークンを発行するようにします。

● Profile

複数の Executor をまとめたものです。クライアントに対して Executor を適用する場合は、この Profile 単位で設定します。

● Policy

Profile とそれをクライアントに適用する条件（Condition）を設定します。設定可能な主な Condition を表 5.5.2 に示します。

表 5.5.2　主な Condition

Condition	設定される内容
any-client	すべてのクライアントに Profile を適用します。
client-roles	特定のクライアントロールが設定されているクライアントに Profile を適用します。
client-scopes	特定のスコープが付与されたクライアントに Profile を適用します。

　実際にクライアントポリシーを設定し、前項までのセキュリティー設定を強制してみます。つまり、「コンフィデンシャルクライアントの強制」「同意画面表示の強制」「インプリシットフローの禁止」「リソースオーナーパスワードクレデンシャルズフローの禁止」「PKCE の強制」「state、nonce の利用の強制」を設定します。

　クライアントポリシーの設定は「Realm settings」の「Client policies」画面で行います（図 5.5.9）。

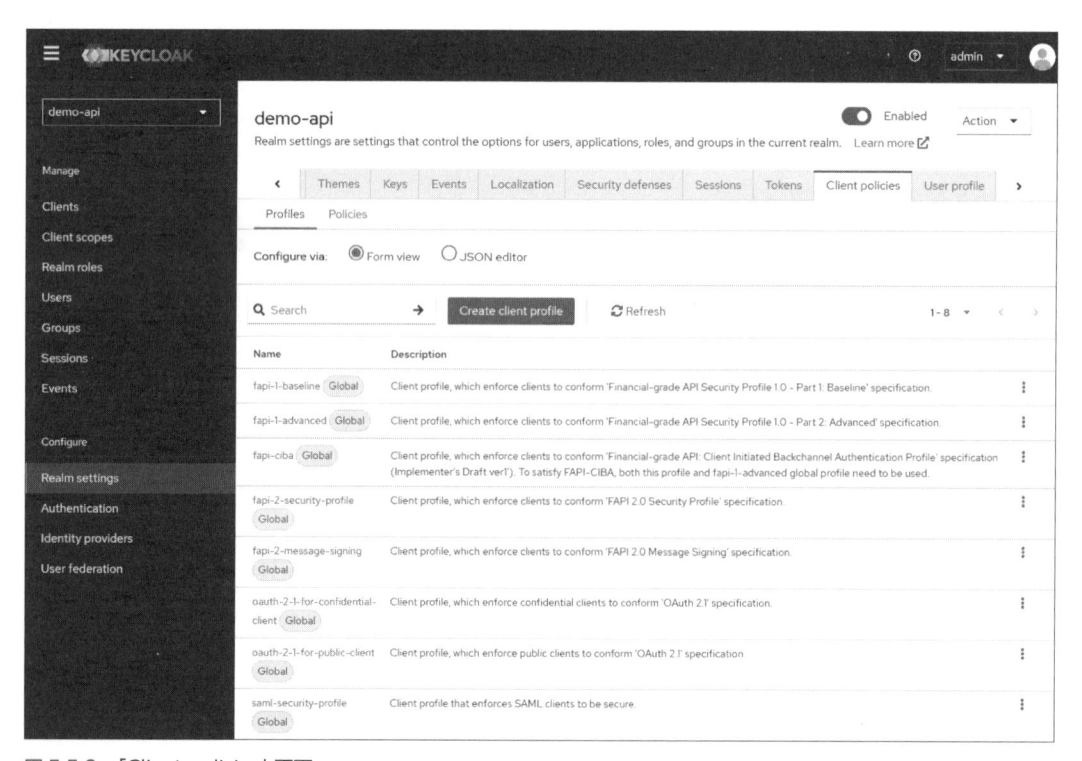

図 5.5.9　「Client policies」画面

■ (1) Profile の作成

最初に Profile を作成します。「Client policies」画面の「Create client profile」ボタンをクリックします。今回は「testprofile」という名称の Profile を作成します（図 5.5.10）。

Realm settings ▸ Client policies ▸ Create client profile

Create client profile

Client profile name *   testprofile
The name must be unique within the realm

Description

Save   Cancel

図 5.5.10 新規 Profile の作成

「Save」ボタンをクリックすると、Executor を選択できるようになります。「Add executor」をクリックして、対応する Executor を追加します。Executor によっては、図 5.5.11 のように「Auto-configure」という設定項目が存在します。これは、クライアントの新規追加時や設定変更時にクライアントを自動で設定するかどうかを設定する項目です。例えば図 5.5.11 の「pkce-enforcer」Executor の場合、「Auto-configure」を On に設定すると、対象のクライアントに対して、認可リクエストの際に PKCE の利用および code_challenge_method を S256 にすることを強制させるために、クライアントの新規追加時や設定変更時に、当該クライアントの「Proof Key for Code Exchange Code Challenge Method」設定項目を自動で「S256」に設定します。

Realm settings ▸ Client policies ▸ Add executor

Add executor

Executor type ⑦   pkce-enforcer   ▾

Auto-configure ⑦   ⬤ Off

Add   Cancel

図 5.5.11 「Add executor」画面

すべての Executor を設定した後の画面は図 5.5.12 のようになります。

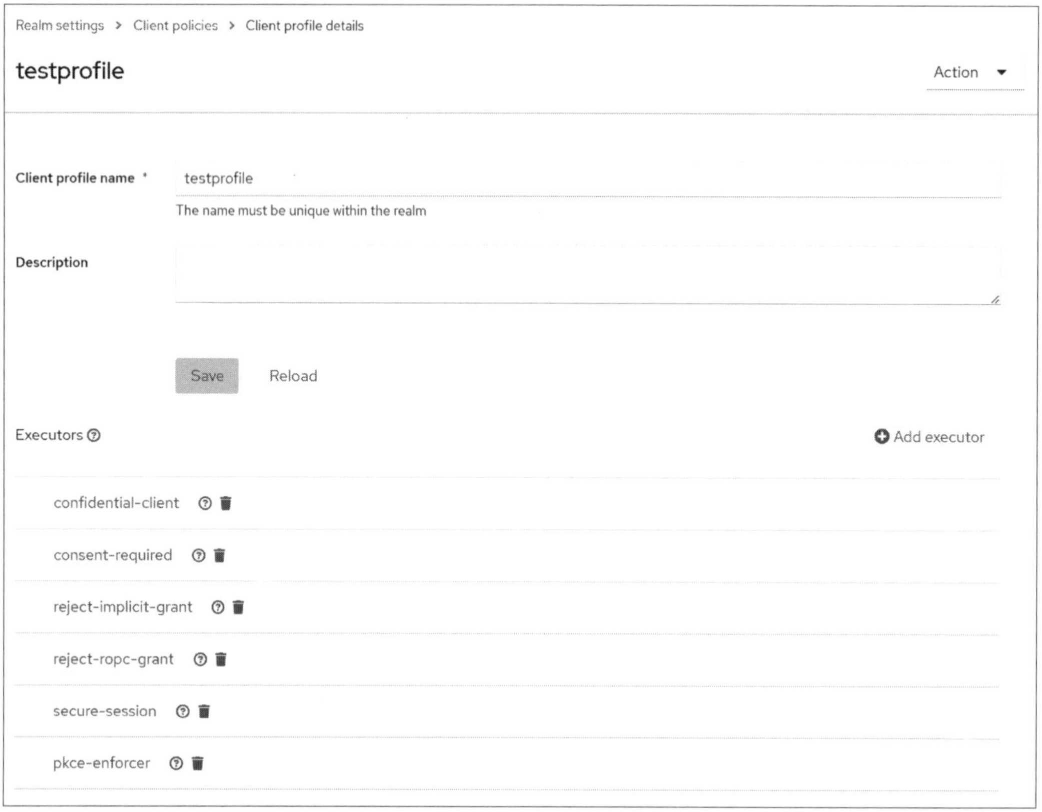

図 5.5.12　対応する Executor を選択した後の画面

■ (2) Policy の作成

次に作成した Profile をクライアントに適用するための Policy を作成します。作成は「Client policies」画面の「Policies」より行います (図 5.5.13)。

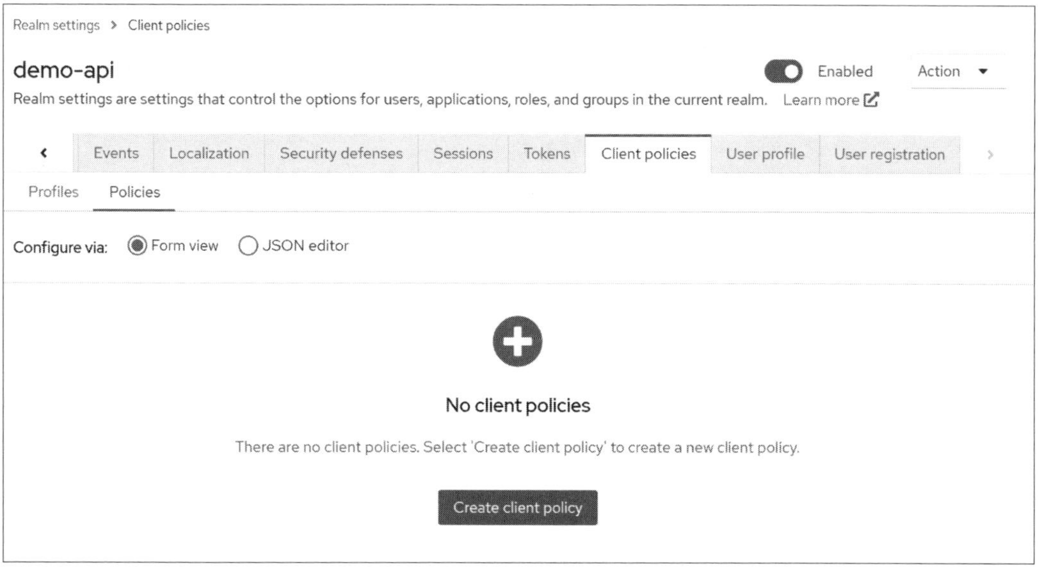

図 5.5.13 「Policies」画面

「Create client policy」ボタンをクリックすると、Policy の設定画面が表示されます（図 5.5.14）。今回は「testpolicy」という名前にします。「Add client profile」をクリックして、Profile には先ほど作成した「testprofile」Profile を適用します。また、「Add condition」をクリックして、Condition には「client-roles」Condition を選択します。

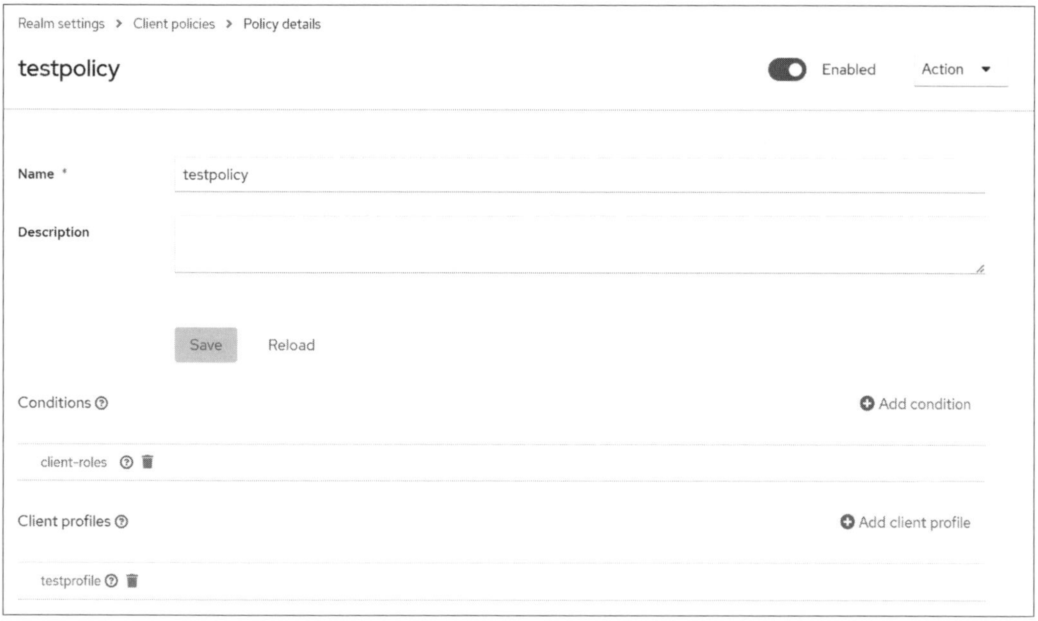

図 5.5.14 Policy の設定画面

　「client-roles」Condition では、特定のクライアントロールが設定されたクライアントにだけ Profile が適用されます。「client-roles」Condition を選択すると、図 5.5.15 のような「client-roles」 Condition の設定画面が表示されます。今回は、「testrole」というクライアントロールが設定されているクライアントにだけ、Profile を適用します。

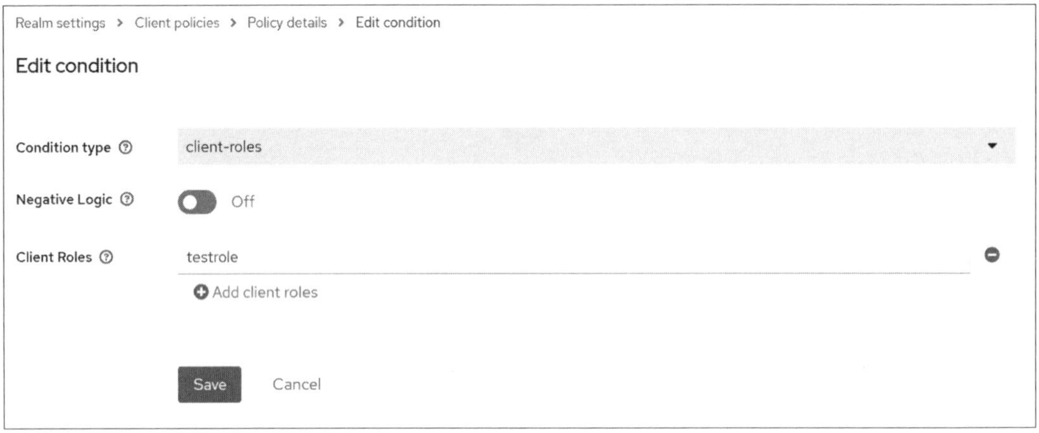

図 5.5.15　「client-roles」Condition の設定画面

　Profile を適用したいクライアントに「testrole」クライアントロールを付与する必要があります。今回は、「demo-client」クライアントに適用してみましょう。第 4 章 4.1.3 項の手順のとおり、 Clients 画面から「demo-client」クライアントを選択し、「Roles」より「testrole」クライアントロールを作成します。ここで作成するクライアントロールは、ユーザーに割り当てる必要はありません。つまり、ユーザーのアクセス制御に使うわけではなく、クライアントポリシーのためだけに使うものです。

　以上の設定により、「demo-client」クライアントに対して、「コンフィデンシャルクライアントの強制」「同意画面表示の強制」「インプリシットフローの禁止」「リソースオーナーパスワードクレデンシャルズフローの強制」「PKCE の強制」「state、nonce の利用の強制」の設定が行われます。これは、「demo-client」クライアントで行った設定よりも優先されます。

　本項では、自作の Profile をクライアントに適用しましたが、Keycloak には、ビルトインで多くの Profile が用意されています。前述の図 5.5.9 には、ビルトインの Profile が列挙されています。これらの Profile を適用する Policy を作成することで、OAuth のセキュリティープロファイルに従った設定を簡単に行うことができます。例えば、「fapi-1-advanced」Profile では、Financial-grade API Security Profile 1.0 - Part 2: Advanced 仕様に準拠したクライアント設定を一括して行うことができます。なお、「fapi-1-advanced」Profile では、署名アルゴリズムについての設定も

行われています。署名アルゴリズムについては、個別に設定することも可能です。コラム「デフォルトの署名アルゴリズムと鍵管理」を参照してください。

▶ COLUMN

デフォルトの署名アルゴリズムと鍵管理

　第 2 章 2.2 節で述べたように、Keycloak のトークンは JWS 形式であり、署名がされています。署名アルゴリズムは、RFC 7518（JSON Web Algorithms（JWA））で複数規定されています。多く使われている署名アルゴリズムは、RS256 と呼ばれるものであり、Keycloak のデフォルトでも RS256 が使われています。しかし、RS256 は金融分野など高度なセキュリティーが求められる場面では強度が不十分であるといわれており、そのような場合は、ES256 や PS256 のような、より強固なアルゴリズムを使うべきであるとされています。

　デフォルトの署名アルゴリズムは、「Realm settings」の「Tokens」画面の一番上にある「Default Signature Algorithm」で設定します。図 5.5.16 では、「demo-api」レルムのデフォルト署名アルゴリズムを「ES256」に設定しています。

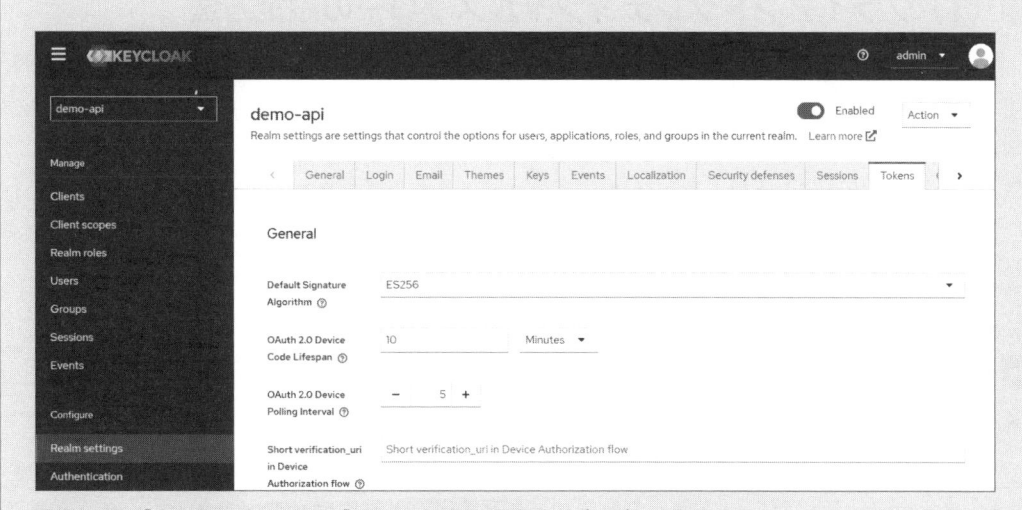

図 5.5.16　「demo-api」レルムの「Tokens」画面で署名アルゴリズムを設定

　また、これらの署名を使うためには、鍵が必要になります。Keycloak は、これらの鍵を生成・保持しており、「Realm settings」の「Keys」画面から、鍵のローテーションなどの管理を行うことができます。詳しくは、Server Administration Guide[16] を参照してください。

---

*16 https://www.keycloak.org/docs/26.0.0/server_admin/index.html#rotating-keys

API 認可で重要な Keycloak の利用方法

ここまで、認可コードフローを用いた API 認可の基本や、セキュリティーを確保する方法について解説してきました。本節では、他の重要な Keycloak の利用方法として、認可コードフロー以外の OAuth のフローの利用方法と、Audience を使った認可判断方法を紹介します。

5.6.1　認可コードフロー以外のフローの利用方法

第 2 章 2.1 節で解説したように、認可コードフロー以外にも、アクセストークンを取得するためのフローが存在します。中でも、クライアントクレデンシャルズフローとリソースオーナーパスワードクレデンシャルズフローは、時折使われるため、設定方法を紹介します。

(1) クライアントクレデンシャルズフローの設定方法

クライアントクレデンシャルズフローは、Keycloak の管理画面では「Service accounts roles」という用語で表現されています。クライアント単位にフローを有効化できます。クライアントの「Settings」画面で、「Authentication flow」の「Service accounts roles」にチェックを入れることで、該当するクライアントは、クライアントクレデンシャルズフローでアクセストークンを発行できるようになります。また、クライアントシークレットについては、認可コードフローの場合と同じく「Credentials」タブで設定し、クライアントと共有します。

(2) リソースオーナーパスワードクレデンシャルズフローの設定方法

リソースオーナーパスワードクレデンシャルズフローは、Keycloak の管理画面では「Direct access grants」と呼ばれています。こちらも、クライアント単位に有効化できます。クライアントの「Settings」画面で、「Authentication flow」の「Direct access grants」にチェックを入れます。クライアントシークレットは、「Credentials」タブにて設定します。また、有効なユーザーとパスワードが Keycloak に登録されている必要があります。

5.6.2　Audience を使った認可判断のための aud クレームの設定

Audience とは、トークンの行使先を表す情報のことであり、認可判断において、スコープと同様に Audience を用いることが OAuth Security BCP などで推奨されています。

Audience による認可判断は、同じ認可サーバーから発行されたアクセストークンを使う複数のリソースサーバーが存在する場合に、あるリソースサーバーで利用することを目的としたアクセストークンを、別のリソースサーバーで利用されてしまうこと（トークンリダイレクトといいます）を防止する手段として有効です。

Keycloak の場合、アクセストークンの aud クレームに Audience を含めることができます。一般的に、アクセストークンの aud クレームには、リソースサーバーの識別子であるクライアント ID を格納します。リソースサーバーは、アクセストークンの aud クレームに自身のクライアント ID が格納されている場合に、当該アクセストークンが有効であると判断し、そうでない場合、無効であると判断します。

aud クレームにリソースサーバーのクライアント ID を格納する方法には、クライアントスコープを使う方式とクライアントロールを使う方式の 2 種類あります。クライアントロールとクライアントスコープについては、適宜第 4 章 4.1 節を参照してください。

以下では、クライアントスコープを使う方式について解説します。クライアントロールを使う方式については、コラム「クライアントロールを使った aud クレームの設定」を参考にしてください。

クライアントが、認可リクエストに特定のクライアントスコープを指定したときに、リソースサーバーのクライアント ID を、aud クレームに格納するように設定することができます。

まずは、認可リクエストに指定するクライアントスコープを作成します。左メニューの「Client scopes」をクリックして、表示された「Client scopes」画面で「Create client scope」ボタンをクリックします。「Create client scope」画面が表示されるので、「demo-resourceserver-access」という名前のクライアントスコープを作成します。ここで、同意画面に本スコープを表示したくない場合は「Display on consent screen」を「Off」に設定します。また、アクセストークンの scope クレームに本スコープを追加したい場合は「Include in token scope」を「On」に設定します。

次に、作成したクライアントスコープのプロトコルマッパーを作成します。「demo-resourceserver-access」クライアントスコープを選択して「Mappers」タブを開き、「Configure a new mapper」ボタンをクリックし、「Configure a new mapper」画面を表示します。この画面で、「Audience」を選択すると、図 5.6.1 のような「Add mapper」画面が表示されます。

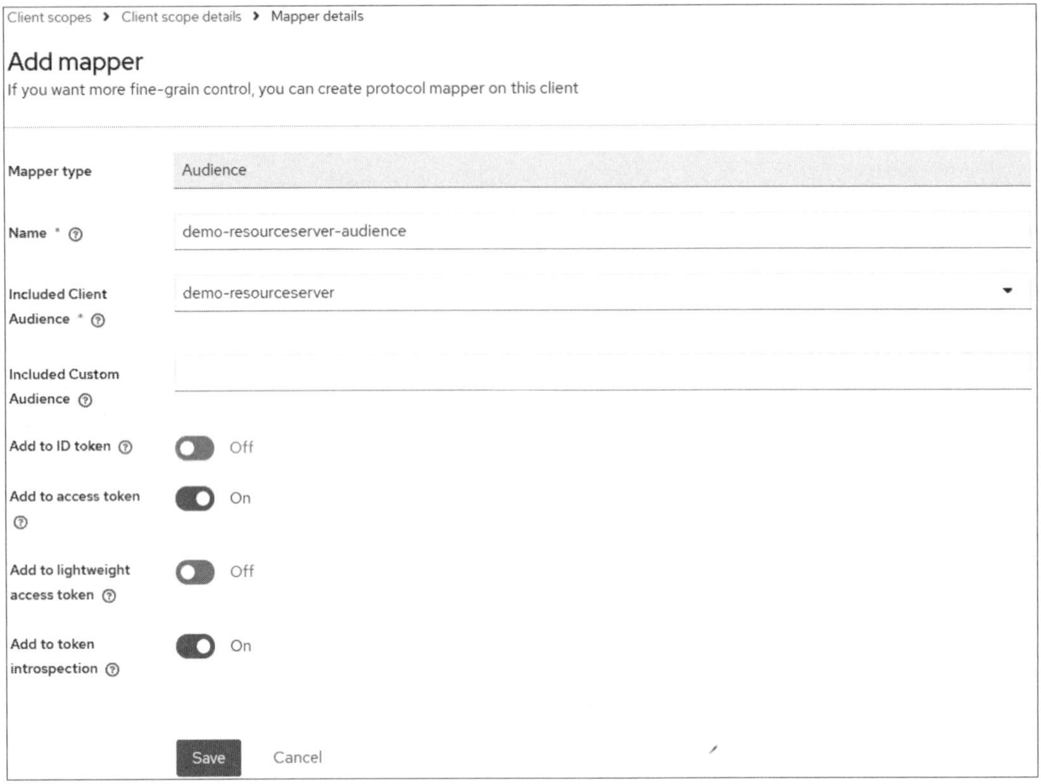

Client scopes ❯ Client scope details ❯ Mapper details

Add mapper

If you want more fine-grain control, you can create protocol mapper on this client

Mapper type	Audience
Name * ⑦	demo-resourceserver-audience
Included Client Audience * ⑦	demo-resourceserver ▾
Included Custom Audience ⑦	
Add to ID token ⑦	⚪ Off
Add to access token ⑦	⚫ On
Add to lightweight access token ⑦	⚪ Off
Add to token introspection ⑦	⚫ On

Save　Cancel

図 5.6.1　「Add mapper」画面

　「Add mapper」画面で表 5.6.1 の設定をして「Save」ボタンをクリックします。

表 5.6.1　「Add mapper」画面の設定項目

項目	設定値	意味
Name	demo-resourceserver-audience	プロトコルマッパーの名前
Included Client Audience	demo-resourceserver	aud クレームに格納するリソースサーバーのクライアント ID

　最後に、作成したクライアントスコープを、スコープとして使えるようにするために、「demo-client」の設定画面の「Client scopes」タブで、「Add client scope」ボタンをクリックし、「Add client scopes to demo-client」画面で「demo-resourceserver-access」を「Optional」として加えます。

　以上のように設定し、サンプルクライアントの scope に「demo-resourceserver-access」を指定することで、図 5.6.2 のようにリソースサーバーのクライアント ID が aud クレームに格納されます。なお、「demo-resourceserver-access」を「Default」として加えると、クライアントからの

scope の指定は不要になります。

```
Decoded Tokens
Access Token
{
  "exp" : 1721481998,
  "iat" : 1721481698,
  "auth_time" : 1721481490,
  "jti" : "f4f138af-0669-4d70-af85-bbf8777221ce",
  "iss" : "http://localhost:8080/realms/demo-api",
  "aud" : "demo-resourceserver",
  "sub" : "3065b56d-6ae2-4226-ba60-a34ed68d0a24",
  "typ" : "Bearer",
  "azp" : "demo-client",
  "sid" : "515f60c7-1cb1-41c5-ab48-90e995eb5101",
  "acr" : "0",
  "allowed-origins" : [ "http://localhost:8081" ],
  "scope" : "profile demo-resourceserver-access",
  "name" : "Taro Sasaki",
  "preferred_username" : "user-api",
  "given_name" : "Taro",
  "family_name" : "Sasaki"
}
```

図 5.6.2　クライアントスコープを用いた aud クレームのマッピング結果

▶ COLUMN

クライアントロールを使った aud クレームの設定

　デフォルトで用意されている「roles」スコープには、「audience resolve」というプロトコルマッパーが設定されています。本プロトコルマッパーにより、「roles」スコープをクライアントに付与すると、ユーザーに割り当てられたクライアントロールに対応するクライアントのクライアント ID が、自動的に aud クレームに格納されます。

　例えば、デフォルトでは、すべてのユーザーに、「account」クライアントのクライアントロール（manage-account など。アカウント管理コンソール利用時のアクセス制御に使われる）が設定されています。

　そのため、アクセストークン取得時に「roles」スコープをクライアントに付与[17]すると、aud クレームに「account」という値がセットされます。

　これを利用すると、ユーザーにクライアントロールを割り当てることで、aud クレームに任意の値を設定することができます。

---

[17] 5.3 節の図 5.3.8 で使ったクライアントの「Client scopes」画面を使って、「roles」を「Default」として追加する方法と、「roles」を「Optional」として追加してクライアントから「roles」スコープを要求する方法があります。

本章のまとめ

第 5 章では以下を解説しました。

- **5.1 節「API 認可を実現する環境の構築」について**

  サンプルクライアント、サンプル API サーバーと Keycloak をローカル環境に構築し、認可コードフローにより API 認可するために最低限必要な設定を行いました。

- **5.2 節「認可コードフローによるアクセストークンの取得」について**

  サンプルクライアントを使って、Keycloak から認可コードフローでアクセストークンを取得する中で、認可エンドポイントとトークンエンドポイントに、実際にどのようなリクエストが送信され、どのようなレスポンスが返るのかを確認しました。

- **5.3 節「API 呼び出し時の認可判断とスコープの設定」について**

  前節で取得したアクセストークンを使って、サンプルクライアントからサンプル API サーバーに API 呼び出しを行う中で、リソースサーバーが行うトークンイントロスペクションやスコープによる認可判断と、スコープの設定方法を解説しました。

- **5.4 節「トークンのリフレッシュと無効化」について**

  運用時に必要な、リフレッシュトークンを使ったアクセストークンの再取得方法や、無効化エンドポイントを使ったトークンの無効化方法を学びました。

- **5.5 節「OAuth / OIDC のセキュリティー確保」について**

  OIDC の使い方を解説した後、OAuth や OIDC の認可コードフローを使うにあたって、セキュリティーを強化するために定番となっている「state」パラメーター、PKCE、「nonce」パラメーターの紹介をしました。また、セキュリティー設定を一括して行うためのクライアントポリシーの使い方を紹介しました。

- **5.6 節「API 認可で重要な Keycloak の利用方法」について**

  API 認可でよく使う Keycloak の使い方として、クライアントクレデンシャルズフローとリソースオーナーパスワードクレデンシャルズフローの使い方、アクセストークンの aud クレームの使い方を学びました。

第 6 章

SSO を実現する

本章では、Keycloak を使ったアプリケーションの SSO を実現する方法について、より実践的な内容を解説します。利用するアプリケーションのタイプによって、認証連携の実現方式や導入手順が異なります。適切な実現方式を理解し、実際に Keycloak と認証連携できるようにすることが本章の目的です。

本章で取り扱う
ユースケース

第3章3.2節では、SSOの実現方式とアプリケーションのタイプに応じた選択方法を解説しました。本章では代表的な構成を取り上げ、SSOに必要な認証連携の構築方法を解説します。アプリケーションとして、JavaのWebアプリケーション、PythonのWebアプリケーション、SPAを例に、具体的な認証連携の実現方法をサンプルアプリケーションとともに解説します。

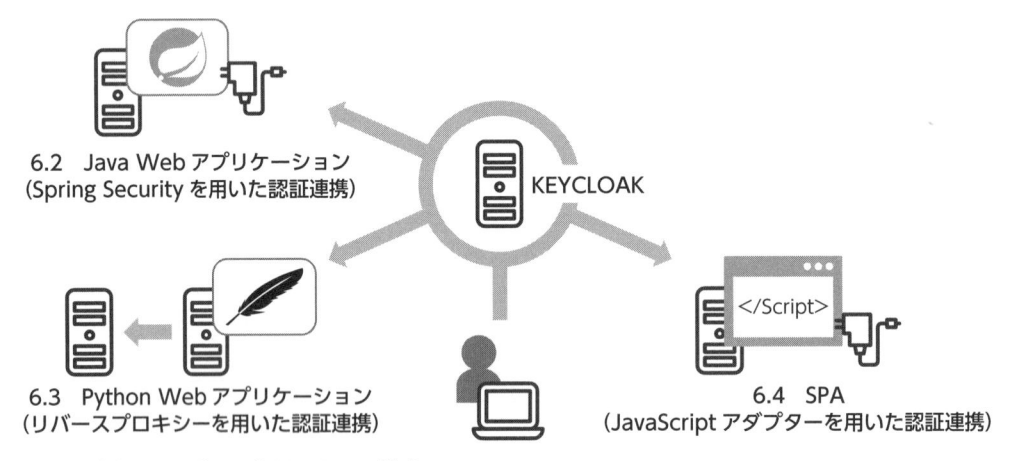

図6.1.1　本章のサンプルアプリケーション構成

6.2節では、Spring Securityを利用してJavaのWebアプリケーションの認証連携を実現します。6.3節では、Apache HTTP Server（以下、Apache）とOIDCに対応したmod_auth_openidc[*1]を組み合わせ、Pythonアプリケーションの前段にリバースプロキシーサーバーを構築して認証連携を実現します。6.4節では、KeycloakのJavaScriptアダプターとSpring Securityを利用してSPAの認証連携を実現します。

6.5節では、前節までに構築した複数のアプリケーションのSSOとSLOが実現されていることを確認します。

最後に、6.2節〜6.4節の実現方式では実現できないその他の認証連携の実現方式の動向、概略を6.6節で解説します。

---

*1　SAMLのリバースプロキシーサーバーとしては、Apacheとmod_auth_mellonを組み合わせた実現方式が有名です。一時、メンテナンス終了のアナウンスがありましたが、https://github.com/latchset/mod_auth_mellon にフォークされ、現在もメンテナンスは続いています。

Spring Security を用いた認証連携

本節では、Javaで実装された Web アプリケーションを Keycloak と認証連携する方法を解説します。Java の Web アプリケーションの場合、通常は Web アプリケーションをデプロイする Java アプリケーションサーバーやベースとなるフレームワークに応じた OIDC や SAML に対応するためのライブラリーを使用して連携します。本節ではそのライブラリーとして、Spring Security を用いた認証連携の例を解説します。

6.2.1 Spring Security の概要

まずは Spring Security の概要を説明します。Spring Security は Spring ベースの Web アプリケーションに認証と認可の機能を追加するためのフレームワークです。Spring Security では、アプリケーションに認証機能を追加する方法が複数用意されており [2]、その中でも今回は、アプリケーションを OIDC に対応させるための Spring Security の OAuth 2.0 Login という機能を使った認証連携の仕組みを紹介します。OAuth 2.0 Login の基本的な役割は、ユーザーから Java の Web アプリケーションへのリクエストをインターセプトして、Keycloak にユーザーの認証を要求することです。

OAuth 2.0 Login とブラウザーや Keycloak とのやり取りには、OIDC が使用されます。この場合、Keycloak が OP で OAuth 2.0 Login を導入した Web アプリケーションが RP になります。つまり、Spring Security は、標準プロトコル未対応の Spring ベースの Web アプリケーションをOIDC の RP に変えることができます。

OIDC の場合、ユーザーが未認証のときのログインシーケンスは図 6.2.1 のようになります。

---

[2] アプリケーションを SAML に対応させるための Spring Security の SAML2 Login という機能もあります。本機能を使うと、標準プロトコル未対応の Spring ベースの Web アプリケーションを SAML の SP に変えることができます。

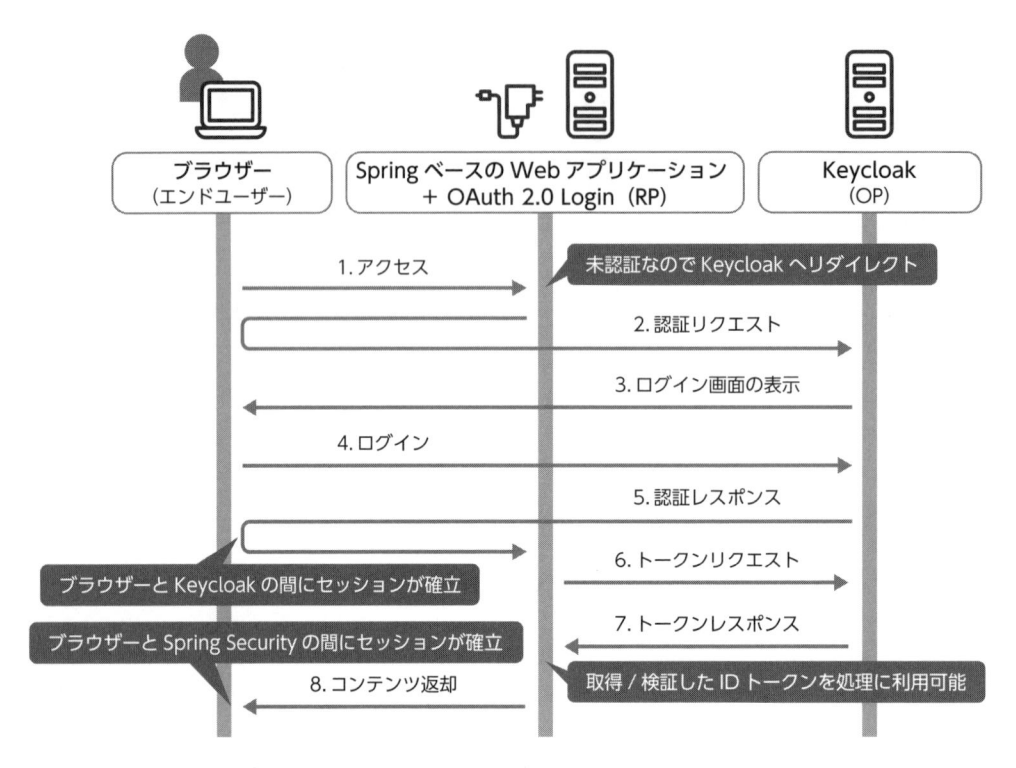

図 6.2.1　未認証時のログインシーケンス

　上記の用途以外にも、Java の API サーバーに Spring Security の OAuth 2.0 Resource Server という機能を導入することで、アクセストークンの検証が可能なリソースサーバーを実現することができます。この設定方法については、6.4 節で具体的に解説します。

　なお、2022 年頃まで Keycloak コミュニティーで開発が行われていた各種クライアントアダプターは、JavaScript 用を除き、ほとんどが EOL および、非推奨となっています。現状動作しているクライアントアダプターが直ちに動作しなくなるわけではないですが、将来的には別の方式やライブラリーに置き換えが必要になりますので、注意してください。

表 6.2.1　Java 用のクライアントアダプターの一覧

対象の Java アプリケーションサーバー / フレームワーク	OIDC 対応	SAML 対応
Tomcat	EOL	EOL
WildFly	EOL	利用可能
JBoss EAP	EOL	利用可能
JBoss Fuse	EOL	－
Jetty	EOL	EOL
Spring Security	EOL	－
Spring Boot	EOL	－
上記以外	EOL	EOL

■ 6.2.2 Keycloak と連携後の構成

では実際に Java の Web アプリケーションを Keycloak と連携してみましょう。ここでは、Spring Boot ベースの Web アプリケーションに対して OAuth 2.0 Login を導入し、Keycloak と連携する方法を解説します。OAuth 2.0 Login を導入すると、図 6.2.2 のような構成になります。

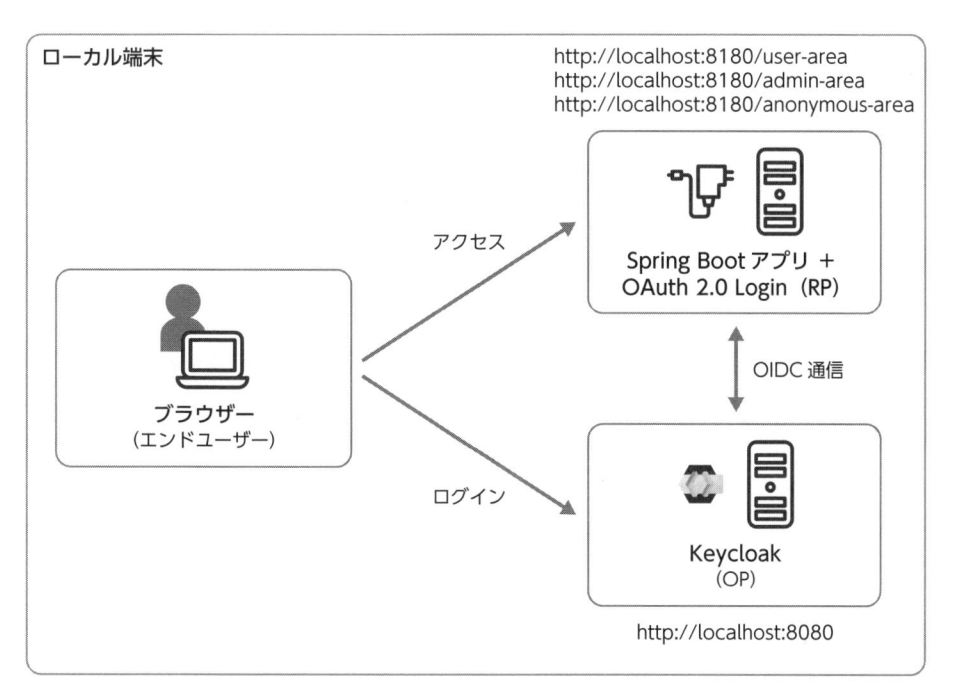

図 6.2.2 OAuth 2.0 Login 導入後の構成と動作

なお、OAuth 2.0 Login は、Java EE / Jakarta EE の FilterChain の機構を利用して動作しています。これにより、アプリケーションへのリクエストが事前にフィルタリングされ、Keycloak との連携やアプリケーションのセキュリティー保護に必要な処理が実施されるようになります。

また、OAuth 2.0 Login では、OIDC で連携された ID トークン内のロールやスコープによるアクセス制御も実現可能です。本節では認証連携の動作確認に加えて、ロールによるアクセス制御の動作確認も行います。

■ 6.2.3 Keycloak との連携手順

Keycloak との連携手順は以下のようになります。

1. サンプルアプリケーションの準備

2. Keycloak サーバー (OP) の設定

3. OAuth 2.0 Login (RP) の設定

OIDC でやり取りするためには、OP である Keycloak に RP である OAuth 2.0 Login の情報を登録しておくことが必要です。前提となる知識については、第 2 章 2.1.4 項および 2.4.1 項の認可コードフローや、2.4.5 項のログアウトのフローを適宜参照してください。

■ (1) サンプルアプリケーションの準備

OAuth 2.0 Login を設定する前に、まずはサンプルとして動作する Spring Boot ベースの Web アプリケーションがどのようなものか確認してみましょう。

1. 本書の GitHub リポジトリーをクローンして、6.2 節のディレクトリーに移動します。

```
$ git clone https://github.com/keycloak-book-jp/keycloak-book-jp-v2.git
$ cd keycloak-book-jp-v2/06-02/nosso/springboot-oidc/
```

2. Maven ラッパーを利用して、ソースのビルドおよび、Spring Boot アプリケーションの起動を行います (サンプルアプリケーションは 8180 ポートで起動します) 。

```
$ ./mvnw clean spring-boot:run
```

3. Spring Boot アプリケーションの起動を確認します。
   次のように「Started OIDCApplication in … seconds」のメッセージが出力されたら、起動完了です。

```
2024-06-02T16:39:59.495+09:00  INFO 22399 --- [springboot-oidc] [
main] com.example.demo.OIDCApplication          : Started OIDCApplication in
0.696 seconds (process running for 0.817)
```

4. http://localhost:8180/user-area、http://localhost:8180/admin-area、http://localhost:8180/anonymous-area にアクセスすると、Spring Boot のサンプルアプリケーションが表示されます。

GET /user-area

access by anonymous

図 6.2.3　Spring Boot のサンプルアプリケーションのページ

現時点ではどの URL にアクセスしても認証が要求されないことを確認してください。

5. 動作の確認がとれたら、Spring Boot アプリケーションを「Ctrl + C」で停止します。これから、このアプリケーションを OAuth 2.0 Login でセキュリティー保護して、Keycloak に認証を委譲します。

(2) Keycloak サーバーの設定

Keycloak サーバーに、RP（クライアント）であるアプリケーションの情報を追加します。具体的な手順は、以下のとおりです。なお、事前にクローンした本書の GitHub リポジトリーには、設定済みの Keycloak のレルムデータが含まれており、(2) の末尾に設定済みのデータのインポート方法も記しますが、学習のために自分で設定することをお勧めします。

1. 管理コンソールに管理者ユーザーでログインします。
2. 左メニューで「demo」レルムを選択します。
3. 左メニューで「Clients」をクリックします。
4. 「Create client」ボタンをクリックし、「Create client」画面を表示します。
5. 「General settings」で以下のような設定値を入力し、「Next」ボタンをクリックします。

表 6.2.2　「springboot-oidc」クライアントの設定 (1)

設定項目	設定値	設定値の説明
Client type	OpenID Connect	プロトコルは OIDC を使用するので、「OpenID Connect」を選択します。
Client ID	springboot-oidc	クライアント ID。わかりやすい任意の値を設定します。

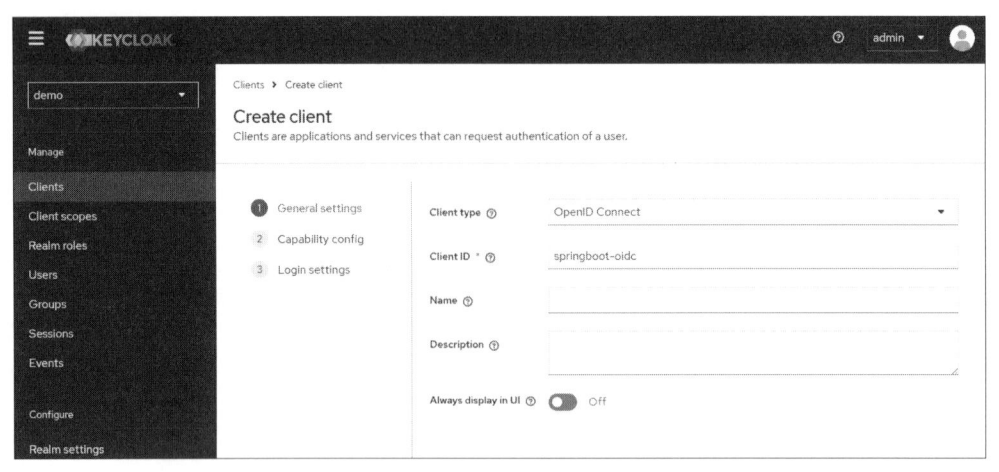

図 6.2.4 「Create client」画面

6. 「Capability config」で以下のような設定値を入力し、「Next」ボタンをクリックします。

表 6.2.3 「springboot-oidc」クライアントの設定 (2)

設定項目	設定値	設定値の説明
Client authentication	On	今回は、クライアントシークレットを安全に保持できるコンフィデンシャルクライアントなので、On を選択します。

7. 「Login settings」で以下のような設定値を入力し、「Save」ボタンをクリックします。

表 6.2.4 「springboot-oidc」クライアントの設定 (3)

設定項目	設定値	設定値の説明
Valid redirect URIs	http://localhost:8180/login/oauth2/code/keycloak	OIDC のリダイレクト URI。Keycloak では、パスの最後をワイルドカード「*」とすることも可能です。しかし、OIDC の仕様では、セキュリティー上の理由から固定の URI を指定することが必須です。 OAuth 2.0 Login ではデフォルトで、/login/oauth2/code/[プロバイダー名] というパスが固定のリダイレクト URI になります。[プロバイダー名] は、この後の OAuth 2.0 Login の設定で出てくるもので、お互いに一致させる必要があります。今回は「keycloak」と設定します。
Valid post logout redirect URIs	以下の 3 つを入力。「Add valid post logout redirect URIs」をクリックすることで複数入力することができます。 http://localhost:8180/user-area http://localhost:8180/admin-area http://localhost:8180/anonymous-area	ログアウト後にリダイレクト可能な URI（6.5 節で解説）。「Valid redirect URIs」と同様に、パスの最後をワイルドカード「*」にすることも可能ですが、OIDC の仕様では、固定の URI を指定することが必須です。ここでは固定の 3 つの URL を指定します。

8. 「Settings」タブで以下のような設定値を入力し、「Save」ボタンをクリックします。

表 6.2.5 「springboot-oidc」クライアントの設定 (4)

設定項目	設定値	設定値の説明
Front channel logout	Off	フロントチャネルログアウトを利用するかどうか。 本節では、バックチャネルログアウトを利用するため、Off にします。
Backchannel logout URL	http://localhost:8180/logout/connect/back-channel/keycloak	バックチャネルログアウト用の URL。SLO 時に、この URL にログアウトリクエストを送信します。 OAuth 2.0 Login ではデフォルトで、 /logout/connect/back-channel/[プロバイダー名] というパスがバックチャネルログアウトの URL になります。 [プロバイダー名] は、この後の OAuth 2.0 Login の設定で出てくるもので、お互いに一致させる必要があります。今回は「keycloak」と設定します。
Backchannel logout session required	On	バックチャネルログアウト時にログアウトトークン[*3] に「sid」（セッション ID）クレームを含めるかどうか。 OAuth 2.0 Login の場合は、「On」にします。

9. 続いて、ロールによるアクセス制御を行うために、ID トークンにロール情報を格納するように Keycloak を設定します。クライアント設定の「Client scopes」タブから、「springboot-oidc-dedicated」をクリックします。

10. 「Configure a new mapper」ボタンをクリックします。

11. マッピングの中から「User Realm Role」をクリックし、表 6.2.6 の値を設定します。

12. 「Save」ボタンをクリックします。これで、ユーザーのレルムロールを ID トークンに格納するようになります。

表 6.2.6 「User Realm Role」マッパーの設定値

設定項目	設定値
Mapper type	User Realm Role
Name	realm roles
Realm Role prefix	
Multivalued	On
Token Claim Name	realm_access.roles
Add to ID token	On
Add to access token	Off
Add to lightweight access token	Off
Add to userinfo	Off
Add to token introspection	Off

続いて、Keycloak サーバーに動作確認用のユーザーを追加します。本節の動作確認では、「demo」レルムに表 6.2.7 のユーザーが追加されていることを前提とします。また、ロールベースのアクセス制御を行うため、ユーザーにはロールも付加します。

[*3] バックチャネルログアウトを行う際に、OP から RP に対して送信される JWT のことです。詳しくは、下記の URL からバックチャネルログアウトのログアウトトークンの仕様を確認できます。
https://openid.net/specs/openid-connect-backchannel-1_0.html#LogoutToken

表 6.2.7　動作確認用ユーザーの設定値

ユーザー	ユーザーが持つロール
user001	user
admin001	user、admin

　上記ユーザーは、第 1 章の 1.3.3 項を参考に追加してください。ロールは、第 4 章の 4.1.3 項で紹介した方法でレルムロールとして追加し、ユーザーに付与します。

　OAuth 2.0 Login を導入した Spring Boot アプリケーションの「http://localhost:8180/user-area」にアクセスするためには「user」ロールが必要で、「http://localhost:8180/admin-area」にアクセスするためには「admin」ロールが必要であることとします。「http://localhost:8180/anonymous-area」には認証不要でアクセスできるようにします。

　最後に、事前に設定済みのレルムデータをインポートする方法も紹介します。

```
$ cd keycloak-book-jp-v2/06-02/sso/springboot-oidc/

# レルムデータのインポート
$ [KEYCLOAK_HOME]/bin/kc.sh import --file demo-realm.json
```

■ (3) OAuth 2.0 Login の設定

　Spring Boot アプリケーションを OAuth 2.0 Login のセキュリティー保護の対象にするために、必要な設定およびコードの変更箇所を確認します。以降の手順では、本書の GitHub リポジトリーで、認証連携済みの状態のプロジェクトディレクトリーである keycloak-book-jp-v2/06-02/sso/springboot-oidc 以下のファイルを参照してください。

1. Maven の設定 (pom.xml) に、「org.springframework.boot:spring-boot-starter-oauth2-client」と「org.springframework.boot:spring-boot-starter-security」の依存関係が追加されていることを確認します。

```
······（省略）······

    <dependencies>
        <dependency>
            <groupId>org.springframework.boot</groupId>
            <artifactId>spring-boot-starter-oauth2-client</artifactId>
        </dependency>
```

```
        <dependency>
            <groupId>org.springframework.boot</groupId>
            <artifactId>spring-boot-starter-security</artifactId>
        </dependency>
        <dependency>
            <groupId>org.springframework.boot</groupId>
            <artifactId>spring-boot-starter-web</artifactId>
        </dependency>
    </dependencies>
‥‥‥‥（省略）‥‥‥‥
```

2. Spring Boot 設定ファイル（src/main/resources/application.yml）に、下記のような OAuth 2.0 Login の設定が追加されていることを確認します。[プロバイダー名] には、Keycloak の設定画面で指定したとおり、「keycloak」という値を指定しています。また、[クライアントシークレット] については、springboot-oidc クライアントの「Credentials」タブの Client Secret よりコピーする必要があります。

```
server:
  port: 8180
logging:
  level:
    org.springframework.security: debug
spring:
  application:
    name: springboot-oidc
  security:
    oauth2:
      client:
        registration:
          keycloak:
            client-id: springboot-oidc
            client-secret: ［クライアントシークレット］
            authorization-grant-type: authorization_code
            scope: openid
        provider:
          keycloak:
            issuer-uri: http://localhost:8080/realms/demo
            user-name-attribute: preferred_username
```

実践編

6

SSO を実現する

表 6.2.8　OAuth 2.0 Login の設定 [4]

設定項目	設定値	設定値の説明
ogging.level.org.springframework.security	debug	Spring Security のログレベル。うまく動作しない場合などは、処理をトレースするためにログレベルを調整します。
spring.security.oauth2.client.registration.[プロバイダー名].client-id	springboot-oidc	Keycloak に登録したクライアントのクライアント ID。
spring.security.oauth2.client.registration.[プロバイダー名].client-secret	[springboot-oidc のクライアントシークレット]	Keycloak に登録したクライアントのクライアントシークレット。
spring.security.oauth2.client.registration.[プロバイダー名].authorization-grant-type	authorization_code	トークンエンドポイントで利用する grant_type を指定。認可コードフローを利用する場合は、authorization_code を指定します。
spring.security.oauth2.client.registration.[プロバイダー名].scope	openid	認証リクエストで要求するスコープ。OIDC を利用する場合は、openid を指定します。
spring.security.oauth2.client.provider.[プロバイダー名].issuer-uri	http://localhost:8080/realms/demo	Keycloak の Issuer 識別子。この値から、openid-configuration エンドポイント（第 2 章の 2.4.3 項参照）より、ログアウトエンドポイント（end_session_endpoint クレームの値）など各種エンドポイントの URL を自動で検出します。
spring.security.oauth2.client.provider.[プロバイダー名].user-name-attribute	preferred_username	Spring Security が認識するユーザー名を ID トークンのどのクレームから取得するかを指定。ここでは、preferred_username クレームを指定します。

3. 続いて、Spring Boot アプリケーション（src/main/java/com/example/demo/OIDCApplication.java）の変更箇所を確認します。import 文で、org.springframework.security.core.Authentication と org.springframework.security.oauth2.core.oidc.user.DefaultOidcUser を追加しています。各パスに応答するメソッドには、OAuth 2.0 Login から透過的に受け渡される Authentication を引数に追加しています。そして、OAuth 2.0 Login で認証後のユーザーの情報を表示させるため、OIDCApplication#response メソッドで Spring Security の Authentication#getPrincipal メソッドから、DefaultOidcUser インスタンスを取得し、このインスタンスから ID トークンに含まれるユーザー情報を取得しています。このサンプルでは、以下のクレーム値を取得しています。

- preferred_username クレーム
- email クレーム
- given_name クレーム
- family_name クレーム

DefaultOidcUser インスタンスからは上記情報以外にも、OIDC の標準的なクレーム値や任意のク

---

[4]　ここで記載した設定以外にも、多くの設定が利用できます。下記の URL が参考になります。
https://docs.spring.io/spring-security/reference/servlet/oauth2/login/core.html#oauth2login-boot-property-mappings

レーム値、UserInfo インスタンスなどを取得できます。DefaultOidcUser の利用方法については、下記の Spring Security の JavaDoc を参考にしてください。

https://docs.spring.io/spring-security/site/docs/6.3.3/api/org/springframework/security/oauth2/core/oidc/user/DefaultOidcUser.html

```
import org.springframework.security.core.Authentication;
import org.springframework.security.oauth2.core.oidc.user.DefaultOidcUser;
……（省略）……
    @GetMapping("/user-area")
    public String user(HttpServletRequest httpRequest, Authentication
authentication) {
        return response(httpRequest, authentication);
    }


    @GetMapping("/admin-area")
    public String admin(HttpServletRequest httpRequest, Authentication
authentication) {
        return response(httpRequest, authentication);
    }


    @GetMapping("/anonymous-area")
    public String anonymous(HttpServletRequest httpRequest, Authentication
authentication) {
        return response(httpRequest, authentication);
    }


    private String response(HttpServletRequest httpRequest, Authentication
authentication) {

        StringBuilder response = new StringBuilder();
        response.append("<h3>");
        response.append(httpRequest.getMethod());
        response.append(" ");
        response.append(httpRequest.getRequestURI());
        response.append("</h3>");
        response.append("access by ");

        if (authentication != null) {
```

```
            DefaultOidcUser oidcUser = (DefaultOidcUser) authentication.
getPrincipal();

            if (oidcUser != null) {
                response.append("<ul>");
                response.append("<li>PREFERRED_USERNAME : ");
                response.append(oidcUser.getPreferredUsername());
                response.append("<li>EMAIL : ");
                response.append(oidcUser.getEmail());
                response.append("<li>GIVEN_NAME : ");
                response.append(oidcUser.getGivenName());
                response.append("<li>FAMILY_NAME : ");
                response.append(oidcUser.getFamilyName());
                response.append("</ul>");
            }

        } else {
            response.append("anonymous");
        }

        return response.toString();

    }
```

4. src/main/java/com/example/demo/OIDCSecurityConfig.java では、パスごとの認可制御および、バックチャネルログアウトを行うために、以下のようなコードを実装しています。

```
‥‥‥‥（省略）‥‥‥‥
@Configuration
@EnableWebSecurity
public class OIDCSecurityConfig {

    @Autowired
    private ClientRegistrationRepository clientRegistrationRepository;

    @Bean
    public SecurityFilterChain filterChain(HttpSecurity http) throws Exception
{
        http.
```

```
                      // ①パスごとの認可条件設定
                      authorizeHttpRequests(authorize -> authorize
                              // 認証に加えuserロールが必須
                              .requestMatchers("/user-area").hasRole("user")
                              // 認証に加えadminロールが必須
                              .requestMatchers("/admin-area").hasRole("admin")
                              // 認証不要
                              .requestMatchers("/anonymous-area").permitAll())
                      // ②ロールによる認可制御を利用する場合に必要
                      .oauth2Login(oauth2 -> oauth2
                              .userInfoEndpoint(userInfo -> userInfo
                                      .userAuthoritiesMapper(this.
userAuthoritiesMapper())))
                      // ③バックチャネルログアウトを利用する場合に必要
                      .oidcLogout((logout) -> logout
                              .backChannel(Customizer.withDefaults()))
                      // ④RP起点ログアウトを利用する場合に必要
                      .logout(logout -> logout
                              .logoutSuccessHandler(oidcLogoutSuccessHandler())
                      );

        return http.build();
    }

    private GrantedAuthoritiesMapper userAuthoritiesMapper() {
        return (authorities) -> {
            Set<GrantedAuthority> mappedAuthorities = new HashSet<>();

            authorities.forEach(authority -> {
                if (OidcUserAuthority.class.isInstance(authority)) {
                    OidcUserAuthority oidcUserAuthority = (OidcUserAuthority)
authority;

                    OidcIdToken idToken = oidcUserAuthority.getIdToken();

                    // IDトークンに設定されたrealm_access.rolesを
GrantedAuthorityにマッピング（ROLE_という接頭辞が必要）
                    Map<String, Object> realmAccess = idToken.
getClaimAsMap("realm_access");
                    if (realmAccess != null) {
```

実
践
編

6

SSOを実現する

239

```
                                List roles = (List) realmAccess.get("roles");

                                roles.forEach(role -> {
                                    String roleName = (String) role;
                                    mappedAuthorities.add(new
SimpleGrantedAuthority("ROLE_" + roleName));
                                });
                        }
                    }
                });

            return mappedAuthorities;
        };
    }

    private LogoutSuccessHandler oidcLogoutSuccessHandler() {
        OidcClientInitiatedLogoutSuccessHandler oidcLogoutSuccessHandler =
                new OidcClientInitiatedLogoutSuccessHandler(this.
clientRegistrationRepository);

        // ログアウト成功後の遷移先URLの指定
        oidcLogoutSuccessHandler.setPostLogoutRedirectUri("{baseUrl}/user-
area");

        return oidcLogoutSuccessHandler;
    }
}
```

主なカスタマイズ箇所は、以下のとおりです。実装内容に関しては、Spring Security の範疇となるため、詳細な説明は割愛しますが、主に①〜④をこのコードで実現しています。

① パスごとの認証と認可の条件を設定
- /user-area へのアクセスには「user」ロールが必要
- /admin-area へのアクセスには「admin」ロールが必要
- /anonymous-area へのアクセスは認証不要

② Keycloak から受け取った ID トークンのロール情報を、Spring Security 形式のロール情報にマッピング
- ID トークン内の "realm_access.roles" クレームのロール配列を、Spring Security のロール

名である "ROLE_" + [ロール名] にマッピング

③ OAuth 2.0 Login でバックチャネルログアウトを設定 [*5]

④ OAuth 2.0 Login で RP 起点ログアウトを設定 [*6]

ログアウトを行うには、RP とのセッションと Keycloak とのセッションの両方をクリアする必要があります。このコードで、RP 側の /logout というエンドポイントを起点としてログアウトが利用可能になります（第 2 章のログアウトのフローの図 2.4.4 の「1. ログアウト選択」に相当）。RP 側のログアウト実施後は Keycloak 側のログアウトエンドポイントに遷移して、Keycloak からのログアウトが行われます。

5. Keycloak と OAuth 2.0 Login の準備が整ったので、認証連携設定済みのプロジェクトディレクトリーから Spring Boot を起動します。

```
$ cd keycloak-book-jp-v2/06-02/sso/springboot-oidc
$ ./mvnw clean spring-boot:run
```

6.2.4　動作確認

以下の動作を確認します。

1. 「user」ロールのみを持つユーザーを用いたアクセス制御の確認
2. 「user」ロールと「admin」ロールを持つユーザーを用いたアクセス制御の確認

これらの手順で、Keycloak 導入後の動作を確認できます。

Step 1　　**「user」ロールのみを持つユーザーを用いたアクセス制御の確認**

1. 「user」ロールが必要な http://localhost:8180/user-area にアクセスします。未ログイン状態のため、Keycloak のログイン画面にリダイレクトされます。
2. 「user001」ユーザーでログインします。
3. http://localhost:8180/user-area のページが表示され、ログインしたユーザー情報が表示されます。

[*5] https://docs.spring.io/spring-security/reference/servlet/oauth2/login/logout.html#configure-provider-initiated-oidc-logout

[*6] https://docs.spring.io/spring-security/reference/servlet/oauth2/login/logout.html#configure-client-initiated-oidc-logout

```
GET /user-area

access by

  • PREFERRED_USERNAME : user001
  • EMAIL : user001@example.com
  • GIVEN_NAME : user
  • FAMILY_NAME : 001
```

図 6.2.5　Spring Boot アプリケーションの /user-area ページ

4. 今度は「admin」ロールが必要な http://localhost:8180/admin-area にアクセスしてみます。

「admin」ロールがないユーザーでアクセスしたため、403 エラー（Forbidden）のエラー画面が表示されます。

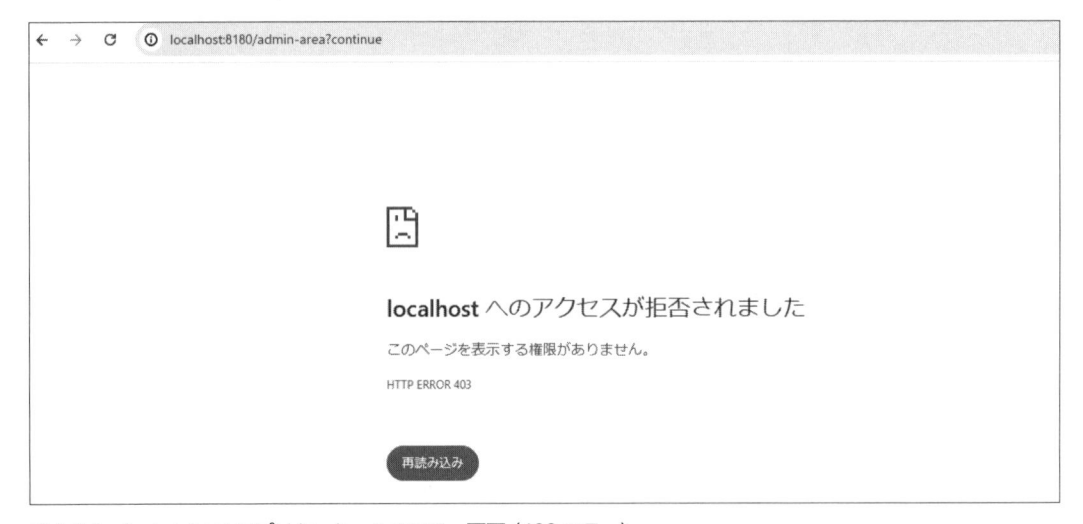

図 6.2.6　Spring Boot アプリケーションのエラー画面（403 エラー）

Step 2　「user」ロールと「admin」ロールを持つユーザーを用いたアクセス制御の確認

1. ユーザーを切り替えるため、RP のログアウトエンドポイント（http://localhost:8180/logout）を呼び出します。すると、RP のログアウト確認画面が表示されるので、「Log Out」ボタンをクリックします。これにより、RP および Keycloak からログアウトが行われます。

2. ログアウト完了後は、ログアウト成功後の遷移先 URL の指定に従い「user」ロールが必要な

http://localhost:8180/user-area に遷移します。未ログイン状態のため、Keycloak のログイン
画面にリダイレクトされます。

3. 「admin001」ユーザーでログインします。

4. http://localhost:8180/user-area のページが表示されます。今度は「admin」ロールが必要な
   http://localhost:8180/admin-area にアクセスします。

「admin」ロールがあるユーザーでアクセスしたため、http://localhost:8180/admin-area のページ
が表示されます。

GET /admin-area

access by

- PREFERRED_USERNAME : admin001
- EMAIL : admin001@exmaple.com
- GIVEN_NAME : admin
- FAMILY_NAME : 001

図 6.2.7　/admin-area のページ

リバースプロキシーを用いた認証連携

6.3

　リバースプロキシーを用いた認証連携とは、Web アプリケーションの前面に、OIDC に対応したリバースプロキシーサーバーを構築し、Keycloak と認証連携する方式です。この方式の場合、システム構成上リバースプロキシーサーバーが追加で必要になる反面、アプリケーションサーバーやアプリケーションにはほとんど変更を加えずに、OIDC に対応させることができます。

　執筆時点では、リバースプロキシー方式として利用できるサードパーティー製のライブラリーには、Apache モジュールの mod_auth_openidc[*7] と、Go 言語モジュールの oauth2-proxy[*8] などがあります。また、最近ではクラウドのロードバランサーもほとんどが OIDC に対応しているため、そちらを利用するという選択肢もあります。本節では、mod_auth_openidc を利用した認証連携と動作確認を行います。

■ 6.3.1　mod_auth_openidc の概要

　mod_auth_openidc は Apache モジュールで、Apache を OIDC に対応させるために利用します。mod_auth_openidc を組み込んだ Apache は、Python の Web アプリケーションの前段にリバースプロキシーとして配置し、RP として機能させます。認可コードを受け取るためのリダイレクト URI も持ちます。

　mod_auth_openidc を利用した OIDC のフローは、図 6.3.1 のようになります。

---

*7　https://github.com/OpenIDC/mod_auth_openidc

*8　以前は Keycloak コミュニティーで Louketo Proxy（旧 Keycloak Gatekeeper）が開発されていましたが、現在は開発が終了しています。Louketo Proxy の代わりに、oauth2-proxy（https://github.com/oauth2-proxy/oauth2-proxy）を使用することが推奨されています。

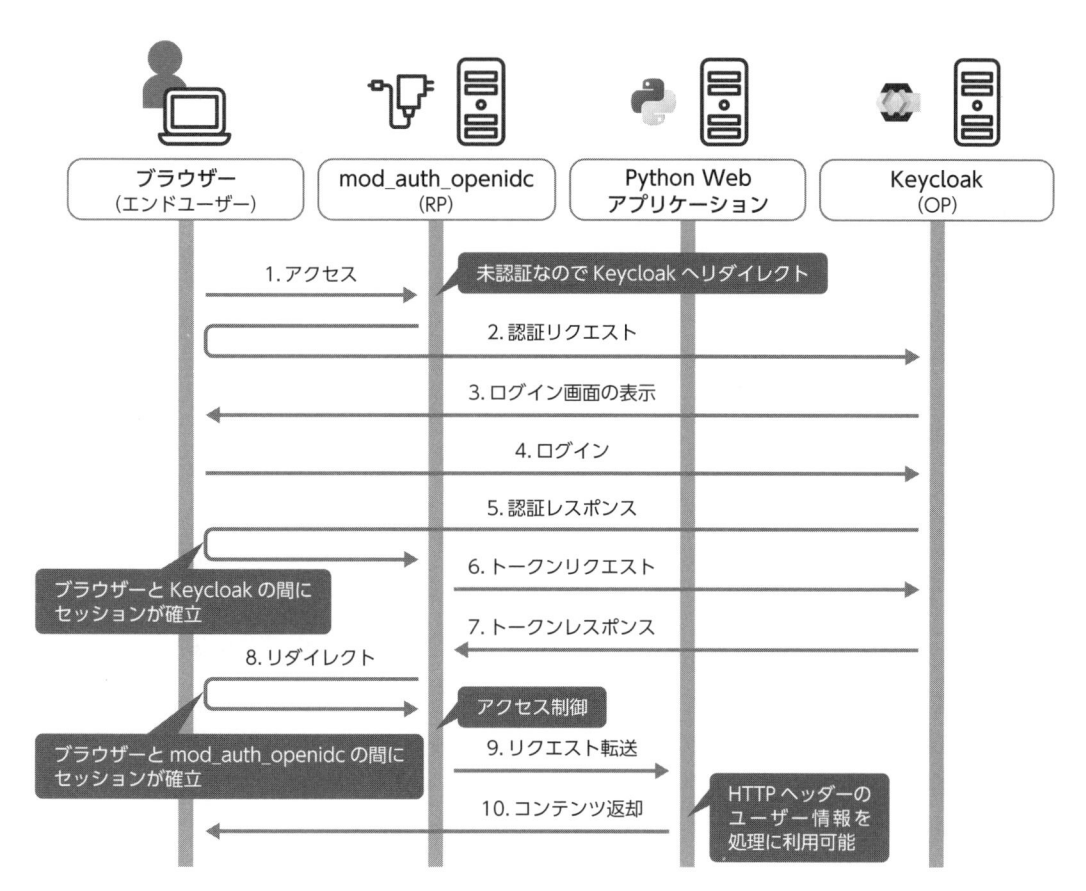

図 6.3.1 mod_auth_openidc をリバースプロキシーサーバーとした認証連携

1. で Web アプリケーションへのリクエストがあると、Keycloak のログイン状態を確認し、未ログインであれば、OIDC のフローを実行します。2.〜7. のフローは第 2 章の 2.4 節で紹介した OIDC の認可コードフローと同じです。8. のリダイレクトでブラウザーと mod_auth_openidc との間にログインセッションを生成します。

その後、9. でリクエストされたページへのアクセス制御を行います。アクセス制御では、ID トークンや UserInfo レスポンスのクレームに含まれるユーザー属性を利用できます。トークン取得後に属性が変更になった場合は、再度 UserInfo リクエストにより属性を取得しないと変更が反映されません。より情報の鮮度を重視する場合は UserInfo リクエストを利用するほうがよいでしょう[9]。本書では、UserInfo レスポンスに含まれるユーザー属性をアクセス制御に使う例を紹介します。

---

[9] mod_auth_openidc では、OIDCUserInfoRefreshInterval というパラメーターで、UserInfo リクエストで属性を再取得する頻度を調整することができます。これにより、一定間隔ごとに UserInfo リクエストを送信するオーバーヘッドが生じますが、情報の鮮度は上がります。

　以上のアクセス制御に成功すれば、Web アプリケーションへリクエストを転送します。認証済みのユーザーの情報は環境変数や HTTP ヘッダーにセットして Web アプリケーションに連携します。

　今回のケースでは Apache をリバースプロキシーサーバーとして利用していますが、Apache 自身の静的コンテンツや、動的アプリケーション（PHP、Perl などのアプリケーション）などにも適用することが可能なため、比較的適用できるシーンが多いモジュールです。ただし、Windows 版の Apache モジュールは公式に提供されていないため、通常は Linux 版の Apache を利用するか、Windows 上で Linux を動作させることが可能な WSL2（Windows Subsystem for Linux 2）を利用する必要があります。以下では、Windows 11 上の WSL2 で Ubuntu を起動し Apache を動作させ、ブラウザーは Windows のものを使った場合の設定例です。なお、Windows のブラウザーから WSL2 上のサーバーには localhost でアクセス可能です。

■ 6.3.2　Keycloak と連携後の構成

　ここからは、Keycloak と mod_auth_openidc を使ったリバースプロキシー方式でアプリケーションのセキュリティーを保護する手順について解説していきます。

　以下の図 6.3.2 のように、アプリケーション（Python の簡易 HTTP サーバー）がブラウザーと直接通信する環境に、Keycloak と Apache（mod_auth_openidc）を導入して、アプリケーションのセキュリティーを保護（OIDC 対応）します。

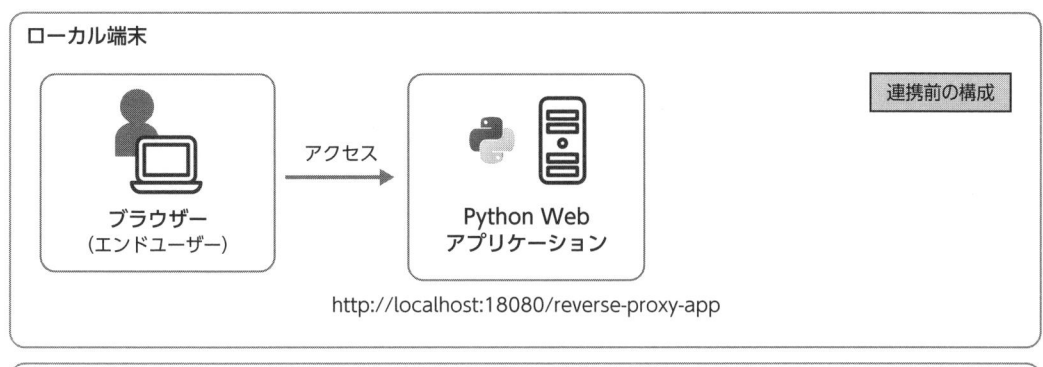

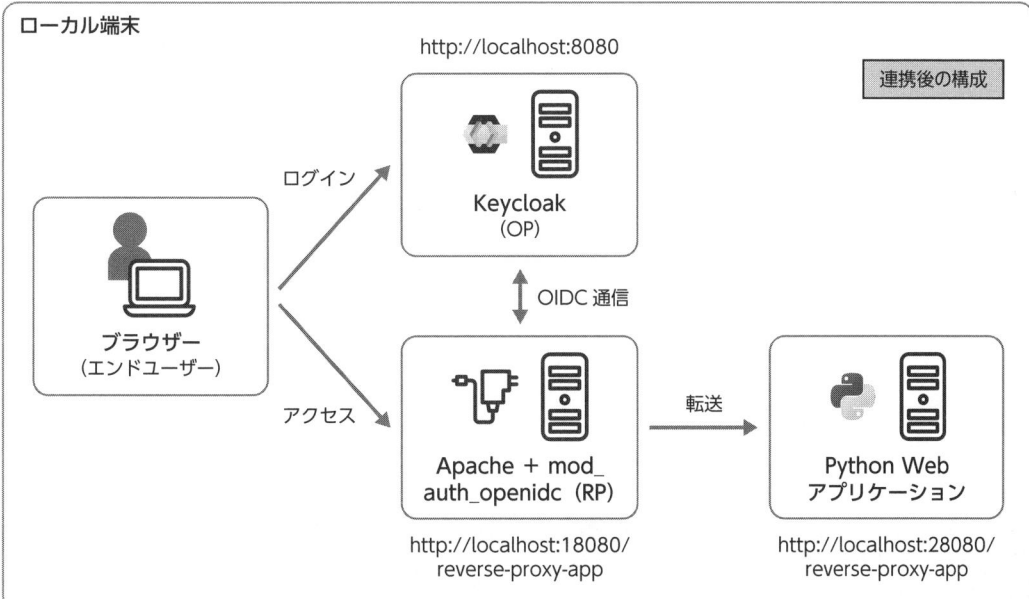

図 6.3.2　Keycloak との連携前後のアプリケーション構成

　今回、動作確認のためアクセスする URL は以下の 3 通りです。

表 6.3.1　アクセスする URL の一覧

URL	説明
http://localhost:18080/reverse-proxy-app/	アクセスするためには認証が必要。
http://localhost:18080/reverse-proxy-app/nosecure/	アクセスするための認証は不要。
http://localhost:18080/reverse-proxy-app/admin/	アクセスするためには認証が必要かつ、Admins グループへの所属が必要。

6.3.3　Keycloak との連携手順

では実際にリバースプロキシーサーバーを Keycloak と連携してみましょう。

ここでは、リバースプロキシーサーバーとなる Apache に mod_auth_openidc を導入し、Keycloak と連携する方法を解説します。Keycloak との連携手順は以下のようになります。

1. アプリケーションの準備
2. Keycloak (OP) の設定
3. Apache および mod_auth_openidc (RP) の導入

OIDC でやり取りするためには、Apache（mod_auth_openidc）を RP として機能させる必要があります。そして、OP である Keycloak に RP である Apache（mod_auth_openidc）を登録しておくことも必要です。

Step 1　アプリケーションの準備

今回は、アプリケーションサーバーとして、Python 3 の HTTP サーバーを利用します。Ubuntu 22.04 の場合は、Python 3 がデフォルトでインストールされています。念のため、バージョンを確認しておきましょう。その後、本書の GitHub リポジトリーをクローンして、keycloak-book-jp-v2/06-03 ディレクトリー配下にある mockServer.py のコードの内容を確認します。

```
$ python3 -V
Python 3.10.12

$ git clone https://github.com/keycloak-book-jp/keycloak-book-jp-v2.git
$ cd keycloak-book-jp-v2/06-03
$ cat mockServer.py
```

この HTTP サーバーは、引数として指定したポートで HTTP リクエストを受け付け、受信したリクエストの HTTP ヘッダーの内容を画面に出力するものになっています。

```
import sys
import http.server as s

LISTEN_ADDRESS = '127.0.0.1'
LISTEN_PORT = int(sys.argv[1])
```

```
class ServerHandler(s.BaseHTTPRequestHandler):

    def do_GET(self):
        self.send_response(200)
        self.send_header('Content-type', 'text/html')
        self.end_headers()
        self.wfile.write("{} {} {}<br>\n".format(self.command, self.path, self.
request_version).encode())
        for h in self.headers:
            self.wfile.write("{}: {}<br>\n".format(h, self.headers[h]).encode())


httpd = s.HTTPServer((LISTEN_ADDRESS, LISTEN_PORT), ServerHandler)
httpd.serve_forever()
```

以下のコマンドで、18080 ポートでアプリケーションサーバーを起動します。第 1 引数（ここでは 18080）が LISTEN ポートとなります。

```
$ python3 mockServer.py 18080
```

この状態では、まだリバースプロキシーサーバーの導入を行っていないため、http://localhost:18080/reverse-proxy-app/ にアクセスしても、Keycloak による認証チェックが行われることはなく、アプリケーションサーバーは、図 6.3.3 のように HTTP ヘッダーの内容を返します。以降の手順では、この URL に対して認証チェックが行われるように、Keycloak の設定と、Apache および mod_auth_openidc のインストールを行っていきます。

```
GET /reverse-proxy-app/ HTTP/1.1
Host: localhost:18080
Connection: keep-alive
sec-ch-ua: "Not/A)Brand";v="8", "Chromium";v="126", "Google Chrome";v="126"
sec-ch-ua-mobile: ?0
sec-ch-ua-platform: "Windows"
Upgrade-Insecure-Requests: 1
User-Agent: Mozilla/5.0 (Windows NT 10.0; Win64; x64) AppleWebKit/537.36 (KHTML, like Gecko) Chrome/126.0.0.0 Safari/537.36
Accept: text/html,application/xhtml+xml,application/xml;q=0.9,image/avif,image/webp,image/apng,*/*;q=0.8,application/signed-exchange;v=b3;q=0.7
Sec-Fetch-Site: none
Sec-Fetch-Mode: navigate
Sec-Fetch-User: ?1
Sec-Fetch-Dest: document
Accept-Encoding: gzip, deflate, br, zstd
Accept-Language: ja
```

図 6.3.3 http://localhost:18080/reverse-proxy-app/ にアクセスして表示される画面

アプリケーションサーバーの動作を確認できたら、「Ctrl + C」で、アプリケーションサーバーを停止します。

Step 2　Keycloak の設定

次に、Keycloak の設定を行います。まずは、Keycloak に mod_auth_openidc 用のクライアントを追加します。これまでと同様「demo」レルムを使用します。

1. 左メニューの「Clients」をクリックし、「Clients」画面を表示します。
2. 「Create client」ボタンをクリックし、「Create client」画面を表示します。
3. 「Client type」に「OpenID Connect」、「Client ID」に「reverse-proxy-oidc」を入力し、「Next」ボタンをクリックします。

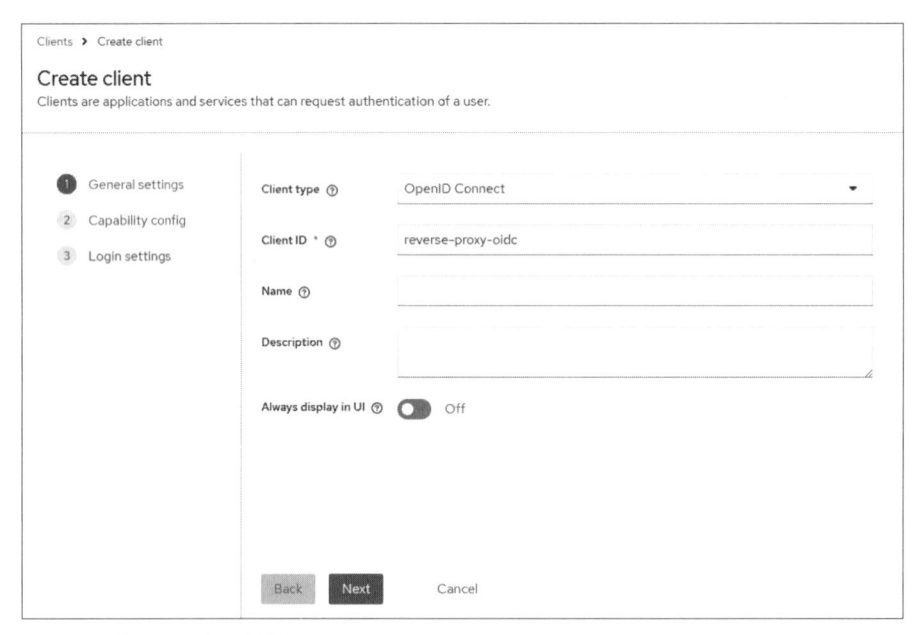

図 6.3.4　「Create client」画面

4. 「Capability config」で以下のような設定値を入力し、「Next」ボタンをクリックします。

表 6.3.2　「reverse-proxy-oidc」クライアントの設定 (1)

設定項目	設定値	設定値の説明
Client authentication	On	今回は、クライアントシークレットを安全に保持できるコンフィデンシャルクライアントなので、On を選択します。

5. 「Login settings」で以下のような設定値を入力し、「Save」ボタンをクリックします。

表 6.3.3 「reverse-proxy-oidc」クライアントの設定 (2)

設定項目	設定値	設定値の説明
Valid redirect URIs	http://localhost:18080/reverse-proxy-app/callback	mod_auth_openidc の OIDCRedirectURI の値を設定します。
Valid post logout redirect URIs	http://localhost:18080/reverse-proxy-app/	ログアウト後にリダイレクト可能な URI (6.5 節で解説)。

6. クライアントが作成されると、「reverse-proxy-oidc」クライアントの「Settings」画面が表示されます。以下の値を設定し、「Save」ボタンをクリックします。

表 6.3.4 「reverse-proxy-oidc」クライアントの設定 (3)

設定項目	設定値	設定値の説明
Front channel logout	Off	フロントチャネルログアウトを利用するかどうか。本節では、バックチャネルログアウトを利用するため、Off にします。
Backchannel logout URL[10]	http://localhost:18080/reverse-proxy-app/callback?logout=backchannel	バックチャネルログアウト用の URL。SLO 時に、この URL にログアウトリクエストが送信されます。OIDCRedirectURI に「?logout=backchannel」を付加したものになります。
Backchannel logout session required	On	バックチャネルログアウトに「sid」(セッション ID) クレームを含めるかどうか。mod_auth_openidc の場合は、「On」にします。

7. 「Credentials」タブをクリックして、コピーアイコンのボタンから「Client Secret」の値をコピーします。

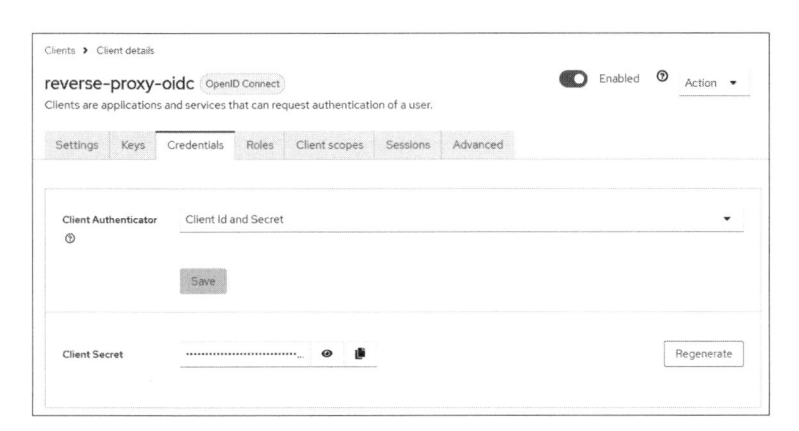

図 6.3.5 「reverse-proxy-oidc」クライアントの「Credentials」タブの画面

---

*10 バックチャネルログアウトの動作に関しては 6.5 節で記載します。

8. 今回はグループによるアクセス制御を行うため、グループを UserInfo レスポンスのクレーム値にマッピングします[11]。「Client scopes」タブの「reverse-proxy-oidc-dedicated」のリンクをクリックします。

9. 「Configure a new mapper」ボタンをクリックし、さらにマッピングの中から「Group Membership」をクリックします。

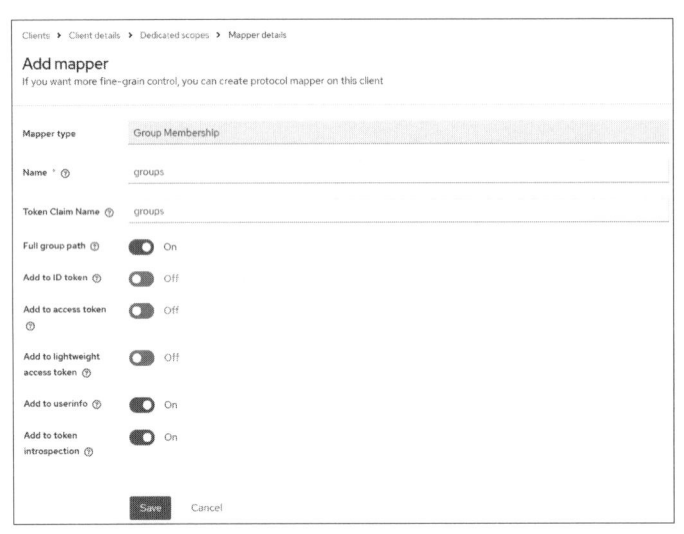

図 6.3.6　「reverse-proxy-oidc」クライアントの「Group Membership」マッパーの設定画面

10. 以下の設定値を入力して、「Save」ボタンをクリックします。設定値の意味については、第 4 章の4.1.7 項を参照してください。

表 6.3.5　「Group Membership」マッパーの設定値

設定項目	設定値
Mapper type	Group Membership
Name	groups
Token Claim Name	groups
Full group path	On
Add to ID token	Off
Add to access token	Off
Add to lightweight access token	Off
Add to userinfo	On
Add to token introspection	On

---

*11 mod_auth_openidc では、ID トークンか UserInfo レスポンスのクレームにマッピングされた値でのみアクセス制御が可能であり、アクセストークンのクレームだけにマッピングされた値ではアクセス制御できないことに注意が必要です。

「groups」マッパーの設定により、認証したユーザーの所属するグループのグループ名が、UserInfo レスポンスの groups クレームに格納されるようになります。業務のニーズに応じて On/Off を切り替えることは可能ですが、「Add to ID token」もしくは、「Add to userinfo」のどちらかは On にしておく必要があります。また、「Full group path」が On になっているため、グループ名の先頭に「/」が付与されることに注意してください。

11. 動作確認用に、以下のようなユーザーとグループを作成します。「user001」ユーザーはこれまでと同様の方法で作成します。Admins グループの作成と Admins グループへのユーザーの追加は、第 4 章の 4.1.4 項で紹介した方法で行います。

表 6.3.6　動作確認用ユーザーの設定値

ユーザー名	所属グループ
user001	なし
admin001	Admins グループ (管理者グループを意図したグループ)

Step 3　Apache および mod_auth_openidc の導入

1. リバースプロキシーサーバーとなる Apache をインストールします。Apache のインストール後、mod_proxy_httpd モジュールを有効にします。

```
$ sudo apt install apache2 -y
$ sudo a2enmod proxy_http
```

2. 続いて、mod_auth_openidc をインストールします。ここでは GitHub でリリースされている mod_auth_openidc の 2.4.15.7[12] をインストールします。mod_auth_openidc インストール後は、mod_auth_openidc モジュールを有効化します。ここでは Ubuntu 22.04 にインストールする場合のコマンド例を記載します。

```
$ cd /tmp
$ wget https://github.com/OpenIDC/mod_auth_openidc/releases/download/v2.4.15.7/libapache2-mod-auth-openidc_2.4.15.7-1.jammy_amd64.deb
$ sudo apt install ./libapache2-mod-auth-openidc_2.4.15.7-1.jammy_amd64.deb -y
```

[12] mod_auth_openidc は GitHub のリリースページ (https://github.com/OpenIDC/mod_auth_openidc/releases) から取得できます。mod_auth_openidc 2.4.16.x 以降のバージョンでは、OP の JWKS URL が https でないと動かせない制約があるため、本書では意図的に 2.4.15.7 を利用しています。

3. mod_auth_openidc の設定を行います。/etc/apache2/sites-enabled/reverse-proxy.conf と
いうファイルに以下の設定を追加します。太字の部分が mod_auth_openidc の主要な設定です。
本書の GitHub リポジトリーの keycloak-book-jp-v2/06-03/reverse-proxy.conf にこのファイ
ルのひな形があるのでそれをコピーするのが簡単です。

```
Listen 18080
<VirtualHost *:18080>
    ServerName localhost
    DocumentRoot /var/www/html


    OIDCResponseType code
    OIDCCryptoPassphrase ［任意のパスフレーズ］
    OIDCProviderMetadataURL http://localhost:8080/realms/demo/.well-known/
openid-configuration
    OIDCClientID reverse-proxy-oidc
    OIDCClientSecret ［クライアントシークレット］
    OIDCRedirectURI http://localhost:18080/reverse-proxy-app/callback


    # REMOTE_USERとして、クレームのpreferred_usernameを設定
    OIDCRemoteUserClaim preferred_username


    # アクセストークンのリフレッシュを有効にするための設定
    OIDCRefreshAccessTokenBeforeExpiry 30 logout_on_error


    # /reverse-proxy-app/では認証が必要
    <Location /reverse-proxy-app/>
        AuthType openid-connect
        Require valid-user
        ProxyPass http://localhost:28080/reverse-proxy-app/
        ProxyPassReverse http://localhost:28080/reverse-proxy-app/
    </Location>


    # /reverse-proxy-app/admin/では認証と、/Adminsグループへの所属が必要
    <Location /reverse-proxy-app/admin/>
        Require claim "groups~.*\/Admins.*$"
    </Location>


    # /reverse-proxy-app/nosecure/では認証は不要
    <Location /reverse-proxy-app/nosecure/>
```

```
        OIDCUnAuthAction pass
    </Location>
</VirtualHost>
```

上記の設定で利用されている mod_auth_openidc の設定値について説明します [13][14]。

表 6.3.7　mod_auth_openidc の設定値

設定項目	設定値の説明
OIDCResponseType	OIDC のレスポンスタイプ。このレスポンスタイプの設定により、OIDC の認証フローを設定します。今回は認可コードフローを利用するので「code」を設定します。
OIDCCryptoPassphrase	クッキーやキャッシュの暗号化で使用されるパスフレーズ。セキュリティー上、十分に長い文字列の設定を推奨します。
OIDCProviderMetadataURL	Keycloak のメタデータ (第 2 章の 2.4.3 項参照) を取得する URL。
OIDCClientID	Keycloak で設定した「Client ID」。
OIDCClientSecret	Keycloak で自動生成された「Client Secret」。今回は Step 2「Keycloak の設定」の 7. でコピーした値を設定します。
OIDCRedirectURI	mod_auth_openidc が Keycloak から認可コードを受け取るリダイレクト URI。 mod_auth_openidc でセキュリティー保護しているパスに該当する URL で、かつコンテンツを返さない URL を設定します。コンテンツを返す URL を指定すると、そのコンテンツのレスポンスが返らなくなります。
OIDCRemoteUserClaim	Apache の REMOTE_USER 環境変数に設定したい ID トークンのクレーム名。指定しなかった場合、REMOTE_USER は次の値になります。 　[ID トークンの sub の値] @ [Apache の FQDN] : [Apache のポート番号] /realms/ [レルム名] 第 2 引数や第 3 引数を使用することで、値を変更することも可能です。ここで指定したクレームの値は、Apache のアクセスログの %u (認証済みのリモートユーザー) の値として出力されるようになります。
OIDCRefreshAccessTokenBeforeExpiry	アクセストークンの有効期限の何秒前になったら、トークンをリフレッシュするかを決める秒数。この設定がないとトークンのリフレッシュが行われません。第 1 引数には秒数を設定します。第 2 引数には何も設定しないか、「logout_on_error」を設定します。「logout_on_error」を設定した場合は、トークンのリフレッシュが失敗した場合にログアウトされます。

Location ディレクティブ内の mod_auth_openidc の設定値について説明します。

---

[13] mod_auth_openidc には他にも多くの設定パラメーターがあります。どのような設定値があるかについては、GitHub (https://github.com/OpenIDC/mod_auth_openidc/blob/v2.4.15.7/auth_openidc.conf) で確認できます。

[14] 2.4.15 以上からは PKCE の利用 (OIDCPKCEMethod S256) がデフォルトに変更されています。

表 6.3.8　Location ディレクティブ内の mod_auth_openidc の設定値

設定値	設定値の説明
AuthType	「openid-connect」を設定します。
OIDCUnAuthAction	未認証時にどのように振る舞うか。主に利用するのは、「auth」、「pass」、「401」です。 auth：未認証のときは、OP へリダイレクトします。 pass：未認証のときでもアクセスを許可します。認証済みのときは、認証済みユーザーのクレームをアプリケーションに連携します。 401：未認証のときは、アクセスを拒否します。
Require	Apache のアクセス制御のディレクティブ。「valid-user」か、「claim」を指定します。 valid-user：ユーザーを認証する場合の設定。 claim：クレーム値でアクセス制御する場合の設定。 例) claim name:Joe 　=> name クレームが Joe であるユーザーのみアクセスを許可。 claim "groups ~.*\/Admins.*" 　=> groups クレームに /Admins が含まれるユーザーのみアクセスを許可。

4. 以下のコマンドで、28080 ポートでアプリケーションサーバーを起動します。リバースプロキシーサーバーである Apache のポート（18080）と重複しないようにします。

```
$ python3 mockServer.py 28080
```

5. 別のコンソールを使って Apache を再起動し、mod_auth_openidc を有効にします。

```
$ sudo systemctl restart apache2
```

6.3.4　動作確認

それでは、実際にアクセス制御条件の異なる複数のパスに対して順にアクセスし、リバースプロキシーサーバーによる認証連携の動作を確認します。

Step 1　認証が不要なパスへのアクセス

ブラウザーで、http://localhost:18080/reverse-proxy-app/nosecure/ にアクセスすると、未認証状態でアクセスできることがわかります。この状態ではまだ未認証なので、HTTP ヘッダーにユーザー情

報はありません。

```
GET /reverse-proxy-app/nosecure/ HTTP/1.1
Host: localhost:28080
sec-ch-ua: "Not(A)Brand";v="8", "Chromium";v="126", "Google Chrome";v="126"
sec-ch-ua-mobile: ?0
sec-ch-ua-platform: "Windows"
Upgrade-Insecure-Requests: 1
User-Agent: Mozilla/5.0 (Windows NT 10.0; Win64; x64) AppleWebKit/537.36 (KHTML, like Gecko) Chrome/126.0.0.0 Safari/537.36
Accept: text/html,application/xhtml+xml,application/xml;q=0.9,image/avif,image/webp,image/apng,*/*;q=0.8,application/signed-exchange;v=b3;q=0.7
Sec-Fetch-Site: none
Sec-Fetch-Mode: navigate
Sec-Fetch-User: ?1
Sec-Fetch-Dest: document
Accept-Encoding: gzip, deflate, br, zstd
Accept-Language: ja
X-Forwarded-For: ::1
X-Forwarded-Host: localhost:18080
X-Forwarded-Server: localhost
Connection: Keep-Alive
```

図 6.3.7　http://localhost:18080/reverse-proxy-app/nosecure/ にアクセスして表示された画面

Step 2　認証が必要なパスへのアクセス

　続いて、http://localhost:18080/reverse-proxy-app/ にアクセスします。このパスは認証が必要なパスなので、Keycloak にリダイレクトされ、ログイン画面が表示されます。

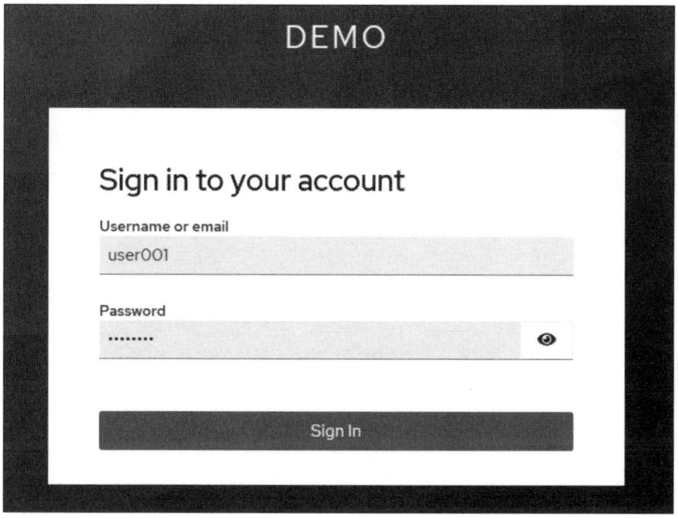

図 6.3.8　ログイン画面

　「user001」ユーザーでログインすると、ページが参照できるようになります。mod_auth_openidc が「OIDC_CLAIM_」で始まる HTTP ヘッダーに、ログインしたユーザーの情報などの各種クレーム値を格納していることがわかります。

```
OIDC_CLAIM_acr: 1
OIDC_CLAIM_email_verified: 0
OIDC_CLAIM_realm_access: {"roles": ["offline_access", "default-roles-demo", "uma_authorization", "user"]}
OIDC_CLAIM_name: user 001
OIDC_CLAIM_preferred_username: user001
OIDC_CLAIM_given_name: user
OIDC_CLAIM_family_name: 001
OIDC_CLAIM_email: user001@example.com
```

図 6.3.9　「user001」ユーザーでログイン後に表示される画面（抜粋）

Step 3　**Admins グループに所属しているユーザーのみがアクセスできるパスへのアクセス**

　続いて、http://localhost:18080/reverse-proxy-app/admin/ にアクセスします。このパスは、Admins グループに所属しているユーザーしかアクセスできないので、「user001」ユーザーでアクセスすると、401 エラー（Unauthorized）でアクセスが拒否されます。

Unauthorized

This server could not verify that you are authorized to access the document requested. Either you supplied the wrong credentials (e.g., bad password), or your browser doesn't understand how to supply the credentials required.

Apache/2.4.52 (Ubuntu) Server at localhost Port 18080

図 6.3.10　401 エラー画面

　ログインするユーザーを切り替えるために、以下の RP（mod_auth_openidc）起点のログアウトエンドポイントにアクセスして、mod_auth_openidc と Keycloak からログアウトします。mod_oauth_openidc とのセッションがクリアされるとともに、Keycloak のログアウトエンドポイントを通じて Keycloak からもログアウトします。logout クエリーパラメーターの引数にはログアウト後の遷移先の URL を指定します。

- RP (mod_auth_openidc) 起点のログアウトエンドポイントのリクエスト例[15]

  http://localhost:18080/reverse-proxy-app/callback?logout=http%3A%2F%2Flocalhost%3A18080%2Freverse-proxy-app%2F

　ログアウトするとログイン画面が再度表示されるので、今度は「admin001」ユーザーでログインします。「admin001」ユーザーでログインすると、「OIDC_CLAIM_groups」という HTTP ヘッダーに所属グループが格納されていることがわかります。

---

[15] これは mod_auth_openidc のログアウト機能です。リダイレクト URI に logout パラメーターを付けて、ログアウト後の URL を指定します。この URL を呼ぶと、RP のログアウトの実施および、OP（Keycloak）のログアウトエンドポイントに遷移する動き（SLO）を実現できます。詳しくは下記の URL を参照してください。
https://github.com/OpenIDC/mod_auth_openidc/wiki#9-how-do-i-logout-users

```
OIDC_CLAIM_given_name: admin
OIDC_CLAIM_family_name: 001
OIDC_CLAIM_email: admin001@exmaple.com
OIDC_access_token:
eyJhbGciOiJSUzI1NiIsInR5cCIgOiAiSldUIiwia2lkIiA6ICJ3QXRZdExUQ2YxWmd4NUVWNTRqUlRZWE42Rzl1TDBaWlAwNWZ2cV
7E-rP48IIU3SXZB35u-
felqfKv79U52Xtn2n3vXcEemwxejdoGAEa8FaZxSbN6WUQTTPJjg3WdJYZJfh4WL0PXCT8xQRQdhwPagdGknNGxT5kNtw9BZ9I
wR8HcpmtW-PbYc27CUfFni0-zbTosoVDPt41ZZOhRR_3ZGNm-Kt7L5FLWvsU6tPvU1TwAU-6NNVnSV40OvcXlimOxkTZrWR0eC
OIDC_access_token_expires: 1721032793
OIDC_CLAIM_groups: /Admins
```

図 6.3.11 「admin001」ユーザーでログイン後に表示される画面 (抜粋)

先ほど 401 エラーとなった http://localhost:18080/reverse-proxy-app/admin/ にアクセスしてみます。今度は、401 エラーは出ずに、ページが表示されます。「admin001」ユーザーが「Admins」グループに所属しているためです。

```
GET /reverse-proxy-app/admin/ HTTP/1.1
Host: localhost:28080
sec-ch-ua: "Not/A)Brand";v="8", "Chromium";v="126", "Google Chrome";v="126"
sec-ch-ua-mobile: ?0
sec-ch-ua-platform: "Windows"
Upgrade-Insecure-Requests: 1
User-Agent: Mozilla/5.0 (Windows NT 10.0; Win64; x64) AppleWebKit/537.36 (KHTML, like Gecko) Chrome/126.0.0.0 Saf
Accept: text/html,application/xhtml+xml,application/xml;q=0.9,image/avif,image/webp,image/apng,*/*;q=0.8,applicatio
Sec-Fetch-Site: none
Sec-Fetch-Mode: navigate
Sec-Fetch-User: ?1
Sec-Fetch-Dest: document
Accept-Encoding: gzip, deflate, br, zstd
Accept-Language: ja
Cookie: mod_auth_openidc_session=82a25bc1ca8572a3d60f847f5a73bf9936cd75ac
OIDC_CLAIM_exp: 1721032793
OIDC_CLAIM_iat: 1721032493
OIDC_CLAIM_auth_time: 1721032493
OIDC_CLAIM_jti: 28732cdf-4a5f-4377-99ee-1357526e20ae
OIDC_CLAIM_iss: http://localhost:8080/realms/demo
OIDC_CLAIM_aud: reverse-proxy-oidc
OIDC_CLAIM_sub: 80ac2817-3765-4b9c-bf77-47bbc6f69ee3
OIDC_CLAIM_typ: ID
OIDC_CLAIM_azp: reverse-proxy-oidc
OIDC_CLAIM_nonce: Q-LeDWEiMmexJ_oWBfGAXkknH-hHL0H5hz5F_h5snjA
OIDC_CLAIM_sid: a7590cb8-904b-4c2a-afbb-a531f00a64cc
OIDC_CLAIM_at_hash: 9Orz5DCGDxochggc9BCAsw
OIDC_CLAIM_acr: 1
OIDC_CLAIM_email_verified: 0
OIDC_CLAIM_realm_access: {"roles": ["offline_access", "admin", "default-roles-demo", "uma_authorization", "user"]}
OIDC_CLAIM_name: admin 001
OIDC_CLAIM_preferred_username: admin001
```

図 6.3.12 「admin001」ユーザーで http://localhost:18080/reverse-proxy-app/admin/ にアクセスして表示される画面 (抜粋)

JavaScript アダプターを用いた認証連携

本節では、近年のアプリケーション開発でよく利用されている SPA で Keycloak との認証連携を実現する方法について説明します。第 2 章の 2.4.4 項では、パブリッククライアントの SPA における認証フローについて解説しましたが、本節では、Keycloak の JavaScript アダプターを用いた実際の構築方法を解説します。

6.4.1　JavaScript アダプターとリソースサーバーの概要

JavaScript アダプターは、JavaScript で実装されているクライアントアダプターで、SPA のようなクライアントサイドのアプリケーションを OIDC に対応させるために利用します。

JavaScript アダプターには多くの機能がありますが、主要なものは以下のとおりです。

- クライアントサイドのアプリケーションの複雑な OIDC の認証フローを少ないコードで実現できます。
- OIDC のセキュリティーを確保するためのパラメーター（第 5 章の 5.5 節に記載の state、PKCE、nonce）に対応させることができます。
- OIDC の認証フローで取得した ID トークンやアクセストークンを、JavaScript アダプターのプロパティーとして保持し、いつでも利用することができます。
- アクセストークンの有効期限を、アクセストークン利用前にチェックし、有効期限が切れる前にトークンリフレッシュすることができます。
- ログアウトの実行や、ユーザープロフィールの読み取り、Keycloak の主要ページへの遷移、ログアウトの定期チェック機能があります。

上記の JavaScript アダプターに加え、SPA では、アプリケーションのデータを提供するリソースサーバーが必要です。リソースサーバーは XHR（XMLHttpRequest）や Fetch API でリクエストを受信する際に、ユーザーベースのアクセス制御をする必要があります。そのため、SPA は、API 認可の場合と同様にアクセストークンを付与してリクエストを送信します。リソースサーバーでは受信したアクセストークンが適切なものかどうかを確認するための検証が必要です。こ

こで、リソースサーバーに Spring Security の OAuth 2.0 Resource Server の機能を用いることで、アクセストークンの検証を容易に行うことができます[*16]。

6.4.2 Keycloak と連携後の構成

SPA を実現するにあたってはさまざまなフレームワーク（Angular、React、Vue.js 等）がありますが、今回はそのようなフレームワークは使わず、シンプルな JavaScript のみを使用した SPA で認証連携を実現する方法について解説します。

今回構築する SPA の構成は図 6.4.1 のようになります。Keycloak の他に、Spring Boot（Web サーバーかつリソースサーバー）を利用します。

実践編

6

SSO を実現する

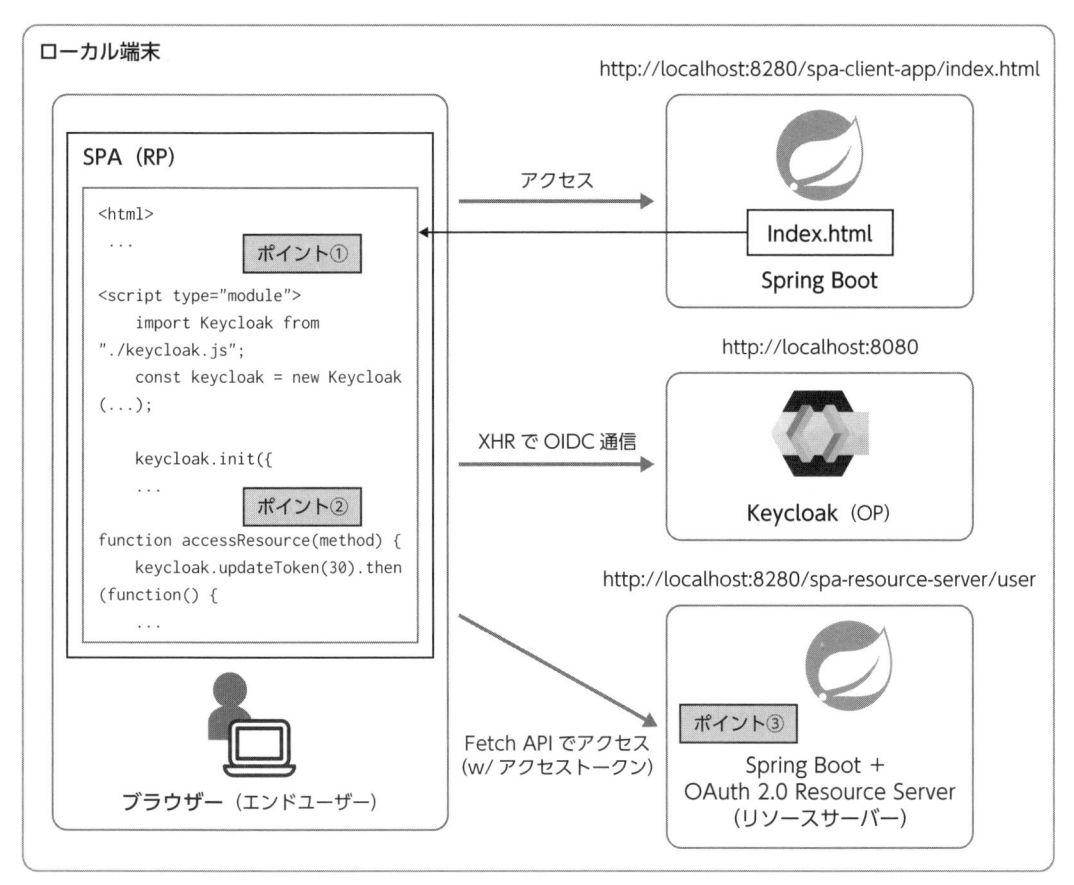

図 6.4.1　SPA の構成

[*16] 今回の例で利用する OAuth 2.0 Resource Server は、ローカルでの検証およびトークンイントロスペクションのどちらにも対応していますが、本節ではローカルでの検証を利用します（それぞれ設定方法が異なります）。

ポイント①：SPA の HTML ページでは、以下のように Keycloak が提供している JavaScript アダプターを組み込みます。v26 からは JavaScript アダプターの構成が変更されており、JavaScript モジュールとしてインポートする必要があります。これにより、HTML ページから JavaScript アダプターのさまざまな機能を呼び出せるようにします [*17]。

```html
<script type="module">
    import Keycloak from "./keycloak.js";
    ······ （省略） ······
</script>
```

ポイント②：SPA のスクリプトから JavaScript アダプターのプロパティーや関数を利用します。これにより、認可コードフローを用いた認証と認可や、ID トークンやアクセストークンのクレームの取得、トークンリフレッシュなどを容易に実行できます。

ポイント③：リソースサーバーには、アクセストークンの検証のために、OAuth 2.0 Resource Server を導入した Spring Boot アプリケーションを利用します [*18]。

今回アクセスする URL は以下のとおりです。リソースサーバーには SPA のスクリプトから Fetch API でアクセスするので、実際にユーザーがアクセスするのは SPA の HTML ページだけです。

表 6.4.1　アクセスする URL の一覧

URL	説明
http://localhost:8280/spa-client-app/index.html	アクセスするためには認証が必要。
http://localhost:8280/spa-resource-server/	アクセスするためには、アクセストークンが必要。リソースサーバーでは、アクセストークンのローカルでの検証のみを行います。

■ 6.4.3　Keycloak との連携手順

では実際に SPA を Keycloak と連携してみましょう。

ここでは、SPA に JavaScript アダプターを、リソースサーバーに OAuth 2.0 Resource Server

----

*17 Keycloak のガイドでは、npm を使って JavaScript アダプターを導入する方法を推奨しています。npm でインストールした場合には、JavaScript バンドラーによって最適化された JavaScript ファイルをここで指定する必要があります。v26 以前まで Keycloak 上に JavaScript アダプターが配置されていて、それを参照することができましたが、v26 からはこの機能は削除されています。

*18 本章ではリソースサーバーの動作については、解説しません。リソースサーバーの動作の詳細は、第 5 章の 5.3 節で解説していますので、そちらを参考にしてください。

を導入し、Keycloak と連携する方法を解説します。Keycloak との連携手順は以下のようになります。

1. SPA の準備
2. Keycloak (OP) の設定
3. JavaScript アダプター（RP) の導入
4. OAuth 2.0 Resource Server の設定

OIDC で通信するためには、SPA に JavaScript アダプターを導入して、SPA を RP として機能させる必要があります。そして、OP である Keycloak に RP である JavaScript アダプターおよび、リソースサーバーである OAuth 2.0 Resource Server を登録しておくことも必要です。

■ (1) SPA の準備

1. 本書の GitHub リポジトリをクローンして、6.4 節の認証連携前のアプリケーションのディレクトリーに移動します。

```
$ git clone https://github.com/keycloak-book-jp/keycloak-book-jp-v2.git
$ cd keycloak-book-jp-v2/06-04/nosso/springboot-spa
```

2. SPA の HTML ページが、src/main/resources/static/spa-client-app/index.html に配置されているので内容を確認します。特に難しい実装はなく、Fetch API を利用してリソースサーバーに対して、GET/POST/PUT/DELETE の HTTP メソッドを使ってリクエストを投げて、受け取ったレスポンスを出力するだけのアプリケーションです。

```
<html>
<head>
<meta http-equiv="Content-Type" content="text/html; charset=utf-8"/>
<title>SPA Main Page</title>
  <script type="module">
    function accessResource(reqMethod) {
      // APIの呼び出し
      callAPI(reqMethod);
    }

    async function callAPI(reqMethod) {
```

```
      const url = "http://localhost:8280/spa-resource-server/user";

      const reqHeaders = new Headers();
      reqHeaders.append("Content-Type", "application/json");
      try {
        const response = await fetch(url, {
          method: reqMethod,
          headers: reqHeaders
        });
        if (!response.ok) {
          throw new Error(`レスポンスステータス: ${response.status}`);
        }

        const json = await response.json();
        alert(JSON.stringify(json, null, 2));
      } catch (error) {
        console.error(error.message);
      }

    // リソースサーバーへの各種メソッドアクセスをクリックイベントに追加
    document.getElementById("getResource").addEventListener("click",
function(event) {
      accessResource("GET");
    });
    document.getElementById("postResource").addEventListener("click",
function(event) {
      accessResource("POST");
    });
    document.getElementById("putResource").addEventListener("click",
function(event) {
      accessResource("PUT");
    });
    document.getElementById("deleteResource").addEventListener("click",
function(event) {
      accessResource("DELETE");
    });

  </script>
</head>
<body>
```

```
<h1>SPA Main Page</h1>
<h3>Resource Server Access</h3>
<ul>
  <li><input type="button" id="getResource" value="Access resource by 'GET'
method" />
  <li><input type="button" id="postResource" value="Access resource by 'POST'
method" />
  <li><input type="button" id="putResource" value="Access resource by 'PUT'
method" />
  <li><input type="button" id="deleteResource" value="Access resource by
'DELETE' method" />

</ul>
</body>
</html>
```

3. リソースサーバーのソースコードが src/main/java/com/example/demo/ResourceServer
   Application.java に配置されているので内容を確認します。このクラスの実装は、以下のように
   なっています。

   - 「/spa-resource-server/user」というパスでリクエストを受け付ける。
   - GET/POST/PUT/DELETE の 4 つの HTTP メソッドでのリクエストに対して、同一の応答を返
     す user メソッドを実装する。
   - ユーザーID は、「anonymous」という文字列を返す。

```
package com.example.demo;

import jakarta.servlet.http.HttpServletRequest;
import org.springframework.boot.SpringApplication;
import org.springframework.boot.autoconfigure.SpringBootApplication;
import org.springframework.web.bind.annotation.*;

@SpringBootApplication
@RestController
public class ResourceServerApplication {

    public static void main(String[] args) {
        SpringApplication.run(ResourceServerApplication.class, args);
    }
```

```java
    @RequestMapping(value = "/spa-resource-server/user", method =
{RequestMethod.GET, RequestMethod.POST, RequestMethod.PUT, RequestMethod.
DELETE})
    public String user(HttpServletRequest httpRequest) {

        StringBuffer response = new StringBuffer();
        response.append("{");
        response.append("  \"method\" : \"" + httpRequest.getMethod() + "\",
");
        response.append("  \"userId\" : \"anonymous\" ");
        response.append("}");

        return response.toString();
    }

}
```

4. Maven ラッパーを利用して、ソースコードのビルドおよび、Spring Boot アプリケーションの起動を行います (サンプルアプリケーションは 8280 ポートで起動します)。

```
$ ./mvnw clean spring-boot:run
```

まずは、この状態で http://localhost:8280/spa-client-app/index.html にアクセスします。Keycloak による認証処理をまだ導入していないので、SPA の HTML ページがそのまま表示されます。

SPA Main Page

Resource Server Access

- Access resource by 'GET' method
- Access resource by 'POST' method
- Access resource by 'PUT' method
- Access resource by 'DELETE' method

図 6.4.2　SPA の HTML ページ

「Access resource by 'GET' method」のボタンから、Fetch API でリソースサーバーに GET メ

ソッドでアクセスすると JSON のレスポンスが返ってきますが、ユーザーID は「anonymous」になっていることを確認できます。まだ、認証処理を入れていないので、このレスポンスは想定どおりです。

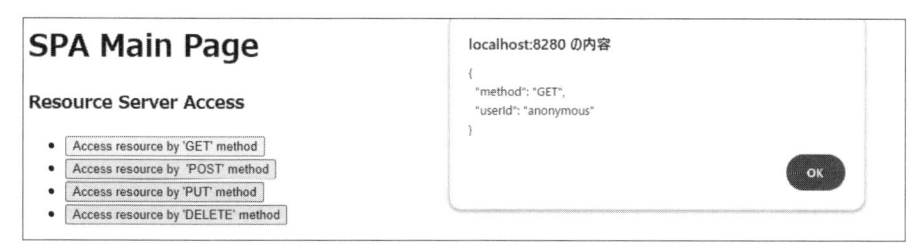

図 6.4.3　Fetch API から GET メソッドを呼び出した画面

他のボタンをクリックしても同様のレスポンスが返ってきます。

5. 動作確認がとれたら、Spring Boot アプリケーションを「Ctrl + C」で停止します。

　ここからは、SPA の HTML ページに JavaScript アダプターを、リソースサーバーに OAuth 2.0 Resource Server を設定することで、SPA の HTML ページにおける認証処理とリソースサーバーにおける認証済みユーザーのユーザーID 取得が適切に行われるようにしていきます。

■ (2) Keycloak の設定

　リソースサーバーおよび SPA について、Keycloak の設定を行います。なお、事前にクローンした本書の GitHub リポジトリーには、設定済みの Keycloak のレルムデータが含まれており、(2) の末尾に設定済みのデータのインポート方法も記しますが、学習のために自分で設定することをお勧めします。

Step 1　リソースサーバー

　まず、Keycloak にリソースサーバーを追加します。第 4 章で解説したとおり、Keycloak はリソースサーバーもクライアントの 1 つとして管理します。今回は「demo」レルムを使用します。

1. 左メニューの「Clients」をクリックして「Clients」画面を表示し、「Create client」ボタンをクリックして「Create client」画面を表示します。
2. 「General settings」で以下のような設定をし、「Next」ボタンをクリックします。

表 6.4.2　「spa-resource-server」クライアントの設定 (1)

設定項目	設定値	設定値の説明
Client type	OpenID Connect	プロトコルは OIDC を使用するので、「OpenID Connect」を選択します。
Client ID	spa-resource-server	クライアント ID。わかりやすい任意の値を設定します。

3. 「Capability config」で以下のような設定をし、「Next」ボタンをクリックします。

表 6.4.3　「spa-resource-server」クライアントの設定 (2)

設定項目	設定値	設定値の説明
Client authentication	On	リソースサーバーは、アクセストークンの検証を行うために、第 2 章 2.3.4 項で解説したトークンイントロスペクションを使用できます。その場合、クライアント認証が必要となるため、「On」にします（ただし、アクセストークンをローカルで検証する場合は、Keycloak にアクセスしないため、クライアント認証が行われることはありません）。
Authentication flow	すべてチェックなし	リソースサーバーは認証フローを利用しないので、すべてチェックなしに設定します。

4. 「Login settings」では特に何も設定せず、「Save」ボタンをクリックします。

Step 2　SPA（JavaScript アダプター）

続いて Keycloak に RP である JavaScript アダプターを追加します。同じく「demo」レルムを使用します。

1. 左メニューの「Clients」をクリックして「Clients」画面を表示し、「Create client」ボタンをクリックして「Create client」画面を表示します。

2. 「General settings」で以下のような設定値を入力し、「Next」ボタンをクリックします。

表 6.4.4　「spa-client-oidc」クライアントの設定 (1)

設定項目	設定値	設定値の説明
Client type	OpenID Connect	プロトコルは OIDC を使用するので、「OpenID Connect」を選択します。
Client ID	spa-client-oidc	クライアント ID。わかりやすい任意の値を設定します。

3. 「Capability config」で以下のような設定値を入力し、「Next」ボタンをクリックします。

表 6.4.5 「spa-client-oidc」クライアントの設定 (2)

設定項目	設定値	設定値の説明
Client authentication	Off	JavaScript アダプターは、クライアントシークレットを安全に保持できないパブリッククライアントなので、「Off」にします。
Authentication flow	「Standard flow」のみチェック	認可コードフローのみを利用可能に設定します。

4. 「Login settings」で以下のような設定値を入力し、「Save」ボタンをクリックします。

表 6.4.6 「spa-client-oidc」クライアントの設定 (3)

設定項目	設定値	設定値の説明
Valid redirect URIs	http://localhost: 8280/spa-client-app/index.html	OIDC のリダイレクト URI。Keycloak では、パスの最後をワイルドカード「*」とすることも可能です。しかし、OIDC の仕様では、セキュリティー上の理由から固定の URI を指定することが必須です。
Web Origins	http://localhost: 8280	JavaScript アダプターは、OIDC の認証フローの中で、Keycloak と XHR での通信を行います。アプリケーションと Keycloak が同一の Origin でない限り、この通信は CORS[19] のアクセスとなるため、XHR での通信時に送信される Origin ヘッダーの値（今回は SPA のオリジン）を Web Origins に登録して、アクセスが許可されるようにしておく必要があります。

5. 続いて、アクセストークンの aud クレームにリソースサーバーのクライアント ID (spa-resource-server) が追加されるように設定します。クライアント設定の「Client scopes」タブをクリックします。

6. Client scope の一覧から、「spa-client-oidc-dedicated」をクリックします。

7. 「Configure a new mapper」ボタンをクリックし、さらにマッピングの中から「Audience」をクリックして、下記の値を設定します。

表 6.4.7 「spa-client-oidc」クライアントの「Audience」マッパーの設定画面

設定項目	設定値	設定値の説明
Name	audience	任意の名前。
Included Client Audience	spa-resource-server	aud クレームに追加したいクライアントを選択。
Add to access token	On	アクセストークンに出力するかどうか。

----

[19] CORS とは、オリジン間リソース共有 (Cross-Origin Resource Sharing) のことです。「オリジン」とは、スキーム、ホスト、ポート番号の組み合わせのことです。通常、ブラウザーは同一オリジンへのリクエストは許可しますが、異なるオリジンへのリクエストを許可しません。

実践編

6

SSO を実現する

8. 「Save」ボタンをクリックします。

最後に、事前に設定済みのレルムデータをインポートする方法も紹介します。

```
$ cd keycloak-book-jp-v2/06-04/sso/springboot-spa/

# レルムデータのインポート
$ [KEYCLOAK_HOME]/bin/kc.sh import --file demo-realm.json
```

■ (3) JavaScript アダプターの導入

以降の手順では、本書の GitHub リポジトリーで、認証連携済みの状態のプロジェクトディレクトリーである keycloak-book-jp-v2/06-04/sso/springboot-spa 以下のファイルを参照してください。

1. src/main/resources/static/spa-client-app/keycloak.js に、JavaScript アダプターが配置されていることを確認します。この JavaScript アダプターは Keycloak の GitHub リポジトリーの Releases ページにあるリンク (https://github.com/keycloak/keycloak/releases/download/26.0.0/keycloak-js-26.0.0.tgz) からダウンロードして、アーカイブから抽出したものです [20]。

2. SPA の HTML ページ (src/main/resources/static/spa-client-app/index.html) に、以下のような JavaScript アダプターの処理が追加されていることを確認します。

```
‥‥‥（省略）‥‥‥
<title>SPA Main Page</title>
  <script type="module">
    // （A）JavaScriptアダプターを読み込む
    import Keycloak from "./keycloak.js";

    // JavaScriptアダプターの初期化
    const keycloak = new Keycloak({
      url: "http://localhost:8080",
      realm: "demo",
```

---

[20] 現時点では、公式サイトの Downloads ページの JavaScript アダプター (zip ファイルと tar.gz ファイル) のリンクはどちらも 404 になってしまい、ダウンロードできないので注意が必要です。

```
        clientId: "spa-client-oidc"
    });

    // （B）未認証時に認証を要求する設定
    keycloak.init({
        onLoad: "login-required",
        pkceMethod: "S256"
    }).then(function(authenticated) {
        // 認証済みなら、IDトークンのusernameとemailを画面に表示する
        if (authenticated) {
            document.getElementById("username").innerHTML = keycloak.
idTokenParsed.preferred_username;
            document.getElementById("email").innerHTML = keycloak.
idTokenParsed.email;
        }
    }).catch(function() {
        alert("failed to initialize");
    });

function accessResource(reqMethod) {
    // （C）APIのコール前にトークンの有効期限を確認する設定
    // このコードでは、トークンの有効期限の30秒前になると、トークンリフレッ
シュを行う
    keycloak.updateToken(30).then(function() {
        // 実際のAPIの呼び出し
        callAPI(reqMethod);
    }).catch(function() {
        alert("Failed to refresh token");
    });
}

function callAPI(reqMethod) {
    const url = "http://localhost:8280/spa-resource-server/user";
    const reqHeaders = new Headers();
    reqHeaders.append("Content-Type", "application/json");
    // （D）アクセストークンをAuthorizationヘッダーにBearerスキームで付与す
る設定
    reqHeaders.append("Authorization", `Bearer ${keycloak.token}`);
    try {
        const response = await fetch(url, {
```

実
践
編

6

SSO
を
実
現
す
る

```
      method: reqMethod,
      headers: reqHeaders
    });
    if (!response.ok) {
      throw new Error(`レスポンスステータス: ${response.status}`);
    }

    const json = await response.json();
    alert(JSON.stringify(json, null, 2));
  } catch (error) {
    console.error(error.message);
  }
}


// JavaScriptアダプターの各種プロパティー表示をクリックイベントに追加
document.getElementById("displayAuthenticated").addEventListener("click",
function(event) {
    alert(keycloak.authenticated);
});
document.getElementById("displaySubject").addEventListener("click",
function(event) {
    alert(keycloak.subject);
});
document.getElementById("displayToken").addEventListener("click",
function(event) {
    alert(JSON.stringify(keycloak.tokenParsed, null, 2));
});
document.getElementById("displayIdToken").addEventListener("click",
function(event) {
    alert(JSON.stringify(keycloak.idTokenParsed, null, 2));
});
document.getElementById("displayRefreshToken").addEventListener("click",
function(event) {
    alert(JSON.stringify(keycloak.refreshTokenParsed, null, 2));
});
document.getElementById("logout").addEventListener("click",
function(event) {
    keycloak.logout();
});
```

```
    // リソースサーバーへの各種メソッドアクセスをクリックイベントに追加
    document.getElementById("getResource").addEventListener("click",
function(event) {
        accessResource("GET");
    });
    document.getElementById("postResource").addEventListener("click",
function(event) {
        accessResource("POST");
    });
    document.getElementById("putResource").addEventListener("click",
function(event) {
        accessResource("PUT");
    });
    document.getElementById("deleteResource").addEventListener("click",
function(event) {
        accessResource("DELETE");
    });


  </script>
</head>
<body>
<h1>SPA Main Page</h1>
username: <label id="username"></label><br>
email: <label id="email"></label>
<h3>JavaScript Adapter Function</h3>
<ul>
  <li><input type="button" id="displayAuthenticated" value="Display 'keycloak.
authenticated'" />
  <li><input type="button" id="displaySubject" value="Display 'keycloak.
subject'" />
  <li><input type="button" id="displayToken" value="Display 'keycloak.
tokenParsed'" />
  <li><input type="button" id="displayIdToken" value="Display 'keycloak.
idTokenParsed'" />
  <li><input type="button" id="displayRefreshToken" value="Display 'keycloak.
refreshTokenParsed'" />
  <li><input type="button" id="logout" value="Logout(call 'keycloak.logout()'"
/>
</ul>
```

実践編

6

SSO を実現する

┌───┐
│   │
│　　　……（省略）……   │
│   │
└───┘

　HTML ページに追加した処理で、JavaScript アダプターを利用する際のポイントとなるのは、以下の 4 点です。

(A) `<script type="module">` タグ内の import 文から、Keycloak の keycloak.js（JavaScript アダプター）を読み込みます [21]。続けて、JavaScript アダプターのコンストラクターで、url、realm、clientId を指定して JavaScript アダプターを初期化します [22]。

表 6.4.8　JavaScript アダプターのコンストラクター引数の設定内容

コンストラクター引数	引数の説明
url	Keycloak のベース URL
realm	レルム名
clientId	クライアントの「Client ID」

(B) onLoad プロパティーに「login-required」[23] を指定し、ページロード時の処理で、keycloak.init 関数を呼び出します。これにより、ユーザーが未認証の場合は、JavaScript アダプターが認可コードフローを開始し、Keycloak のログイン画面が表示されます。なお、認可コードフローで PKCE [24] のメカニズムを有効にするには pkceMethod プロパティーに「S256」を設定します。これは PKCE の code_challenge_method パラメーターに「S256」を指定するという意味になります。keycloak.init 関数は認証の成否を Promise で返すので、後続処理で認証成功後の処理を追加することができます。ここでは認可コードフローで取得した ID トークンの「preferred_username」クレームの値（ユーザー名）と「email」クレームの値（メールアドレス）を画面に表示します。

(C) リソースサーバーへ Fetch API でアクセスする前に、JavaScript アダプターの keycloak.updateToken 関数を呼び出して、トークンリフレッシュします。

(D) リソースサーバーへ Fetch API でアクセスする際に、Authorization ヘッダーに、アクセストー

---

[21] 以前は Keycloak サーバー上の JavaScript アダプターの URL を指定する方法が推奨されていましたが、この方法は v26 からは利用できなくなりました。そのため、アプリケーションにインストールした JavaScript アダプターのパスを指定します。

[22] v26 以前は keycloak.json というファイルを利用してアダプターの初期化を行っていましたが、この方法は推奨されなくなりました（将来的に削除される可能性があります）。

[23] 「check-sso」というオプションもあります。こちらの場合、Keycloak に認証済みでなくても、Keycloak に認証リクエストを送信することなく、アプリケーションのページをそのまま表示する動作になります（当然、JavaScript アダプターからはユーザー情報やトークン等は取得できません）。未ログインの状態でもページを表示したい要件などがある場合にはこちらのオプションを利用します。

[24] パブリッククライアントでは、PKCE を利用することが推奨されます。PKCE の詳細については、第 5 章の 5.5 節を参照してください。

クンを付与します。

（A）と（B）の処理の追加により、HTML ページの参照には Keycloak へのログインが求められるようになり、ログイン後は認証済みユーザーの各種情報が取得できるようになります。

■ (4) OAuth 2.0 Resource Server の設定

リソースサーバーの API を OAuth 2.0 Resource Server でセキュリティー保護の対象にするため、必要な設定およびコードの変更箇所を確認します。以降の手順も、（3）と同様に、keycloak-book-jp-v2/06-04/sso/springboot-spa 以下のファイルを参照してください。

1. Maven の設定 (pom.xml) に、「org.springframework.boot:spring-boot-starter-oauth2-resource-server」の依存関係が追加されていることを確認します。

```
‥‥‥（省略）‥‥‥

    <dependencies>
        <dependency>
            <groupId>org.springframework.boot</groupId>
            <artifactId>spring-boot-starter-oauth2-resource-server</artifactId>
        </dependency>
        <dependency>
            <groupId>org.springframework.boot</groupId>
            <artifactId>spring-boot-starter-web</artifactId>
        </dependency>
    </dependencies>

‥‥‥（省略）‥‥‥
```

2. Spring Boot 設定ファイル (src/main/resource/application.yml) に、以下のような OAuth 2.0 Resource Server の設定が追加されていることを確認します。

```
server:
  port : 8280
logging:
  level:
```

```
        org.springframework.security: debug
spring:
  application:
    name: springboot-spa
  security:
    oauth2:
      resourceserver:
        jwt:
          issuer-uri: http://localhost:8080/realms/demo
          audiences: spa-resource-server
```

表 6.4.9　OAuth 2.0 Resource Server の設定 [25]

設定項目	設定値	設定値の説明
logging.level.org. springframework. security	debug	Spring Security のログレベル。うまく動作しない場合などは、処理をトレースするためにログレベルを調整します。
spring.security.oauth2. resourceserver.jwt. issuer-uri	http://localhost: 8080/realms/ demo	Keycloak の iss クレームの値。この値から、OIDC メタデータも自動で検出されます。
spring.security.oauth2. resourceserver.jwt. audiences	spa-resource- server	アクセストークン検証の際の aud クレームの値。送信されてくるアクセストークンの aud クレームにこの値が含まれているかどうか検証されます。

3. 続いて、Spring Boot アプリケーション（src/main/java/com/example/demo/ResourceServer Application.java）の変更箇所を確認します。import 文に org.springframework.security. oauth2.server.resource.authentication.JwtAuthenticationToken を追加しているのに加え、OAuth 2.0 Resource Server から透過的に受け渡される JwtAuthenticationToken を引数に追加しています。そして、OAuth 2.0 Resource Server で Bearer 認証後のユーザーの情報を表示させるため、ResourceServerApplication.java の user メソッドを下記のように変更しています。OAuth 2.0 Resource Server では、認証済みとなっている場合、透過的に JwtAuthenticationToken が取得できるようになります。JwtAuthenticationToken からはアクセストークン内の各種クレーム（付与されているロールなど）を参照することができます [26]。

---

[25] ここで記載した設定以外にも、他の設定が利用できます。詳しくは以下の URL を参考にしてください。https://docs.spring.io/ spring-security/reference/servlet/oauth2/resource-server/jwt.html

[26] JwtAuthenticationToken のその他の API は、下記を参考にしてください。
https://docs.spring.io/spring-security/site/docs/6.2.4/api/org/springframework/security/oauth2/server/resource/ authentication/JwtAuthenticationToken.html

```
import org.springframework.security.oauth2.server.resource.authentication.
JwtAuthenticationToken;
    ……（省略）……
    @RequestMapping(value = "/spa-resource-server/user", method =
{RequestMethod.GET, RequestMethod.POST, RequestMethod.PUT, RequestMethod.
DELETE})
    public String user(HttpServletRequest httpRequest, JwtAuthenticationToken
jwt) {
        String sub = jwt.getToken().getClaim("sub");

        StringBuffer response = new StringBuffer();
        response.append("{");
        response.append(" \"method\" : \"" + httpRequest.getMethod() + "\",
");

        response.append(" \"userId\" : \"" + sub + "\" ");
        response.append("}");

        return response.toString();
    }
```

4. 今回は、Spring Boot アプリケーション内に SPA の HTML ページとリソースサーバーを共存させているため、パスごとの認可制御が必要となります。src/main/java/com/example/demo/ResourceServerSecurityConfig.java で、Spring Security の認可制御の挙動をカスタマイズしています。

主なカスタマイズ箇所は、以下のとおりです。実装内容に関しては、Spring Security の範疇となるため、詳細な説明は省略しますが、以下のカスタマイズをこのコードで実現します（今回実施するアクセス制御は、表 6.4.1 に記載しています）。

- リソースサーバーのパス（/spa-resource-server/user）へのアクセスは認証必須（要 Bearer 認証）
- SPA のパス（/spa-client-app/*）へのアクセスは Spring Security としてはすべて許可（JavaScript アダプターで認証がチェックされるため）

```
package com.example.demo;

import org.springframework.context.annotation.Bean;
import org.springframework.context.annotation.Configuration;
import org.springframework.security.config.Customizer;
```

```java
import org.springframework.security.config.annotation.web.builders.
HttpSecurity;
import org.springframework.security.config.annotation.web.configuration.
EnableWebSecurity;
import org.springframework.security.web.SecurityFilterChain;

@Configuration
@EnableWebSecurity
public class ResourceServerSecurityConfig {

    @Bean
    public SecurityFilterChain filterChain(HttpSecurity http) throws Exception
{
        http
                .authorizeHttpRequests(authorize -> authorize
                        // リソースサーバーのパスは認証必須（Bearer認証）
                        .requestMatchers("/spa-resource-server/user").
authenticated()
                        // SPAのパス（/spa-client-app/*）はSpring Securityとし
てはすべて許可（JavaScriptアダプターで認証がチェックされるため）
                        .requestMatchers("/spa-client-app/**").permitAll()

                )
                .oauth2ResourceServer((oauth2) -> oauth2.jwt(Customizer.
withDefaults()));
        return http.build();
    }

}
```

5. Keycloak と OAuth 2.0 Resource Server の準備が整ったので、認証連携済みのプロジェクト
   ディレクトリーから Spring Boot を起動します。

```
$ cd keycloak-book-jp-v2/06-04/sso/springboot-spa
$ ./mvnw clean spring-boot:run
```

6.4.4 動作確認

（1）SPA へのログイン

http://localhost:8280/spa-client-app/index.html にアクセスします。未認証状態なので、Keycloak のログイン画面が表示されます。

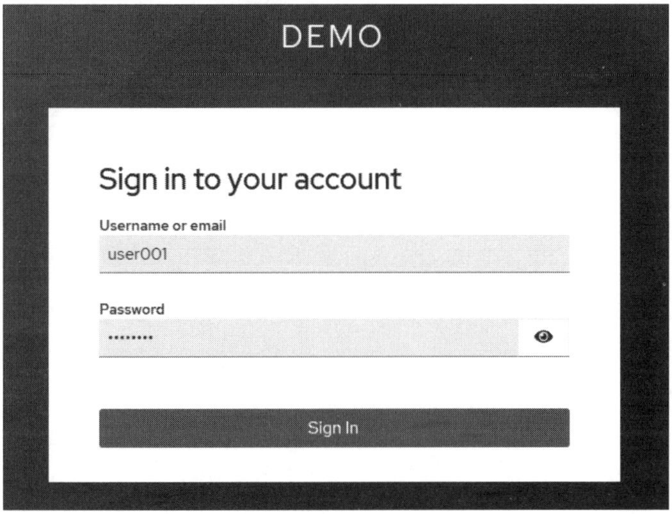

図 6.4.4　ログイン画面

　ログイン可能なユーザー（例えば user001）でログインすると、SPA の HTML ページが表示されます。「JavaScript Adapter Function」の各ボタンをクリックすることにより、JavaScript アダプターが取得した ID トークンなどの各種情報を参照したり、JavaScript アダプターからログアウトしたりすることができます。

SPA Main Page

username: user001
email: user001@example.com

JavaScript Adapter Function

- Display 'keycloak.authenticated'
- Display 'keycloak.subject'
- Display 'keycloak.tokenParsed'
- Display 'keycloak.idTokenParsed'
- Display 'keycloak.refreshTokenParsed'
- Logout(call 'keycloak.logout()'

Resource Server Access

- Access resource by 'GET' method
- Access resource by 'POST' method
- Access resource by 'PUT' method
- Access resource by 'DELETE' method

localhost:8280 の内容

```
{
  "exp": 1729316159,
  "iat": 1729315859,
  "auth_time": 1729315858,
  "jti": "8d9c76b7-537b-48cb-87a2-8d2f3fbc12a3",
  "iss": "http://localhost:8080/realms/demo",
  "aud": [
    "spa-resource-server",
    "account"
```

OK

図 6.4.5　SPA の HTML ページ

SPA の HTML ページで、認証処理が適切に動作することを確認できました。

■ (2) SPA からリソースサーバーへのアクセス

　続いて、SPA からリソースサーバーへの
アクセスを確認するため、図 6.4.6 の各ボタ
ンをクリックします。

　いずれのメソッドのボタンをクリックし
た場合も、リソースサーバーとの通信に成
功して、HTTP メソッドとユーザー ID が
取得できていることを確認できます（図
6.4.7）。これにより SPA の HTML ページに
おける認証処理とリソースサーバーにおけ
る認証済みユーザーのユーザー ID の表示が
実現できたことがわかります。

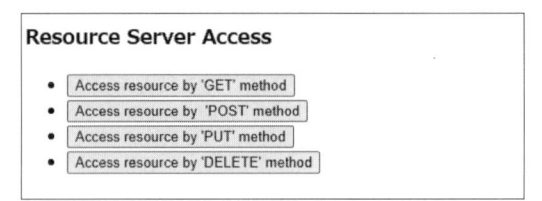

Resource Server Access

- Access resource by 'GET' method
- Access resource by 'POST' method
- Access resource by 'PUT' method
- Access resource by 'DELETE' method

図 6.4.6　リソースサーバーへアクセスするボタン

localhost:8280 の内容

```
{
  "method": "GET",
  "userId": "6092c87e-d4b3-48db-b87e-db4f960756af"
}
```

OK

図 6.4.7　リソースサーバーでのユーザー ID の表示

6.5 SSO と SLO の動作確認

6.4 節までに、Keycloak で以下の 3 つの認証連携を実現する方法について学びました。

- Spring Security を用いた認証連携 (OAuth 2.0 Login)
- リバースプロキシーを用いた認証連携 (mod_auth_openidc)
- JavaScript アダプターを用いた認証連携 (JavaScript アダプター + OAuth 2.0 Resource Server)

本節では、これらの複数のアプリケーションに対する SSO と SLO (シングルログアウト) の動作を確認します。上記すべてが動作確認できる状態で、同じブラウザーを利用して以下の URL に順にアクセスしてみます。最初にアクセスするアプリケーションではログインを要求されますが、他のアプリケーションではログインを要求されずアクセスできることがわかるはずです。

表 6.5.1　SSO の動作確認対象の URL

認証連携の方式	アクセスする URL
Spring Security を用いた認証連携 (OAuth 2.0 Login)	http://localhost:8180/user-area
リバースプロキシーを用いた認証連携 (mod_auth_openidc) [27]	http://localhost:18080/reverse-proxy-app/
avaScript アダプターを用いた認証連携 (JavaScript アダプター + OAuth 2.0 Resource Server)	http://localhost:8280/spa-client-app/index.html

6.5.1　SSO の動作確認

まずは SSO の動作を確認します。Spring Security でセキュリティー保護されたアプリケーションである http://localhost:8180/user-area に新規ブラウザーでアクセスすると、Keycloak へのログインが要求されます。もしここでログイン画面が出ずに、アクセスできてしまった場合には、後述する「Keycloak のログアウトエンドポイント」を呼び出してから再実行ください。

---

*27 mod_auth_openidc の動作を確認する場合は、ローカル端末は Linux もしくは WSL2 (Linux) である必要があります。

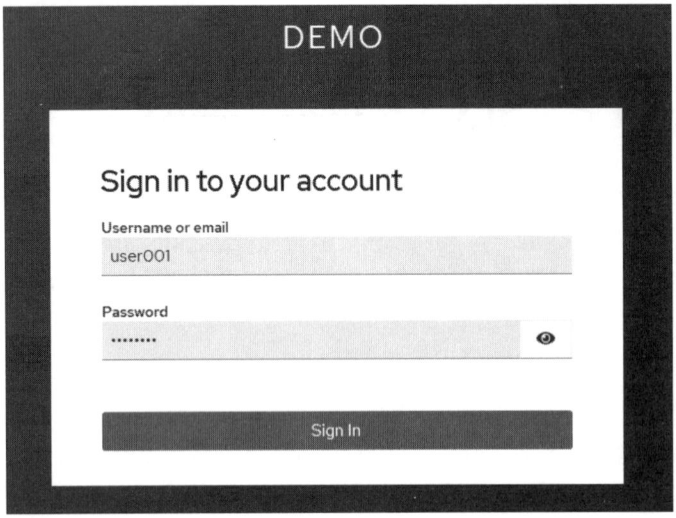

図 6.5.1　ログイン画面

　Keycloak に「user001」ユーザーでログインすると、Spring Boot のトップページが表示されます。ここまでは、6.2 節とまったく同じです。

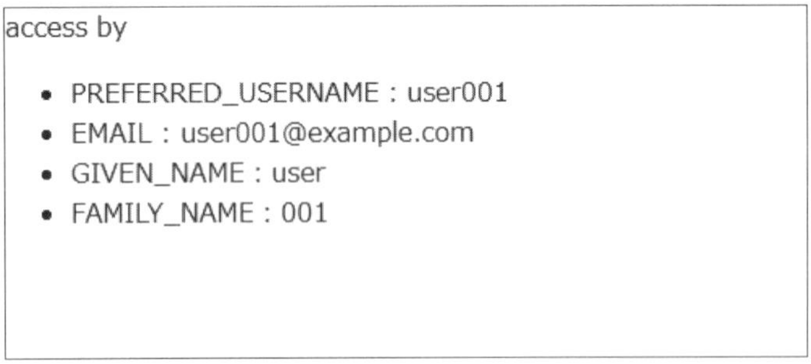

図 6.5.2　Spring Security で保護されたアプリケーションのトップページ

　続けて、リバースプロキシーでセキュリティー保護されたアプリケーションである http://localhost:18080/reverse-proxy-app/ にアクセスします。すると、今度は Keycloak のログイン画面は表示されず、即座に http://localhost:18080/reverse-proxy-app/ のページが表示されます。

　HTTP ヘッダーの表示から、ユーザーの情報が適切に連携されていることがわかります。

```
OIDC_CLAIM_exp: 1721039854
OIDC_CLAIM_iat: 1721039554
OIDC_CLAIM_auth_time: 1721039517
OIDC_CLAIM_jti: 5f6b3929-9461-4312-87d6-e911eaafe50c
OIDC_CLAIM_iss: http://localhost:8080/realms/demo
OIDC_CLAIM_aud: reverse-proxy-oidc
OIDC_CLAIM_sub: 6092c87e-d4b3-48db-b87e-db4f960756af
OIDC_CLAIM_typ: ID
OIDC_CLAIM_azp: reverse-proxy-oidc
OIDC_CLAIM_nonce: rZxf6zJv7e4q4dE_VMy-qf9y2kzLaV4t1lZjghikRow
OIDC_CLAIM_sid: 931e5d02-33e0-461c-bcd9-17a3511e0c34
OIDC_CLAIM_at_hash: l-fyiXsTvmDSuobd9m4b9w
OIDC_CLAIM_acr: 0
OIDC_CLAIM_email_verified: 0
OIDC_CLAIM_realm_access: {"roles": ["offline_access", "default-roles-demo", "uma_authorization", "user"]}
OIDC_CLAIM_name: user 001
OIDC_CLAIM_preferred_username: user001
OIDC_CLAIM_given_name: user
OIDC_CLAIM_family_name: 001
OIDC_CLAIM_email: user001@example.com
```

図 6.5.3 リバースプロキシーで保護されたアプリケーションのトップページ (抜粋)

続いて、JavaScript アダプターで保護されたアプリケーションである http://localhost:8280/spa-client-app/index.html にアクセスします。こちらも、Keycloak のログイン画面が表示されずに、アクセスできます。GET メソッドのボタンをクリックすると、ユーザー情報が適切に連携されていることがわかります。

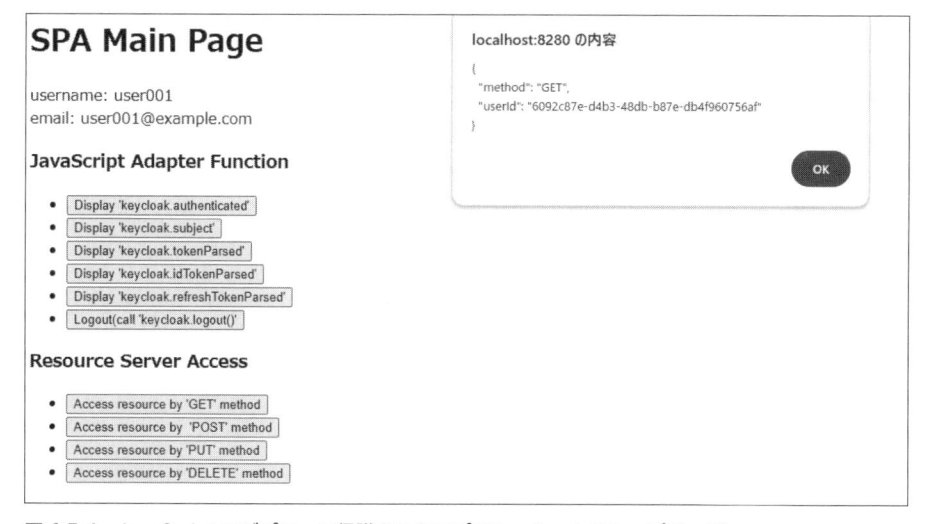

図 6.5.4 JavaScript アダプターで保護されたアプリケーションのトップページ

このように、一度 Keycloak にログインしていると、その後、他のアプリケーションへアクセスした際にログインが不要になることがわかります。つまり、複数のアプリケーションに対する SSO が実現されていることがわかります。

6.5.2　SLO の動作確認

SSO した後に、Keycloak のログアウトエンドポイントを呼び出すと、SLO することができます。このエンドポイントは、Keycloak（OP）が起点となり SLO を行うため、OP 起点の SLO と呼ばれます。OP 起点の SLO は下記のいずれかから実施することが可能です[28]。

- Keycloak にログイン済みの状態からアカウント管理コンソール（/realms/［レルム名］/account/）にアクセスし、右上のユーザー名のプルダウンから「Sign out」をクリックする
- Keycloak のログアウトエンドポイントを直接呼び出す
  ログアウト後にアカウント管理コンソールに遷移させる場合のリクエストの例：
  http://localhost:8080/realms/demo/protocol/openid-connect/logout?post_logout_redirect_uri=http%3A%2F%2Flocalhost%3A8080%2Frealms%2Fdemo%2Faccount%2F%23%2F&client_id=account-console

アカウント管理コンソールからの「Sign out」やログアウトエンドポイントを呼び出した場合、ユーザーは Keycloak からログアウトされるだけではなく、そのユーザーがログインしていたすべてのアプリケーションに対して、バックチャネルログアウトのリクエストが送信され、SLO が実現されます（ただし、アプリケーションがバックチャネルログアウトに対応していることが前提となります）。具体的には図 6.5.5 のようなシーケンスで、SLO が実現されます。

1. ユーザーが Keycloak のログアウトエンドポイントを呼び出します。
2. Keycloak が Spring Security（OAuth 2.0 Login）に対して、Backchannel logout URL で設定された URL を使ってバックチャネルログアウトします。
3. Spring Security がサーバーのセッションを削除します。
4. Keycloak が mod_auth_openidc に対して、Backchannel logout URL で設定された URL を使ってバックチャネルログアウトします。
5. mod_auth_openidc がサーバーのセッションを削除します。
6. Keycloak がサーバーのセッションを削除します。
7. Keycloak がログアウト完了のレスポンス（302 Found）を返します。
8. ブラウザーのセッションクッキーが削除され、その後、指定されたログアウト完了後の URL に遷移します。

---

[28] どちらも Keycloak のログアウトエンドポイントを呼び出しますが、渡されるパラメーターが一部異なります。前者は id_token_hint パラメーターが使われます。この場合、ログアウト要求時にログアウト確認画面は表示されずに、即座にログアウトが行われます。一方、後者は id_token_hint パラメーターが使われていません。この場合、DoS 攻撃を防ぐためにログアウト要求時に一度、確認画面が表示され、ユーザーが再度ログアウトを要求するまでログアウトが行われません。

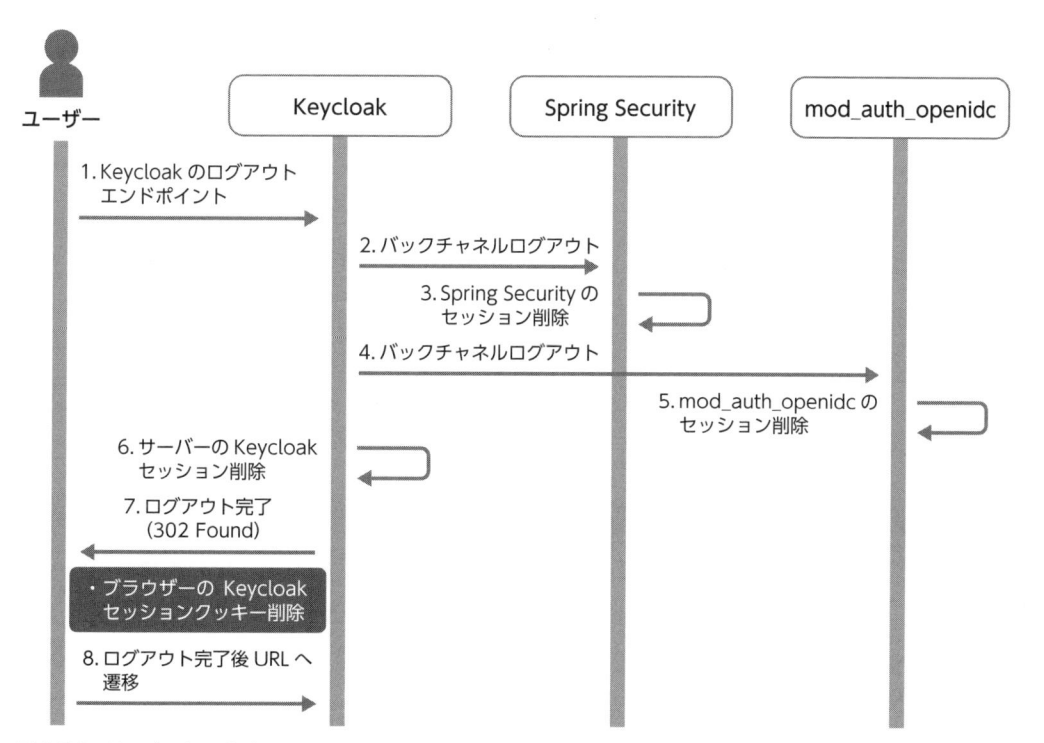

図 6.5.5　Keycloak の SLO シーケンス

　今回の動作確認では OP 起点の SLO を利用していますが、実際にはアプリケーション（RP）に
ログアウトボタンを配置して、RP 起点の SLO を行うケースもあります。6.2 節や 6.3 節で動作確
認を行った RP 起点のログアウトを行うと、図 6.5.5 と同様にバックチャネルログアウトも行わ
れ、SLO が実現されます。

　では、さっそく実際の動作で確認してみましょう。

　SSO した後に、アカウント管理コンソール（/realms/demo/account/）にアクセスして、右
上のプルダウンから、「Sign out」をクリックします。すると、Keycloak のログアウト処理が行
われた後に、アカウント管理コンソールの URL に遷移します。しかし、この時点ではすでに
Keycloak からログアウト状態なので、アカウント管理コンソールは表示されず、ログイン画面
が表示されます。

　この状態で、ログイン済みだったアプリケーションの 1 つ（http://localhost:8180/user-area）
にアクセスすると、ログイン画面が表示され、当該アプリケーションからログアウトされている
ことがわかります。

　続いて、他の 2 つのアプリケーション（http://localhost:18080/reverse-proxy-app/ と http://
localhost:8280/spa-client-app/index.html）にもアクセスしてみましょう。こちらもログイン画面
が表示され、ログアウトされていることがわかります。

　Keycloak のログアウトエンドポイントを呼び出しただけで、ログインしていたすべてのアプリケーションがログアウト状態になったことが確認できました。

　ここで確認した SLO は、Keycloak のクライアント設定で、「Backchannel logout URL」を適切に設定している場合に正しく動作します。

　つまり、Keycloak へのログアウトリクエストが発生すると、ユーザーがログインしていた Spring Security や mod_auth_openidc に対して、Keycloak が直接バックチャネルログアウトのリクエストを送信して、アプリケーション側のセッションをログアウトさせます。これにより、SLO が実現されます。もし障害によりバックチャネルログアウト（図 6.5.5 の 2. や 4.）が失敗した場合には、Keycloak のサーバーログに警告ログが出力されますが、Keycloak からのログアウト自体は正常に完了します。ただしこの場合は、バックチャネルログアウトに失敗したクライアントはログアウトされていない可能性があります [29]。

　一方、JavaScript アダプターだけは特殊で、サーバー側には固有のセッションを持っておらず、Keycloak のセッション有無を確認するためのセッションステータス iframe という機能が暗黙的に動作します。正常に動作している場合、デフォルト 5 秒おきに Keycloak のセッションが有効かをチェックしにいくため、SPA の画面を開いていると自動的にログアウト状態を検知して SLO が実現されます。ただし、最近のブラウザーではクロスドメインでのサードパーティークッキーの参照がデフォルトで抑止されるものがあるため、セッションステータス iframe が正常に動作しないケースがあります。セッションステータス iframe が正常に動作しない環境の場合には、アクセストークンの有効期限を可能な限り短くするなどの別の対策が必要です。

---

[29] RP が冗長化されて複数台あるような場合には、バックチャネルログアウトが適切な RP に送信されないとログアウトされないケースがあります。その場合は、RP 側でセッションバックエンドを共通化したり、セッションレプリケーションを行っておくなどの対処が必要になることがあります。

その他の SSO の動向と概略

昨今では Web アプリケーションだけでなく、ネイティブアプリケーションにおいても SSO を求められるケースが増えています。また、サードパーティー製の OIDC ライブラリーの導入や改修が困難であるレガシーなアプリケーションの SSO も引き続き要望があります。本節ではこれらのアプリケーションにおける SSO の実現方法の動向と概略を紹介します。

実践編

6

SSO を実現する

6.6.1 ネイティブアプリケーションの SSO

Keycloak のドキュメントでは、iOS や Android のモバイルアプリケーション用のクライアントアダプターとして、サードパーティー製の OIDC 対応ライブラリーである AppAuth が紹介されています [*30]。これらは、RFC 8252（OAuth 2.0 for Native Apps）を実装することでネイティブアプリケーションの SSO を実現します。RFC 8252 は BCP（Best Current Practice：ベストカレントプラクティス）という分類の RFC であり、その時点での最良の方式をまとめたものです。RFC 8252 ではネイティブアプリケーションにおいて OAuth のフローをどのように実装するとよいかが記述されています。本項では、この RFC 8252 を利用した SSO について紹介します。なお、その中で RFC 8252 には登場しない、OIDC の ID トークンについての言及がありますが、これは OAuth を拡張した仕様である OIDC のフローに RFC 8252 を適用しているためです。

この方法では、ネイティブアプリケーションにおける認証処理をアプリケーション外のシステムブラウザー [*31] で行い、システムブラウザーに認証サーバーの認証セッションを保存します。そして、同一端末の他のアプリケーションの認証処理においても同じシステムブラウザーを利用することで、再認証を回避し SSO を実現します。アプリケーションの内部ブラウザー（Web ビューなど）でログインする場合、アプリケーションから内部ブラウザーを細かく制御可能なため、問題のあるアプリケーションにクレデンシャルを詐取されるおそれがありますが、この方法であればその点がよりセキュアになります。また、内部ブラウザーでは認証サーバーの認証セッションが共有されず、SSO が実現できません。

この方式における 2 つのネイティブアプリケーションへの SSO のシーケンスは、以下のよう

[*30] https://www.keycloak.org/securing-apps/overview#_getting_started

[*31] プラットフォームによってはシステムブラウザーをアプリケーション内にシームレスに表示するアプリケーション内ブラウザータブ (in-app browser tabs) が利用可能です。同一アプリケーション内で認証処理が完結することで UX が優れるため、利用可能な場合はこちらを推奨します。

になります。

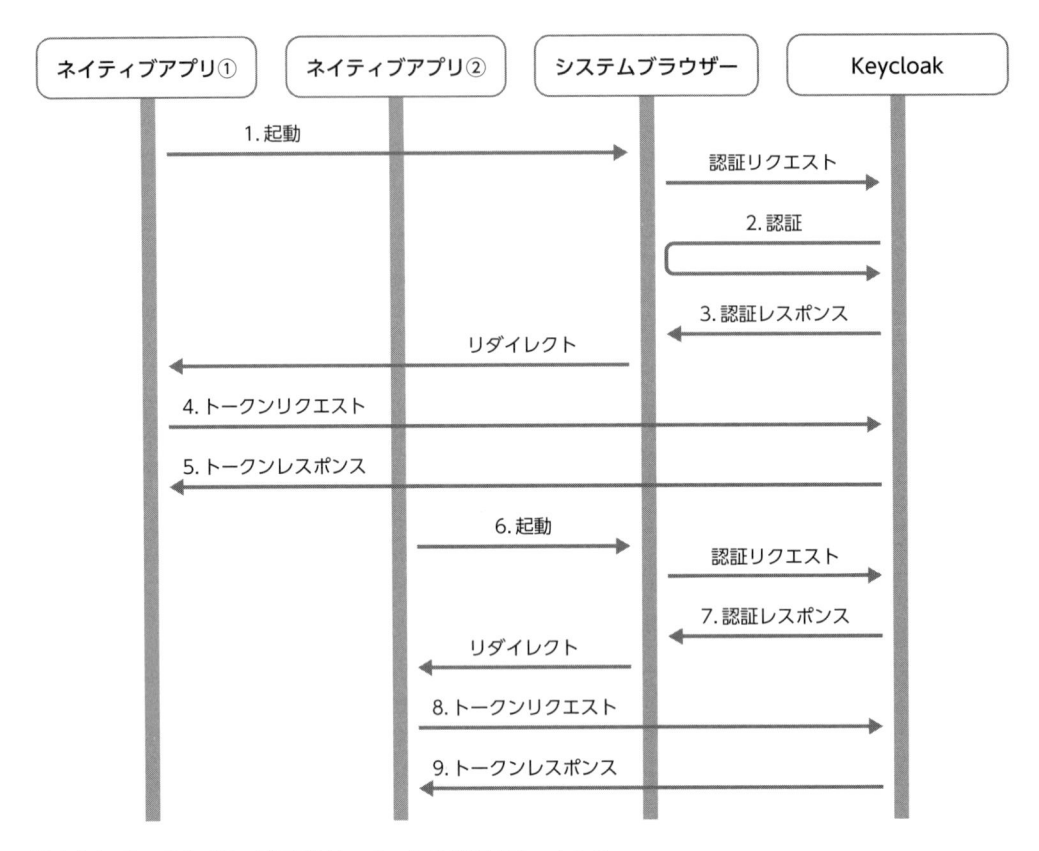

図 6.6.1　2 つのネイティブアプリケーションの SSO のシーケンス

1. ユーザーがネイティブアプリケーション①を起動すると、ネイティブアプリケーション①は、システムブラウザーを開き、Keycloak に認証リクエストを送信します。この際、ネイティブアプリケーション①が認可コードを受け取れるように、リダイレクト URI にはネイティブアプリケーション①の URL スキーム[*32] を含んだ URL を設定します。

2. Keycloak はシステムブラウザーにログイン画面を表示してユーザーを認証します。

3. 認証に成功すると、ネイティブアプリケーションを示す URL スキームを含んだ URL にリダイレクトされ、ネイティブアプリケーション①は認可コードを受け取ります。

4. ネイティブアプリケーション①は、トークンリクエストで認可コードを Keycloak に送信し、ID トークンを取得します。

[*32] プラットフォームによっては、カスタム URL スキーム（https:// ではなく、[インストールアプリケーション固有の ID] ://）を利用する場合がありますが、セキュリティー面で脆弱なため非推奨です。

5. 取得した ID トークンを検証し、問題がなければネイティブアプリケーション①を認証状態にします。

6. ユーザーがネイティブアプリケーション②を起動すると、ネイティブアプリケーション②はシステムブラウザーを開き、Keycloak に認証リクエストを送信します。

7. Keycloak にはユーザー（システムブラウザー）のセッションがあるので、ユーザーは認証を要求されることなく、ネイティブアプリケーション②の URL スキームを含んだ URL にリダイレクトされネイティブアプリケーション②は認可コードを受け取ります。

8. ネイティブアプリケーション②はトークンリクエストで認可コードを Keycloak に送信し、ID トークンを取得します。

9. 取得した ID トークンを検証し、問題がなければネイティブアプリケーション②を認証状態にします。

この方式により、ネイティブアプリケーションにおける SSO を実現できますが、ユーザーがシークレットモードでブラウザーを利用している場合やシステムブラウザーからクッキーをクリアした場合には SSO できなくなってしまうため注意が必要です。特に、ネイティブアプリケーションを多用するモバイルアプリケーションではこの点が課題としてあります。ブラウザーのクッキーを利用せず、SSO を実現するための仕様として OpenID Connect Native SSO for Mobile Apps[33] の策定が進められていますが、まだ策定中であり、Keycloak においても導入はされていません。こちらでは、同一ベンダーが提供するアプリケーション間での SSO という制約はありますが、アプリケーション間で共有される領域に ID トークンとデバイスシークレットを保存しておき、それを利用して、Token Exchange[34] により別のアプリケーション用の新たな ID トークンを取得し SSO を実現する方式が検討されています。

6.6.2 レガシーアプリケーションの認証連携

OIDC や SAML に対応していない、かつアプリケーションに手を加えることが難しいレガシーなアプリケーションとの認証連携を実現したい場合は、代理認証方式の認証連携を検討するのも選択肢の 1 つです。代理認証方式とは、アプリケーションへのログインをユーザーの代わりに行うソフトウェア（代理認証エージェント）をサーバーサイドまたは利用ユーザーの端末[35] に配置

----

[33] 詳細は https://openid.net/specs/openid-connect-native-sso-1_0.html を参照してください。

[34] RFC 8693 OAuth 2.0 Token Exchange として公開されている仕様で、既存のトークンから別のトークンを取得する機能です。Keycloak にも Token Exchange の機能はテクノロジープレビュー（デフォルトでは無効）機能としてあります。https://www.keycloak.org/securing-apps/token-exchange

[35] 例えば、Microsoft Entra ID（旧 Azure AD）や Okta などの IDaaS では専用のブラウザー拡張ツールを端末にインストールして代理認証を実現しています。その他にも、クライアント／サーバーシステム向けの代理認証エージェントを提供しているベンダーもあります。

することで、アプリケーションに手を加えずに認証連携を実現する方式です。代理認証エージェントがユーザーに代わってクレデンシャルを自動送信してログインするため、ユーザーから見るとレガシーアプリケーションであっても認証連携が実現できているように見えます。ただし、代理認証方式はアプリケーション固有のログイン仕様に合わせてクレデンシャルを自動送信するという方式上、OIDC や SAML のような標準化はできず、各々のシステムの状況に合わせた独自の設計を行う必要があります。そのため、以下にサーバーサイド型の代理認証方式の例を紹介しますが、あくまで一例としての紹介となります。

　サーバーサイド型の代理認証方式における代理認証エージェントには、主に「Keycloak と認証連携する機能」と「アプリケーションに対してユーザーのクレデンシャルを送信する機能」の2 つの機能が必要となります。前者では、Keycloak と OIDC で認証連携し、ユーザーの認証と Keycloak から ID トークンの取得などを行います（図 6.6.2 ②③）。つまり、代理認証エージェントは Keycloak に対して RP となります。また、後者では、何らかの方法で得られたクレデンシャル[*36] をアプリケーションに送信し、アプリケーションへのログインを実現します（図 6.6.2 ④）。

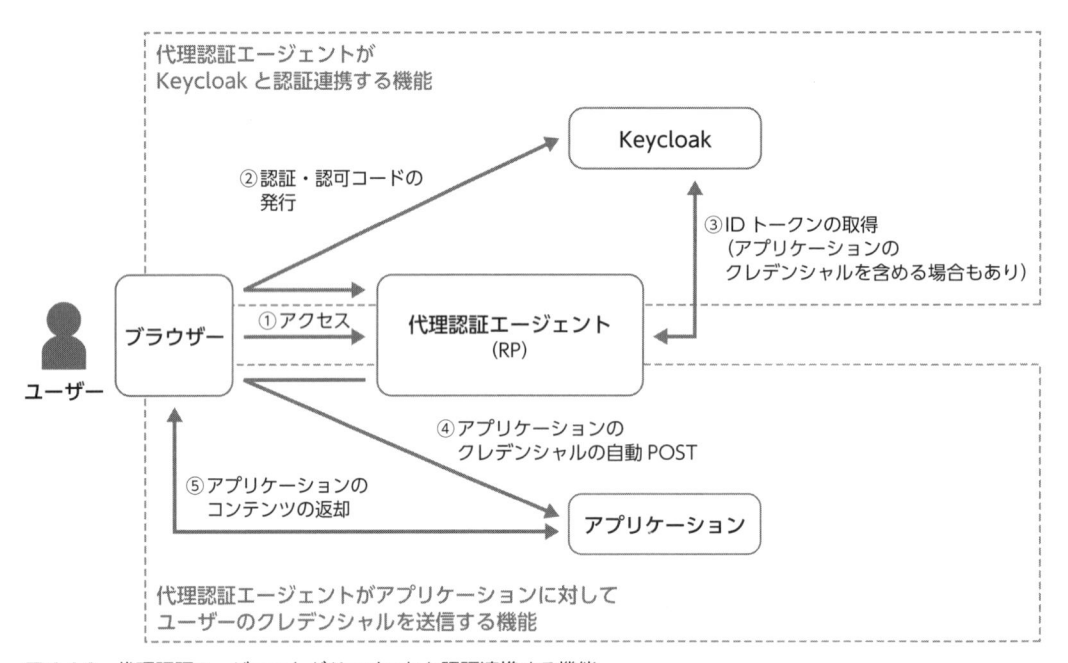

図 6.6.2　代理認証エージェントが Keycloak と認証連携する機能

　これにより、ユーザーは代理認証エージェントにアクセスして Keycloak にログインするだけでアプリケーションを利用でき、あたかもアプリケーションが Keycloak と直接認証連携をして

---

*36 クレデンシャルが Keycloak の管理配下にある場合は、ID トークンに含めて渡す方法があります。または、代理認証エージェントがクレデンシャル管理先から取得する方法もあります。

いるような UX を実現できます。

このように、サーバーサイドの代理認証エージェントは OIDC の RP として振る舞う部分と、クレデンシャルを取得してアプリケーションのログイン仕様に合わせて送信するという部分を作り込むことで実現することができます。実装方法としては、OIDC に対応したライブラリーを利用してスクラッチで Web アプリケーションとして作り込むこともできますし、OIDC に対応したリバースプロキシーを拡張[37] して対応することも可能です。

今回はレガシーアプリケーションの認証連携の一例としてサーバーサイド型の代理認証方式を紹介しました。代理認証方式はアプリケーションのログイン画面の仕様に強く依存します。そのため、アプリケーションのログイン画面の仕様が変わると代理認証できなくなる可能性も高くなります。また、クレデンシャルをサーバー間で直接扱うことから、OIDC や SAML と比較してクレデンシャルの漏洩リスクが高いことも考慮すべき点となります。そのため、基本的には OIDC や SAML での認証連携を検討し、どうしても対応が困難である場合のみ、代理認証方式を検討するといった進め方がよいでしょう。

実践編

6

SSO を実現する

---

[37] 例えば、Apache の場合は mod_perl などを利用して代理認証に必要な機能を追加することができます。

本章のまとめ

本章では、複数のアプリケーションで SSO と SLO を実現する方法を解説しました。

- 6.1 節「本章で取り扱うユースケース」について
  導入として本章で取り扱うユースケースについて解説しました。
- 6.2 節「Spring Security を用いた認証連携」について
  Spring Boot アプリケーションに対して、Spring Security の OAuth 2.0 Login を適用して認証連携を実現する方法を解説しました。ワークショップ形式により、Spring Security の OAuth 2.0 Login を利用する際の具体的な導入方法や設定方法、実際の動作について解説しました。
- 6.3 節「リバースプロキシーを用いた認証連携」について
  リバースプロキシーサーバーとなっている Apache に対して、mod_auth_openidc を適用して認証連携を実現する方法を解説しました。ワークショップ形式により、mod_auth_openidc を利用する際の具体的な導入方法や設定方法、実際の動作について解説しました。
- 6.4 節「JavaScript アダプターを用いた認証連携」について
  SPA に対して、JavaScript アダプターを適用して認証連携を実現する方法を解説しました。ワークショップ形式により、JavaScript アダプターや Spring Security の OAuth 2.0 Resource Server を利用する際の具体的な導入方法や設定方法、実際の動作について解説しました。
- 6.5 節「SSO と SLO の動作確認」について
  複数のアプリケーション間で、SSO が実現できているかどうかを確認し、SSO の有用性を確認しました。また、SLO の動きについても、解説しました。
- 6.6 節「その他の SSO の動向と概略」について
  ネイティブアプリケーションの SSO の動向と概略、およびアダプター/ ライブラリーの適用が不可能なアプリケーションにおける認証連携の実現方法を解説しました。

さらに理解を深めるためには、本章で解説した以外のサードパーティーライブラリーを利用してみるのもよいでしょう。

第 7 章

さまざまな認証方式を用いる

本章では、さまざまな認証方式について、その考え方と設定方法を解説します。これらは、SSO と API 認可の両方のユースケースで必要になります。最初に認証の強化についての考え方を解説します。次に、複数の認証方式を組み合わせる方法、外部のストレージに保存されたユーザー情報で認証を行う方法、GitHubや Google といった外部のアイデンティティープロバイダーで認証を行う方法を解説します。

7.1　認証の強化

　Keycloak では、ユーザー名とパスワードを用いた認証に加えて、ワンタイムパスワード（以下、OTP）やパスキーによるパスワードレス認証もサポートしています。また、カスタマイズにより、任意の認証方式を作成することもできます。さらに、これらの認証方式を組み合わせることで、多要素認証を実現することができます。多要素認証とは、表 7.1.1 に示すような、認証要素を複数組み合わせて要求する認証方式です。

表 7.1.1　多要素認証の認証要素とその例

認証要素	説明	例	Keycloak で標準提供されている認証方式
知識情報	本人しか知らない情報	・パスワード ・秘密の質問	・パスワード認証
所有情報	本人しか所有しないものに関する情報	・携帯電話 ・セキュリティートークン ・ID カード	・OTP 認証 ・パスキー認証 ・X.509 証明書認証
生体情報	本人しか持っていない身体的特徴に関する情報	・指紋 ・顔 ・虹彩	・パスキー認証

　認証時に種類の異なる認証要素を 2 つ以上要求することで、例えばパスワードが流出しても、物理的なセキュリティートークンを所有していない第三者からのログインを拒否するといった認証を実現できます。

　Keycloak では、認証フロー（Authentication Flow）により、多要素認証を実現します。本節では、まず基礎となる認証フローの考え方を解説した後に、OTP やパスキーを使った多要素認証の設定方法や、パスキーによるパスワードレス認証の設定方法を解説します。

7.1.1　認証フローの考え方

　本項では、認証フローの考え方と、これに関連してよく使われる必須アクション（Required Action）を解説します。

■ (1) 認証フローの概要

認証フローは、パスワード認証やOTP認証といった、Executionと呼ばれる個々の認証処理を組み合わせて構成します。そして、認証の成否は、各Executionの評価単独で決まるのではなく、各Executionの評価結果から認証フロー全体で決定します。例えば、パスワード認証とOTP認証という、2つのExecutionから成る図7.1.1のような認証フローを構成したとします。この場合、Execution-1とExecution-2の両方の認証に成功すると認証フロー全体として認証成功になりますが、どちらかが失敗すると、認証失敗となります。

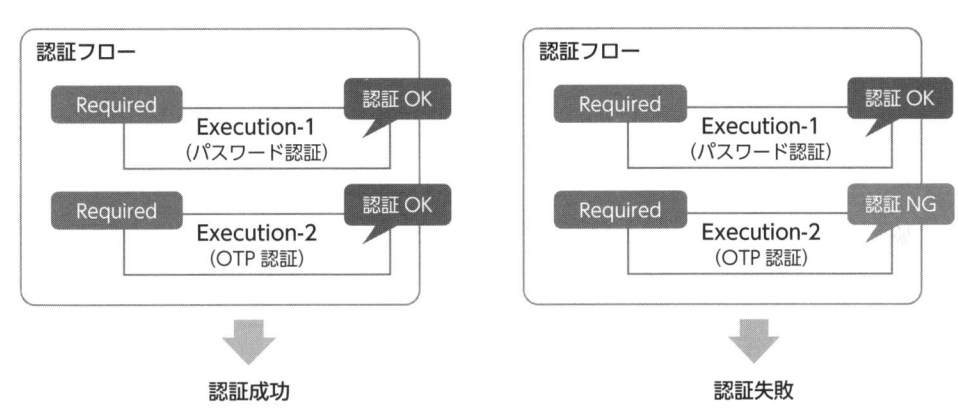

図 7.1.1　各 Execution の評価結果から認証フローが認証の成否を判定

Executionには、パスワード認証やOTP認証などのKeycloakが標準提供しているものがありますが、Executionをカスタマイズして、独自の認証処理をKeycloakに追加することもできます。カスタマイズの方法は第8章8.3節を参照してください。

■ (2) 認証フローとその構成の考え方

認証フローにExecutionを複数設定した場合、Executionは上から順に実行されます。また、特定の条件下で複数のExecutionを実行したい場合など、複雑な条件を持つ認証フローを構成する際は、認証フロー内に「サブフロー」というフローを作成し、複数のExecutionをグループ化して階層構造を持たせることもできます。

個々のExecutionとサブフローには、認証フロー全体の成功に必須であるかなどの条件を設定できます。設定できる条件は、表7.1.2に示す4つです。

実践編

7

さまざまな認証方式を用いる

表 7.1.2　Execution とサブフローに設定できる条件

条件	説明
Required	フロー（認証フローとサブフロー）の成功に必須となる条件です。フロー内の Required を設定した Execution は、上から順番に実行され、すべての Required の Execution が成功と評価されると、フローが成功と評価されます。途中の Execution で失敗すると、そこでフローの評価が中断され、フローが失敗と評価されます。 また、サブフローにも Required を設定できます。評価の考え方は Execution と同様です。
Alternative	フロー内の Execution やサブフローが Alternative のみの場合、そのうち 1 つだけ成功と評価されれば、フローが成功と評価されます。フロー内の Execution やサブフローに Alternative と Required が混在する場合、Required の Execution やサブフローが成功すれば十分なので、Alternative の Execution やサブフローは実行されません。
Disabled	Disabled を設定した Execution やサブフローは実行されず、フローの評価には影響しません。用途に応じて Execution やサブフローの実行を除外したい場合などに利用します。
Conditional	サブフローでのみ設定可能です。Conditional を設定したサブフロー（Conditional サブフロー）内に、条件を判定する Execution を含める必要があります。条件を判定する Execution は真偽値を返し、真と評価された場合、Conditional サブフローは Required として機能します。偽と評価された場合、Disabled として機能します。 また、条件を判定する Execution がサブフローに設定されていない場合、そのサブフローは Disabled として機能します。

　例を見てみましょう。2 つの Execution の処理を必須にしたい場合は、認証フローに Execution を 2 つ並べ、両方を Required に設定することで、いわゆる AND 条件を作ることができます。

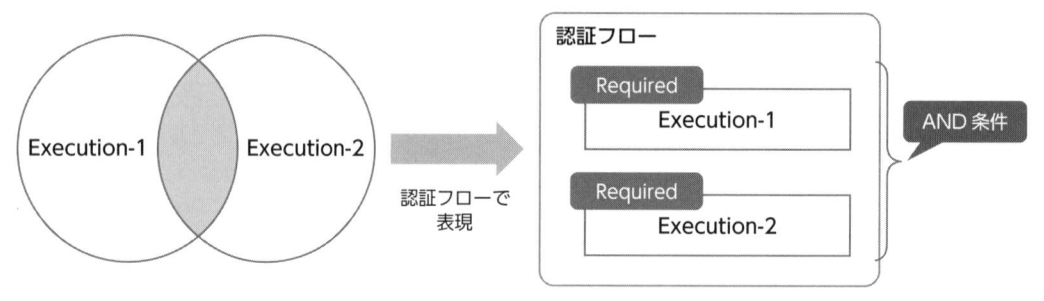

図 7.1.2　2 つの Execution の処理を必須にするフローの例

　また、2 つの Execution のうち、どちらかの評価のみ成功すればよい場合は、両方とも Alternative に設定することで、いわゆる OR 条件を作ることができます。

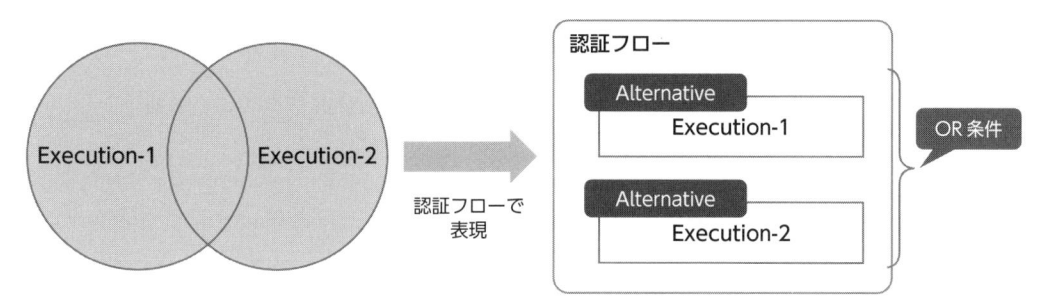

図 7.1.3 　2 つの Execution のうち、どちらか一方の評価が成功すればよいフローの例

　次に、Execution-1 OR (Execution-2 AND Execution-3) のような少し複雑な条件を作りたい場合を考えます。この場合、Execution-2 と Execution-3 は AND 条件なので Required に設定しますが、これらを Execution-1 と同じ階層のフローに置いてしまうと、Execution-1 の成否に関わらず、Execution-2 と Execution-3 の認証が必須になってしまいます。このようなときは、Execution-2 とExecution-3 を 1 つのグループとして扱うサブフローをまず作ります。次に、Execution-1 とサブフローに Alternative を設定すると、この条件を作ることができます。

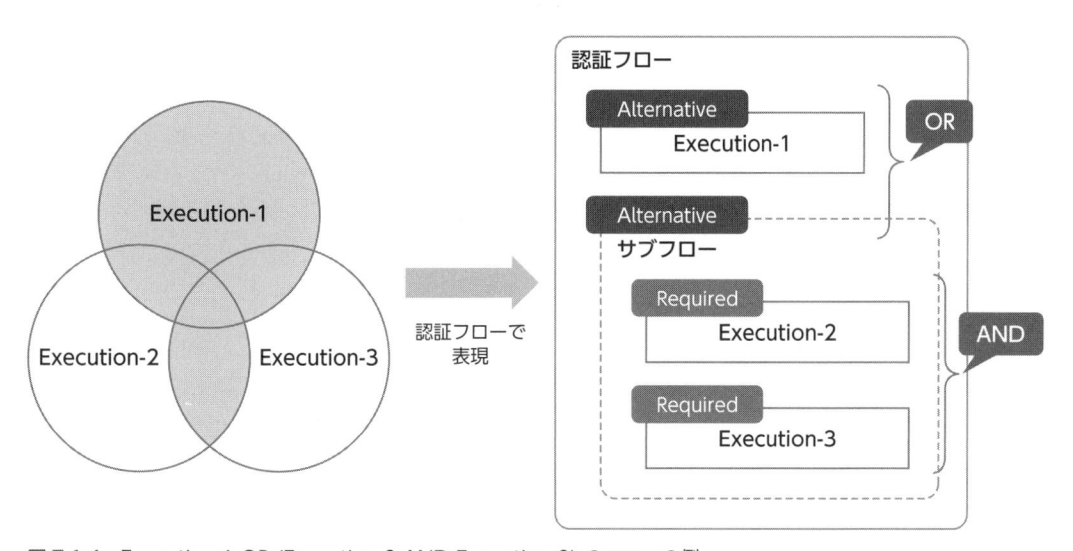

図 7.1.4 　Execution-1 OR (Execution-2 AND Execution-3) のフローの例

　また、特定のユーザーのみといった、ある条件時のみ実行したい Execution がある場合は、Conditional サブフローを使います。Execution-2 を条件に応じて実行したい場合は、Conditionalサブフローに条件判定をする Condition Execution と、実際に処理したい Execution-2 を加え、これらを Required に設定します。これでいわゆる IF 条件を作ることができます。

実践編

7

さまざまな認証方式を用いる

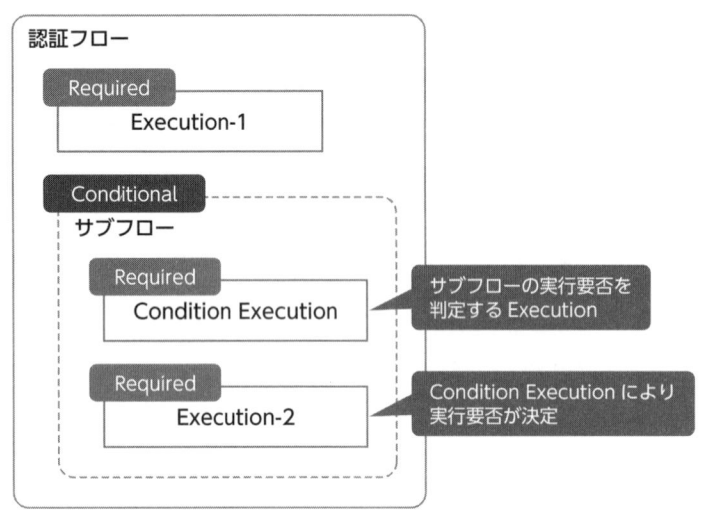

図 7.1.5 Execution-2 を条件により実行するフローの例

　理解を深めるために、実際の認証フローの構成を紹介します。ここでは、デフォルトで適用されている認証フローであり、次節でも利用する「browser」認証フローを取り上げます。管理コンソールの左メニューから前章までに作成した「demo」レルムを選択[*1]し、さらに左メニューの「Authentication」をクリックすると、図 7.1.6 の「Authentication」画面が表示されます。「Flows」タブに表示されている Flow name の項目がそれぞれの認証フローの名前です。例として、「browser」をクリックすると「browser」認証フローの詳細を参照できます。

Authentication

Authentication is the area where you can configure and manage different credential types.　Learn more

| Flows | Required actions | Policies |

| Q Search for flow → | Create flow | Refresh | | 1-7 ▾ ‹ › |

Flow name	Used by	Description	
browser　Built-in	✓ Browser flow	Browser based authentication	⋮
clients　Built-in	✓ Client authentication flow	Base authentication for clients	⋮
direct grant　Built-in	✓ Direct grant flow	OpenID Connect Resource Owner Grant	⋮
docker auth　Built-in	✓ Docker authentication flow	Used by Docker clients to authenticate against the IDP	⋮
first broker login　Built-in	✓ First broker login flow	Actions taken after first broker login with identity provider account, which is not yet linked to any Keycloak account	⋮
registration　Built-in	✓ Registration flow	Registration flow	⋮
reset credentials　Built-in	✓ Reset credentials flow	Reset credentials for a user if they forgot their password or something	⋮

1-7 ▾ ‹ ›

図 7.1.6 「Authentication」画面

[*1] 「demo」レルムが未作成の場合、管理コンソールの左メニューのレルムのリストボックスから「Create realm」をクリックし、「demo」レルムを作成してください。

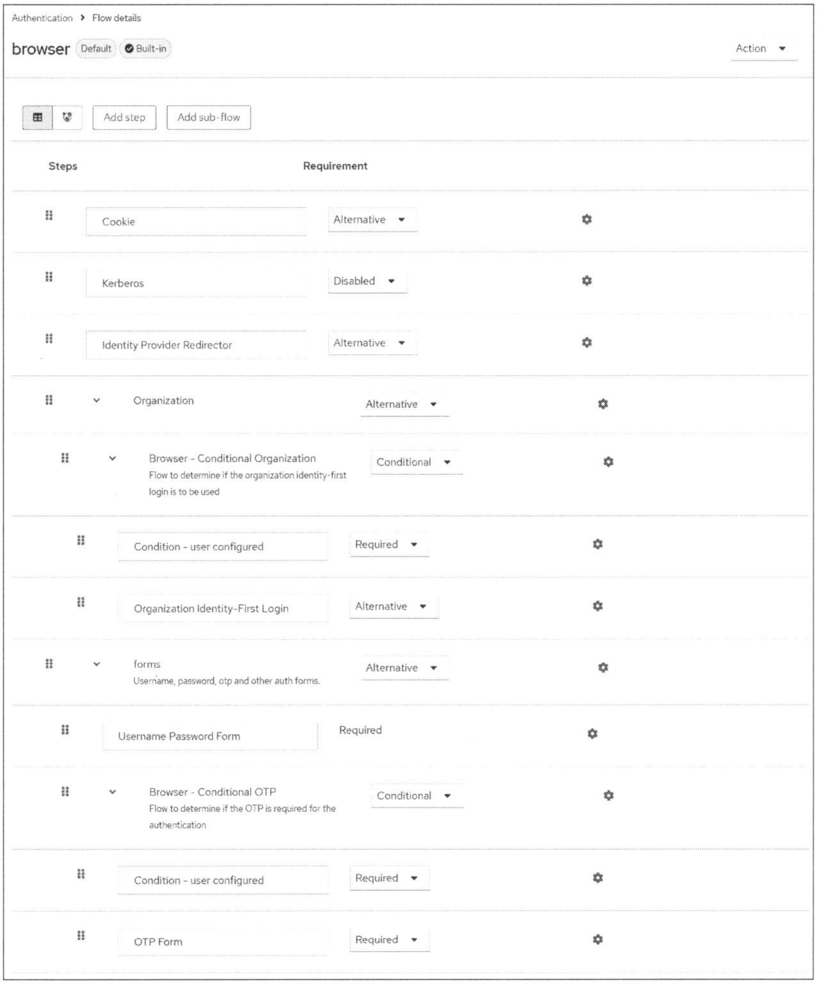

図 7.1.7 「browser」認証フロー

　このフローの構成を詳しく見ていきます。まず、「Cookie」Execution、「Identity Provider Redirector」Execution、「Organization」サブフロー、「forms」サブフローが Alternative であり、これらが OR 条件であることがわかります[*2]。

　「Cookie」Execution は、Keycloak のセッションクッキーをもとに認証済みであるかを判定する処理です。通常、認証済みであれば、ユーザーに再認証を求めないため、「Cookie」Execution 単独の評価で認証成功にするために、「Cookie」Execution と他の Execution とは OR 条件に設定されています。

　次の「Identity Provider Redirector」Execution は、ユーザーを外部アイデンティティープ

ロバイダーのログイン画面へリダイレクトできます（これについては7.3節で紹介します）。Keycloak に外部アイデンティティープロバイダーの設定が追加されている場合、デフォルトでは Keycloak のログイン画面に外部アイデンティティープロバイダーで認証するためのリンクが表示されます。ただし、この Execution の Default Identity Provider の設定や kc_idp_hint クエリーパラメーターの値に外部アイデンティティープロバイダーのエイリアスを指定している場合は、Keycloak のログイン画面を経由せずに直接その外部アイデンティティープロバイダーにリダイレクトできます [*3]。

3つ目の「Organization」はサブフローです。「Browser - Conditional Organization」という Conditional サブフローから構成されています。このサブフローは、Organization 機能が有効な場合に有効となるサブフローです [*4]。そのため、Organization 機能を利用していない場合には考慮する必要のないサブフローとなります。

4つ目の「forms」もサブフローです。「Username Password Form」という Required に設定された Execution と「Browser - Conditional OTP」という Conditional サブフローから構成されています。「Username Password Form」Execution は、ログインフォームによるおなじみのパスワード認証です。Conditional サブフローは「Condition - user configured」と「OTP Form」という Required に設定された Execution から構成されています。前者は、ユーザーが OTP 認証を使うよう設定されているかを評価し、後者はフォームによる OTP 認証を行います。つまり、この Conditional サブフローは、ユーザーが OTP を使う設定をしている場合のみ評価対象になります。

まとめると、「browser」認証フローは、図 7.1.8 のような認証条件となります（Disabled の「Kerberos」Excution や、Organization 機能が無効な状態では意味をなさない「Organization」サブフローは図から除外しています）。未認証のユーザーには「Username Password Form」Execution によってログイン画面が表示されます。一方で、認証済みのユーザーにはすでにクッキーが発行されているため、「Cookie」Execution の条件が満たされて認証が成功するようになります。また、OTP 認証や外部アイデンティティープロバイダーを設定している場合は、これらの評価・認証も行われるようになります。

[*3]　Default Identity Provider や kc_idp_hint クエリーパラメーターの詳細は Server Administration Guide を参照してください。
https://www.keycloak.org/docs/26.0.0/server_admin/#default_identity_provider

[*4]　デフォルトでは無効の機能です。第 4 章 4.1.5 項でも触れているように、Organization 機能の詳細は Server Administration Guide を参照してください。
https://www.keycloak.org/docs/26.0.0/server_admin/#_managing_organizations
また、Organization 機能を利用する場合は、以下の認証フローの動作の説明も参照してください。
https://www.keycloak.org/docs/26.0.0/server_admin/#authenticating-members_server_administration_guide

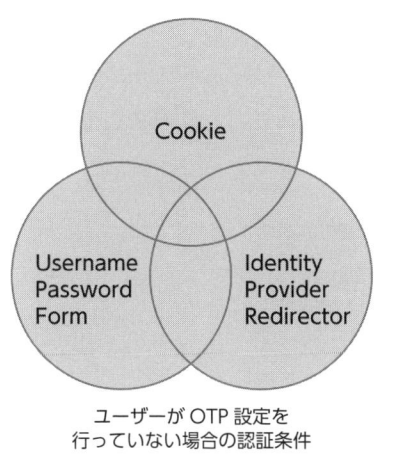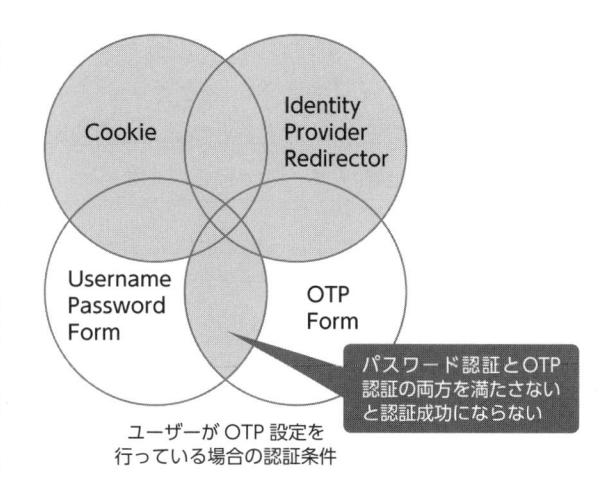

ユーザーが OTP 設定を
行っていない場合の認証条件

ユーザーが OTP 設定を
行っている場合の認証条件

図 7.1.8 「browser」認証フローの認証条件

■（3）認証フローの適用

　認証フローは、ただ作成しただけでは認証に使われません。認証で使われるようにするには、「Authentication」画面で認証フローの右側の : より設定する必要があります（図 7.1.9）。例えば、新たな認証フローを作成し、図 7.1.9 の : から「Bind flow」をクリックし、「Browser flow」を選択して「Save」ボタンをクリックすると、作成した認証フローがブラウザーでの認証に使われる認証フローとして設定されます（図 7.1.10）。

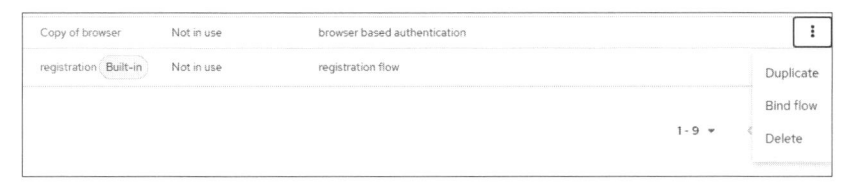

図 7.1.9 「Authentication」画面

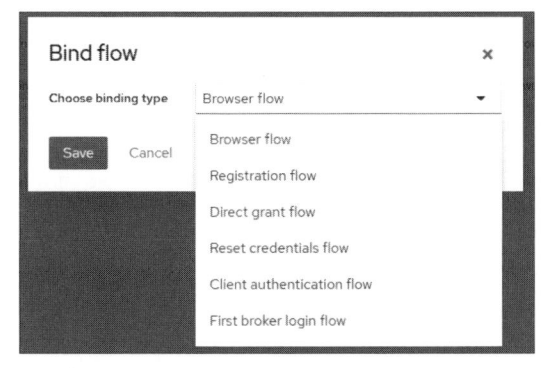

図 7.1.10 「Bind flow」ダイアログ

　この画面はレルム全体での認証フローの設定ですが、クライアントに対して個別に認証フローを設定することもできます。クライアントの「Advanced」タブの「Authentication flow overrides」で認証フローを設定すると、適用される認証フローが上書きされ、このクライアントでは個別に設定した認証フローが実行されます。

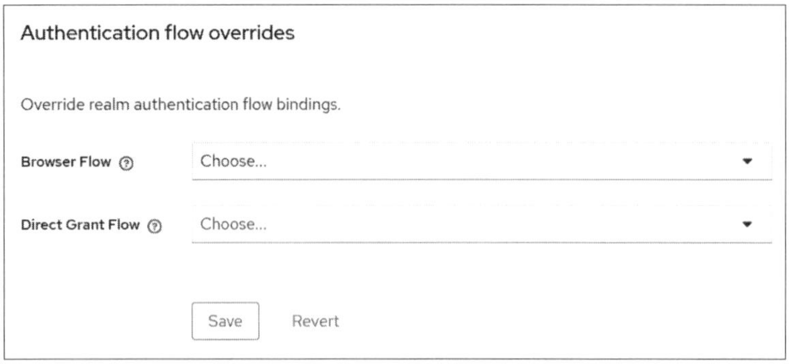

Authentication flow overrides

Override realm authentication flow bindings.

| Browser Flow ⑦ | Choose... ▼ |
| Direct Grant Flow ⑦ | Choose... ▼ |

Save　　Revert

図 7.1.11　クライアントごとに認証フローを設定する

■ (4) 必須アクション

　認証後にパスワード変更をさせるなど、ユーザーがログインした後に、特定の操作をユーザーに行わせたい場合があります。この場合には、必須アクションという機能を使います。必須アクションの設定は、管理コンソールの「Authentication」画面の「Required actions」タブで行います。「Enabled」を On にすると、その必須アクションが使えるようになり、「Set as default action」を On にすると、ユーザーが新規登録されたとき、自動的にその必須アクションが行われます。実際の設定例は 7.1.3 項で紹介します。

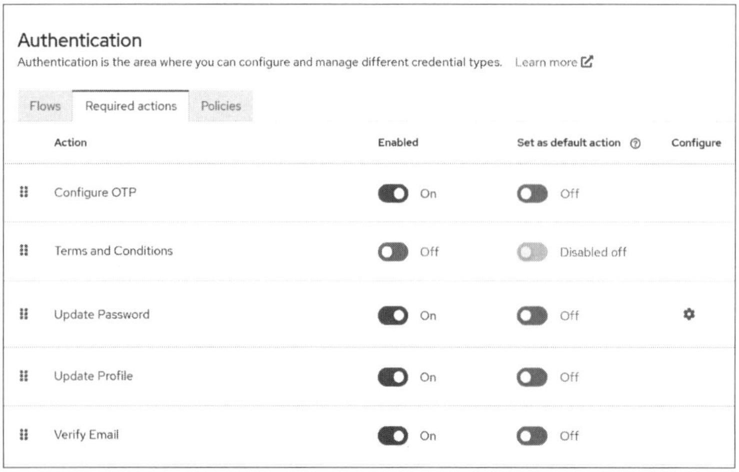

Authentication
Authentication is the area where you can configure and manage different credential types.　Learn more ☑

Flows　Required actions　Policies

Action	Enabled	Set as default action ⑦	Configure
Configure OTP	● On	○ Off	
Terms and Conditions	○ Off	Disabled off	
Update Password	● On	○ Off	⚙
Update Profile	● On	○ Off	
Verify Email	● On	○ Off	

図 7.1.12　「Required actions」画面

個々のユーザーに必須アクションを設定するには、管理コンソールの「Users」からユーザーを選択し、「Details」タブの「Required user actions」から設定することができます。例えば、図7.1.13では、「testuser」ユーザーに「Update Password」必須アクションを設定しています。こうすると、「testuser」ユーザーがログインした後、パスワード変更画面が表示されます。

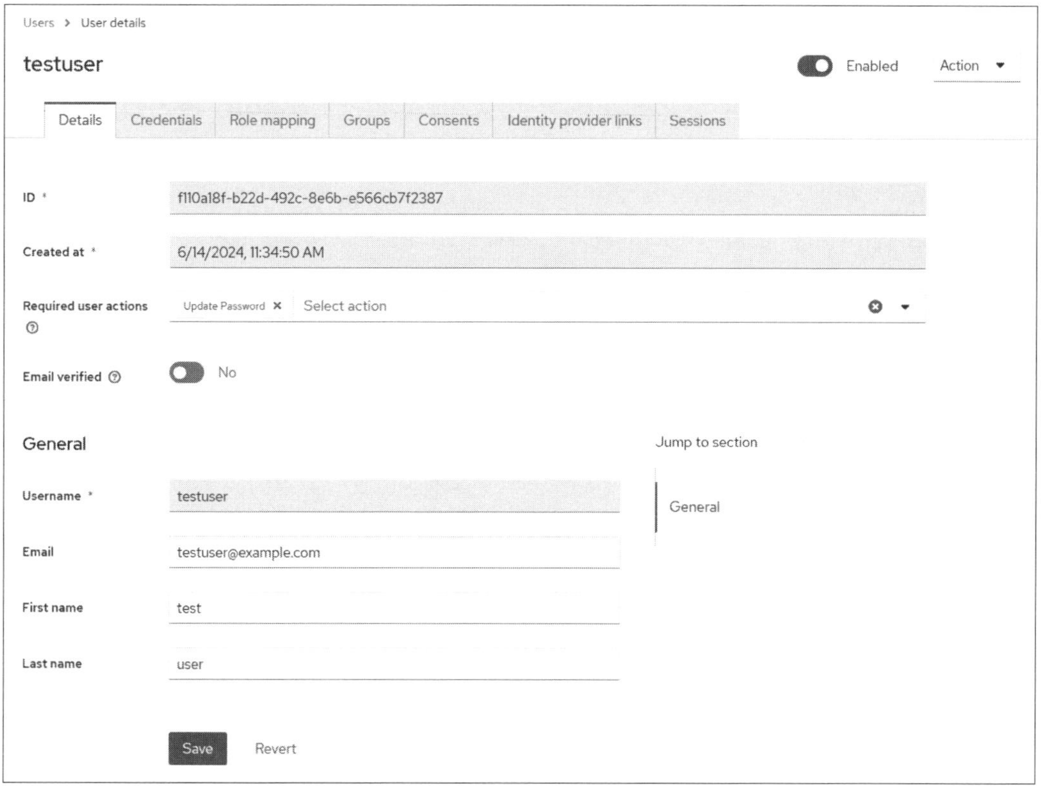

図 7.1.13 「testuser」ユーザーに必須アクションを設定

▶ **COLUMN**

acr（認証コンテキストクラスリファレンス）クレームを用いたステップアップ認証

シングルサインオンを実現するシステムを構築する際、ログイン中に、よりセキュアな処理を行う場合（例えば、銀行の振込操作など）にはOTPによる2要素認証を追加で求めたいといったケースがあります。

Keycloak では、このようなケースを ID トークンに含めた acr クレームを用いたス

テップアップ認証によって実現可能です。acr とは認証コンテキストクラスリファレンス（Authentication Context Class Reference）を指し、ユーザー認証時に満たされた認証処理のレベルを表します。

例えば、ユーザー情報の参照のみを行う際には認証リクエストに acr_values を 1 に設定し、送金などを行う際には認証リクエストに acr_values を 2 に設定しておきます。そして、認証フローでは acr_values の値に応じてどのような認証を行うか設定します。これにより、acr_values が 1 の場合にはパスワード認証のみを求め、acr_values が 2 の場合には追加でOTP 認証を求めるような認証の仕組み（ステップアップ認証）を作ることができます。

ステップアップ認証の認証フローの作成方法については、公式ドキュメントに記載があるため、以下を参照してください。

https://www.keycloak.org/docs/26.0.0/server_admin/#_step-up-flow

■ 7.1.2　OTP による認証の構成

本項では、OTP を用いた多要素認証を構成します。OTP とは、その名のとおり、一度きりしか利用できないパスワードです。昨今では、ユーザー名とパスワードの認証に加え、スマートフォンの Authenticator アプリケーション[*5] を用いた OTP 認証を行わせるケースがよく見受けられます。Keycloak では、初めから OTP 認証の機能が含まれているため、容易に導入することができます。

また、Keycloak では時刻ベースの OTP（TOTP：Time-based One Time Password）とカウンターベースの OTP（HOTP：HMAC-based One Time Password）に対応しています。TOTP とは、現在の時刻から特定の時間枠（30 秒など）でのみ有効な OTP を発行する方式です。そのため、もしパスワードを詐取されても、特定の時間枠が経過すれば利用できなくなります。HOTP とは、現在の時刻の代わりに、ユーザーと Keycloak の間で共有のカウンターを持ち、OTP による認証が成功するたびにカウンターをインクリメントする方式です。表 7.1.3 に、TOTP とHOTP を比較した際のメリットとデメリットを示します。

[*5] Keycloak では、FreeOTP Authenticator、Google Authenticator（Android では Google 認証システムという名称）、Microsoft Authenticator などの Authenticator アプリケーションを OTP 認証に利用できます。

表 7.1.3　TOTP と HOTP のメリットとデメリット

OTP 方式	メリット	デメリット
TOTP	・特定の時間枠でのみ有効なパスワードを発行できるため、ブルートフォース攻撃に強い。 ・認証のたびにデータベースの更新が行われないため、パフォーマンスを考慮する必要なく導入可能。	・特定の時間枠内であればパスワードを再利用できてしまう[*6] ため、リプレイ攻撃に弱い。 ・時間内でのパスワード入力を要求されるため、HOTP と比較してユーザーの利便性が低い。
HOTP	・認証成功時にパスワードが更新されるため、リプレイ攻撃に強い。 ・TOTP と比較して、パスワードが特定の時間間隔で更新されないため、ユーザーの利便性が高い。	・認証に成功するまではパスワードが更新されないため、ブルートフォース攻撃に弱い。 ・カウンターの更新にはデータベースの更新が発生するため、Keycloak が高負荷な場合にはパフォーマンスの低下を招く可能性がある。

このように、TOTP と HOTP では異なる特徴を持つため、要件に応じてどちらのアルゴリズムを採用するかを検討する必要があります。

本節で構成する TOTP を用いた認証の流れを図 7.1.14 に示します。ユーザー名とパスワードによる認証後に、OTP の確認を求める認証の設定を行います。また、新規ユーザー登録時には、OTP のセットアップを強制するようにします。ただし、この設定を適用する前から存在するユーザーに関しては、OTP のセットアップを強制せず、認証時にはユーザー名とパスワードのみを求めるようにします。

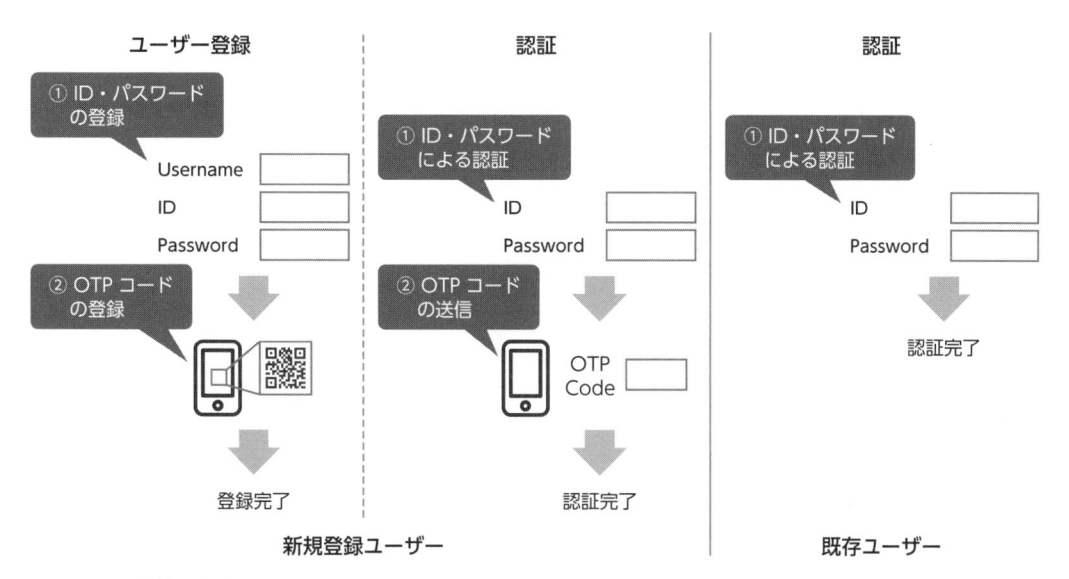

図 7.1.14　本節で実践する OTP の流れ

[*6]　Keycloak では、設定により一度認証に利用した OTP を再利用させないことも可能です（表 7.1.4 の「Reusable token」の設定）。

■ 7.1.3　OTP 認証の設定

主に以下の設定を行うことにより、OTP を用いた認証を実現できます。各設定項目について1つずつ解説します。

(1) OTP ポリシーの設定
(2) 認証フローの設定
(3) OTP 登録に関する設定 (必須アクションの設定)

なお、ここで紹介する設定では「test」レルムを使用します。また、ログイン画面において、新規ユーザー登録用のリンクを表示させるため、管理コンソールの左メニューから「Realm settings」を選択し、「Login」タブをクリックして表示される画面の「User registration」を「On」に設定してください。

さらに、OTP を生成するため、Android や iPhone に、FreeOTP Authenticator、Google Authenticator (Android では Google 認証システムという名称)、Microsoft Authenticator といった Authenticator アプリケーションをインストールしてください。

■ (1) OTP ポリシーの設定

OTP ポリシーの設定では、OTP の生成方法やハッシュアルゴリズム、桁数などの OTP の全般的な設定を行うことができます。

管理コンソールの「Authentication」画面の「Policies」タブの「OTP Policy」をクリックします。

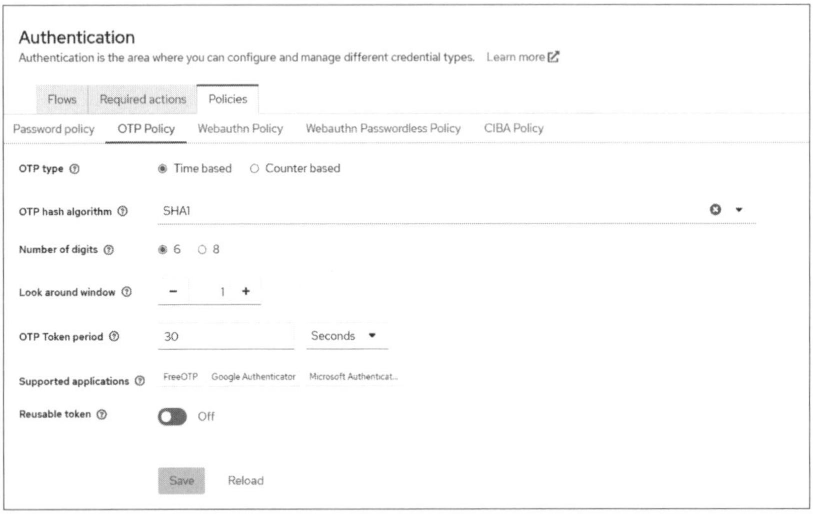

図 7.1.15　「OTP Policy」画面

「OTP Policy」画面には、OTP に関連するいくつかの設定項目が表示されているので、表 7.1.4 を参考に設定値を入力します。今回はデフォルトの設定値をそのまま設定します。

表 7.1.4 OTP の設定項目

設定項目	設定値	設定値の説明
OTP type	Time based	OTP の方式。TOTP（Time based）と HOTP（Counter based）から選択できます。
OTP hash algorithm	SHA1	OTP を生成する際のハッシュアルゴリズム。SHA1、SHA256、SHA512 から選択できます。
Number of digits	6	OTP の桁数。
Look around window	1	OTP 生成器と Keycloak の時刻やカウンターが同期していないことを考慮して、どの程度の範囲の OTP を許容するかの設定。この設定は、ユーザーの OTP 生成器と Keycloak が同期しなくなった場合に備えて存在します。 【TOTP の動作例】 「OTP Token period」（OTP の有効な秒数）が 30 であり、「Look around window」が 1 であれば、単一の OTP を 90 秒間（30 秒＋前後 30 秒）だけ受け入れます。また、この設定値を増やすごとに有効な時間が前後 30 秒ずつ増加します。 【HOTP の動作例】 「Look around window」が 1 であれば、カウンターの値が 1 進んでいるユーザーの OTP も受け入れます。この設定値を増やすごとに受け入れ可能なカウンター値が 1 ずつ増加します。
OTP Token period	30 Seconds	TOTP における OTP の有効な時間。OTP type が Time based 時のみ設定可能です。
Initial counter	-	HOTP におけるカウンターの初期値。OTP type が Counter based 時のみ設定可能です。
Reusable token	Off	OTP による認証成功後、同じ OTP コードで再度 OTP 認証を行えるかを設定します。OTP type が Time based 時のみ設定可能です。

■（2）認証フローの設定

7.1.1 項で解説したように、デフォルトの「browser」認証フローの Conditional サブフローの中に OTP 認証が組み込まれているため、「browser」認証フローをそのまま利用します。

■（3）OTP 登録に関する設定（必須アクションの設定）

最後に、ユーザーの新規登録時に OTP のセットアップを強制する設定を行います。この設定は 7.1.1 項で紹介した必須アクションを使います。管理コンソールの「Authentication」画面を開き、「Required actions」タブにある設定項目「Configure OTP」の「Set as default action」を On にすることで、新規ユーザー登録時に OTP の登録を強制することができます。

実践編

7

さまざまな認証方式を用いる

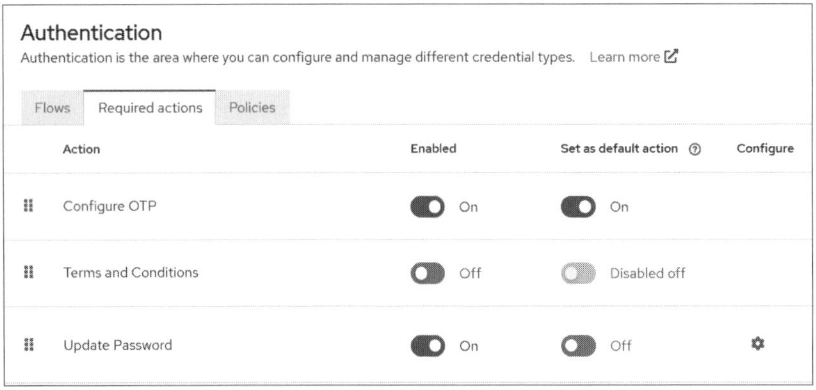

Authentication

Authentication is the area where you can configure and manage different credential types.　Learn more 🗗

Flows　Required actions　Policies

Action	Enabled	Set as default action ⑦	Configure
⠿　Configure OTP	🔵 On	🔵 On	
⠿　Terms and Conditions	⚪ Off	⚪ Disabled off	
⠿　Update Password	🔵 On	⚪ Off	⚙

図 7.1.16　新規ユーザー登録時に OTP の登録を強制する設定を適用

　逆に、「Set as default action」を On にしない場合は、新規ユーザー登録時に OTP のセットアップが強制されません。この場合は、ユーザー自身がアカウント管理コンソールの「Signing in」画面（http://localhost:8080/realms/test/account/account-security/signing-in）から、OTP をセットアップすることができます。

　以上で OTP を利用するための設定は完了です。

▦ 7.1.4　OTP 認証の動作確認

　初めに、新規ユーザー登録時に OTP のセットアップが要求されることを確認します。アカウント管理コンソール（http://localhost:8080/realms/test/account/）にアクセスするとログイン画面が表示されるため、画面下部の「Register」リンクからユーザーを新規登録します。

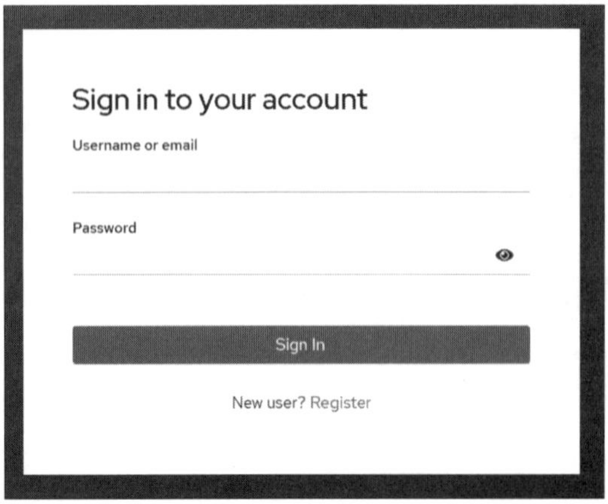

Sign in to your account

Username or email

Password　👁

Sign In

New user? Register

図 7.1.17　ログイン画面

ユーザーの登録画面では、任意のユーザー情報を入力してユーザーを登録します（図7.1.18）。

ユーザー情報を登録すると、OTPのセットアップを促す画面が表示されます（図7.1.19）。ここで、Keycloakが対応するOTPのアプリケーションを用いて、OTPのセットアップを行います。いずれも画面に表示されるQRコードを撮影し、OTPの入力を行うとセットアップが完了します。

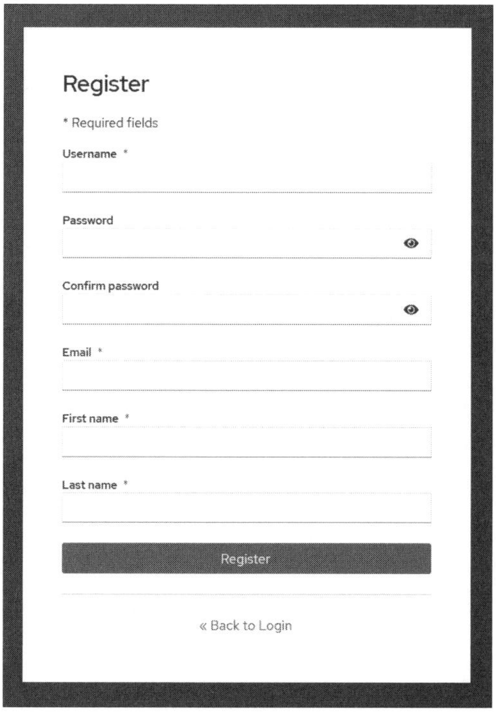

図7.1.18 ユーザー登録画面

Register

* Required fields

Username *

Password

Confirm password

Email *

First name *

Last name *

Register

« Back to Login

図7.1.19 OTPの設定画面

Mobile Authenticator Setup

⚠ You need to set up Mobile Authenticator to activate your account.

1. Install one of the following applications on your mobile:

   FreeOTP
   Microsoft Authenticator
   Google Authenticator

2. Open the application and scan the barcode:

   Unable to scan?

3. Enter the one-time code provided by the application and click Submit to finish the setup.

   Provide a Device Name to help you manage your OTP devices.

One-time code *

Device Name

☑ Sign out from other devices

Submit

セットアップ完了後、画面右上の「Sign out」からログアウトして、再度アカウント管理コンソールにログインしようとすると、OTPの入力も求められるようになります（図7.1.20）。ここで、先ほどセットアップしたOTPのアプリケーションに表示されるOTPを入力すると、ログインすることができます[*7]。

[*7] 7.1.3項の (1) の設定でReusable tokenをOffにしているため、一度ログインに利用したOTPは再利用できません。時間経過により新たなOTPが発行されるのを待つことで、新しいOTPでログインできるようになります。

図 7.1.20　ログイン時に OTP の入力を要求される

　以上で、OTP による多要素認証を実現することができました。

7.1.5　パスキー認証の構成

　本項では、パスキー認証を実現する認証フローを構成し、動作確認を行います。

　パスキーは WebAuthn が前提となっているため、まず WebAuthn について解説します。WebAuthn とは、ブラウザー上で認証器を用いた公開鍵暗号方式の認証を実現するための JavaScript の API です。認証器とは、公開鍵暗号方式における秘密鍵と公開鍵のキーペアや電子署名の生成を行うものであり、スマートフォンや PC に内蔵されるようなデバイス内蔵型や、USB で接続するような外部接続型が存在します。昨今では、パスキーや、多要素認証といった文脈でよく目にする技術要素です。Keycloak においても、数ステップの設定を行うだけで、WebAuthn による認証を導入することができます。

　WebAuthn の主なメリットは、以下のとおりです。

● 公開鍵暗号方式を用いた認証を容易に実現できる
● 秘密鍵が認証器外に共有されない点や、ブラウザーレベルで送信元の一致確認を行う点で、OTP と比較してフィッシング耐性が優れている
● 認証器によっては、指紋認証や顔認証にも対応しており、従来の認証方式より優れた UX を提供できる

　WebAuthn は W3C[8] により提案されたものであり、FIDO Alliance[9] が提唱する FIDO2 の一要

---

*8　Web 技術の標準化を推進するために設立された標準化団体
*9　生体認証などを利用した、新しいオンライン認証技術の標準化を目指して発足された標準化団体

素でもあります。FIDO2 とは、Authenticator（認証器）－ Client（ブラウザー）－ Relying Party（認証サーバー）間で公開鍵暗号方式を用いた認証を実現するためのプロトコル群の総称です。Keycloak は、この中で Relying Party に相当します。プロトコルには、Authenticator － Client 間の通信を規定する CTAP（Client to Authenticator Protocol）と、Client － Relying Party 間の通信を規定する WebAuthn（Web Authentication API）があります。

　CTAP については、認証器とブラウザー間のプロトコルであるため、Keycloak への設定の観点ではあまり意識する必要はありません。逆に、WebAuthn については、ブラウザーと認証サーバー間のプロトコルであるため、Keycloak に対してさまざまな設定を行う必要があります。

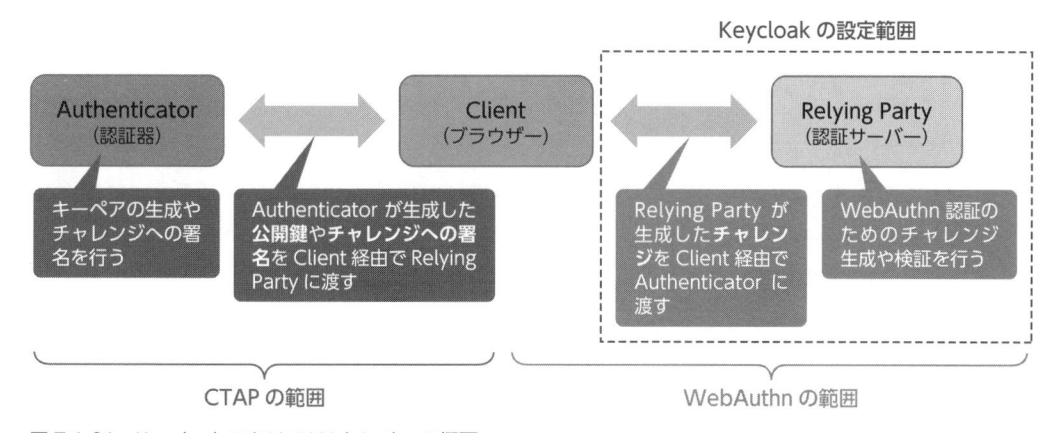

図 7.1.21　Keycloak における WebAuthn の概要

　WebAuthn では、認証器を登録するステップと認証器を用いて認証するステップがあり、いずれも Keycloak で簡単に設定して導入することが可能です。Keycloak では、WebAuthn による認証がバージョン 8.0.0 より導入され、以降のバージョンでも継続的に機能が改善されています。

　次に、パスキーとは、FIDO Alliance において「FIDO 標準に基づく FIDO 認証資格情報」と定義されています [*10]。そのため、ここまでの WebAuthn の説明もパスキーを用いた認証方式であるといえます。

　また、パスキーには、クラウドアカウント（Apple Account、Google アカウント、Microsoft アカウントなど）を介して複数デバイス間で FIDO 認証資格情報を共有する同期パスキーと、FIDO 認証資格情報がデバイスから外に出ない（クラウド上で同期されない）デバイス固定パスキー（デバイスバウンドパスキー）が存在します。USB で接続するような外部接続型の認証器はデバイス固定パスキーとして利用でき、FIDO 認証資格情報がデバイス外に共有されない点でセキュアといえますが、認証器を紛失した際のリカバリーが困難となります。一方で、iPhone などの複数端

*10 https://fidoalliance.org/passkeys-2/?lang=ja

311

末で FIDO 認証資格情報を共有する同期パスキーでは端末紛失時のリカバリーを可能にしつつ利便性の向上も見込めますが、FIDO 認証資格情報をクラウド上に保存することになるため、セキュリティーは利用する同期サービス側に依存します。そのため、同期パスキーはデバイス固定パスキーと比較してセキュリティー強度は下がるといえます。

　以降の項ではパスキーを用いたパスワードレス認証と、多要素認証を実践します。実践にあたっては、FIDO2 対応の認証器が必要なため、FIDO2 に対応した認証器を搭載するノート PC（Windows Hello の指紋認証機能を搭載した Windows 11 端末）を用いて説明を進めます[*11]。また、Keycloak についても認証器を搭載した Windows 11 端末上で起動し、localhost でアクセスします。

7.1.6　パスキーによるパスワードレス認証の設定

　まずは、パスキーの設定を適用し、認証器を用いたパスワードレス認証を実践してみましょう。ここでは例として、すべてのユーザーがユーザー登録時に認証器を登録し、ログイン時にはパスワードを要求されないパスキー認証のみを求められるようにします。

　上記のパスキー認証を実現する設定の手順は、以下のようになります。

(1) WebAuthn Passwordless ポリシー[*12] の設定
(2) 認証フローの設定
(3) ユーザー新規登録時にパスワードを設定させない設定
(4) 認証器の登録に関する設定（必須アクションの設定）

　なお、本項も、7.1.3 項と同様に「test」レルムを利用します。また、ユーザーの新規登録を伴うため、管理コンソールの「Realm settings」画面の「Login」タブにある設定項目「User registration」をあらかじめ「On」にしておきます。

■ (1) WebAuthn Passwordless ポリシーの設定

　管理コンソールの「Authentication」画面の「Policies」タブにある「Webauthn Passwordless Policy」を開きます。

[*11] Windows Hello 以外にも、MacBook の Touch ID、iPhone の Face ID、YubiKey などで本項のパスキー認証を実践できますが、Keycloak アクセス時のドメインが localhost ではない場合、パスキーを利用するには Keycloak と HTTPS で通信できる必要があります。Keycloak の HTTPS の設定については第 9 章 9.2 節を参照してください。

[*12] Keycloak 26.0.0 では、Keycloak 上では Passkeys とは表現されず、WebAuthn Passwordless と表現されています。

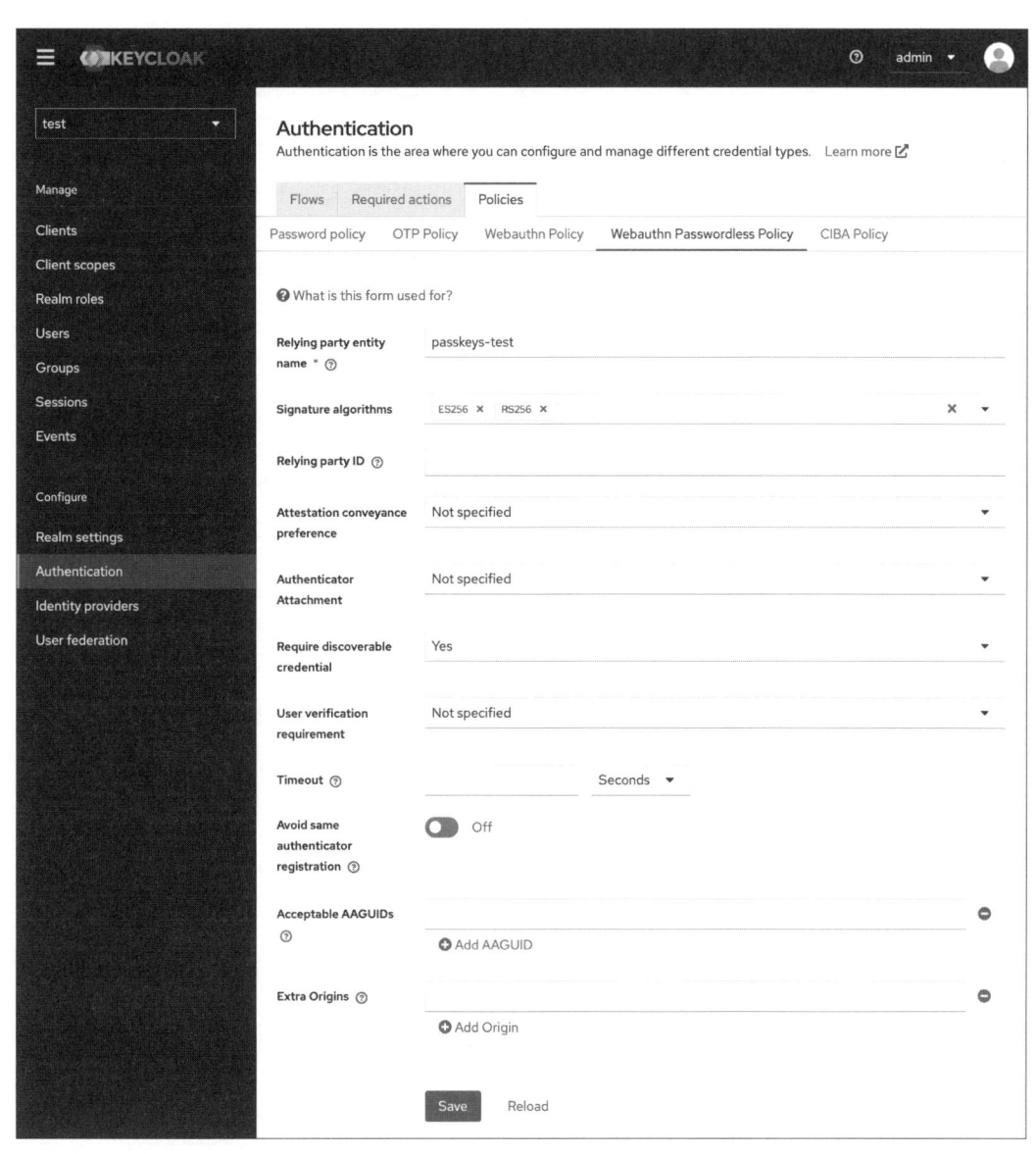

図 7.1.22 「Webauthn Passwordless Policy」画面

「Webauthn Passwordless Policy」では、認証器で利用する署名アルゴリズムの設定や利用可能な認証器の制限などの設定項目が表示されるので、表 7.1.5 を参考に設定値を入力します。

表 7.1.5　Webauthn Passwordless Policy の設定項目

設定項目	設定値	設定値の説明
Relying party entity name	passkeys-test	Relying Party 名。現在操作している Keycloak が Relying Party に相当するため、任意の名称を設定します。
Signature algorithms	ES256、RS256	認証器で利用する署名アルゴリズム。デフォルトの設定値は ES256 と RS256 です[13]。
Relying party ID	Not specified	Relying Party の ID としてドメインを設定します。Not specified の場合、Keycloak サーバーのベース URL のドメイン部分が適用されます。
Attestation conveyance preference	Not specified	認証器の登録時にアテステーション[14]の取得方法を指定する設定です。また、AAGUID[15] によって利用できる認証器を制限したい場合には、Direct を設定する必要があります。
Authenticator Attachment	Not specified	パスキーに利用できる認証器の形態。YubiKey のような取り外し型 (Cross platform) か、スマートフォン内蔵の認証器のようなデバイス内蔵型 (Platform) のいずれかを選択できます。Not specified の場合はいずれの認証器でも利用できます。
Require discoverable credential	Yes	WebAuthn の Discoverable Credential[16] を利用する際には「Yes」に設定します。Not specified の場合は No を設定した場合と同様の扱いになります。今回は、ユーザー名の入力なしにパスキー認証を行いたいため、Yes を設定します。
User verification requirement	Not specified	認証器側の独自認証処理を行わせるかの設定 (認証器側に PIN や指紋認証などの認証を行う機構が備わっている場合に限る)。 ・Required (認証器側の独自認証を要求する) ・Preferred (認証器側の設定に従う) ・Discouraged (認証器側の独自認証を要求しない) の 3 項目から設定できます。Not specified の場合は Preferred が設定されます。
Timeout	Not specified	パスキーによる認証を要求してから、実際にユーザーを認証するまでのタイムアウト値。0 を指定した場合や、Not specified の場合は、認証器の実装に依存します。
Avoid same authenticator registration	Off	登録済みの認証器を用いて、別ユーザーの認証器の新規登録を行えるか否かの設定。「On」に設定すると、登録済みの認証器を用いての認証器の新規登録が行えなくなります。
Acceptable AAGUIDs	Not specified	登録可能な認証器の種類を AAGUID で指定する設定 (ホワイトリスト形式)。指定する場合、「Attestation conveyance preference」の設定を Direct にする必要があります。Not specified の場合は、任意の認証器を登録可能になります。
Extra Origins	Not specified	異なるオリジンからパスキーを利用する場合に指定します。

----

[13] 利用する認証器に応じた署名アルゴリズムを設定する必要があります。例えば、執筆時点では、Windows Hello を利用する場合には RS256 を、Apple の Touch ID や Face ID を利用する場合には ES256 を設定する必要があります。

[14] 取得したアテステーションを検証することで、その認証器が信頼できるかどうかを確認できます。詳細は Server Administration Guide を参照してください。
https://www.keycloak.org/docs/26.0.0/server_admin/#attestation-statement-verification

[15] AAGUID は、認証器のプロダクトごとに割り振られる UUID です。AAGUID の一覧は、FIDO アライアンスによって管理されており、以下の URL の「Obtaining BLOB」から JWT 形式で AAGUID の一覧を取得することができます。
https://fidoalliance.org/metadata/

[16] Discoverable Credential とは、ログインに必要なユーザー情報を認証器内部に保存しておける機能です。

入力し終えたら、「Save」ボタンをクリックして設定を保存します。

■ (2) 認証フローの設定

WebAuthn Passwordless ポリシーの設定を終えたら、次は認証フローの設定を行います。認証フローの設定は、7.1.1 項と同様に、管理コンソールの「Authentication」画面の「Flows」タブから行います。今回は、7.1.1 項と比較して認証フローに大きな変更を加えるため、Keycloak にビルトインで存在する「browser」認証フローをコピーして、新たに認証フローを作成します。「browser」認証フローの右側の：をクリックし、さらに「Duplicate」をクリックすると、「Duplicate flow」ダイアログが表示されます。

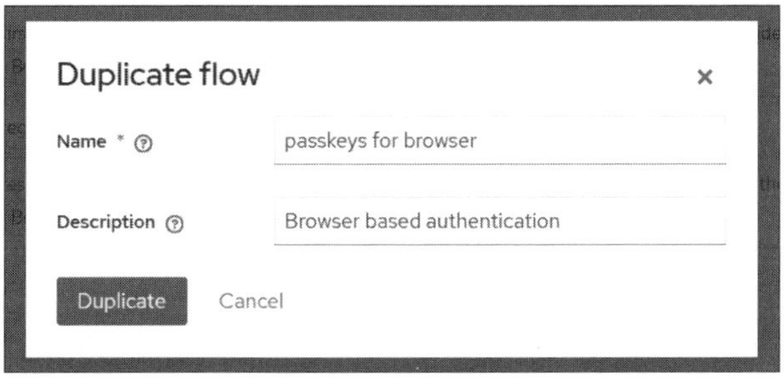

図 7.1.23 「Duplicate flow」ダイアログ

コピーした認証フローの名称を求められるため、今回は「Name」に「passkeys for browser」と入力します。その後、「Duplicate」ボタンをクリックすると、「browser」認証フローをコピーした「passkeys for browser」認証フローが作成されます。この「passkeys for browser」認証フローを編集し、パスキー認証を要求する認証フローを作成していきます。「passkeys for browser」認証フローは、最終的に図 7.1.24 の認証フローになります。

実践編

7

さまざまな認証方式を用いる

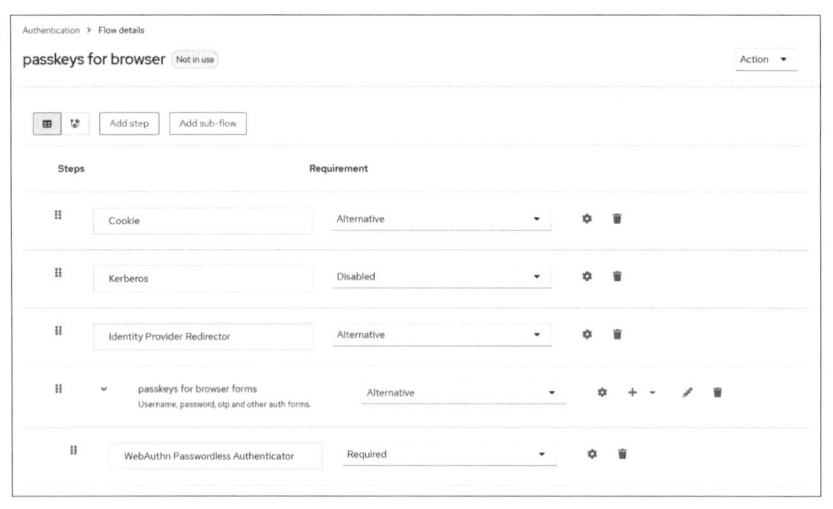

図 7.1.24　ログイン時にパスキー認証を要求する認証フロー

　それでは、図 7.1.24 の認証フローになるよう、以下の順に「passkeys for browser」認証フローを設定します。

1. 「Username Password Form」の右側の「ゴミ箱」アイコンをクリックし、さらに「Delete」ボタンをクリックすることで、パスワードを用いた認証処理を認証フローから削除します。
2. 「passkeys for browser Browser - Conditional OTP」の右側の「ゴミ箱」アイコンをクリックし、さらに「Delete」ボタンをクリックすることで、OTP を用いた認証処理を認証フローから削除します。
3. 「passkeys for browser Organization」の右側の「ゴミ箱」アイコンをクリックし、さらに「Delete」ボタンをクリックすることで、Organization 機能を用いた認証処理を認証フローから削除します。
4. 「passkeys for browser forms」の右側の「＋」アイコンから「Add step」をクリックします。
5. ステップ追加画面が開くので、リストから「WebAuthn Passwordless Authenticator」を選択し、「Add」ボタンをクリックします。この際、検索ウィンドウに「webauthn」と入力すると、当該 Authenticator を素早く探すことができます。

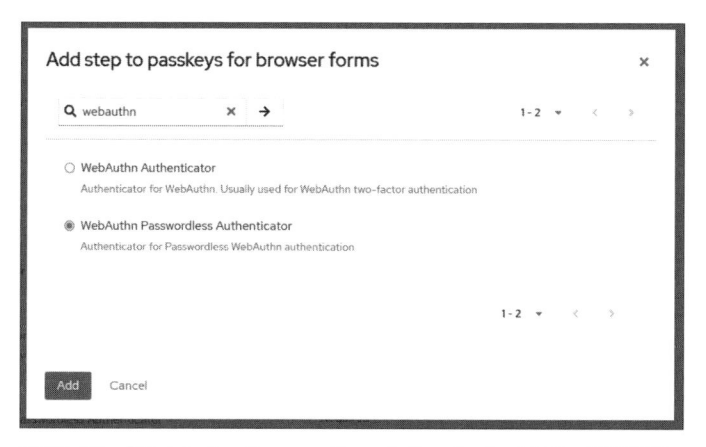

図 7.1.25 「WebAuthn Passwordless Authenticator」ステップの追加

6. 「WebAuthn Passwordless Authenticator」ステップの「Requirement」を、「Disabled」から「Required」に変更します。

7. 認証フローが作成できたので、最後に作成した認証フローをブラウザーの認証時に利用する認証フローとして適用します。管理コンソールの「Authentication」画面の「Flows」タブを開き、先ほど作成した「passkeys for browser」認証フローの右側の：から「Bind flow」を選択します。「Bind flow」ダイアログが開くため、「Choose binding type」から「Browser flow」を選択し、「Save」ボタンをクリックします。「passkeys for browser」認証フローの「Used by」が「Browser flow」となっていれば設定完了です。

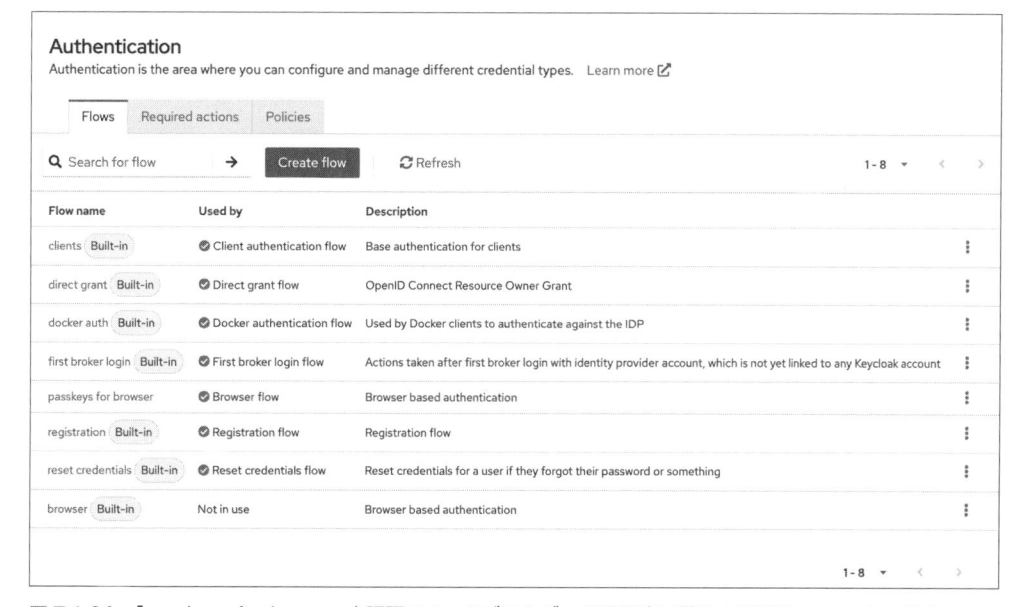

図 7.1.26 「passkeys for browser」認証フローをブラウザーの認証時に利用する認証フローとして設定

317

以上で、ブラウザーからの認証時に「passkeys for browser」認証フローが利用されるようになりました。

■（3）ユーザー新規登録時にパスワードを設定させない設定

デフォルトの設定では、ユーザー新規登録と同時にパスワードを設定させる設定になっています。この場合、パスワードレスとならないため、ユーザー新規登録時にパスワードを設定させないように設定を変更します。

この設定も管理コンソールの「Authentication」画面の「Flows」タブから行います。ここでは「registration」ユーザー登録フローをコピーして、新たにユーザー登録フローを作成します。なお、「registration」ユーザー登録フローではユーザー新規登録時にユーザーが行う操作を定義しています。

「registration」ユーザー登録フローの右側の：をクリックし、さらに「Duplicate」をクリックすると、「Duplicate flow」ダイアログが表示されます。コピーしたユーザー登録フローの名称を求められるため、今回は「Name」に「passkeys for registration」と入力します。その後、「Duplicate」ボタンをクリックすると、「registration」ユーザー登録フローをコピーした「passkeys for registration」ユーザー登録フローが作成されます。「passkeys for registration」ユーザー登録フローを作成したら、「passkeys for registration」ユーザー登録フロー詳細画面における「Password Validation」の右側の「ゴミ箱」アイコンをクリックし、さらに「Delete」ボタンをクリックして削除します。最終的に図 7.1.27 の設定となります。

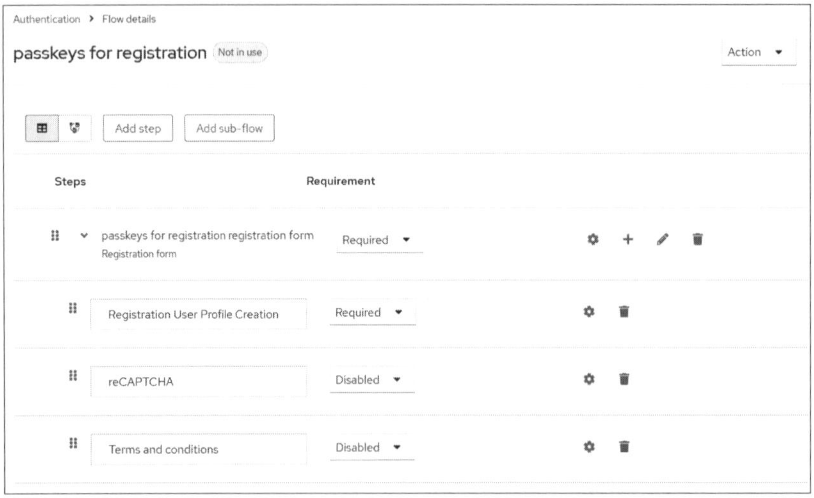

図 7.1.27　ユーザー新規登録時にパスワードを設定させない「passkeys for registration」ユーザー登録フロー

　ユーザー登録フローが作成できたので、最後に作成したユーザー登録フローをユーザー登録時に利用するユーザー登録フローとして適用します。管理コンソールの「Authentication」画面の「Flows」タブを開き、先ほど作成した「passkeys for registration」ユーザー登録フローの右側の：から「Bind flow」を選択します。「Bind flow」ダイアログが開くため、「Choose binding type」から「Registration flow」を選択し、「Save」ボタンをクリックします。「passkeys for registration」ユーザー登録フローの「Used by」が「Registration flow」となっていれば設定完了です。

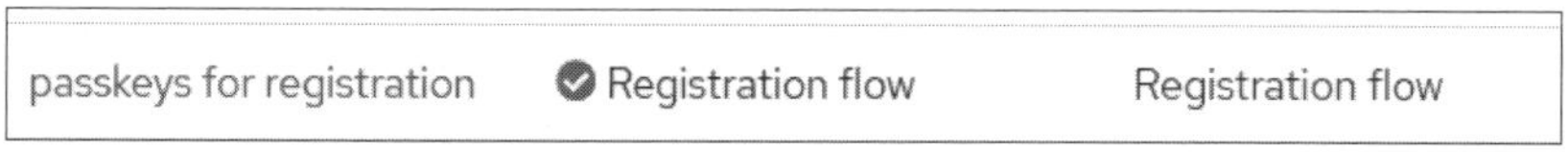

passkeys for registration	✅ Registration flow	Registration flow

図 7.1.28　ユーザー新規登録時に利用するユーザー登録フローに「passkeys for registration」を設定

　以上でユーザー新規登録時にパスワードを設定させない設定は完了です。

■ （4）認証器の登録に関する設定（必須アクションの設定）

　最後に、認証器登録に関する設定を行います。今回は、ユーザー新規登録と同時にパスキー認証のための認証器を登録させるように設定します。

1. 管理コンソールの「Authentication」画面の「Required actions」タブを開きます。
2. 「Webauthn Register Passwordless」の「Set as default action」を「On」に変更します。なお、7.1.3 項の (3) にて「Configure OTP」の「Set as default action」を「On」に変更している場合、こちらは「Off」にします。

Required actions	Enabled	Set as default action ⑦
⸬　Webauthn Register Passwordless	🔘 On	🔘 On

図 7.1.29　「Required actions」画面における「Webauthn Register Passwordless」の設定

　以上で、ユーザー新規登録と同時に認証器を登録させる設定は完了です。

■ 7.1.7 パスキーによるパスワードレス認証の動作確認

ここまでの設定で、パスキーに関する設定がすべて完了したため、動作確認を行います。なお、7.1.5項に記載したとおり、Keycloakにはlocalhostでアクセスします。ブラウザーにはMicrosoft Edgeを利用します。

■ （1）ユーザー側の動作確認

まずは、パスキー認証をテストするための新規ユーザーを作成します。アカウント管理コンソール（http://localhost:8080/realms/test/account/）にアクセスし、ログイン画面を表示します（図7.1.30）。画面下部の「Register」のリンクからユーザーを新規登録します。

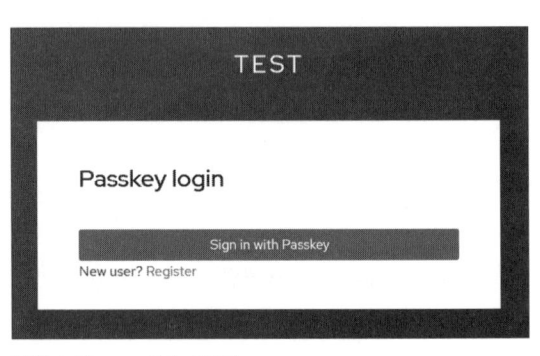

図7.1.30 ログイン画面

ユーザーの登録画面では、任意のユーザー情報を入力し、「Register」ボタンをクリックします（図7.1.31）。

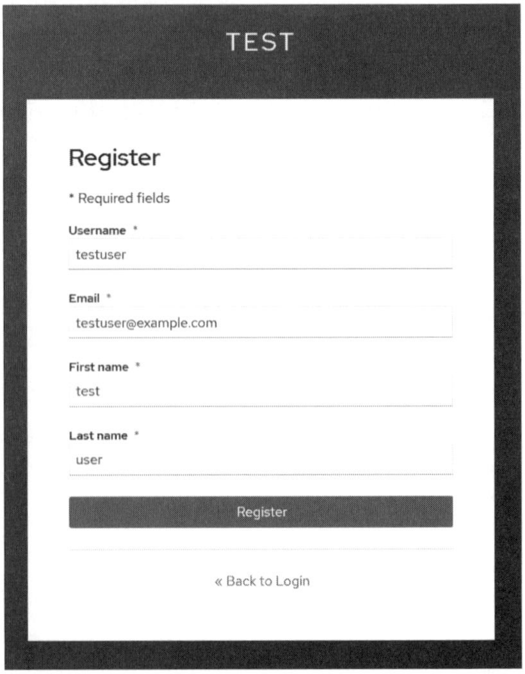

図7.1.31 ユーザー登録画面

ユーザーが登録されると、パスキーの登録を促されるため、「Register」ボタンをクリックします（図7.1.32）。

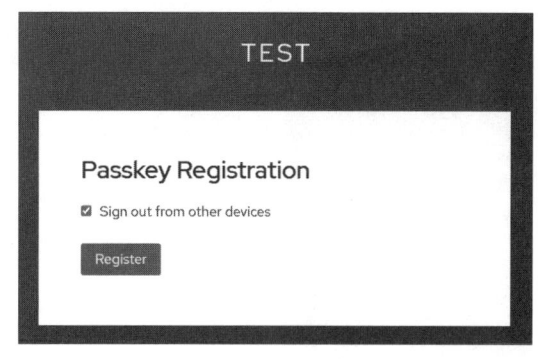

図7.1.32　パスキー登録前画面

パスキーの登録ダイアログが表示されるため、Windows端末が備えるWindows Helloの認証器（指紋、顔認識、PINなど）をパスキーとして登録します（図7.1.33）。

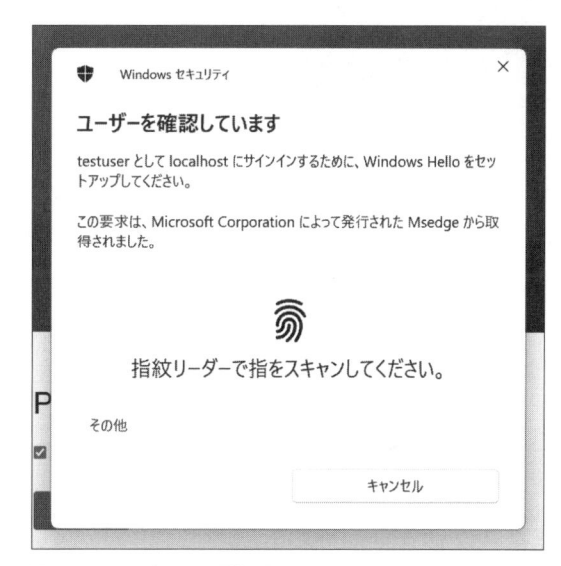

図7.1.33　パスキー登録画面

パスキーを登録すると、パスキーの名称の入力を促されるため、任意の名称を入力して「OK」ボタンをクリックします（図7.1.34）。

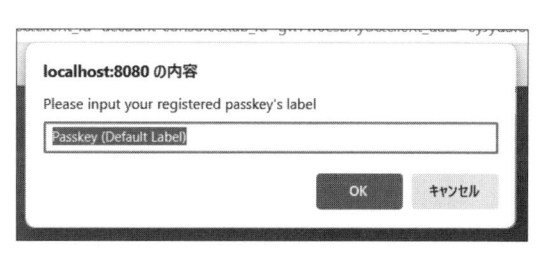

図7.1.34　パスキー名称登録画面

以上でユーザー登録とパスキー登録が完了し、ログイン後のユーザー情報ページに遷移します。

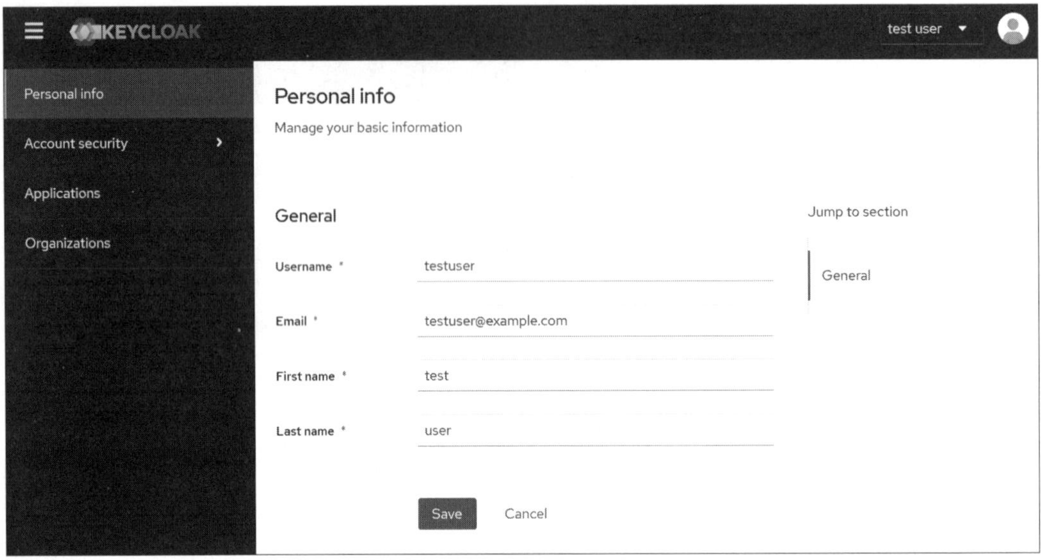

図 7.1.35　ログイン後画面

　以上でユーザー登録とパスキー登録が完了し、ログイン後のユーザー情報画面に遷移します。
以降、アカウント管理コンソール（http://localhost:8080/realms/test/account/）からログインす
る際にはパスキーが求められるようになりますが、登録したパスキーによってログインが可能に
なります。

図 7.1.36　パスキーを用いたログイン

■（2）管理者側の動作確認

次に、管理者ユーザーで、ユーザーが登録した認証器の情報がどう見えるかを確認します。管理コンソールの「Users」画面で動作確認したいユーザーの Username 部分をクリックします。その後、「Credentials」タブをクリックして、ユーザーのクレデンシャルを参照します。「Show data」をクリックすると、ユーザーが登録した認証器の AAGUID や公開鍵の情報を参照できます。

Password data

Name	Value
aaguid	00000000-0000-0000-0000-000000000000
attestationStatementFormat	none
counter	0
credentialId	ATpY4GMNF/Mryjh9Vv7NybxwhEvmAsmy5Gx2I5aJxxo=
credentialPublicKey	pCFDAQABIFkBANiebUn-hw2usf5urGfwBk2TjF_9MIKbSz7FN_ZP3I3h_xiOjIOIRJxJeII6s-wbdX
transports	["internal"]

図 7.1.37　ユーザーのパスキー詳細画面

■ 7.1.8　パスキーによる多要素認証の設定

次に、パスキーの設定を適用し、認証器を用いた多要素認証を試してみましょう。ここでは例として、ユーザー名とパスワードの認証と、認証器によるパスキー認証の両方を求められる多要素認証の設定を行います。また、認証器を Keycloak に登録していないユーザーには、ユーザー名とパスワードの認証のみを求められるようにします。

上記の多要素認証を実現する設定の手順は、以下のようになります。

(1) WebAuthn ポリシーの設定
(2) 認証フローの設定
(3) ユーザー新規登録時にパスワードを設定させる設定
(4) 認証器の登録に関する設定（必須アクションの設定）

なお、本項も、7.1.3 項と同様に「test」レルムを利用し、管理コンソールの「Realm settings」画面の「Login」タブにある設定項目「User registration」を「On」にしておきます。

実践編

7

さまざまな認証方式を用いる

■（1）WebAuthnポリシーの設定

管理コンソールの「Authentication」画面の「Policies」タブにある「Webauthn Policy」を開きます（図7.1.38）。

「Webauthn Policy」では、「Webauthn Passwordless Policy」と同様の設定項目が表示されるので、「7.1.6　パスキーによるパスワードレス認証の設定」の「（1）WebAuthn Passwordless ポリシーの設定」に記載の表7.1.5と同様の設定値を入力します。ただし、「Require discoverable credential」は「Not specified」とします。入力し終えたら、「Save」ボタンをクリックして設定を保存します。

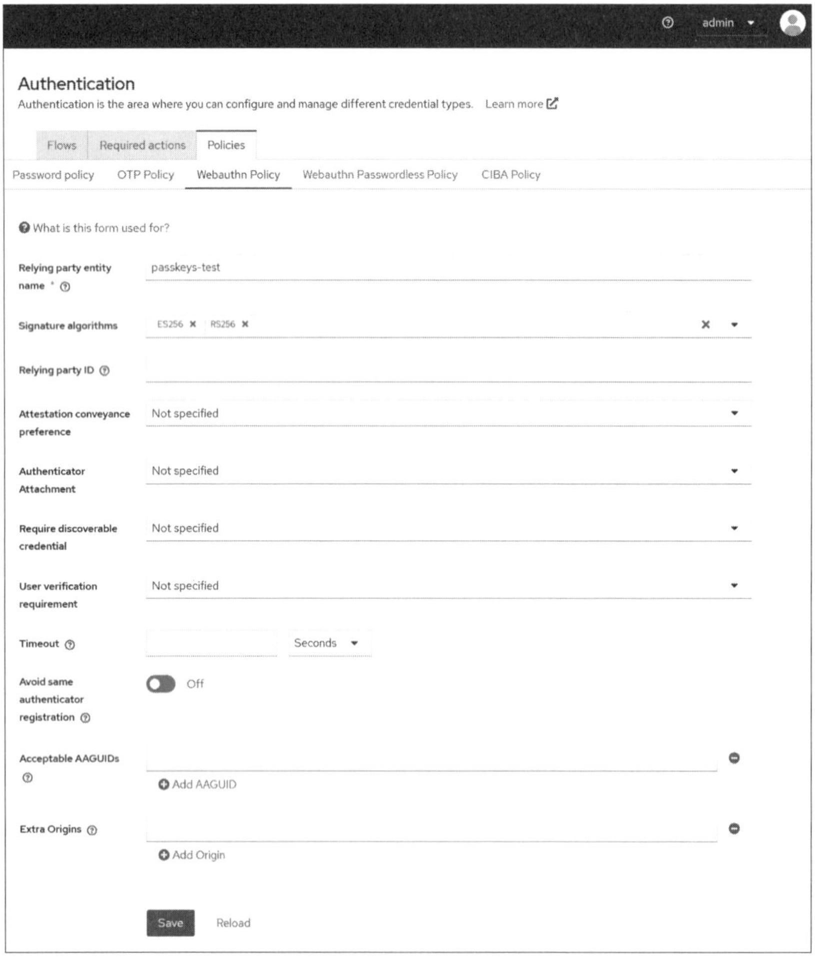

図 7.1.38 「Webauthn Policy」画面

■（2）認証フローの設定

WebAuthn ポリシーの設定を終えたら、次は認証フローの設定を行います。認証フローの設定は、7.1.1 項と同様に、管理コンソールの「Authentication」画面の「Flows」タブから行います。今回も、Keycloak にビルトインで存在する「browser」認証フローをコピーして、新たに認証フローを作成します。「browser」認証フローの右側の：をクリックし、さらに「Duplicate」をクリックすると、「Duplicate flow」ダイアログが表示されます。コピーした認証フローの名称を求められるため、今回は「Name」に「two factor authentication for browser」と入力します。その後、「Duplicate」ボタンをクリックすると、「browser」認証フローをコピーした「two factor authentication for browser」認証フローが作成されます。この「two factor authentication for browser」認証フローを編集し、認証器の登録済みユーザーには、パスワード認証とパスキー認証を要求する認証フローを作成していきます。「two factor authentication for browser」認証フローは、最終的に図 7.1.39 の認証フローになります。

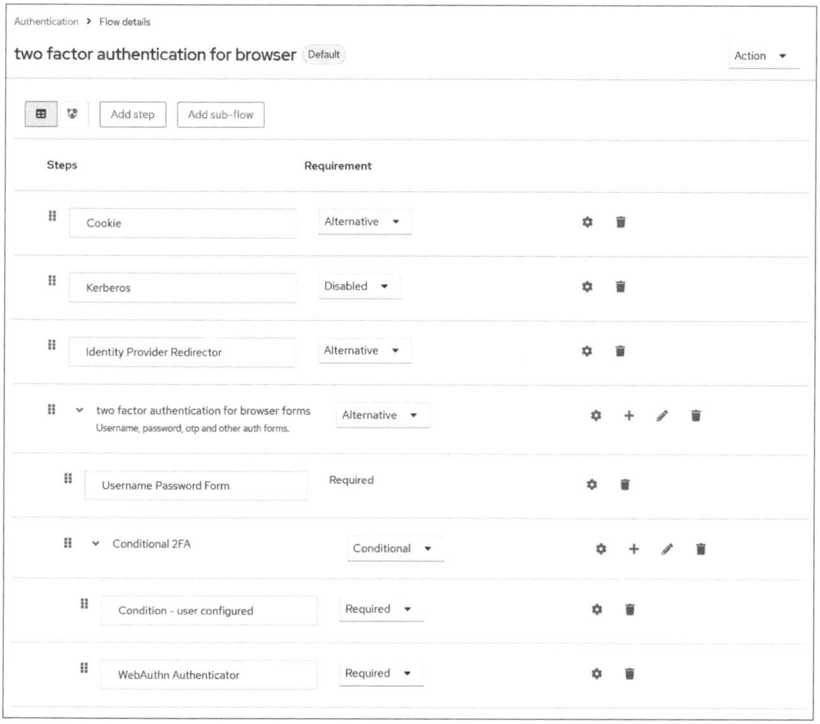

図 7.1.39　パスキー設定済みユーザーにパスワードとパスキー認証を要求する認証フロー

　それでは、図7.1.39 の認証フローになるよう、以下の順に「two factor authentication for browser」認証フローを設定します。

1. 「two factor authentication for browser Browser - Conditional OTP」の右側の「ゴミ箱」アイコンをクリックし、OTP を用いた認証処理を認証フローから除外します。
2. 「two factor authentication for browser Organization」の右側の「ゴミ箱」アイコンをクリックし、さらに「Delete」ボタンをクリックすることで、Organization 機能を用いた認証処理を認証フローから削除します。
3. 「two factor authentication for browser forms」の「+」アイコンから「Add sub-flow」を選択します。
4. フロー作成画面が開くので、「Name」に「Conditional 2FA」を入力し、「Add」ボタンをクリックします。これにより、パスキー認証を行う際のベースとなるサブフローが作成されます。

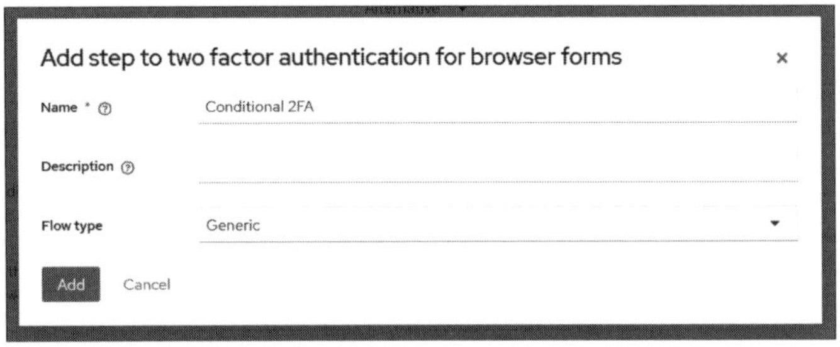

図 7.1.40　「Conditional 2FA」サブフローの追加

5. 「Conditional 2FA」サブフローの「Requirement」を、「Disabled」から「Conditional」に変更します。
6. 「Conditional 2FA」サブフローの「+」アイコンから、「Add condition」を選択します。
7. 「Add step to Conditional 2FA」画面が開くので、リストから「Condition - user configured」を選択し、「Add」ボタンをクリックします。

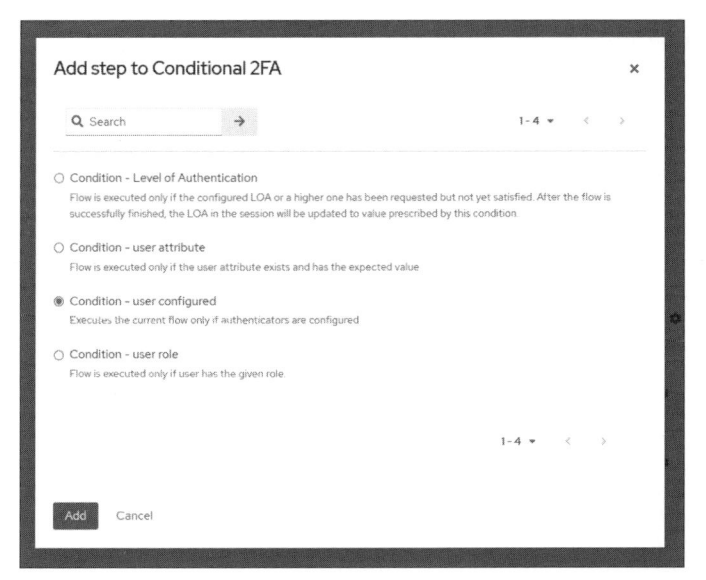

図 7.1.41　パスキー設定時のみ「Conditional 2FA」サブフローを有効化する設定を追加

8. 「Condition - user configured」の「Requirement」を、「Disabled」から「Required」に変更します。これにより、ユーザーが パスキーの設定を行っている場合のみ、本サブフローが有効になります。

9. 「Conditional 2FA」サブフローの「+」アイコンから、「Add step」を選択します。

10. 「Add step to Conditional 2FA」画面が開くので、リストから「WebAuthn Authenticator」を選択し、「Add」ボタンをクリックします。この際、検索ウィンドウに「webauthn」と入力すると、当該 Authenticator を素早く探すことができます。

11. 「WebAuthn Authenticator」の「Requirement」を、「Disabled」から「Required」に変更し、認証器によるパスキー認証を要求する処理を追加します。

12. 認証フローが作成できたので、最後に作成した認証フローをブラウザーの認証時に利用する認証フローとして適用します。管理コンソールの「Authentication」画面の「Flows」タブを開き、先ほど作成した「two factor authentication for browser」認証フローの右側の：から「Bind flow」を選択します。「Bind flow」ダイアログが開くため、「Choose binding type」から「Browser flow」を選択し、「Save」ボタンをクリックします。「two factor authentication for browser」認証フローの「Used by」が「Browser flow」となっていれば設定完了です。

　以上で、ブラウザーからの認証時に「two factor authentication for browser」認証フローが利用されるようになりました。

■（3）ユーザー新規登録時にパスワードを設定させる設定

　「7.1.6　パスキーによるパスワードレス認証の設定」を実践している場合、ユーザー新規登録時にパスワードを設定させない設定になっています。今回はユーザー新規登録時にパスワードを設定させるため、パスワードの設定が含まれるユーザー登録フローを設定します。なお、「7.1.6　パスキーによるパスワードレス認証の設定」を実践していない場合は本設定は不要です。

　管理コンソールの「Authentication」画面の「Flows」タブを開き、「registration」ユーザー登録フローの右側の⋮から「Bind flow」を選択します。「Bind flow」ダイアログが開くため、「Choose binding type」から「Registration flow」を選択し、「Save」ボタンをクリックします。「registration」ユーザー登録フローの「Used by」が「Registration flow」となっていれば設定完了です。

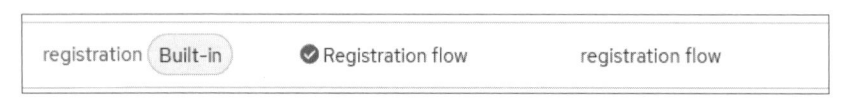

図 7.1.42　「registration」ユーザー登録フローをユーザー新規登録時に利用するユーザー登録フローとして設定

　以上でユーザー新規登録時にパスワードを設定させる設定は完了です。

■（4）認証器の登録に関する設定（必須アクションの設定）

　最後に、認証器登録に関する設定を行います。今回は、ユーザー登録時には認証器の登録を求めず、アカウント管理コンソールから任意で認証器を登録するようにします。

1. 管理コンソールの「Authentication」画面の「Required actions」タブを開きます。
2. 「Webauthn Register」の「Enabled」が On になっていることを確認します。また、OTP 認証やパスキー認証を設定していた場合は、「Configure OTP」や「Webauthn Register Passwordless」の「Set as default action」を Off にします。

　以上で、ユーザーが、アカウント管理コンソールの「Signing in」画面（http://localhost:8080/realms/test/account/account-security/signing-in）から認証器を登録できるようになります。以下のような画面になれば設定は完了です。

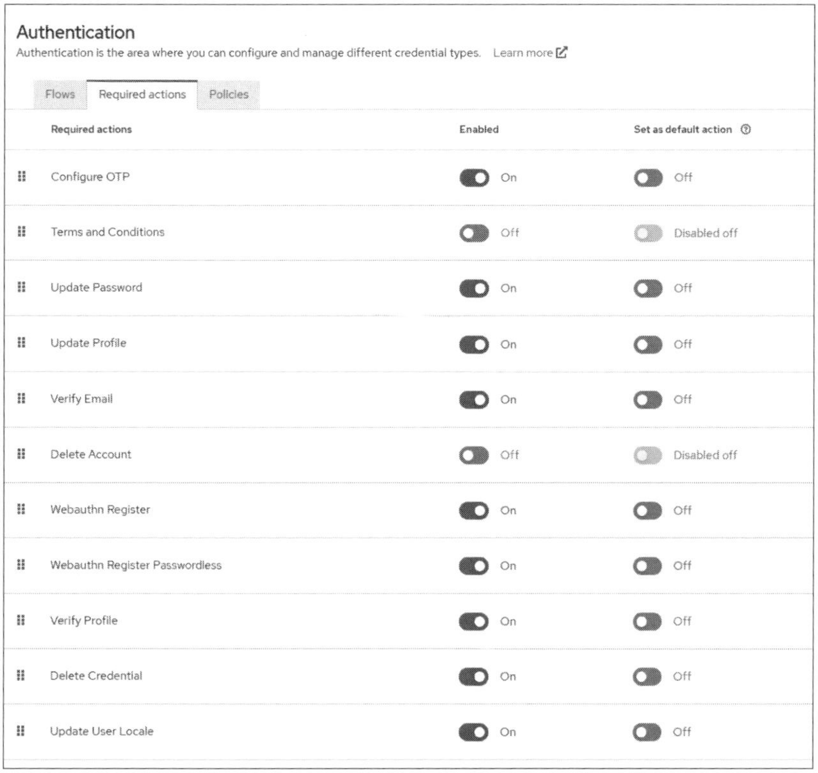

図 7.1.43　ユーザーから認証器を登録可能にする設定の追加

　なお、「Set as default action」を On にすることで、新規ユーザー登録時に、認証器の登録を強制させることもできます。

▨ 7.1.9 パスキーによる多要素認証の動作確認

ここまでの設定で、パスキーによる多要素認証に関する設定がすべて完了したため、動作確認を行います。なお、本項も Keycloak には localhost でアクセスし、ブラウザーは Microsoft Edge を利用します。

▨（1）ユーザー側の動作確認

まずは、テスト用の新規ユーザーを作成します。アカウント管理コンソール（http://localhost:8080/realms/test/account/）にアクセスし、ログイン画面を表示します。画面下部の「Register」のリンクからユーザーを新規登録します。

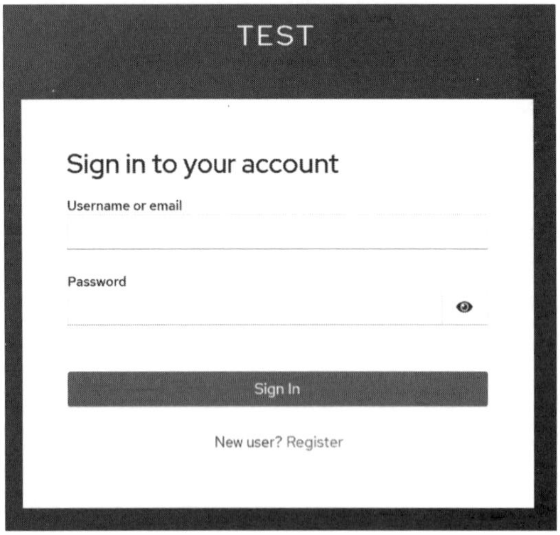

図 7.1.44　ログイン画面

ユーザーの登録画面では、任意のユーザー情報とパスワードを入力します。ユーザーが登録されると、アカウント管理コンソールが表示されます。「Account security」の「Signing in」から、認証器を登録することができます。

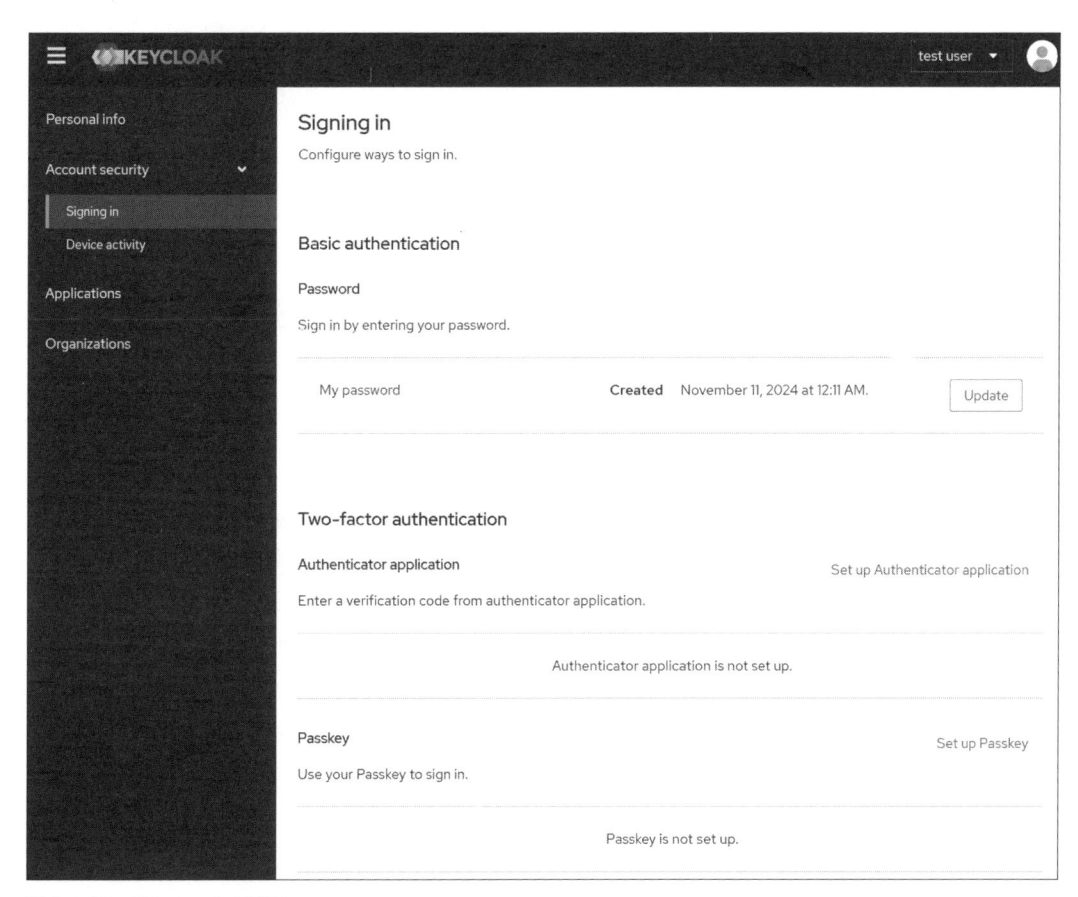

図 7.1.45 「Signing in」画面

　「Signing in」画面を開いたら、「Two-factor authentication」セクションの「Passkey」にある「Set up Passkey」をクリックします。その後、認証器の登録を促す画面が表示されるので、「Register」ボタンをクリックします（図 7.1.46）。その際に、ログイン画面が表示されることがありますが、その場合は、ユーザー名とパスワードを入力してください。

　その後、図 7.1.47 のように、認証器の登録を促す画面が表示されるため、認証器を接続し、OS やブラウザーのナビゲーションに従って認証器の登録を進めます。

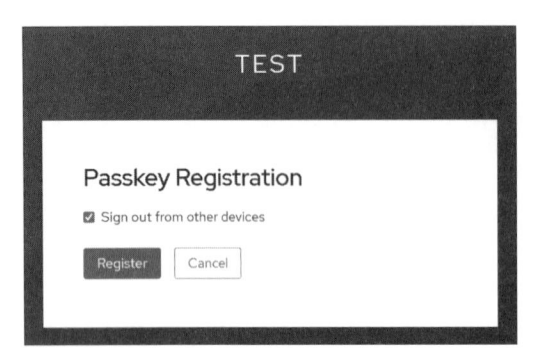

図 7.1.46　認証器登録画面

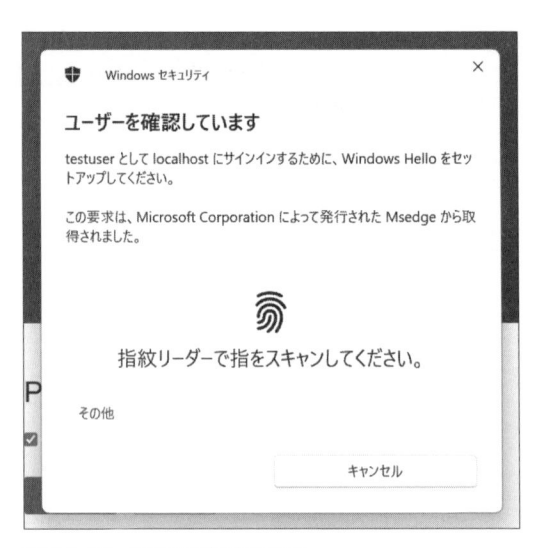

図 7.1.47　認証器登録時の画面

　また、「WebAuthn ポリシーの設定」で設定した「User verification requirement」によっては、別途認証器側の認証として PIN や指紋認証が要求される場合もあります。

　認証器の登録が完了すると、先ほどの「Signing in」画面に、認証器が登録された旨が表示されます。

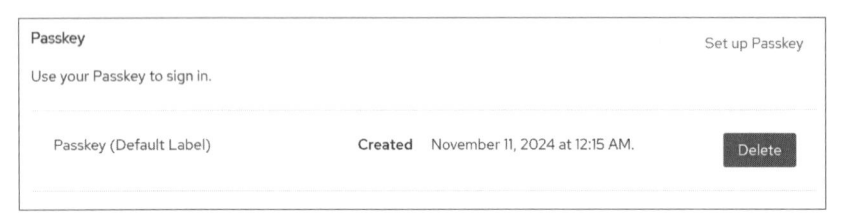

図 7.1.48　認証器登録完了後の画面

　これでユーザー側の認証器の登録は完了です。再度ログインを試みると、ユーザー名とパスワードを入力後に、認証器によるパスキー認証が要求されることを確認できます。また、認証器を登録していないユーザーについては、ユーザー名とパスワードを入力するだけでログインできることを確認できます。

図 7.1.49　ログイン時にパスキー認証が要求される

■（2）管理者側の動作確認

　パスキーによるパスワードレス認証と同様に、管理者ユーザーで、ユーザーが登録した認証器の情報がどう見えるかを確認します。管理コンソールの「Users」画面で動作確認したいユーザーの Username 部分をクリックします。その後、「Credentials」タブをクリックして、ユーザーのクレデンシャルを参照します。「Show data」をクリックすると、ユーザーが登録した認証器のAAGUID や公開鍵の情報を参照できます。

Password data		✕
Name	**Value**	
aaguid	00000000-0000-0000-0000-000000000000	
attestationStatementFormat	none	
counter	0	
credentialId	ATpY4GMNF/Mryjh9Vv7NybxwhEvmAsmy5Gx2I5aJxxo=	
credentialPublicKey	pCFDAQABIFkBANiebUn-hw2usf5urGfwBk2TjF_9MIKbSz7FN_ZP3I3h_xlOjIOIRJxJeII6s-wbdX	
transports	["internal"]	

図 7.1.50　ユーザーのパスキー詳細画面

外部ユーザーストレージによる認証

　Keycloak は、自身が管理する DB に、ユーザー名やパスワードのようなユーザー情報を保存し管理しています。しかし、実際のシステムでは、ユーザー情報は LDAP サーバーのような Keycloak 外部のストレージに保存されていることが多くあります。

　Keycloak では、外部のストレージに存在するユーザー情報を認証に利用したり、管理（参照や更新、削除）することができる「ユーザーストレージフェデレーション」機能が提供されています。本節では、ユーザーストレージフェデレーションの概念や設定のポイントを解説した後に、実際にユーザーストレージフェデレーション機能で、Active Directory との連携を行います。また、応用として、統合 Windows 認証を使って認証する設定手順も解説します。

■ 7.2.1　ユーザーストレージフェデレーション

　ユーザーストレージフェデレーションは、管理コンソールの「User federation」から設定します。外部ユーザーストレージと連携するためには、ユーザーストレージ SPI[*17] を実装したプロバイダーが必要です。デフォルトでは、LDAP プロバイダーと Kerberos プロバイダーが用意されています。「User federation」画面では、図 7.2.1 のように、それぞれ「Add Ldap providers」と「Add Kerberos providers」と表記されており、これらを選択することで、それぞれのプロバイダーの設定画面に遷移します。

---

*17 ユーザーストレージ SPI は、ユーザー情報を管理するストレージ (LDAP サーバーなど) にアクセスするためのインタフェースです。SPI については、第 8 章 8.1 節を参照してください。

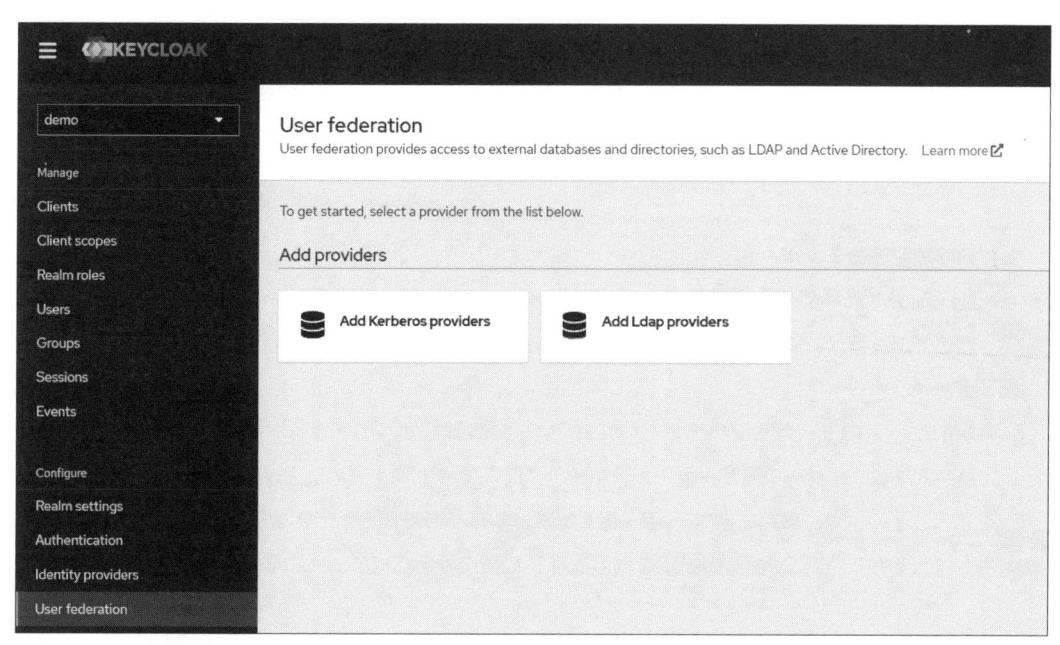

図7.2.1 「User federation」画面

LDAPプロバイダーは、LDAPに対応したストレージの情報の参照や更新、LDAPを使ったパスワード認証が行えます。このプロバイダーは、LDAPサーバーとしてActive Directoryにも対応し、統合Windows認証を実現することもできます。また、支店ごとに異なるActive Directoryが存在するなど、ユーザーが複数のストレージに分散されているような場合に対応し、外部ユーザーストレージを複数設定することもできます。

Kerberosプロバイダーは、LDAPに対応しないKerberosサーバーと連携するために使います。Kerberosのチケットから、ユーザー情報をインポートすることができます。LDAPにもKerberosにも対応しない場合（外部のDBなど）については、カスタマイズによりプロバイダーを開発することで対応することができます。

本項では、実際に使われることの多いLDAPプロバイダーについて、設定のポイントとなる以下の3点を解説します。

■（1）ユーザー情報のインポート

Keycloakは、外部ユーザーストレージのユーザー情報を、Keycloak内部のDBにインポートすることができます。インポートすることで、Keycloak固有の機能を利用可能になります[18]。一方で、ユーザーのデータを自システムのDB外に保存したくない、というシステム要件がある場

---

*18 例えば、必須アクションやOTPなどです。これらはKeycloak内部のDBに、ユーザー情報の一部として保存する必要があります。

実践編

7

さまざまな認証方式を用いる

合、インポートしないことも選択可能です。ただし、この場合は Keycloak 固有の機能を利用できなくなります。

インポートについては、次の (a) ～ (d) のような動作が可能です。システムの要件に応じて使い分けます。

(a) 初回認証時のインポート

LDAP プロバイダーの設定画面の「Synchronization settings」で「Import users」が「On」になっていると、ユーザーが初めて認証されたときに、そのユーザーだけがインポートされます。

(b) 事前インポート

事前に、外部ユーザーストレージのユーザーの情報をすべてインポートすることができます。LDAP プロバイダーの設定画面で、画面右上の「Action」リストより「Sync all users」をクリックすることにより、事前に全ユーザーをインポートしておくことができます。なお、「Action」リストは、LDAP プロバイダーの設定を一度保存した後に表示されるようになるため、注意が必要です。

図 7.2.2　事前に全ユーザーをインポートする

(c) インポート無効

LDAP プロバイダーの「Synchronization settings」で、「Import users」を「Off」にすることで、インポートしないように設定することができます。

図 7.2.3　ユーザーをインポートしない設定にする

(d) 定期間隔でのインポート

同じく、LDAP プロバイダーの「Synchronization settings」で、定期的な完全インポートや差分インポートの設定ができます。「Synchronization settings」内の「Periodic full sync」を「On」にすると完全インポートになり、「Periodic changed users sync」を「On」にすると差分インポートになります。これら設定を「On」にした場合、インポートの定期間隔を秒単位で指定することができます。

なお、定期間隔でインポートしない場合、LDAP の属性情報が変更されると、インポート済みの Keycloak 内のユーザーの属性と差分が発生してしまいます。ユーザーストレージフェデレーションの属性マッピングやキャッシュ設定によっては、Keycloak が発行する ID トークンの属性値などに、LDAP の属性値が反映されない場合があります。もし頻繁に LDAP の属性情報が変更される場合、定期間隔のインポートを設定しておくほうがよいでしょう。

■ (2) ユーザー名や属性のマッピング

Keycloak は、外部ユーザーストレージの属性情報（ユーザー名やメールアドレスなど）を、Keycloak の属性情報として自動的に割り当てることはできません。そのためには、マッピングが必須です。特に、Keycloak のユーザー名（username）のマッピング設定は、Keycloak のログイン画面から認証を行うために必須です。

LDAP プロバイダーの設定を保存した後に表示される「Mappers」タブを選択することで、外部ユーザーストレージの属性情報と Keycloak の属性情報のマッピングを行うことができます。

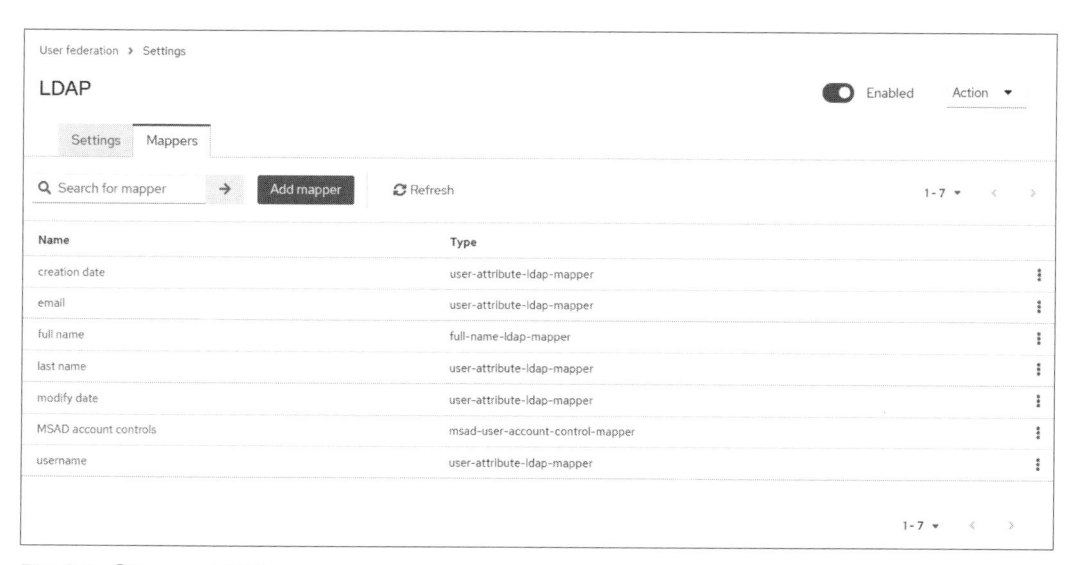

図 7.2.4　「Mappers」画面

　ここには、マッピングを行うために使われるマッパーの一覧が表示されています。例えば、ここで「email」という名前のマッパーを選択すると、Email という属性情報のマッピング設定画面が表示されます。このマッパーは、LDAP の mail 属性を Keycloak の email 属性にマッピングしています。

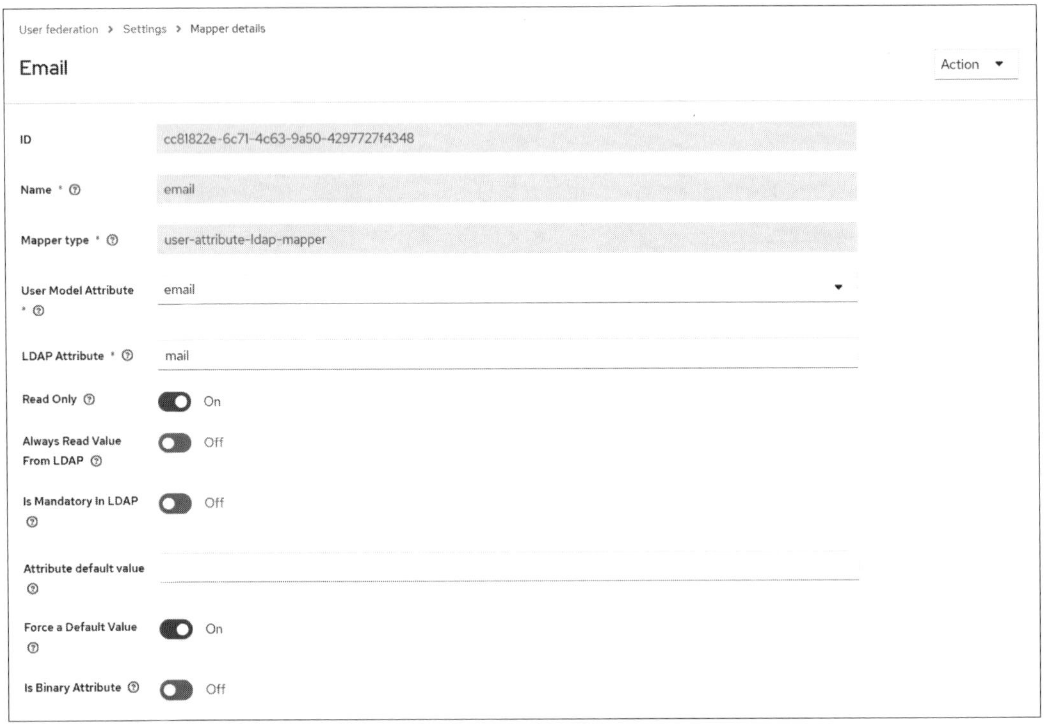

図 7.2.5　属性マッピングの設定 (メールアドレスの場合)

　ここで注意すべき点は、複雑なマッピング処理はできないことです。例えば、「会員番号は、ユーザー ID の前 3 桁とメールアドレスのハッシュ値の下 8 桁をハイフンでつないだ文字列にする」といった複雑なマッピングはできません。このような複雑なマッピングは、カスタムのマッパーを作る必要があります。

■ (3) 属性更新時の同期

　ユーザー情報を、Keycloak の内部 DB にインポートしている場合、管理コンソールの「Users」画面などでユーザー属性が変更された際、属性そのものの変更を制限したり、LDAP にも変更を同期したり、変更を同期しないように設定することが可能です。これらは LDAP プロバイダーの「LDAP searching and updating」の「Edit mode」から設定できます。

Edit mode には、表 7.2.1 に示す 3 種類を選択できます。

表 7.2.1　Edit mode の選択肢

値	説明
READ_ONLY	マッピングされた属性 (ユーザー名、メールアドレス、姓、名など) は更新できません。これらの属性を更新しようとすると、Keycloak はエラーを返します。また、パスワードの更新もできません [19]。
WRITABLE	マッピングされた属性とパスワードは、すべて更新でき、LDAP と自動的に同期されます。
UNSYNCED	マッピングされた属性とパスワードの変更は、Keycloak の内部 DB にのみ反映され、自動で同期されません。同期する方法は、手動になります。

7.2.2　Active Directory 連携の構成

以降では、LDAP プロバイダーとして、Active Directory を Keycloak と連携する手順を解説していきます。

以下の図 7.2.6 のような構成を構築します。Keycloak はローカル環境に構築します。ローカル環境のユーザーが、Keycloak にログインする際に、Keycloak は、外部 (ad.example.com) の Active Directory のユーザー情報を参照し、認証を行うとともにユーザー情報を Keycloak にインポートします。Active Directory に対しては、参照のみで書き込みを禁止します。

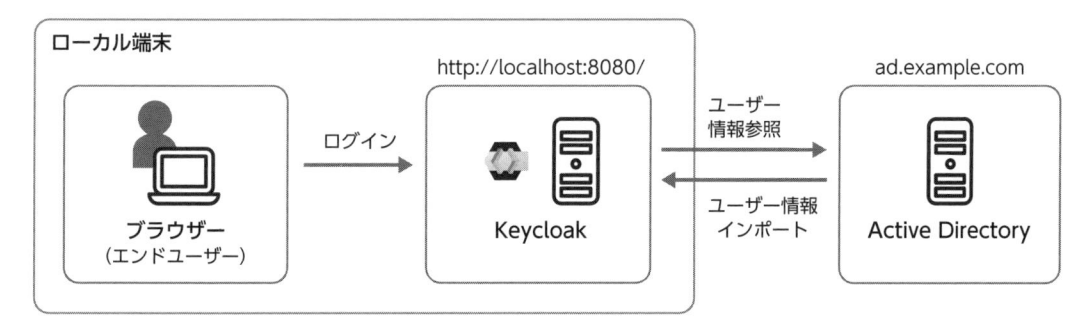

図 7.2.6　Active Directory 連携の構成

Keycloak の設定を行う前に、次の内容が設定済みであることを前提とします。

- Keycloak に「http://localhost:8080/」でアクセスできる。
- 「demo」という名前のレルムが作成されている。
- Active Directory が、表 7.2.2 に示す設定で構築されている。

---

[19] Keycloak 固有のユーザー情報 (必須アクションや OTP の設定など) は更新できます。

実践編

7

さまざまな認証方式を用いる

表 7.2.2　Active Directory の設定

設定項目	設定値
Active Directory に接続する FQDN	ad.example.com
Active Directory ドメイン	EXAMPLE.COM
Active Directory 管理者 ID	Administrator
ActiveDirectory 管理者パスワード	Password01

● 表 7.2.3 の動作確認用のユーザーが、Active Directory に作成されている。

表 7.2.3　動作確認用のユーザーの属性

Active Directory の属性名	設定値	属性の説明
sAMAccountName	user001	ユーザー名
sn	タナカ	姓
givenName	ジロウ	名
mail	user001@ad.example.com	メールアドレス

● Active Directory のユーザーが、cn=Users,dc=example,dc=com に作成されている。

7.2.3　Active Directory 連携の設定手順

Keycloak が Active Directory を参照するように、ユーザーストレージフェデレーションの設定をします。7.2.1 項で解説した 3 つのポイント（インポート、マッピング、同期）に対して、以下の方針に従って設定を行います。

● インポート：ユーザーが初めて認証された際にインポートします。つまり、Import users は「On」とします。
● マッピング：Keycloak の username（ユーザー名）には、LDAP 属性の sAMAccountName をマッピングするように設定します。
● 同期：今回は参照のみなので Edit mode を READ_ONLY（LDAP サーバーのデータは更新されない）とします。

手順は以下のとおりです。

1. 管理コンソールにログインし、「demo」レルムを選択します。
2. 左メニューの「User federation」をクリックし、「Add Ldap providers」をクリックします。
3. LDAP プロバイダーの設定画面が表示されるので、表 7.2.4 のとおりに設定します。Vendor 以降

は、LDAP に接続するために必要な設定値で、Active Directory に対応した値を入力します。なお、
「Advanced settings」以降は、デフォルトのままにしておきます。

表 7.2.4　LDAP プロバイダーの設定項目

設定項目	設定値	設定値の説明
UI display name	ldap	管理コンソール上で参照する名前。
Vendor	Active Directory	LDAP サーバーの製品の種類。
Connection URL	ldap://ad.example.com	LDAP サーバーへの接続 URL。
Enable StartTLS	Off	On の場合、STARTTLS を利用して LDAP 接続を暗号化します。その際、コネクションプーリングは無効になります。
Use Truststore SPI	Always	LDAP 接続において、あらかじめコマンドラインオプションで設定したトラストストアを用いてトラストストア SPI を使用するかどうかを指定します。Always の場合は常に使用し、Never の場合は常に使用しません。
Connection pooling	Off	On の場合、LDAP サーバーへのアクセスにコネクションプールを使用します。
Connection timeout	設定なし	LDAP のコネクションタイムアウト時間をミリ秒単位で指定します。
Bind type	simple	LDAP のバインド方式。none の場合は anonymous 認証となります。
Bind DN	cn=Administrator,cn=Users,dc=example,dc=com	LDAP サーバーへ接続するユーザーの DN。
Bind credentials	Password01	LDAP サーバーへ接続するユーザーのパスワード。
Edit mode	READ_ONLY	7.2.1 項を参照。
Users DN	cn=Users,dc=example,dc=com	ユーザーを検索する DN。
Username LDAP attribute	sAMAccountName	ユーザー名に使う LDAP の属性名。
RDN LDAP attribute	cn	LDAP の RDN 属性名。
UUID LDAP attribute	objectGUID	LDAP の UUID 属性名。
User object classes	person, organizationalPerson, user	LDAP のユーザーを表す ObjectClass。
User LDAP filter	設定なし	ユーザーを検索するフィルター式。
Search scope	Subtree	ユーザーの検索範囲。One Level の場合、検索は Users DN で指定された DN 内のユーザーにのみ適用されます。Subtree の場合、検索はサブツリー全体に適用されます。
Read timeout	設定なし	LDAP 応答の読み取りタイムアウト時間をミリ秒単位で指定します。
Pagination	Off	LDAP サーバーのページング検索を有効にするかを設定します。

表 7.2.4　LDAP プロバイダーの設定項目（続き）

設定項目	設定値	設定値の説明
Referral	ignore	LDAP サーバーの Referral 機能を無視するか許容するかを指定します。 ignore の場合、Referral 機能を無視します。 follow の場合、Referral 機能を許容します。 Referral 機能を許容する場合、他の LDAP サーバーを利用することにより認証処理に時間を要する可能性があります。
Import users	On	On の場合、外部ユーザーストレージのユーザーを Keycloak の内部 DB にインポートします。
Sync Registrations	Off	On の場合、Keycloak にユーザーを追加すると、LDAP サーバーにも追加されます。
Batch size	設定なし	単一のトランザクションで LDAP サーバーから Keycloak にインポートするユーザー数を指定します。 また、Pagination 設定を On にした際のページサイズとしても利用されます。設定なしの場合のデフォルト値は 1000 です。
Periodic full sync	Off	7.2.1 項を参照。
Periodic changed users sync	Off	7.2.1 項を参照。
Allow Kerberos authentication	Off	On の場合、SPNEGO/Kerberos トークンを使用したユーザーの HTTP 認証を有効にします。
Use Kerberos for password authentication	Off	On の場合、Kerberos サーバーへのユーザー名 / パスワード認証に Kerberos ログインモジュールを利用します。
Cache policy	DEFAULT	LDAP プロバイダーのキャッシュポリシーを指定します

4. 設定が完了したら、「Test connection」ボタンをクリックして、Active Directory と接続できることを確認します。

5. 接続が確認できたら、「Test authentication」ボタンをクリックして、Active Directory と接続する「Bind DN」と「Bind credentials」が正しいことを確認します。

6. 認証が成功したら、「Save」ボタンをクリックして設定を保存します。

7. Active Directory のユーザー属性を、Keycloak のユーザー属性にマッピングする設定を行います。ここでは、Keycloak のユーザー名（username）に sAMAccountName を使うように設定されていることを確認します。「Mappers」タブを選択し、表示されるマッパーの一覧の中から「username」を選択すると、username のマッピング画面に遷移します。各設定項目が表 7.2.5 のとおりに設定されていることを確認します。

表 7.2.5　username のマッピングの設定項目

設定項目	設定値	設定値の説明
User Model Attribute	username	Keycloak にマッピングしたい属性名。
LDAP Attribute	sAMAccountName	マッピング元の LDAP の属性名。
Read Only	On	On の場合、Keycloak から LDAP サーバーへの更新は行われません。
Always Read Value From LDAP	Off	On の場合、内部 DB ではなく、常に LDAP サーバーから属性値が読み取られます。
Is Mandatory In LDAP	On	LDAP サーバーで、この属性が必須の場合に「On」にします。
Attribute default value	設定なし	Keycloak 側に値がなく、かつ LDAP 側で必須属性の場合に LDAP に連携されるデフォルトの値。
Force a Default Value	On	Keycloak 側に値がなく、かつ「Attribute default value」が設定されていない場合の挙動を設定します。 On の場合、LDAP 側の必須属性に対して空のデフォルト値が強制的に連携されます。Off の場合、必須属性を手動で設定する必要があります。
Is Binary Attribute	Off	LDAP サーバーで、この属性がバイナリ値の場合に「On」にします。

8. 続けて、Keycloak の名 (firstName) に givenName をマッピングする設定を行います。「Mappers」タブを選択し、「Add mapper」ボタンをクリックします。Name には「first name」を入力し、Mapper type は「user-attribute-ldap-mapper」を選択します。すると、追加の設定項目が表示されるため、User Model Attribute は「firstName」を選択し、LDAP Attribute には「givenName」を入力します。他の項目は表 7.2.5 と同様に設定し、「Save」ボタンをクリックして保存します。

7.2.4　Active Directory 連携の動作確認

　最初に、Active Directory に存在する「user001」ユーザーで、Keycloak のアカウント管理コンソールにログインできることを確認しましょう。次に、Active Directory からのユーザー情報のインポートを確認します。

1. Active Directory に存在するユーザーでアカウント管理コンソールにログインする

アカウント管理コンソール (http://localhost:8080/realms/demo/account/) にアクセスするとログイン画面が表示されます。そこで、「user001」ユーザーでログインし、アカウント管理コンソールが表示されることを確認します。

2. Active Directory のユーザーが Keycloak にインポートされることを確認する

ユーザーが初めて認証されると、Keycloak は外部ユーザーストレージにあるユーザー情報を、Keycloak の内部 DB にインポートします。1. の動作確認で使用した「user001」ユーザーが、インポートされていることを確認してみましょう。

Keycloak の管理コンソールにログインし、左メニューから「demo」レルムを選択し、管理コンソールの左メニューから、「Users」をクリックして、Keycloak 内のユーザー一覧を表示します。図 7.2.7 のように、Active Directory のみに存在していた「user001」ユーザーがインポートされていることを確認します。

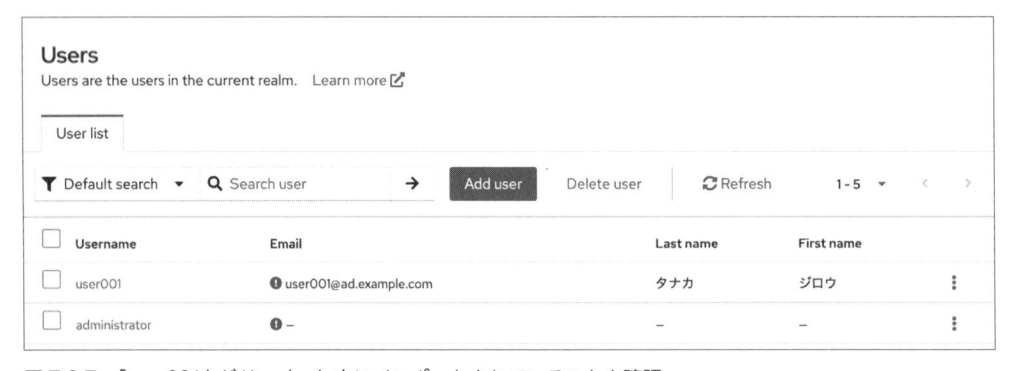

図 7.2.7　「user001」が Keycloak 内にインポートされていることを確認

7.2.5　統合 Windows 認証の構成

　統合 Windows 認証は、ブラウザーを介して Kerberos 認証を行う仕組みです。この仕組みを利用すると、Active Directory に参加済みのマシンでサインインしている場合、Keycloak は、ユーザー名とパスワードの入力を必要とせずに、ユーザーを認証することができます。

　以降では、前項で設定した LDAP プロバイダーに、Kerberos 認証の設定を追加することで、統合 Windows 認証を利用する手順を解説し、動作確認を行います。

　設定手順の前に、前提事項を示します。

- ブラウザーは Microsoft Edge である。
- 以下の連携用ユーザーが Active Directory に作成されている。
  - cn (ユーザー名)：keycloak
  - ユーザーログオン名：HTTP/kc-server.example.com@EXAMPLE.COM
  - パスワード：Password01
  - Kerberos 認証の暗号化方式として AES 256 を設定

○ パスワード有効期限を無期限に設定

連携用ユーザーは図 7.2.8 の設定になっていれば問題ありません。

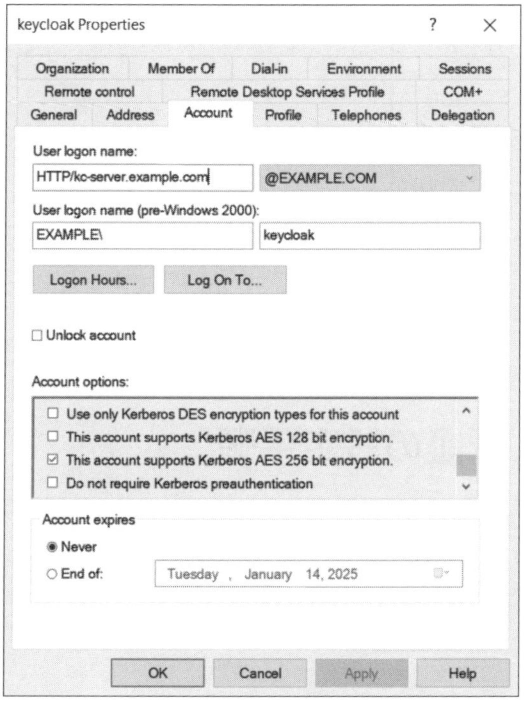

図 7.2.8 Active Directory の連携用ユーザー（keycloak）の設定内容

また、動作確認する統合 Windows 認証の構成は、図 7.2.9 のようにユーザーの端末と Keycloak サーバーを分け、Keycloak サーバーの FQDN は kc-server.example.com を割り当てる構成とします。

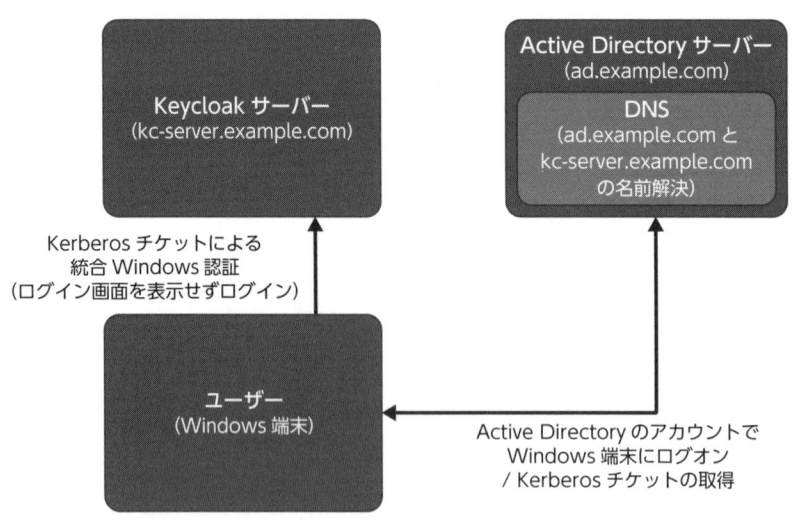

図 7.2.9　動作確認する統合 Windows 認証の構成

7.2.6　統合 Windows 認証の設定手順

設定手順は以下のようになります。

(1) Keytab ファイル[20] の作成と Keycloak への配置

(2) Keycloak への統合 Windows 認証の設定

(3) ブラウザーの設定

■ (1) Keytab ファイルの作成と Keycloak への配置

Windows サーバーで Keytab ファイルを作成して、Keycloak に配置します。

1. Windows サーバーに管理者権限でログインして、コマンドプロンプトを起動します。

2. 以下のコマンドを実行して、demo.keytab という名前で Keytab ファイルを作成します。Keytab ファイルは C:\Users\Administrator に作成されます。

```
C:\Users\Administrator > ktpass -out demo.keytab -princ
HTTP/kc-server@EXAMPLE.COM -ptype KRB5_NT_PRINCIPAL -crypto AES256-SHA1
-mapuser keycloak -pass Password01
```

---

[20] Keytab ファイルとは、Kerberos 認証を行うための連携用ユーザー名と、暗号化された鍵と権限情報（サービスプリンシパル）を含んだファイルです。

表 7.2.6 に、各オプションの説明 [21] を示します。

表 7.2.6　Keytab ファイルを作成するコマンドのオプション

オプション	説明
-out	作成する Keytab ファイルのファイル名。
-princ	サービスプリンシパル名。 命名規則：HTTP/[Keycloak の FQDN]@[大文字の Active Directory ドメイン名] ※注：大文字と小文字は区別されます。
-ptype	プリンシパルの種類。
-crypto	暗号アルゴリズム。
-mapuser	統合 Windows 認証の連携用ユーザーログオン名。
-pass	統合 Windows 認証の連携用ユーザーのパスワード。

3. 作成した Keytab ファイルを Keycloak に配置します。今回は、Keytab 配置用のディレクトリーとして [KEYCLOAK_HOME]/keytab を作成し、この配下に置きます。

■ (2) Keycloak への統合 Windows 認証の設定

　これまでに作成した Keycloak の LDAP プロバイダーに、統合 Windows 認証の設定を追加します。7.2.2 項で設定した LDAP プロバイダーの設定を開き、「Kerberos integration」の「Allow Kerberos authentication」を「On」にすると、設定項目が現れます（図 7.2.10）。

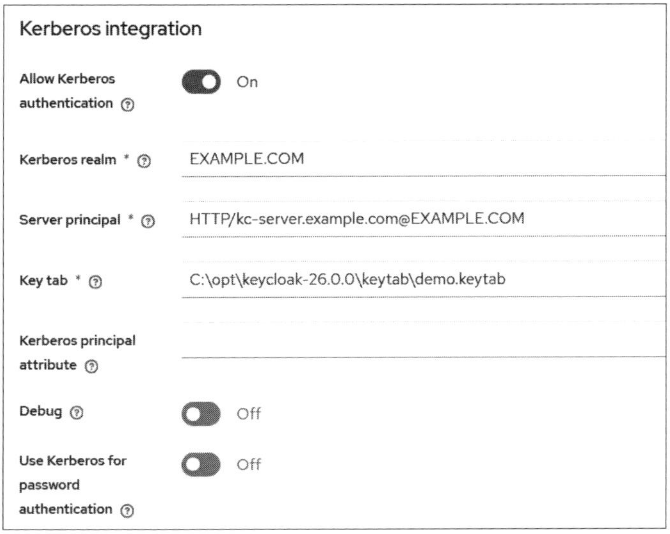

図 7.2.10　Kerberos integration の設定

------

[21] ktpass の詳細は、Microsoft のドキュメント (https://learn.microsoft.com/ja-jp/windows-server/administration/windows-commands/ktpass) を参照してください。

表 7.2.7 の設定を追加し、「Save」ボタンをクリックして保存します。

表 7.2.7　Kerberos integration の設定項目

設定項目	設定値	設定値の説明
Allow Kerberos authentication	On	Kerberos 認証を有効にする。
Kerberos realm	EXAMPLE.COM	Kerberos のレルム（Active Directory ではドメイン名）。
Server principal	HTTP/kc-server.example.com @EXAMPLE.COM	サービスプリンシパル。
Key tab	[KEYCLOAK_HOME]/keytab/demo.keytab	Keytab ファイルの場所。
Kerberos principal attribute	設定なし	Kerberos 認証成功後、LDAP ユーザーを検索するために使用される LDAP 属性名。設定なしの場合、Kerberos プリンシパルの @ より手前の部分（例えば、「user001@EXAMPLE.COM」の場合は「user001」）が LDAP ユーザー名として検索されます。
Debug	Off	デバッグログを出力するかどうか。
Use Kerberos for password authentication	Off	パスワード認証をするために、LDAP サーバーではなく Kerberos サーバーを使うかどうか。

■ (3) ブラウザーの設定

統合 Windows 認証を行うため、Microsoft Edge に設定を行います[*22]。統合 Windows 認証では、ブラウザーが Keycloak とやり取りを行うため、ブラウザーにも設定が必要です。なお、本書では解説しませんが、Active Directory のグループポリシーを利用して設定を自動配布することもできます。本番環境では、個別設定を避けるために、グループポリシーを利用するほうがよいでしょう。

1. コントロールパネルを開き、「表示方法」を「大きいアイコン」または「小さいアイコン」に設定します。

2. 「インターネットオプション」をクリックし、「セキュリティ」タブから「ローカルイントラネット」を選択します。

3. Keycloak に対して統合 Windows 認証を許可するために、「サイト」ボタンをクリックし、「詳細設定」ボタンから、ローカルイントラネットゾーンに、Keycloak サーバーにアクセスする FQDN を追加します。

---

*22 本書では、Microsoft Edge での解説になりますが、Google Chrome でも同じ設定手順になります。

図 7.2.11 Keycloak の FQDN をセキュリティゾーンに追加する

7.2.7 統合 Windows 認証の動作確認

統合 Windows 認証の動作確認を行いましょう。Keycloak のアカウント管理コンソールに「user001」ユーザーでログインすることで、統合 Windows 認証の動作確認を行います。

1. Active Directory のドメイン (EXAMPLE.COM) に参加している Windows マシンに「user001」ユーザーでサインインしておきます。

2. Keycloak のアカウント管理コンソール (http://kc-server.example.com:8080/realms/demo/account/) にアクセスします。すでにログインしている場合は、ログアウトしておく必要があります。

3. Keycloak のログイン画面が表示されず、ユーザー名とパスワードも入力せずに、アカウント管理コンソールを参照できます (図 7.2.12) 。

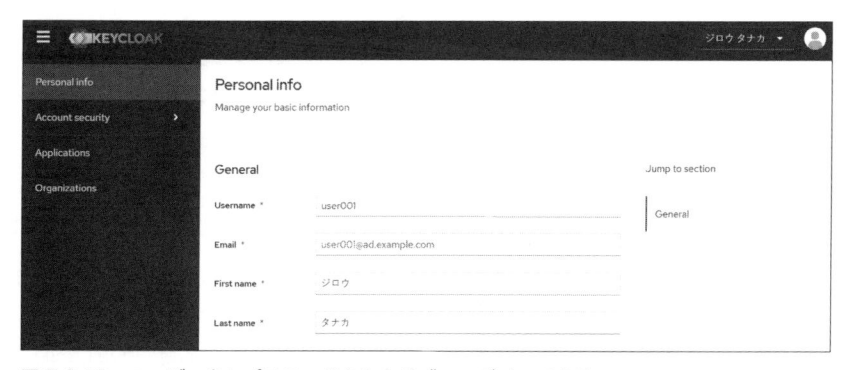

図 7.2.12 ユーザー名とパスワードを入力せず、ログインできる

7.3 外部アイデンティティープロバイダーによる認証

　Keycloak で認証連携をしているシステムでは、Google や Facebook などの SNS（外部アイデンティティープロバイダー）のアカウントを利用したログイン機能を簡単に導入できます。これを実現するのが、アイデンティティーブローカリング機能です。本節では、アイデンティティーブローカリングの概要を解説し、実際の例として GitHub と連携する方法を紹介します。

■ 7.3.1　アイデンティティーブローカリングの概要

　まずは、アイデンティティーブローカリングの仕組みと、関連して留意すべき事項である、ユーザーの関連付けや属性情報のマッピングについて解説します。

■ （1）アイデンティティーブローカリングとは

　アイデンティティーブローカリングとは、外部のアイデンティティープロバイダーのアカウントを利用して、Keycloak と連携しているアプリケーションに認証連携できるよう、仲介する機能です。この機能により、図 7.3.1 の例のように、ユーザーは、いつも利用している SNS のアカウントを用いてシステムにログインできるようになります。

　ただし、ここでいうアイデンティティープロバイダーとは、OIDC、OAuth、SAML のいずれかのプロトコルに対応し、ユーザーを認証する機能を提供しているサービスのことです。最近の主要な SNS は、この条件を満たしているので、アイデンティティープロバイダーとして連携可能です。Keycloak 26.0.0 では、X（旧 Twitter）、Facebook、

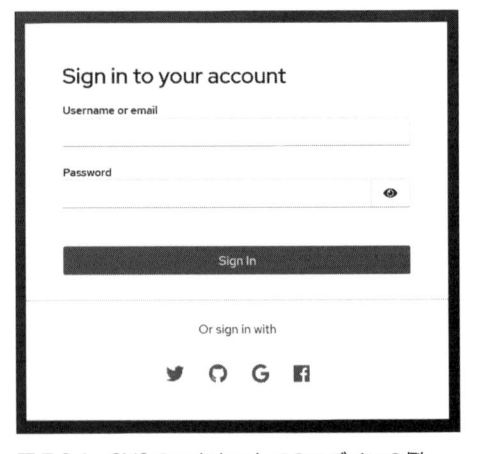

図 7.3.1　SNS のアカウントでのログインの例

Google、LinkedIn、Instagram、Microsoft、PayPal、OpenShift v3、OpenShift v4、GitHub、GitLab、BitBucket、Stack Overflow について専用の設定画面が用意されています。

　また、Keycloak では、汎用的な設定画面も提供しており、OIDC または SAML に対応しているアイデンティティープロバイダーであれば、連携することができます。例えば、自社で開発した

OIDC の OP があれば、それを利用することも可能です。汎用的な設定画面を利用してもうまく連携できない場合は、カスタマイズにより、外部アイデンティティープロバイダーの1つとして追加することもできます。

■（2）アイデンティティーブローカリングの仕組み

アイデンティティーブローカリングで、Keycloak がどのように外部のアイデンティティープロバイダーの認証を使用しているのかの仕組みを解説します。図 7.3.2 に、アイデンティティーブローカリングによる、OIDC に対応した外部のアイデンティティープロバイダーを使った認証のフローの例を示します。これに沿って仕組みを解説します。

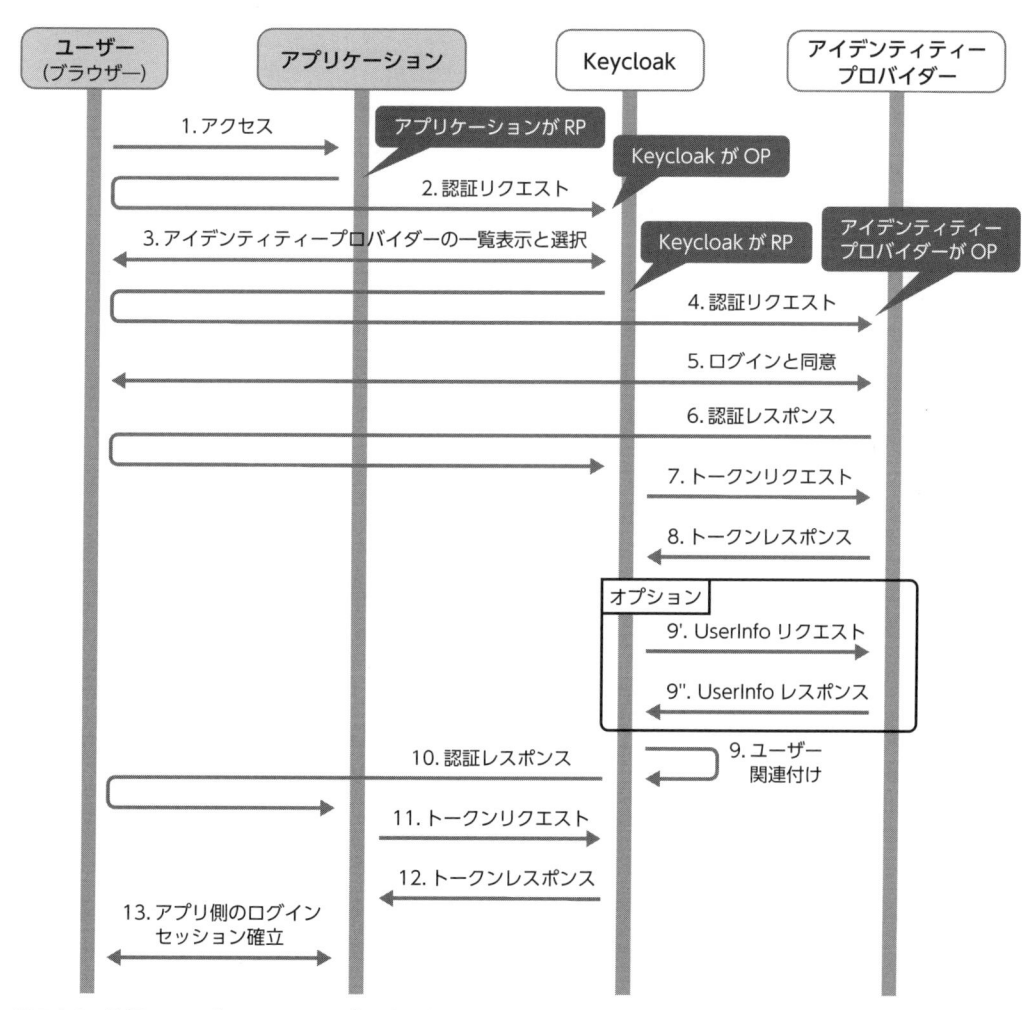

図 7.3.2　外部のアイデンティティープロバイダーを使ったログイン

実践編 7　さまざまな認証方式を用いる

　Keycloak が RP となり、認証リクエストをアイデンティティープロバイダーに送ることで、ア
イデンティティープロバイダーに認証を委ねています。詳しい処理を見ていきましょう。

1. ユーザーは、アプリケーションにアクセスします。
2. アプリケーションは、Keycloak に対して OIDC の認証リクエストを送信します。
3. Keycloak は、設定されているアイデンティティープロバイダーの一覧をログイン画面に表示し、
   ユーザーは認証に使いたいアイデンティティープロバイダーを選択します。
4. ここからがアイデンティティーブローカリングの処理になります。Keycloak が RP となり、選択
   されたアイデンティティープロバイダーに対して、OIDC の認証リクエストを送信します。
5. アイデンティティープロバイダーは、ユーザーにログイン画面を表示し、ユーザーはそこでログイ
   ンします。アイデンティティープロバイダーによっては、同意画面も表示し、ユーザーは同意をし
   ます。
6. アイデンティティープロバイダーは、認証に成功すると、認証レスポンスを返します。
7.～8. Keycloak は、トークンリクエストをプロバイダーに送り、アイデンティティープロバイダー
   は、Keycloak に対しトークン（ID トークン、アクセストークン、リフレッシュトークン）を発行
   します。
9. Keycloak は、アイデンティティープロバイダーから発行された ID トークンに格納されたユー
   ザー属性情報や、UserInfo エンドポイントから取得したユーザー属性情報をもとに、Keycloak の
   ユーザーを作成、もしくは既存のユーザーとの関連付けを行います。ユーザーの関連付けについて
   は後述します。ここまでが、アイデンティティーブローカリングの処理になります。
10.～12. Keycloak は、アプリケーションに対して認証レスポンスを返し、トークンリクエストに対
   するトークンレスポンスで、トークン（ID トークン、アクセストークン、リフレッシュトークン）
   をアプリケーションに発行します。
13. アプリケーションは、Keycloak から発行された ID トークンを受け取り、これをもとにログイン
   セッションを生成します。

　これは、アイデンティティープロバイダーが OIDC に対応している場合の説明ですが、SAML
の場合も、同様に 4. で SAML リクエストを送信することで、認証を外部アイデンティティープ
ロバイダーに委ねることができます。OAuth の場合でも、アイデンティティープロバイダー独
自の機能で対応することができます。OAuth については、後述する GitHub の例で解説します。
　アイデンティティーブローカリングを設定するにあたり、ポイントとなるのが、9. のユーザー
の関連付けです。ユーザーそのものの関連付けと、属性情報のマッピングの順で説明します。

■ (3) ユーザーの関連付け

あるユーザーが Keycloak に初めて連携された場合、外部アイデンティティープロバイダーから発行された ID トークンにある、email クレームと preferred_username クレームでユーザーを関連付けます。

Keycloak は、ID トークンの email と一致する email 属性を持つユーザー（または、ID トークンの preferred_username と一致する username 属性を持つユーザー）が Keycloak 内に存在するかどうかを調べます。email か username が一致するユーザーが存在した場合は、ユーザーにアカウント関連付けの確認画面を表示し、ユーザーが確認すれば、そのユーザーとの関連付けを行います。一致するユーザーがいなかった場合、Keycloak は新規にユーザーを作成します[*23]（JIT プロビジョニング）。

ここで、初めて関連付け（または新規ユーザーの作成と関連付け）が行われますが、その処理は認証フローで行われます。使用される認証フローは、アイデンティティープロバイダーの設定画面の「First login flow override」で設定したフローで、デフォルトでは「first broker login」認証フローが使用されます。この認証フローの各 Execution の設定を変えることで、カスタマイズできます。「first broker login」認証フローについては、Server Administration Guide[*24] を参照してください。

Keycloak に一度ユーザーが認証連携されると、どのプロバイダーのどのユーザーが、Keycloak のどのユーザーに関連付いたか、という情報が、Keycloak の内部 DB に保存されます。2 回目以降の認証連携では、保存された情報をもとに、外部アイデンティティープロバイダーのユーザー ID（ID トークンの sub クレーム）から、直接 Keycloak のユーザーID にマッピングされます。それにより、「first broker login」認証フローは実行されなくなります。

■ (4) 属性情報のマッピング

外部アイデンティティープロバイダーのユーザー属性名と Keycloak のユーザー属性名は、例えば mail と email のように、一般的に異なっているので、マッピングが必要になります。属性のマッピングの設定は、「Identity providers」から外部アイデンティティープロバイダーを選択し、「Mappers」タブから変更できます（図 7.3.3）。

---

*23 ユーザーID も新規に作られます。

*24 https://www.keycloak.org/docs/26.0.0/server_admin/index.html#default-first-login-flow-authenticators

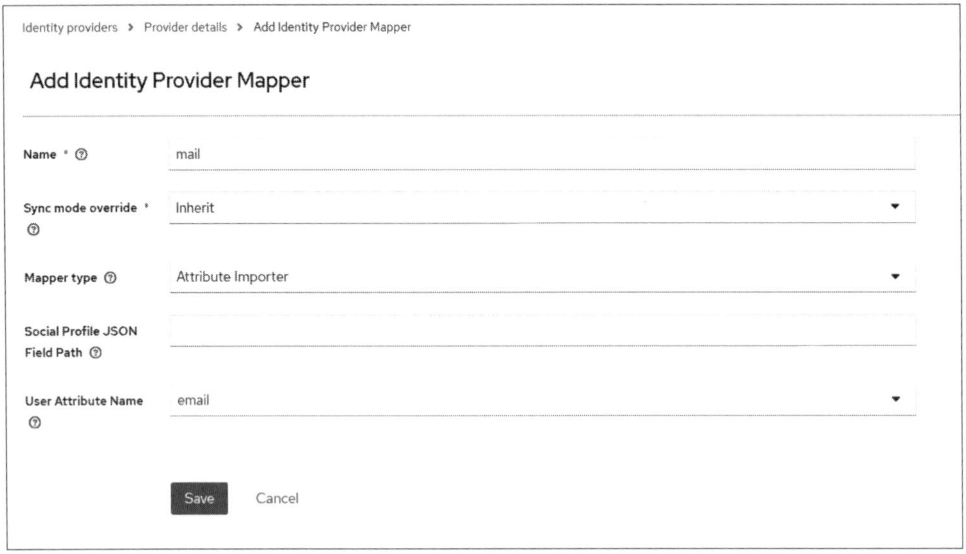

図 7.3.3　外部アイデンティティープロバイダーの mail 属性と Keycloak の email 属性のマッピング例

7.3.2　GitHub との連携の構成

　本項では、例として外部アイデンティティープロバイダーに GitHub を使用したアイデンティ
ティーブローカリング機能を実際に設定し、動作確認を行います。GitHub と連携する際のプロト
コルは、OAuth[*25] です。GitHub のアカウントを用いて、Keycloak と認証連携するアプリケーション
（例えば、Keycloak のアカウント管理コンソール[*26]）にアクセスする際のフローは、図 7.3.4 のように
なります。

[*25] OAuth は、認可のプロトコルであり、認証の目的で使うべきではありませんが、GitHub のように安全性を考慮した独自の拡張をして、
　　認証を可能にしているサービスもあります。

[*26] Keycloak のアカウント管理コンソールは、Keycloak に付属していますが、Keycloak を OP とした場合の RP でもあります。した
　　がって、Keycloak と認証連携するアプリケーションの 1 つとして考えることができます。

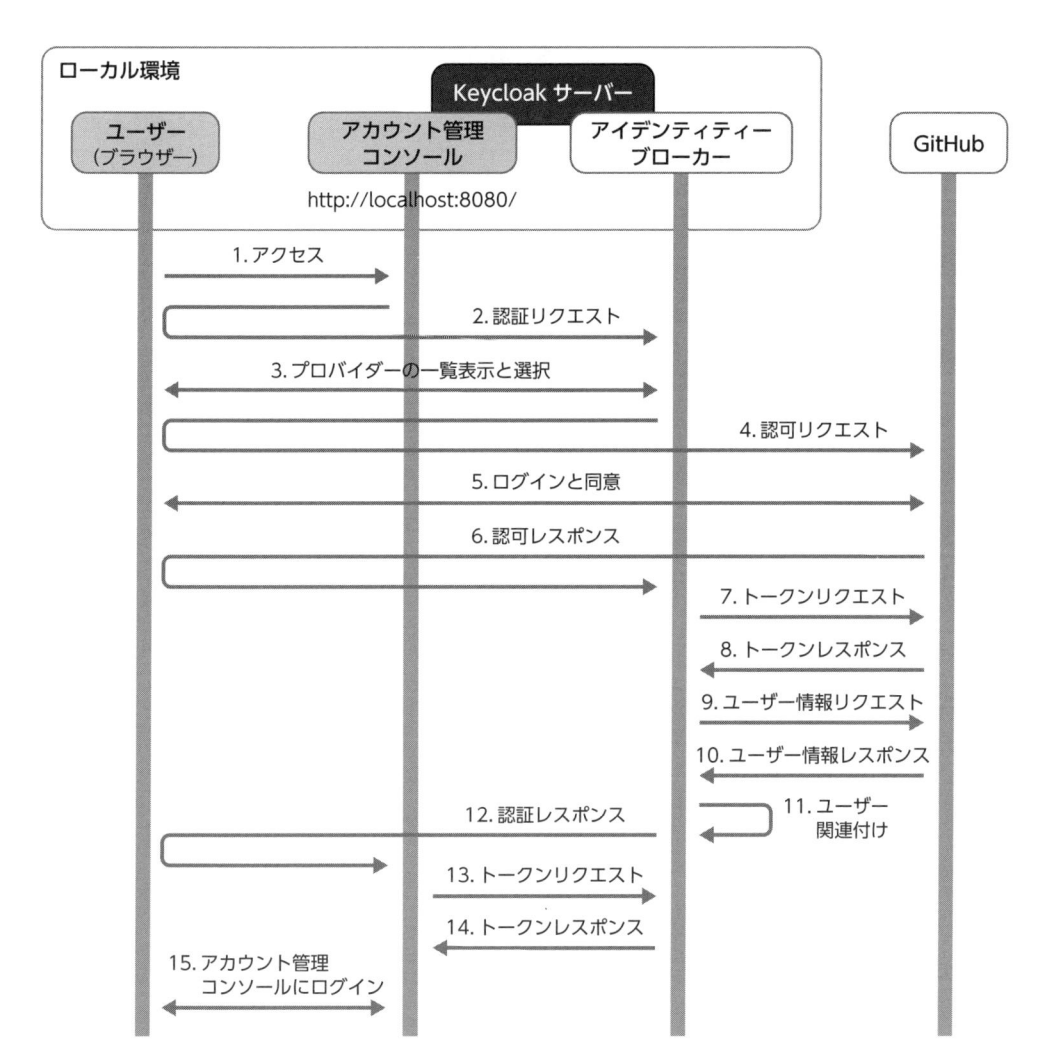

図 7.3.4　GitHub アカウントによるアカウント管理コンソールへのログイン

　本節冒頭で紹介した OIDC による認証連携との主な差異は、9. と 10. です。OIDC では、Keycloak は外部アイデンティティープロバイダーから、ID トークンまたは UserInfo エンドポイントよりユーザーの情報を取得していました。一方 OAuth には ID トークンがないため、9. と 10. の UserInfo エンドポイント相当のユーザー情報取得エンドポイントより Keycloak がユーザー情報を別途取得しています（GitHub 独自の手順です）。その結果を用いて、Keycloak はユーザーの関連付けを行い、認証レスポンスを RP（今回はアカウント管理コンソール）に返しています。

7.3.3　GitHub との連携手順

　GitHub を外部アイデンティティープロバイダーとする場合、Keycloak（アイデンティティーブローカー）は OAuth のクライアント、GitHub は OAuth の認可サーバーの役割を、それぞれ担うことになります。

　これを実現するためには、次の 2 つの作業が必要です。

- Keycloak に、外部アイデンティティープロバイダーとして GitHub の情報を追加する。
- GitHub に、クライアントとして Keycloak の情報を登録する。

　これらの作業は、Keycloak の管理コンソールと GitHub の「Developer settings」ページで並行して行います。手順は以下のとおりです。なお、この手順を実施する前に、「demo」レルムを作成しておく必要があります。

1. Keycloak の管理コンソールにログインします。
2. 左メニューから、「demo」レルムを選択します。
3. 左メニューで「Identity providers」をクリックします。
4. 「Social:」のリストの中から「GitHub」を選択し、「Add Github provider」画面を表示します。
5. 「Redirect URI」の設定に GitHub 用のリダイレクト URI が表示されるので、それをコピーします。

図 7.3.5　「Add Github provider」画面

6. ブラウザーの新しいタブを開き、GitHub の「Developer settings」ページ (https://github.com/
   settings/apps) にアクセスします。GitHub にアカウントがない場合は作成し、ログインしてい
   ない場合はログインしてください。

7. メニュー項目の OAuth Apps[*27] に移動して、「New OAuth app」ボタンをクリックします。図
   7.3.6 の画面が表示されるので、表 7.3.1 に示す設定項目を入力して、「Register application」ボ
   タンをクリックします。

表 7.3.1　設定項目

設定項目	設定値	設定値の説明
Homepage URL	http://localhost:8080/realms/demo/	クライアントの URL
Application name	Keycloak	クライアントの名前
Authorization callback URL	http://localhost:8080/realms/demo/broker/github/endpoint	先ほどコピーしたリダイレクト URI

これで Keycloak が OAuth クライアントとして登録されます。

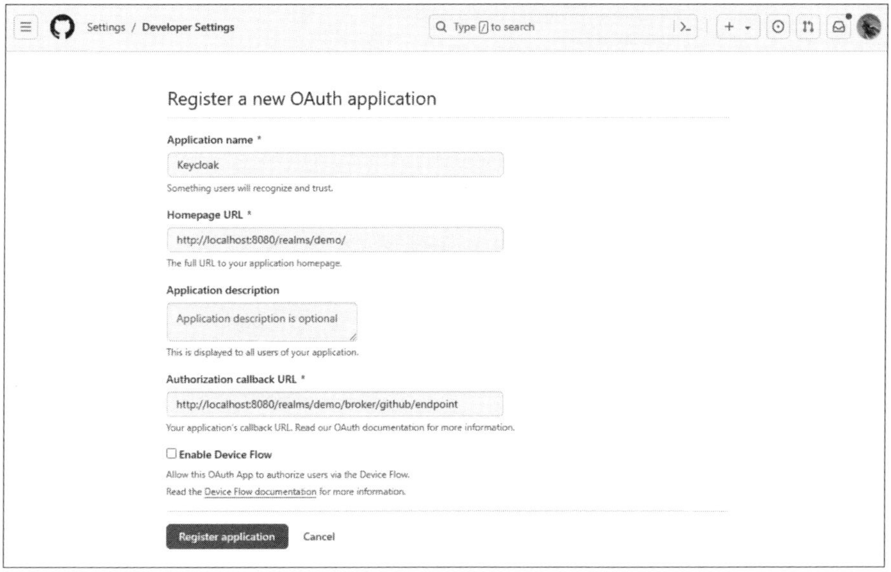

図 7.3.6　GitHub の OAuth アプリケーションの追加画面

クライアントの登録が完了すると、クライアントの設定画面へ遷移します。

[*27] GitHub Apps を用いることも可能です。GitHub Apps を用いる場合は、表 7.3.1 の設定に加えて「Webhook」の「active」のチェッ
クを外し、左メニューの「Permissions & events」を選択し、「Account permissions」の「Email addresses」を「read-only」に設
定します。

8. GitHub のクライアントの設定画面には「クライアント ID」が表示されているので、これをコピーして、先ほど開いたままにしておいた、「Add Github provider」画面にある、「Client ID」に貼り付けてください。

9. 再度 GitHub のクライアントの設定画面に戻り、次は「クライアントシークレット」を取得します。「クライアント ID」は自動的に生成されますが、「クライアントシークレット」は手動で生成する必要があります。クライアントの設定画面で「Generate a new client secret」ボタンをクリックして、「クライアントシークレット」を生成してください。

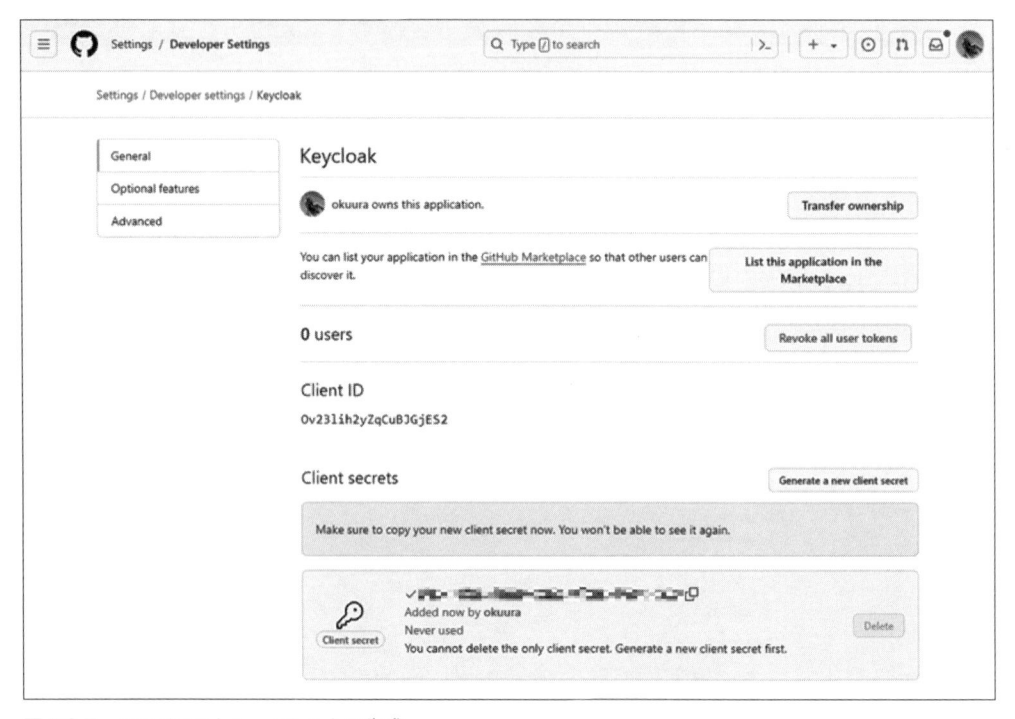

図 7.3.7　クライアントシークレットの生成

10. この「クライアントシークレット」もコピーして、Keycloak の「Add Github provider」画面の「Client Secret」に貼り付けてください。

11. 「Add」ボタンをクリックします。

7.3.4 GitHub 連携の動作確認

では、以下の手順で動作確認してみましょう。

1. アカウント管理コンソール (http://localhost:8080/realms/demo/account/) にアクセスします。
2. 表示されたログイン画面には、GitHub アカウントでログインするためのボタンが追加されているので、これをクリックします。

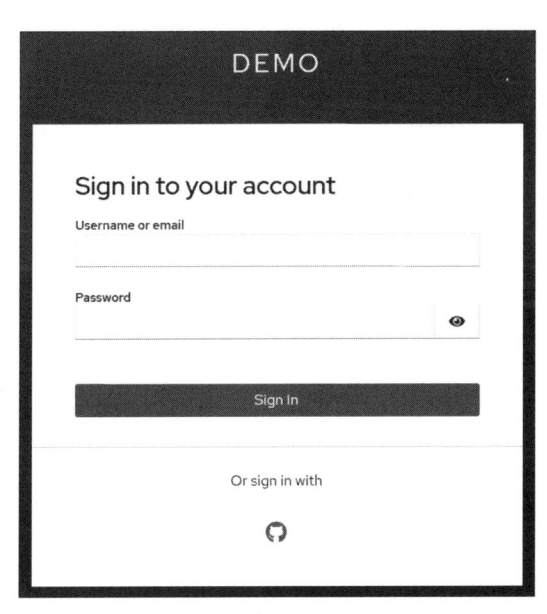

図 7.3.8 Keycloak のログイン画面

3. GitHub にログインしていない場合は、ログインします。

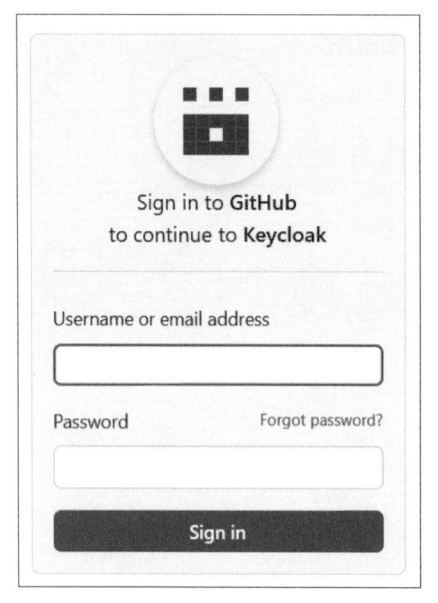

図 7.3.9　GitHub のログイン画面

4. ログインすると、Keycloak が GitHub のアカウント情報 (メールアドレス) にアクセスすることへの同意を求める画面が表示されるので、「Authorize [ユーザー名]」ボタンをクリックします。

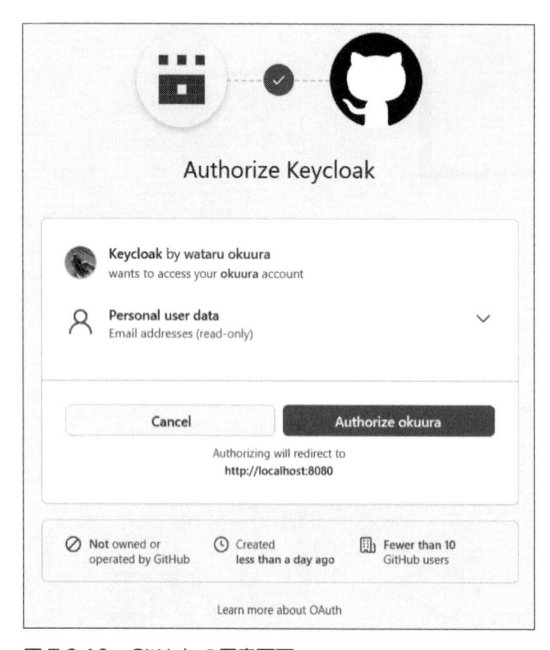

図 7.3.10　GitHub の同意画面

5. GitHub から認証連携されたメールアドレス、またはユーザー名に一致する既存のユーザーが存在しない場合は、新規にユーザーが作成されてアカウント管理コンソールにログインできます。

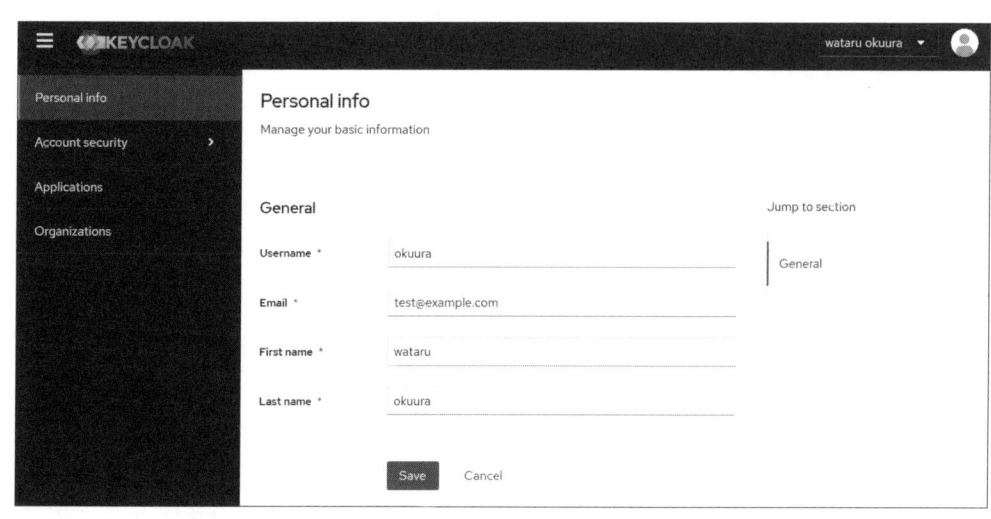

図 7.3.11 ログイン後のアカウント管理コンソール

6. 画面左メニュー中央部分にある、「Account Security」のセクションの「Linked accounts」のリンクをクリックします。画面を見ると、GitHub からユーザーが連携されたことがわかります。

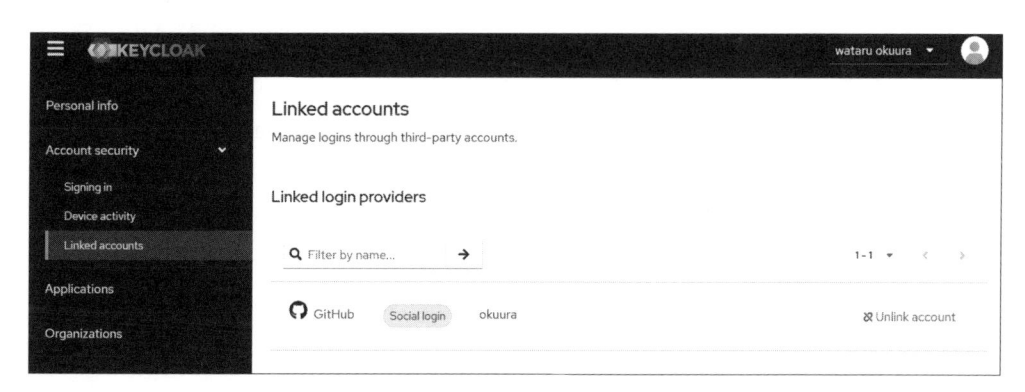

図 7.3.12 「Linked accounts」画面

実践編

7

さまざまな認証方式を用いる

7.4　本章のまとめ

本章では、以下を解説しました。

- **7.1 節「認証の強化」について**
  多要素認証やパスワードレス認証といった認証方式を実現するための基礎として、認証フローとその構成要素である Execution を解説しました。また、具体例として、OTP を用いた多要素認証や、パスキーを用いたパスワードレス認証と多要素認証の実現方法を紹介しました。
- **7.2 節「外部ユーザーストレージによる認証」について**
  外部のストレージに接続し、ユーザー情報を参照して認証したり、ユーザー情報を更新するための機能であるユーザーストレージフェデレーションについて、概念や設定のポイントを解説しました。また、具体例として、Active Directory との連携や統合 Windows 認証を行う方法を紹介しました。
- **7.3 節「外部アイデンティティープロバイダーによる認証」について**
  Google や Facebook などの、外部アイデンティティープロバイダーと連携してログインするための機能である、アイデンティティーブローカリングの概要を解説しました。また、具体例として、GitHub と連携する方法を紹介しました。

　本章までで、Keycloak の実践編は終わりです。ここまでで、Keycloak の標準機能を用いて、基本的な認証と認可ができたと思います。次章では、標準機能だけで満たせない要件にも対応できるように、Keycloak をカスタマイズして、独自の機能を追加する方法を解説していきます。

応用編

実システム利用を見据えた
使い方を知ろう

応用編では、本番環境で求められる個別のシステム要件や
非機能要件を満たす場合に必要となる Keycloak の設定方法を解説します。

Keycloak を実際のシステムに導入する際には、
好みのログイン画面や独自の認証ロジックを作り込みたいなど、
システムごとにさまざまな要件が出てきます。
第 8 章では、このような要件を満たすために必要になる、
Keycloak のカスタマイズ方法について解説します。

本番システムでは、可用性やセキュリティー、運用など
非機能要件を満たすことが必須です。
第 9 章では、Keycloak に関する非機能要件に対応するために必要になる、
HA 構成やセキュリティーに関する設定、ログの設定、
アップグレードの方法について解説します。

第8章

Keycloak のカスタマイズ

Keycloak を導入するにあたって、カスタマイズが必要になることは多々あります。本章では、Keycloak でカスタマイズができる箇所と、カスタマイズを実現する仕組みについて解説し、よくあるユースケースを例に具体的なカスタマイズの方法を紹介します。
また、Keycloak が提供する仕組みでカスタマイズができない場合を考慮して、Keycloak のソースコードを修正してビルドする方法についても言及します。

8.1 カスタマイズの可能な箇所と仕組み

　Keycloak は、標準機能のみで多くのユースケースに対応できるように作られています。しかし、Keycloak を導入するシステムの要件によっては、カスタマイズが必要になることもあります。そのような場合に、Keycloak 本体のソースコードを改変すると、その後の Keycloak のアップグレードにより改変した部分が上書きされてしまうため、アップグレードのたびにソースコードをマージしなければなりません。

　このような問題を考慮し、Keycloak では「テーマ」や「SPI」という仕組みで、Keycloak 本体のソースコードを改変せずにさまざまな要件に応じたカスタマイズが実現できるようになっています。

8.1.1　カスタマイズの可能な箇所

　Keycloak で機能のカスタマイズを行う場合は、基本的に「SPI」を利用します。例えば、Keycloak が提供していないリスクベース認証を導入したり、外部にある既存の DB をユーザーストレージとして利用するようなカスタマイズを行う場合は、SPI を利用して独自の機能を実現します。一方、画面のカスタマイズを行う場合は、簡単なカスタマイズであれば管理コンソールの設定変更で実現できますが、通常はテーマを利用します。テーマは、ftl ファイルや css ファイル、画像ファイルなどのセットで構成されます。Keycloak のカスタマイズ可能な箇所のうち代表的なものは、表 8.1.1 のとおりです。

表8.1.1 カスタマイズ可能な箇所のうち代表的なもの

箇所	利用する仕組み	内容
画面とメールの内容やデザイン	管理コンソール、テーマ	ログイン画面のタイトルなどは管理コンソールの設定で変更可能。さらにテーマを用意することで、各種画面やユーザーに送信するメールを自由にカスタマイズできます。詳細については 8.2 節で解説します。
ユーザー属性	管理コンソール、テーマ、SPI	管理コンソールでの「User profile」の設定変更により、アカウント管理コンソールの「Personal info」画面などにユーザー属性を追加することが可能。詳細については第 4 章 4.1 節で解説しています。
アイデンティティーブローカー	SPI	Keycloak が未提供の外部アイデンティティープロバイダーを SPI で実現可能[*1]。
認証処理	テーマ、SPI	独自の認証処理を認証フローに組み込むことが可能。詳細については 8.3 節で解説します。
イベントリスナー	SPI	イベントの発生をトリガーに起動する任意の処理を組み込むことが可能。監査イベントを NoSQL に転送したり、特定のイベントの発生を管理者に通知したりできます。
ユーザーストレージ	SPI	外部に独自のユーザーデータストア（ユーザー情報を管理する DB など）を持っている場合、この SPI を利用して、Keycloak でユーザーデータストア内のユーザー情報を扱うことができます。

ここで紹介した以外にもカスタマイズ可能な箇所は多数存在します。Server Developer Guide にも記載があるので、カスタマイズの際に参考にしてください。なお SPI によっては、Keycloak のアップグレード時に、仕様が変わったり、SPI 自体がなくなってしまうこともあるので注意が必要です。これらのカスタマイズをすべて紹介することはできませんが、本書では、特によく使われるテーマによる画面のカスタマイズ方法と、SPI による認証処理のカスタマイズ方法を紹介します。

具体的なカスタマイズの方法を説明する前に、テーマと SPI について理解を深めましょう。

■ 8.1.2 テーマ

テーマとは、ログイン画面やユーザーに送信するメールなどで使用する配色やフォント、画像、レイアウトなどの書式のセットのことであり、またその書式のセットにより見た目をカスタマイズする機能のことです。テーマを変更することで、画面のデザインや表示するメッセージを変更することができます。

テーマは新たに作成することも可能です。これにより、例えば、企業のロゴを含むような独自のログイン画面を表示することができます。なお、テーマは継承する（書式などを受け継ぐ）ことができるため、テーマを新たに作成する場合、Keycloak が標準提供しているテーマを継承することが一般的です。

[*1] 標準の OIDC や SAML に対応した外部アイデンティティープロバイダーであれば、SPI を実装せずに、管理コンソールで「Identity providers」の設定を追加するだけで対応できます。

　画面を変更するために、Keycloak に同梱されているデフォルトのテーマを直接編集することも技術的には可能です。しかし、Keycloak のアップグレードの際にデフォルトのテーマが上書きされる可能性があるため、直接編集することは推奨されていません。その代わりに、新しいテーマを作成し、それを参照するように設定を変更することが推奨されています。

　Keycloak が提供する画面の中でカスタマイズ可能な部分（「テーマタイプ」といいます）は、以下の5つです。

- ログイン画面
- アカウント管理コンソール
- 管理コンソール
- メール[*2]
- ウェルカムページ

　このうちウェルカムページ以外は、管理コンソールの「Realm settings」の「Themes」タブで設定を変更できます[*3]。

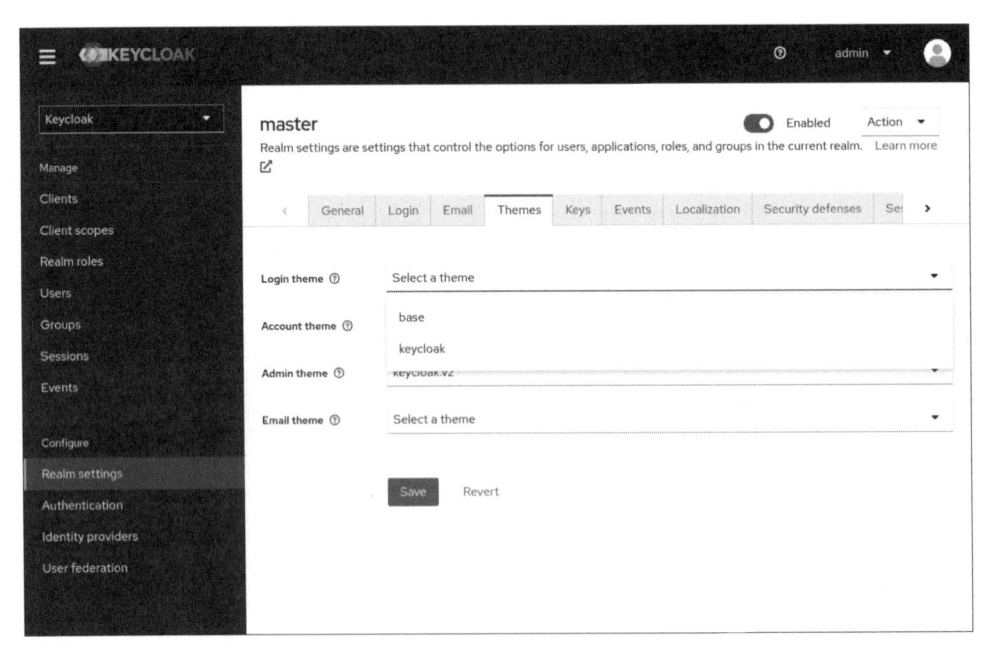

図 8.1.1　「Themes」画面

----

*2　例えば、パスワードリセットの際に、Keycloak が送信するメールのデザインやメッセージを変更することができます。

*3　ウェルカムページを変更するには、Keycloak の設定を変更しなければなりません。詳細については、Keycloak の「Server Developer Guide」を参照してください。

設定項目は表 8.1.2 のとおりです。

表 8.1.2 設定可能なテーマタイプ

設定項目	説明
Login theme	ログイン画面のテーマ
Account theme	アカウント管理コンソールのテーマ
Admin theme	管理コンソールのテーマ
Email theme	メールのテーマ

テーマにはデフォルトで以下の 4 つがあり、テーマタイプごとにいずれかのテーマを選択可能です。

- 「base」：デザインされていないテーマ（CSS や画像ファイルをまったく含まない）
- 「keycloak」：Keycloak のロゴなどがデザインされたテーマ（「base」テーマを継承）
- 「keycloak.v2」：「keycloak」テーマを改良したテーマ（「base」テーマを継承）
- 「keycloak.v3」：「keycloak」テーマを改良した最新のテーマ（「base」テーマを継承）

Keycloak 26.0.0 のデフォルトではテーマが未選択の状態になっていますが、実際には「Account theme」（アカウント管理コンソール）が「keycloak.v3」テーマ、「Admin theme」（管理コンソール）と「Login theme」（ログイン画面）が「keycloak.v2」テーマで、「Email theme」（メール）が「keycloak」テーマとなっています。カスタムのテーマを追加すると、選択肢に新しいテーマの名前が表示されるようになります。なお、ログイン画面のテーマは、クライアント単位に設定することもできます。

テーマは、[KEYCLOAK_HOME]/lib/lib/main/ ディレクトリーにある以下の jar ファイルにパッケージングされています。

- org.keycloak.keycloak-account-ui-26.0.0.jar
- org.keycloak.keycloak-admin-ui-26.0.0.jar
- org.keycloak.keycloak-themes-26.0.0.jar

これらを展開してマージすると、図 8.1.2 のようなディレクトリー構造になります（抜粋です）。

応用編

8

Keycloak のカスタマイズ

369

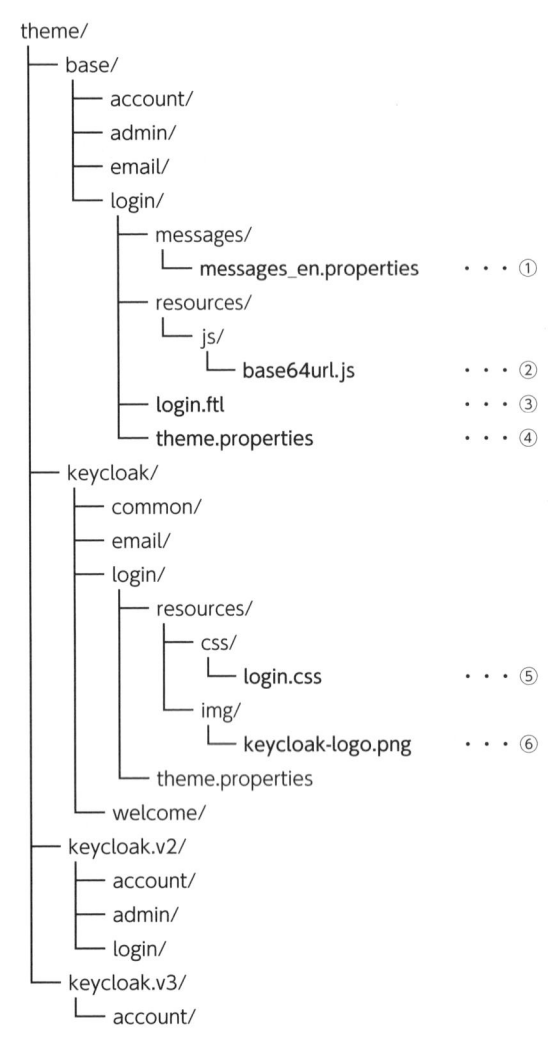

図 8.1.2　テーマのディレクトリー構造 (抜粋)

　theme ディレクトリー直下に配置されている、base、keycloak、keycloak.v2、keycloak.v3 の 4 つのディレクトリーが、Keycloak が標準提供しているテーマです。各テーマは表 8.1.3 に示すテーマリソースと呼ばれるファイル群で構成されます。

表 8.1.3　テーマリソース

#	ファイルの種類	ファイルの説明
①	メッセージプロパティーファイル	各種画面内に埋め込むメッセージを定義したファイル。サポートする言語ごとに作成します。
②	js ファイル	ブラウザーで動作する JavaScript が記述されたファイル。
③	ftl ファイル	Keycloak に含まれる Apache FreeMarker が HTML を出力するために使用するテンプレートファイル。
④	テーマプロパティーファイル	継承するテーマやサポートする言語など、テーマ固有の設定を定義するファイル。
⑤	css ファイル	画面をデザインするスタイルシート。
⑥	画像ファイル	画面に埋め込む画像ファイル。

　これらのファイルは、すべてのテーマディレクトリーに含まれるわけではなく、base ディレクトリーには主に ftl ファイルとメッセージプロパティーファイルが、keycloak、keycloak.v2、keycloak.v3 ディレクトリーには主に画像ファイルと css ファイルが含まれます。テーマを作成する際に、基本的にはコンテンツをカスタマイズする場合は base ディレクトリーから、デザインをカスタマイズする場合は keycloak、keycloak.v2、keycloak.v3 ディレクトリーから、それぞれ必要なファイルをコピーし、カスタマイズします。

8.1.3　SPI

　SPI（Service Provider Interface：サービスプロバイダーインタフェース）とは、特定の Java のインタフェース（interface）を実装（implements）[4]するクラスを検出、ロードするための仕組みです。これは第三者による機能の拡張を容易にすることを目的としています。SPI は Java 6 から導入されており、JDBC ドライバーなどの多くの機能が SPI を利用して提供されています。Keycloak でも SPI を利用しており、Keycloak 本体のソースコードを改変することなく、さまざまな機能を Keycloak に追加することができます。

　SPI の仕組みでは、まずサービスプロバイダーとして実装が必要な抽象メソッドを定義したインタフェースを用意します（このインタフェース自体のことも SPI と呼びます）。そして、第三者がそのインタフェースを実装したクラス（以下、プロバイダーと呼びます）で機能を拡張します。

　Keycloak では、org.keycloak.provider.Provider と、それを生成する org.keycloak.provider. ProviderFactory というインタフェース（およびこれらを継承するいくつかのインタフェース）を提供しています。機能を拡張したい場合は、それらを実装したクラス（図 8.1.3 の com.example.

---

[4]　本章で「実装」という表現をする場合は、Java のインタフェース（interface）を実装（implements）するという意味と考えてください。ソースコードを作成するという意味では「実装」を使用せず、「開発」などの言葉を使用します。

authenticator.CustomAuthenticator と com.example.authenticator.CustomAuthenticatorFactory）を準備し、jar ファイルにまとめて Keycloak にデプロイします。

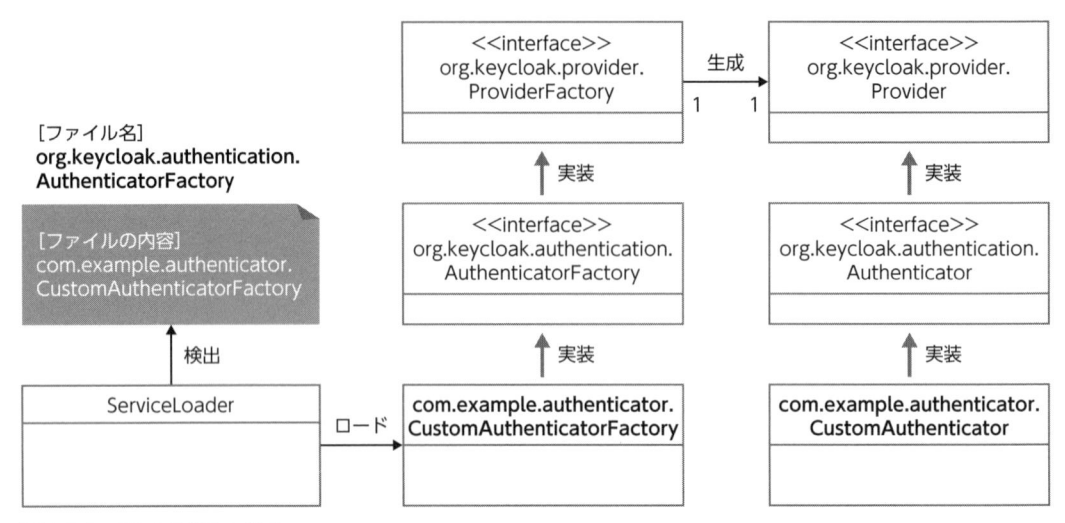

図 8.1.3　SPI の仕組みと構成

　プロバイダーをロードするのは java.util.ServiceLoader というクラスで、jar ファイル内の META-INF/services/ に配置されたプロバイダー構成ファイル（上の図の org.keycloak.authentication.AuthenticatorFactory）を検出し、プロバイダーを識別します。このファイルの名前は、実装する SPI の完全修飾名となります。そこにプロバイダーの完全修飾名を書くことで、そのプロバイダーが検出されるようになります。

　つまり、上の図で強調表示した 3 つのファイルを含む jar ファイルをデプロイすると、プロバイダーがロードされ、拡張した機能を利用できるようになります。

　このように SPI の仕組みを使うと、プラグインのように機能を追加できます。Keycloak が標準提供する機能もこの SPI の仕組みを利用して作られているものが多くあります。実は前述したテーマも SPI を拡張して作られています。SPI とその実装であるプロバイダーの一覧は、管理コンソールで「master」レルムを選び、トップページの「Provider info」タブをクリックすることで確認できます。

　これにより、図 8.1.4 のような画面が表示されます。

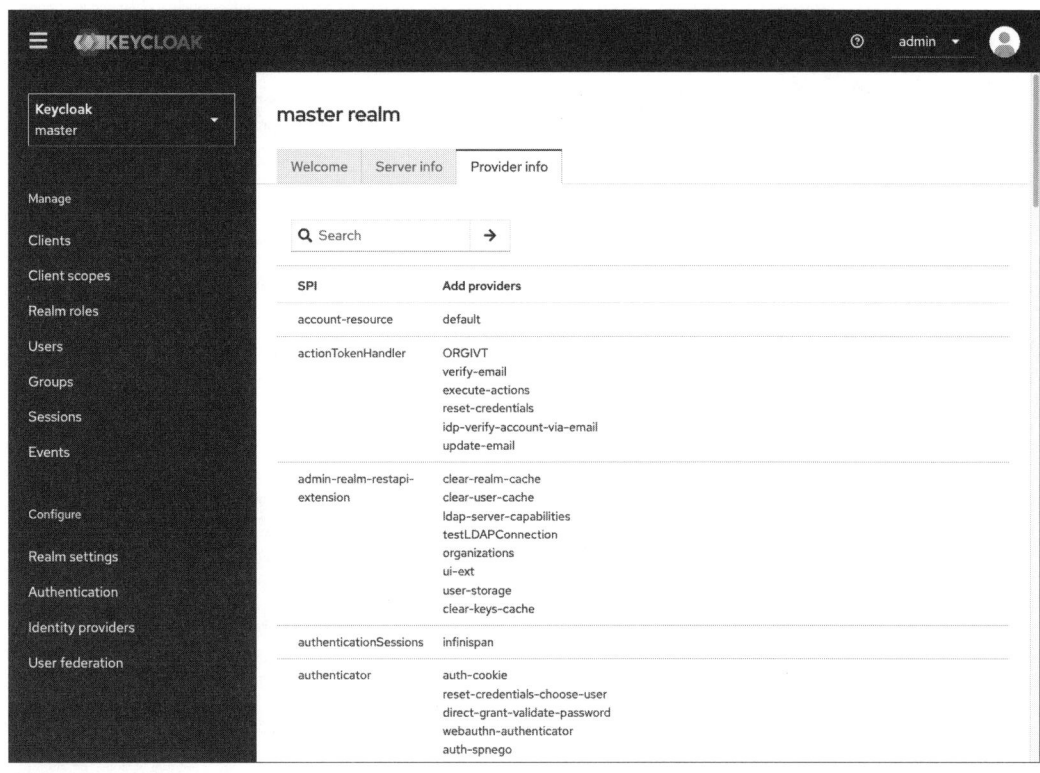

図 8.1.4 「Provider info」画面

　このページには、標準提供されている 112 種類の SPI と 455 個のプロバイダーが表示されています。

画面のカスタマイズ

　実際のシステムに Keycloak を導入する際、多くの場合、ログイン画面のカスタマイズが求められます。Keycloak では、このような画面のカスタマイズを、前述した「テーマ」機能により実現します。図 8.2.1 は、航空会社の予約システムのログイン画面を Keycloak のテーマ機能で実現した例です。

図 8.2.1　カスタマイズ後のログイン画面

　本節では、テーマ機能を使った画面のカスタマイズ方法を具体的に説明していきます。

　なお、画面をカスタマイズする場合は、start オプションではなく、start-dev オプションで Keycloak を起動します。そうすることで、Keycloak がテーマをキャッシュする機能が無効化され、テーマリソースに加えた変更が即座に反映できます。

8.2.1 画面のカスタマイズのための準備

画面をカスタマイズする前に、準備として次の作業を行います。

(1) 新しいテーマ用のディレクトリーの作成

(2) theme.properties の編集

(3) テーマの適用

具体的な手順は以下のとおりです。

Step 1 新しいテーマ用のディレクトリーの作成

前述したとおり、[KEYCLOAK_HOME]/lib/lib/main/ ディレクトリーにデフォルトのテーマ（base、keycloak、keycloak.v2、keycloak.v3）をパッケージングした 3 つの jar ファイルが含まれています。テーマはパッケージングせずに [KEYCLOAK_HOME]/themes ディレクトリーに格納しても同じ動作をするため、デフォルトのテーマをうまく利用することで、テーマの作成を効率よく行うことができます。

今回はログイン画面のカスタマイズが目的なので、図 8.2.2 のディレクトリー構成になるように新しいテーマ用のディレクトリーを作成していきます。このように [KEYCLOAK_HOME]/themes/mytheme/login ディレクトリーを作成すると、「mytheme」という名前でログイン画面のテーマが Keycloak に認識されます。

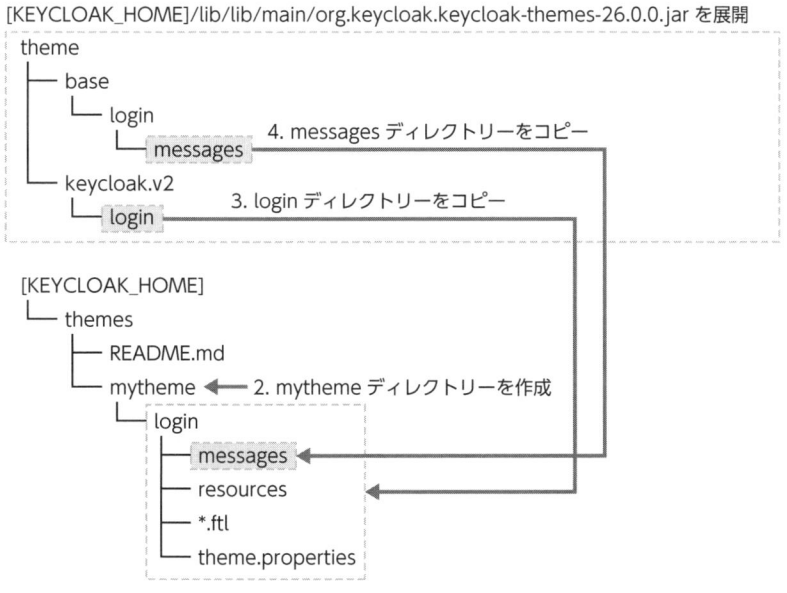

図 8.2.2 新しい「mytheme」テーマの作成

mytheme ディレクトリーの作成手順は、次のとおりです。

1. [KEYCLOAK_HOME]/lib/lib/main/org.keycloak.keycloak-themes-26.0.0.jar を任意のディレクトリーに展開します。展開すると Keycloak 標準のテーマファイルを含む theme ディレクトリー (以降、これを [標準テーマ展開ディレクトリー] と表記します) が作成されます。
2. [KEYCLOAK_HOME]/themes ディレクトリーの直下に mytheme ディレクトリーを作成します。
3. [標準テーマ展開ディレクトリー]/theme/keycloak.v2 ディレクトリー直下の login ディレクトリーを [KEYCLOAK_HOME]/themes/mytheme ディレクトリーにコピーします。
4. [標準テーマ展開ディレクトリー]/theme/base/login ディレクトリー直下の messages ディレクトリーを [KEYCLOAK_HOME]/themes/mytheme/login ディレクトリーにコピーします。なお、英語と日本語しか対応しないため、コピーした messages ディレクトリーの messages_ja.properties と messages_en.properties 以外のファイルは削除してください。

すべてのコピーが完了したら、[標準テーマ展開ディレクトリー] は不要となるため削除しておきましょう。

Step 2　theme.properties の編集

theme.properties はテーマの設定を行うために使います。設定できる主な項目は表 8.2.1 のとおりです。

表 8.2.1　theme.properties の設定項目

項目	概要
parent	親となるテーマを指定します。指定すると、そのテーマを継承したテーマを作成することができます。
styles	テーマで使用するスタイルシートのリストをスペースで区切って設定します。
locales	テーマがサポートする言語のリストをカンマで区切って設定します。
scripts	テーマで使用するスクリプトのリストをスペースで区切って設定します。
import	共通リソース (JavaScript や CSS) を読み込むために使用します。

Step 1 で [標準テーマ展開ディレクトリー]/theme/keycloak.v2/login ディレクトリーにある theme.properties が [KEYCLOAK_HOME]/themes/mytheme/login ディレクトリーにコピーされています。今回は、簡単なカスタマイズしかしないため、このファイルは修正はしませんが、必要に応じて中身を修正してください。

▶ COLUMN

カスタムプロパティーの利用

theme.properties には、表8.2.1 に示した属性以外に、カスタムプロパティーを追加してテンプレートから使用することができます。カスタムプロパティーの値として、次のコードのように、固定値、システムプロパティー[*5]、環境変数を指定することもできます。また、envprop のように、「:」（コロン）の後にデフォルト値を指定することも可能です。

```
customprop=custom property
sysprop=${kc.home.dir}
envprop=${env.HOME:default env value}
```

テンプレートファイル（login.ftl など）から、カスタムプロパティーを参照する場合は、以下のように記述します。

```
${properties.customprop!}<br/>
${properties.sysprop!}<br/>
${properties.envprop!}<br/>
```

このテンプレートで出力した画面をブラウザーで表示した場合、図8.2.3 のように表示されます。

```
custom property
/home/tamura/keycloak-26.0.0/bin/..
/home/tamura
```

図8.2.3　カスタムプロパティーの表示例

応用編

8

Keycloak のカスタマイズ

[*5]　Keycloak 起動時に java コマンドに渡す「システムプロパティー」を意味しています。

Step 3 　テーマの適用

以下の手順でテーマを適用します。

1. 管理コンソールに管理者ユーザーでログインします。
2. 左メニューでテーマを適用するレルム（ここでは「demo」レルム）を選択します。
3. 「Realm settings」の画面から「Themes」タブを選択し、「Themes」画面を開きます。
4. テーマは画面の種類ごとに設定できますが、今回カスタマイズするのはログイン画面なので、「Login theme」をクリックします。表示されたプルダウンメニューから「mytheme」を選択して、「Save」ボタンをクリックしてください。
   今回はログイン画面のカスタマイズが目的なので、その他の画面については未設定で問題ありません。

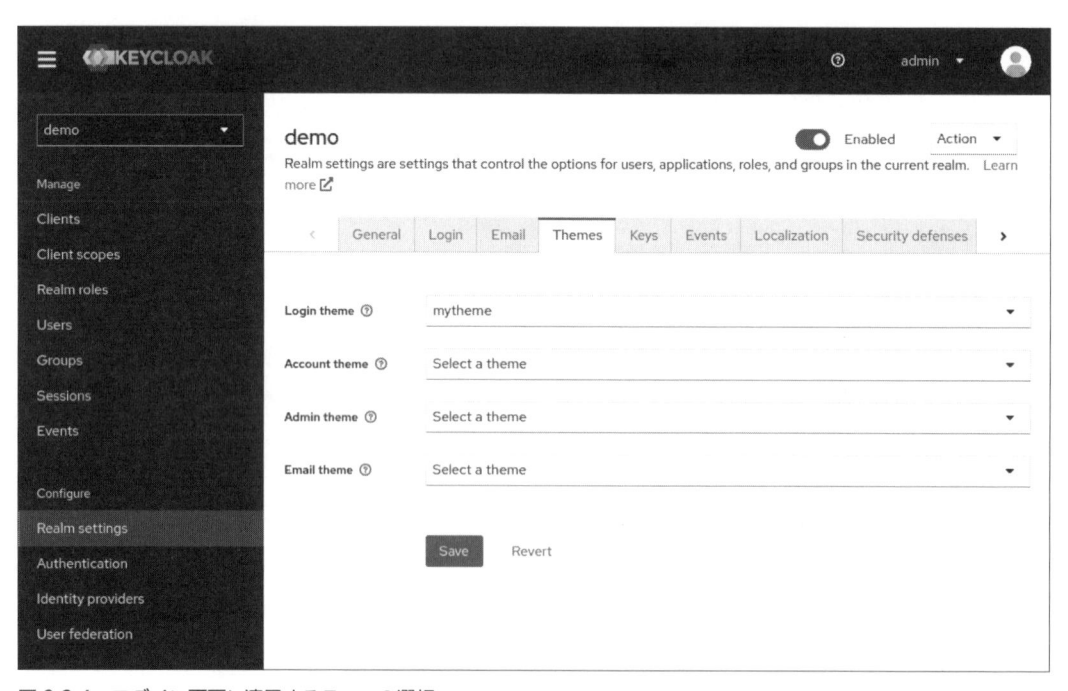

図 8.2.4　ログイン画面に適用するテーマの選択

　これで「demo」レルムのログイン画面に対して「mytheme」テーマが適用されました。次項では、「mytheme」テーマをカスタマイズしていきます。

■ 8.2.2　画面のカスタマイズ

　それでは、ログイン画面のタイトル部分に表示するロゴの画像を差し替えていきます。前節で説明したとおり、画面のカスタマイズは ftl ファイルや css ファイルを修正して行いますが、ログイン画面のタイトルのような簡易な変更であれば管理コンソールだけで対応できます。

　ここでは管理コンソールを利用してロゴの設定を変更します。管理コンソールの左メニューにある「Realm settings」の「General」タブをクリックし、表示された画面にある「Realm name」「Display name」「HTML Display name」の設定を変更します。ログイン画面のロゴとして使用されるのは、前述の項目のうち値が設定されている項目です。複数の項目に値が設定されている場合、「HTML Display name」「Display name」「Realm name」の順で設定値が採用されます。

　試しに、図 8.2.5 のとおりに「Display name」に「ABC Airline」と入力し、「Save」ボタンをクリックしてレルムの設定を保存後、「demo」レルムのログイン画面を開いてみます。「demo」レルムのログイン画面の URL は「http://localhost:8080/realms/demo/account」です。

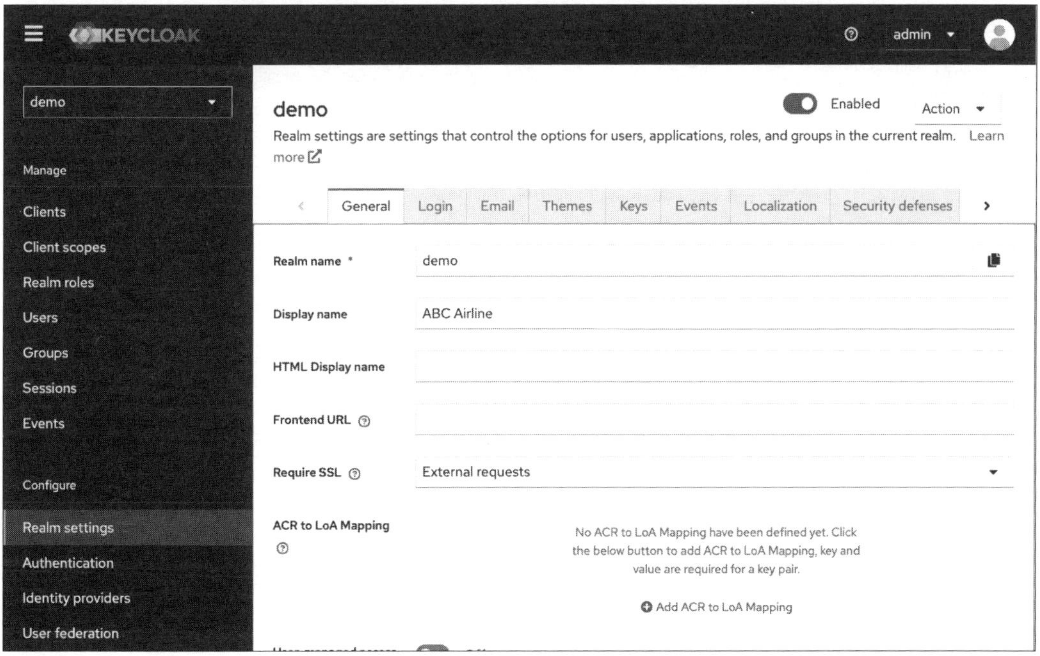

図 8.2.5　ロゴの変更

　「Display name」設定前は「Realm name」に設定していた「demo」が大文字となってログイン画面の上部に表示されましたが、設定後は「ABC AIRLINE」が表示されることを確認できます。また、ブラウザーのタブ部分に「Sign in to ABC Airline」が表示されます。

図 8.2.6　ロゴ変更後のログイン画面

　この例ではテキストをロゴに設定しましたが、画像ファイルをロゴに設定することもできます。例えば、「HTML Display name」に次の値を入力して、「Save」ボタンをクリックします。

```
<div class="kc-logo-text"><span>Keycloak</span></div>
```

　この設定により、styles.css の kc-logo-text クラスの background-image に指定されている keycloak-logo-text.png がロゴとして表示されるようになります。

　また、styles.css の kc-logo-text クラスの background-image、height、width を変更することで、ロゴをさらに変更することができます。以下のようにすると、[KEYCLOAK_HOME]/themes/mytheme/login/resources/img ディレクトリーにある custom-logo-text.png がロゴの画像として使用されます。

```
div.kc-logo-text {
    background-image: url(../img/custom-logo-text.png);
    background-repeat: no-repeat;
    height: 70px;
    width: 300px;
    margin: 0 auto;
}
```

　続いて、ログイン画面の背景を変更していきます。ログイン画面の背景も、ロゴと同じく styles.css に定義されています。背景の画像は、login-pf クラスの background で指定されています。以下のようにすると、[KEYCLOAK_HOME]/themes/mytheme/login/resources/img ディレクトリーにある custom-bg.png が背景の画像として使用されます。

```
.login-pf body {
    background: url("../img/custom-bg.png") no-repeat center center fixed;
    background-size: cover;
    height: 100%;
}
```

　本書の GitHub リポジトリーの 08-02 ディレクトリーに、custom-logo-text.png と custom-bg.png のサンプルを格納しています。[KEYCLOAK_HOME]/themes/mytheme/login/resources ディレクトリーに img ディレクトリーを作成し、これら画像ファイルをコピーすると、ログイン画面のデザインが変更されます。なお、styles.css に指定した画像ファイルが存在しない場合は、「Keycloak」テーマの画像が使用されます。

　以上の設定で、ログイン画面のロゴと背景の変更がすべて完了しました。ログイン画面にアクセスすると、図 8.2.7 のように変更が反映されたログイン画面が表示されます。

図 8.2.7　ロゴと背景を変更したログイン画面

　このときに変更内容が反映されていない場合は、ブラウザーがキャッシュしている可能性があるので、ブラウザーのキャッシュを一度削除して、再度ログイン画面にアクセスしてください。

　次はログイン画面に表示されるラベルやメッセージを変更し、第 1 章 1.3 節で紹介した国際化機能でそれらを日本語化してみましょう。国際化機能を有効にするには、管理コンソールの左メニューの「Realm settings」から「Localization」タブを選択し、表 8.2.2 の設定を行います。

表 8.2.2　国際化機能の設定項目

設定項目	設定値	設定値の説明
Internationalization	Enabled	国際化機能を有効にする場合は Enabled にします。
Supported locales	English、Japanese	サポートする言語。今回は英語と日本語のメッセージプロパティーしか作成しないので、「English」と「Japanese」だけを設定します。
Default locale	English	サポートする言語のうちデフォルトで表示する言語。

　確認のため、ログイン画面を表示してみましょう。国際化機能が有効になっていれば、図 8.2.8 のように使用可能な言語のリストボックスが表示され、「Supported locales」で設定した言語が選択できるようになります。今回、「Default locale」は「English」にしましたが、ブラウザーの言語設定が日本語になっているため、初めから日本語で表示されます。

図 8.2.8　国際化対応したログイン画面

　続いて、画面に表示されているメッセージを変更してみましょう。メッセージはプロパティーファイルで管理されています。具体的には、対応する言語ごとに、messages_[LOCALE].properties というファイル名で [KEYCLOAK_HOME]/theme/mytheme/messages ディレクトリーに配置します。日本語のメッセージを変更する場合は messages_ja.properties を、英語のメッセージを変更する場合は messages_en.properties を編集します。

　メッセージの定義は、プロパティーファイルに次のようにキーと値の組み合わせで記述します。

```
usernameOrEmail=ユーザー名またはメールアドレス
```

　ここでは、以下の2つの値を変更し、他のメッセージは削除します。Keycloak のアップグレードによるリグレッションを避けるため、追加または変更を行うメッセージの定義だけを記述することを推奨します。

```
usernameOrEmail=IDまたはメールアドレス
loginAccountTitle=今すぐ予約して快適な空の旅を
```

これにより、図 8.2.9 のように表示が変更されます。

図 8.2.9　プロパティー変更後のログイン画面

　なお、プロパティーファイルに設定した文言を画面に表示するには、テンプレートファイル内で、キー値に次のように msg 関数のパラメーターを設定します。

```
${msg("usernameOrEmail")}
```

▶ COLUMN

プレースホルダー付きメッセージ

　メッセージプロパティーは、プロパティーファイル内で次のようにプレースホルダーを使っ

て記述することができます。

```
loginTitle=Sign in to {0}
```

これをテンプレートファイルで出力するには、以下のように記述します。

```
${msg("loginTitle",(realm.displayName!''))}
```

この場合、msg の第 1 引数に指定した "loginTitle" というキーでメッセージプロパティーファイルを検索し、見つかった値を第 2 引数以降で補うことができます。この例の場合、管理コンソールの「Realm settings」の「General」画面にある「Display name」に設定した値（例えば「demo」と設定したとします）をメッセージプロパティーに設定した値に代入して、「Sign in to demo」というメッセージを生成することができます。

第 2 引数の realm.displayName の後の「!''」という記述は、FreeMarker のデフォルト値演算子を意味します。「変数名！初期値」のように記述して利用します。FreeMarker では変数に null 値を設定するとエラーになるため、デフォルト値演算子を変数名の後に付与し、「変数名！''」とすることで、初期値に空文字 ('') を指定しています。

■ 8.2.3　テーマのデプロイ

テーマのデプロイには、これまで説明してきた [KEYCLOAK_HOME]/themes ディレクトリー配下にリソースを配置する展開方式と、リソースを jar ファイルにまとめて [KEYCLOAK_HOME]/providers ディレクトリー配下に配置するアーカイブ方式の 2 つの方式があります。

展開方式は開発中などの短いスパンで修正が発生する際の動作確認用途としては便利ですが、Keycloak をクラスター化して複数のインスタンスで稼働させることの多い本番環境では不便です。そのため本番環境では、ファイル単位でのデプロイが必要な展開方式よりも、コピーが容易でファイルの反映漏れなどのミスが発生しにくいアーカイブ方式でのデプロイが適しています。

図 8.2.10 は、mytheme テーマをアーカイブ方式でデプロイする際のディレクトリーの構成です。

応用編

8

Keycloak のカスタマイズ

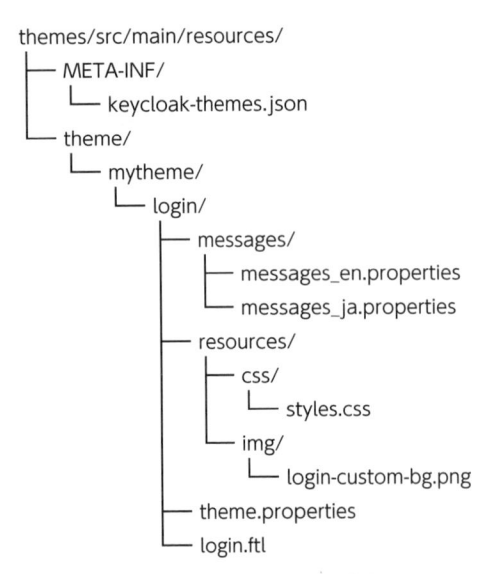

```
themes/src/main/resources/
├── META-INF/
│   └── keycloak-themes.json
└── theme/
    └── mytheme/
        └── login/
            ├── messages/
            │   ├── messages_en.properties
            │   └── messages_ja.properties
            ├── resources/
            │   ├── css/
            │   │   └── styles.css
            │   └── img/
            │       └── login-custom-bg.png
            ├── theme.properties
            └── login.ftl
```

図 8.2.10　テーマのディレクトリー構成

　アーカイブ方式では、展開方式と異なり keycloak-themes.json というファイルを META-INF ディレクトリーの直下に配置する必要があります。このファイルには、アーカイブで使用可能なテーマのリストと各テーマの名前や種類を JSON 形式で宣言します。

```
{
    "themes": [{
        "name" : "custom",
        "types": ["login"]
    }]
}
```

　themes 属性がリストになっていることからもわかるように、1 つのアーカイブに複数のテーマを含めることができます。アーカイブは、[KEYCLOAK_HOME]/providers ディレクトリーに配置することで、自動的にロードされます。

8.3　SPI の新規プロバイダーの開発

Keycloak では、オーセンティケーターSPI を実装したプロバイダーを開発することで、自由に認証処理をカスタマイズできます。ここでは、Keycloak が標準提供していない SMS 認証を含む 2 要素認証を実現するために、オーセンティケーターSPI を実装したプロバイダーを開発する方法を解説します。

図 8.3.1　2 要素認証のイメージ

本節で解説するプロバイダーのソースコードは GitHub から取得できます。実際に動かして理解を深めたい場合は、以下のコマンドでソースコードを取得し、mvnw でビルドしてください。

```
$ git clone https://github.com/keycloak-book-jp/keycloak-book-jp-v2.git
$ cd 08-03
$ ./mvnw clean package
```

今回は、扱いやすく試用も可能な「Twilio」という SMS サービスを利用します。オーセンティケーターの開発を行う前に、まずはアカウントを作成し、サービスを利用できるように設定します。

8.3.1　事前準備（Twilio アカウントの作成）

Twilio は、無料でトライアルのアカウントを登録できます。以下を参考に、アカウント登録をしてください。

無料の Twilio トライアルアカウントの使用方法：

https://www.twilio.com/docs/usage/tutorials/how-to-use-your-free-trial-account

アカウント発行後、Console Dashboard ページ（https://www.twilio.com/console）にアクセスし、以下の手順で API キーを取得します。

1. 画面右上の「Admin」をクリックします。
2. 「Account Admin」の下に表示された「Account management」をクリックします。
3. 左メニューの「Keys & Credentials」の下に表示された「API keys & tokens」をクリックします。
4. 「Create API key」ボタンをクリックします。
5. 必要項目の「Friendly name」に任意の値（サンプルでは「demo」）、「Region」に任意のリージョン、「Key Type」に「Standard」を設定し、「Create」ボタンをクリックします。
6. 「SID」（API key SID）と「Secret」をテキストエディターなどにコピーします。
7. 「Got it! I have saved my API key SID and secret in a safe place to use in my application.」と書かれたチェックボックスにチェックを入れて、「Done」ボタンをクリックします。

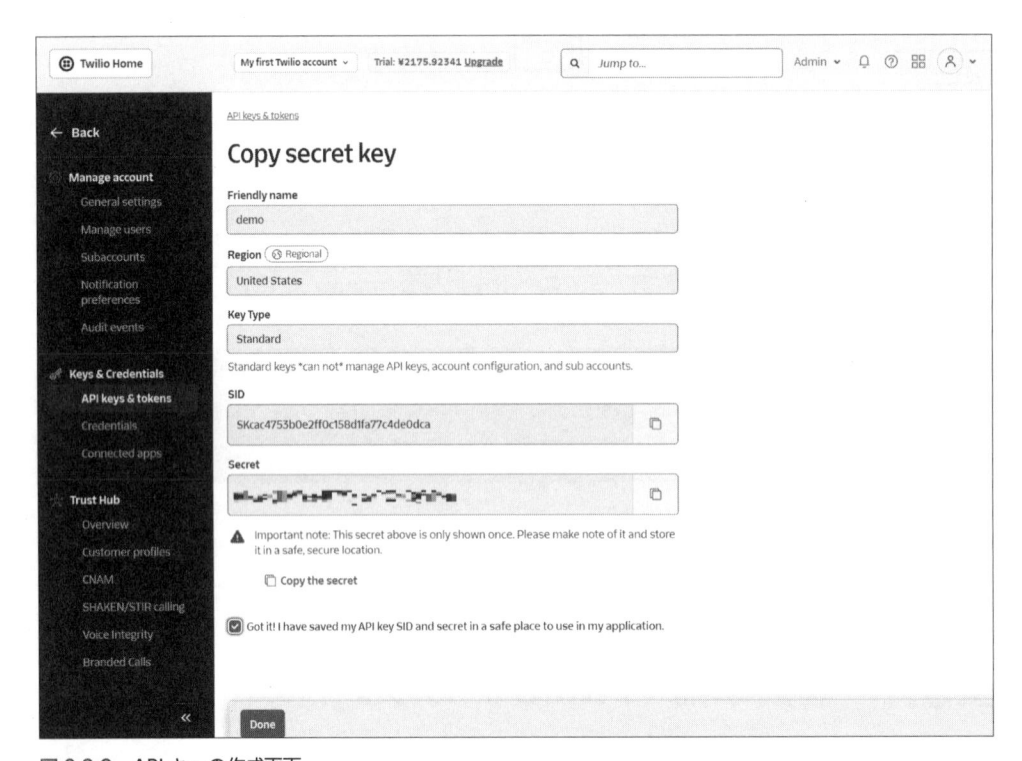

図 8.3.2　API キーの作成画面

次に、SMS を利用した端末認証を行うため、再度 Console Dashboard ページ（https://www.twilio.com/console）にアクセスし、以下の手順で Verify サービスを設定します。

1. 左メニューの「Verify」の「Services」をクリックします。
2. 「Create new」ボタンをクリックします。
3. 必要項目の「Friendly name」に任意の値（サンプルでは「keycloak-verify」）を設定し、「Authorize the use of friendly name.」にチェックを、「Verification channels」の「SMS」をオンにし、「Continue」ボタンをクリックします。その他の設定項目については、サンプルの動作上、デフォルト値で問題ありません。
4. 「Service SID」をテキストエディターなどにコピーします。

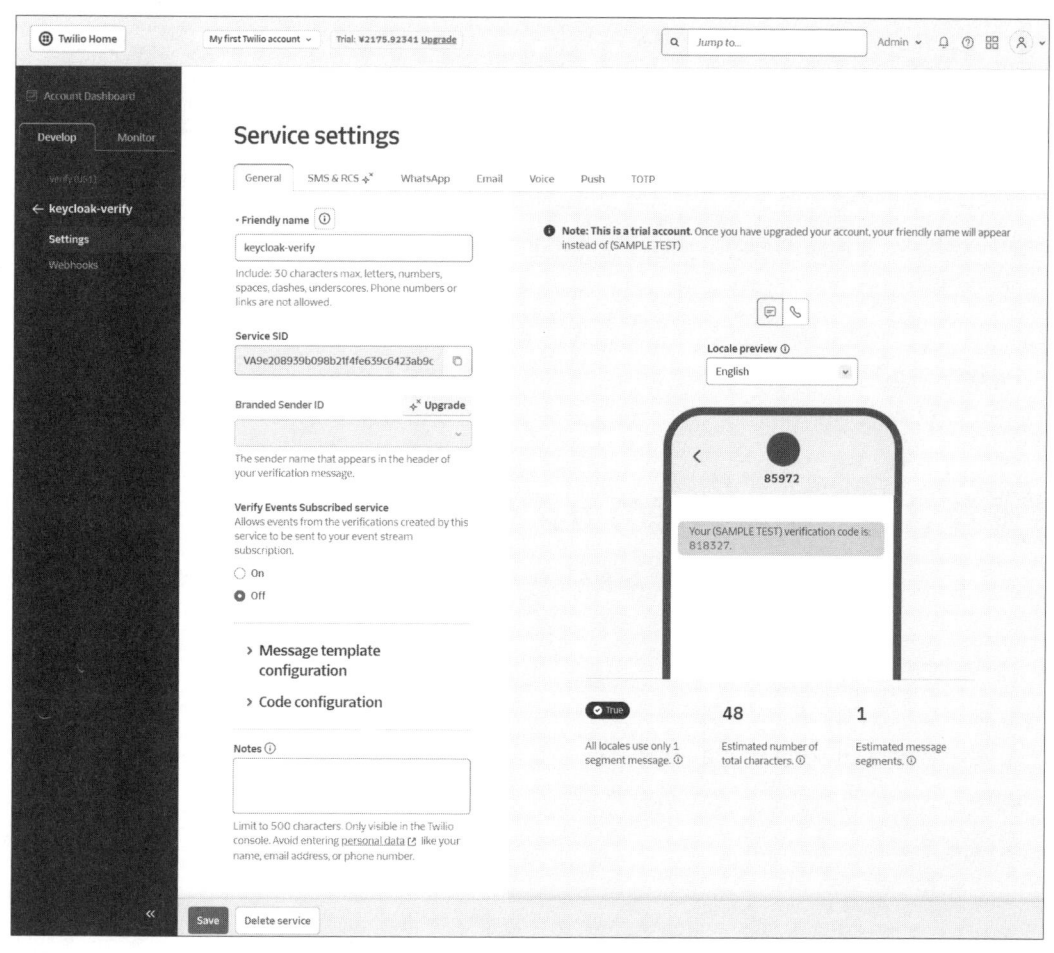

図 8.3.3　Verify サービスの設定画面

　また、無料のトライアルアカウントの場合、あらかじめ送信先として設定した携帯電話番号にのみ SMS の送信が可能です。以下のページの「Add a new Caller ID」をクリックして SMS を送信したい携帯電話番号を追加します。

https://twilio.com/user/account/phone-numbers/verified

　以上で、Twilio の設定は完了です。Keycloak に組み込む前に、接続確認をしておきましょう。これまでの設定作業でテキストエディターなどにコピーした情報を置き換えて、以下の curl コマンドを実行します。

```
$ curl -X POST https://verify.twilio.com/v2/Services/[Service SID]/Verifications \
  --data-urlencode "To=+81[携帯電話番号（先頭の0を除く）]" \
  --data-urlencode "Channel=sms" \
  -u [API key SID]:[Secret]
```

　正常に Twilio の設定がされていれば、「携帯電話番号」に指定した携帯電話に、SMS メッセージが届きます。うまく動作しない場合は、Twilio の公式マニュアルからエラーコードを検索し、エラー原因を確認してください。

Twilio マニュアル：
https://www.twilio.com/docs/api/errors

8.3.2　認証処理のカスタマイズの流れ

オーセンティケーターSPI を利用した認証処理のカスタマイズは、以下の流れで行います。

1. テーマの作成
2. オーセンティケーターの作成
3. テーマとオーセンティケーターのビルド
4. テーマとオーセンティケーターのデプロイ
5. 管理コンソールでの設定

　なお、ここではオーセンティケーターSPI を実装したプロバイダーのことをオーセンティケーターと呼ぶことにします。

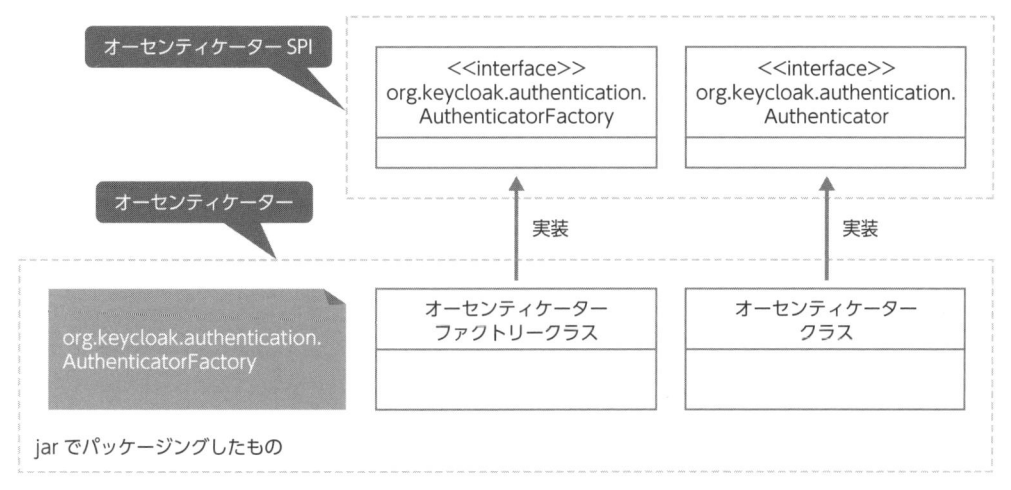

図 8.3.4　オーセンティケーターSPI とオーセンティケーター

8.3.3　テーマの作成

図 8.3.5 のような SMS 認証の認証コード入力画面を実現するテーマを作成します。

図 8.3.5　作成する SMS ログイン画面

　画面のカスタマイズ方法については、8.2 節を参考にしてください。ここでは、jar ファイルでデプロイ可能になるアーカイブ方式で作成します。

　テーマの Maven プロジェクトは、図 8.3.6 のような構成となります。

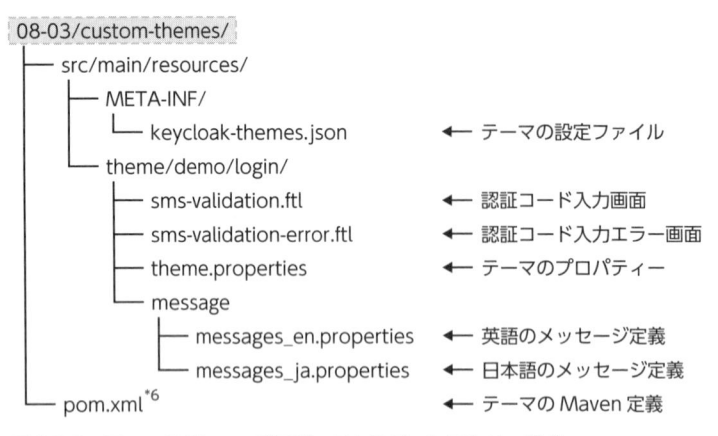

図 8.3.6　テーマの Maven プロジェクトのディレクトリー構成

　この中で、メインとなる「sms-validation.ftl」だけ、実装のポイントを解説します。拡張子が「ftl」のファイルは FreeMarker の仕様に従って実装されたテンプレートファイルです。FreeMarker の仕様については、FreeMarker の公式ドキュメントを参照してください。

```
<#import "template.ftl" as layout> ······ ポイント①
<@layout.registrationLayout; section>
    <#if section = "title">
        ${msg("loginTitle",realm.name)}
    <#elseif section = "header">
        ${msg("loginTitleHtml",realm.name)}
    <#elseif section = "form">
        <form id="kc-totp-login-form" class="${properties.kcFormClass!}"
            action="${url.loginAction}" method="post">
        <div class="${properties.kcFormGroupClass!}">
            <div class="${properties.kcLabelWrapperClass!}">
                <label for="sms" class="${properties.kcLabelClass!}">
                    ${msg("verifySMSCodeTopMessage")}</label>
            </div>

            <div class="${properties.kcInputWrapperClass!}">
                <input id="sms" name="smsCode" type="text"
                    class="${properties.kcInputClass!}" /> ······ ポイント②
            </div>
        </div>
    </div>
```

---

*6　pom.xml は、8.2.3 項のディレクトリー構成には含まれていませんでしたが、mvnw でビルドするために必要です。

```
                    <div class="${properties.kcFormGroupClass!}">
                        <div id="kc-form-options"
                                class="${properties.kcFormOptionsClass!}">
                            <div class="${properties.kcFormOptionsWrapperClass!}">
                            </div>
                        </div>

                        <div id="kc-form-buttons"
                            class="${properties.kcFormButtonsClass!}">
                            <div class="${properties.kcFormButtonsWrapperClass!}">
                                <input class="${properties.kcButtonClass!}
                                    ${properties.kcButtonPrimaryClass!}
                                    ${properties.kcButtonLargeClass!}"
                                    name="login" id="kc-login" type="submit"
                                    value="${msg("doLogIn")}"/> ‥‥‥ ポイント③
                            </div>
                        </div>
                    </div>
                </form>
        </#if>
</@layout.registrationLayout>
```

- ポイント①：「template.ftl」に定義されている共通の定義（CSS やメッセージなど）をインポートします。
- ポイント②：「認証コード」を入力するテキストボックスを設置します。
- ポイント③：「認証コード」を入力後、クリックする「Sign in」ボタンを設置します。

8.3.4 オーセンティケーターの作成

今回は、表 8.3.1 に示すクラスを作成します。

表 8.3.1 オーセンティケーターに含まれるクラス

クラス	説明
オーセンティケータークラス	org.keycloak.authentication.Authenticator インタフェースを実装するクラス
オーセンティケーターファクトリークラス	org.keycloak.authentication.AuthenticatorFactory インタフェースを実装するクラス
Twilio クライアントクラス	Twilio の SMS サービスへの API コールを実装するクラス

　オーセンティケーターを作るには、オーセンティケータークラスとオーセンティケーターファクトリークラスの2クラスがあれば問題ありません。ただし、ここでは可読性やメンテナンス性の向上のため、Twilio クライアントクラスも作成しています。

　オーセンティケーターの Maven プロジェクトは、図 8.3.7 のような構成となります。

```
08-03/custom-sms-auth/
├── src/main/java/com/example/keycloak/authenticator/
│       ├── SMSAuthenticator.java              ← オーセンティケータークラス
│       ├── SMSAuthenticatorFactory.java       ← オーセンティケーターファクトリークラス
│       └── TwilioClient.java                  ← Twilio クライアントクラス
├── src/main/resources/META-INF/services/
│       └── org.keycloak.authentication.AuthenticatorFactory   ← プロバイダー構成ファイル
└── pom.xml                                    ← オーセンティケーターの Maven 定義
```

図 8.3.7　オーセンティケーターの Maven プロジェクトのディレクトリー構成

　各クラスの実装ポイントを解説します。

■ (1) オーセンティケータークラス

　オーセンティケータークラスでは、org.keycloak.authentication.Authenticator インタフェースに定義されたメソッドを実装します。authenticate メソッドには、Twilio クライアント経由で Twilio にユーザーへの SMS を送信させる処理を実装しています。そして、action メソッドには、ユーザーが入力した認証コードを Twilio クライアント経由で Twilio に検証させる処理を実装しています。

```
······（省略）······
/**
 * Twilio SMS Authenticator
 */
public class SMSAuthenticator implements Authenticator {
    ······（省略）······
    /**
     * 認証処理（認証コード入力画面を表示する直前に行われる処理）
     *
     * @param context 認証フローコンテキスト
     */
    @Override
    public void authenticate(AuthenticationFlowContext context) {
```

```
    logger.debug("authenticate start");

    Response challenge;
    UserModel user = context.getUser();

    ······（省略）······

    AuthenticatorConfigModel config = context.getAuthenticatorConfig();
    String phoneNumber = user.getFirstAttribute(ATTR_PHONE_NUMBER);
    if (phoneNumber != null) {
        TwilioClient twilioClient = new TwilioClient(
                getConfigString(config, CONFIG_SMS_SERVICE_SID),
                getConfigString(config, CONFIG_SMS_API_KEY_SID),
                getConfigString(config, CONFIG_SMS_SECRET));
        // 認証コード送信
        if (twilioClient.sendSMS(phoneNumber)) {
            // 認証コード入力画面を返却する
            challenge = context.form().createForm("sms-validation.ftl");
        } else {
            // 認証コードの送信に失敗した場合、エラー画面を返却する
            challenge = context.form()
                    .addError(new FormMessage("sendSMSCodeErrorMessage"))
                    .createForm("sms-validation-error.ftl");
        }
    } else {
        // 電話番号が設定されていない場合、エラー画面を返却する
        challenge = context.form()
                .addError(new FormMessage("missingTelNumberMessage"))
                .createForm("sms-validation-error.ftl");
    }
    context.challenge(challenge);
    logger.debug("authenticate end");
}

/**
 * アクション処理（認証コード入力画面の「Sign in」ボタン押下時の処理）
 *
 * @param context 認証フローコンテキスト
 */
@Override
```

応用編

8

Keycloak のカスタマイズ

```
    public void action(AuthenticationFlowContext context) {
        logger.debug("action start");

        MultivaluedMap<String, String> inputData = context.getHttpRequest()
            .getDecodedFormParameters();
        String enteredCode = inputData.getFirst("smsCode");

        UserModel user = context.getUser();
        String phoneNumber = user.getFirstAttribute(ATTR_PHONE_NUMBER);

        // 認証コードが正しいか確認する
        AuthenticatorConfigModel config = context.getAuthenticatorConfig();
        TwilioClient twilioClient = new TwilioClient(
                getConfigString(config, CONFIG_SMS_SERVICE_SID),
                getConfigString(config, CONFIG_SMS_API_KEY_SID),
                getConfigString(config, CONFIG_SMS_SECRET) );
        if (twilioClient.verifySMS(phoneNumber, enteredCode)) {
            // 認証コードの確認に成功した場合は、認証成功とする
            context.success();
        } else {
            // 認証コードの確認に失敗した場合は、エラー画面を返却する
            Response challenge = context.form()
                .setAttribute("username", context.getAuthenticationSession()
                .getAuthenticatedUser().getUsername())
                .addError(new FormMessage("invalidSMSCodeMessage"))
                .createForm("sms-validation-error.ftl");
            context.challenge(challenge);
        }
        logger.debug("action end");
    }
    ……（省略）……
}
```

■ (2) オーセンティケーターファクトリークラス

　オーセンティケーターファクトリークラスでは、org.keycloak.authentication.Authenticator
Factory インタフェースに定義されたメソッドを実装します。これにより、管理コンソールで
SMS 認証用の設定画面が表示されます。ここでは、Twilio の設定情報の「Service SID」「API
key SID」「Secret」を管理コンソールから設定できるように実装しています。

```
······（省略）······
/**
 * Twilio SMS AuthenticatorFactory
 */
public class SMSAuthenticatorFactory implements AuthenticatorFactory {
······（省略）······
    /* 管理コンソールでこのオーセンティケーターに設定可能なRequirementの選択肢 */
    private static final AuthenticationExecutionModel.Requirement[] REQUIREMENT_
CHOICES = {
            AuthenticationExecutionModel.Requirement.REQUIRED,
            AuthenticationExecutionModel.Requirement.DISABLED
    };

    /* 管理コンソールでこのオーセンティケーターに設定可能な項目 */
    private static final List<ProviderConfigProperty> configProperties;
    static {
        configProperties = ProviderConfigurationBuilder
                // Service SID
                .create()
                .property()
                .name(SMSAuthenticator.CONFIG_SMS_SERVICE_SID)
                .label("Service SID")
                .type(ProviderConfigProperty.STRING_TYPE)
                .defaultValue("")
                .helpText("Set the Service SID to connect to Twilio. "
                    + "It usually starts with 'VA'.")
                .add()

                // API Key SID
                .property()
                .name(SMSAuthenticator.CONFIG_SMS_API_KEY_SID)
                .label("API Key SID")
                .type(ProviderConfigProperty.STRING_TYPE)
                .defaultValue("")
                .helpText("Set the API Key SID to connect to Twilio. "
                    + "It usually starts with 'SK'.")
                .add()

                // Secret
                .property()
```

応用編

8

Keycloakのカスタマイズ

```
                .name(SMSAuthenticator.CONFIG_SMS_SECRET)
                .label("Secret")
                .type(ProviderConfigProperty.STRING_TYPE)
                .defaultValue("")
                .helpText("Set the Secret to connect to Twilio.")
                .add()

                .build();
    }

    ‥‥‥‥（省略）‥‥‥‥

    /*
     * 設定可能な項目を返すメソッド
     */
    @Override
    public List<ProviderConfigProperty> getConfigProperties() {
        return configProperties;
    }

    /*
     * ツールチップ・テキストに表示する情報を返すメソッド
     */
    @Override
    public String getHelpText() {
        return "SMS Authenticate using Twilio.";
    }

    /*
     * 管理コンソールで表示するオーセンティケーター名を返すメソッド
     */
    @Override
    public String getDisplayType() {
        return "Twilio SMS Authentication";
    }
    ‥‥‥‥（省略）‥‥‥‥
}
```

　また、オーセンティケーターファクトリークラスを登録するために、META-INF/services ディレクトリー配下に以下のようなオーセンティケーターファクトリークラスの完全修飾名を記述したプロバイダー定義ファイル（ファイル名は org.keycloak.authentication.AuthenticatorFactory）を配置します。

```
com.example.keycloak.authenticator.SMSAuthenticatorFactory
```

■ (3) Twilio クライアントクラス

　Twilio クライアントクラスは、オーセンティケータークラスから呼ばれ、「Apache HTTP Client」を利用して Twilio の API を呼び出します。このクラスの実装は Twilio の仕様に依存するため、ここでは詳しく解説しません。詳細は、ダウンロードしたソースコードを確認してください。

■ 8.3.5　テーマとオーセンティケーターのビルド

　ビルドプロジェクト全体は、図 8.3.8 のようなディレクトリー構成になります。

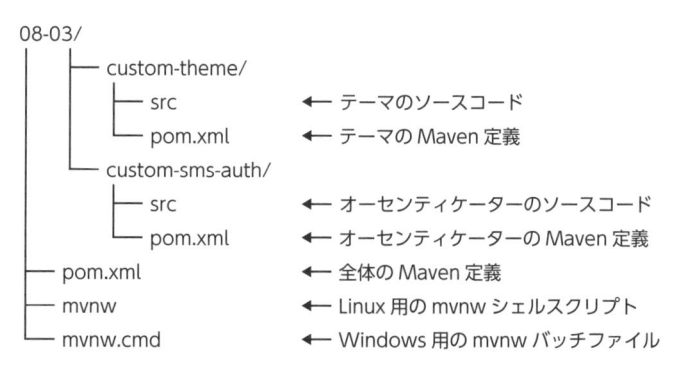

```
08-03/
    ├── custom-theme/
    │       ├── src              ← テーマのソースコード
    │       └── pom.xml          ← テーマの Maven 定義
    └── custom-sms-auth/
            ├── src              ← オーセンティケーターのソースコード
            └── pom.xml          ← オーセンティケーターの Maven 定義
    ── pom.xml                   ← 全体の Maven 定義
    ── mvnw                      ← Linux 用の mvnw シェルスクリプト
    ── mvnw.cmd                  ← Windows 用の mvnw バッチファイル
```

図 8.3.8　Maven プロジェクト全体のディレクトリー構成

　08-03 ディレクトリーに移動し、次のコマンドを実行します。

```
$ ./mvnw clean package
```

　以下のように、「BUILD SUCCESS」が出力されればビルド完了です。

応用編

8

Keycloak のカスタマイズ

```
[INFO] ------------------------------------------------------------------------
[INFO] Reactor Summary for Keycloak Customs Parent 1.0.0:
[INFO]
[INFO] Keycloak Customs Parent ......................... SUCCESS [  0.117 s]
[INFO] Keycloak Custom SMS Authenticator ............... SUCCESS [  1.504 s]
[INFO] Keycloak Custom Themes .......................... SUCCESS [  0.076 s]
[INFO] ------------------------------------------------------------------------
[INFO] BUILD SUCCESS
[INFO] ------------------------------------------------------------------------
[INFO] Total time:  1.826 s
[INFO] Finished at: 2024-07-16T23:36:11+09:00
[INFO] ------------------------------------------------------------------------
```

各プロジェクト配下の target ディレクトリーに jar ファイルが生成されます。

- 08-03/custom-themes/target/sms-auth-theme.jar
- 08-03/custom-sms-auth/target/sms-authenticator.jar

8.3.6　テーマとオーセンティケーターのデプロイ

　ビルドして生成された jar ファイルを Keycloak にデプロイします。今回は jar ファイルをビルドしているため、8.2.3 項におけるアーカイブ方式で Keycloak にデプロイします。ビルドしたテーマ（sms-auth-theme.jar）とオーセンティケーター（sms-authenticator.jar）を、[KEYCLOAK_HOME]/providers ディレクトリーにコピーし、Keycloak を start-dev オプションで起動します。

8.3.7　管理コンソールでの設定

　Keycloak の管理コンソールにログインして、作成したテーマとオーセンティケーターを利用するように設定します。なお、日本語メッセージのプロパティーも追加しているので、国際化機能を有効にします。設定は「demo」レルムに対して行います。
　まずは、以下の手順でテーマを設定します。

1. 左メニューの「Realm settings」をクリックします。
2. 「Themes」タブをクリックします。
3. 「Login Theme」を「demo」に変更し、「Save」ボタンをクリックします。
4. 「Localization」タブをクリックします。

5. 「Internationalization」を「Enabled」に変更します。

6. 「Supported locales」に「Japanese」を追加し、「Save」ボタンをクリックします。

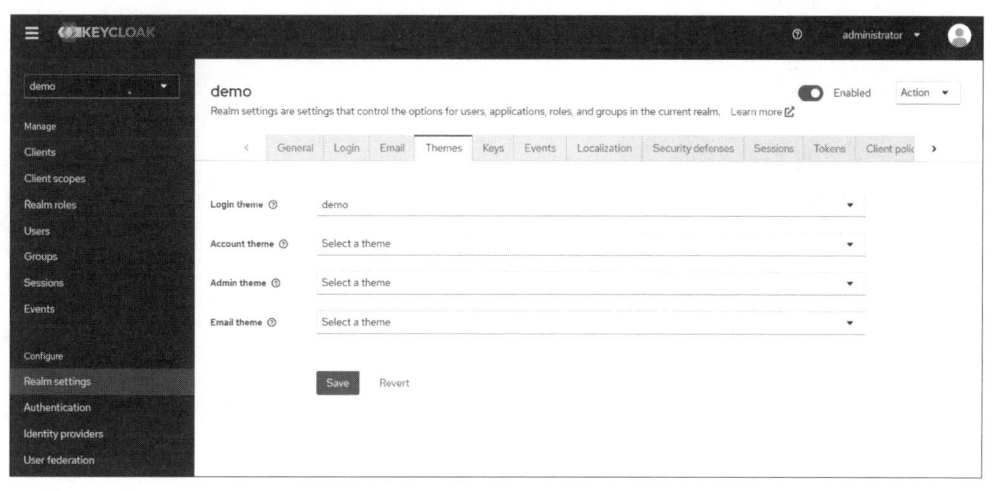

図 8.3.9 「demo」レルムの「Themes」の設定

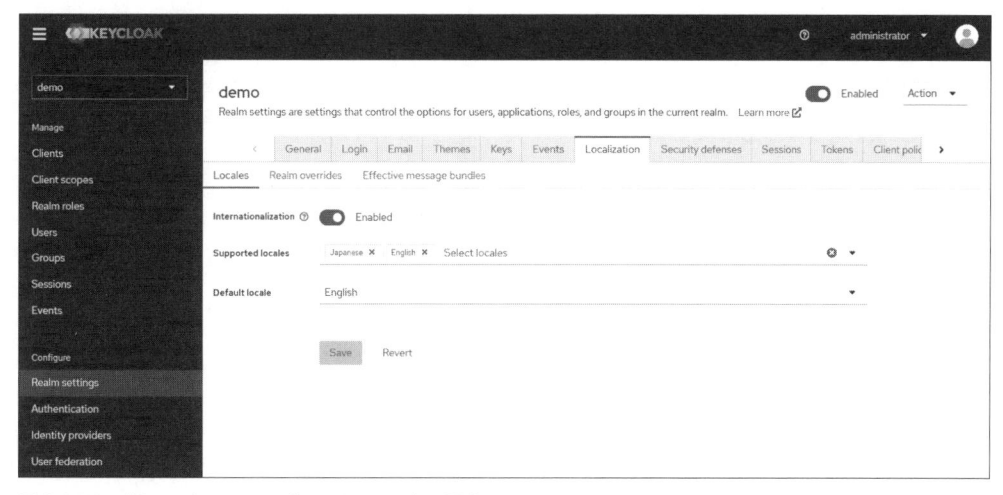

図 8.3.10 「demo」レルムの「Localization」の設定

次に、以下の手順で、作成したオーセンティケーターを認証フローに組み込みます。

1. 左メニューの「Authentication」をクリックします。

2. 「browser」認証フローをコピーします（デフォルトの「browser」認証フローは直接修正できない
ため、コピーします。認証フロー名は任意ですが、ここでは「custom browser」とします）。

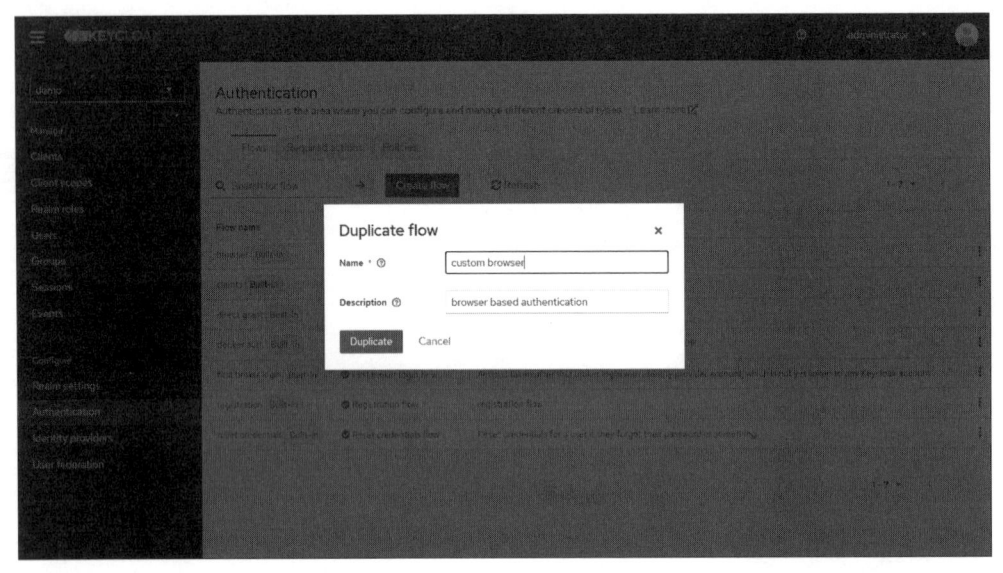

図 8.3.11 「Browser」認証フローをコピー

3. 「custom browser forms」の「+」アイコンをクリックして「Add step」をクリックします。

4. 図 8.3.12 の画面が表示されるので、今回作成したオーセンティケーターである「Twilio SMS Authentication」を選択し、「Add」ボタンをクリックします（この表示名は SMSAuthenticatorFactory の getDisplayType メソッドで設定した名称となります）。

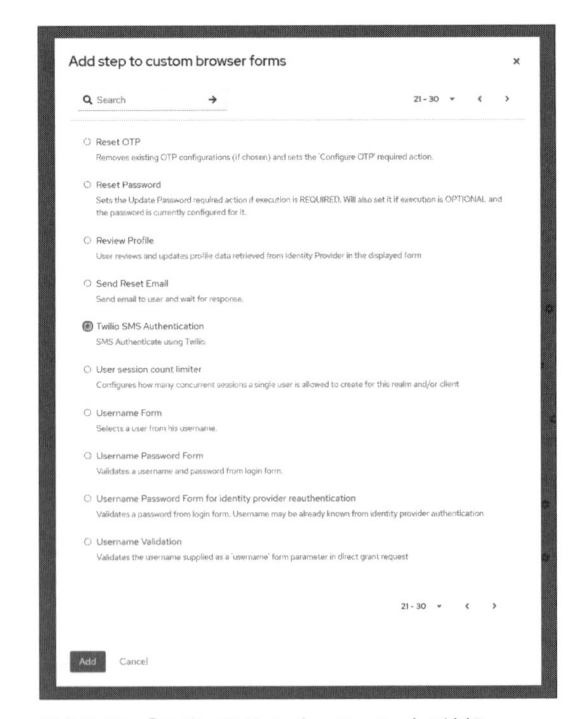

図 8.3.12 「Twilio SMS Authentication」の追加

5. 「custom browser Browser - Conditional OTP」と「custom browser Organization」は今回利用しないため、「ゴミ箱」アイコンをクリックして表示されるダイアログの「Delete」ボタンをクリックして削除します。

6. 「Twilio SMS Authentication」の「Requirement」を「Required」に変更します。

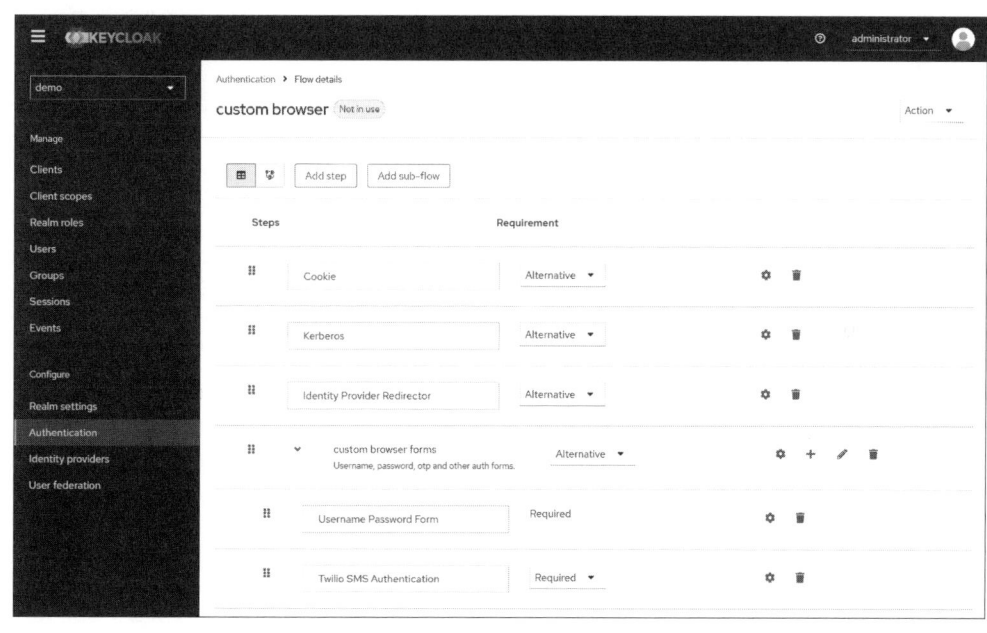

図 8.3.13 「Authentication」の「custom browser」画面の設定

7. 「Twilio SMS Authentication」の「歯車」アイコンをクリックします。

8. 図 8.3.14 の設定画面が表示されるので、表 8.3.2 に示す値を入力し、「Save」ボタンをクリックします。

表 8.3.2 「Twilio SMS Authentication」の設定項目

設定項目	設定値	設定値の説明
Alias	任意の値	わかりやすい名前
Service SID	[Service SID]	Twilio の設定画面で取得した Service SID
API Key SID	[API key SID]	Twilio の設定画面で取得した API key SID
Secret	[Secret]	Twilio の設定画面で取得した Secret

なお、この画面には SMSAuthenticatorFactory の getConfigProperties メソッドで設定した項目が表示されます。

応用編

8

Keycloak のカスタマイズ

403

図 8.3.14　「Twilio SMS Authentication」の設定画面

9. 「Authentication」画面に戻り、「custom browser」認証フローの : から「Bind flow」をクリックし、Choose binding type から「Browser flow」を選択して「Save」ボタンをクリックします。

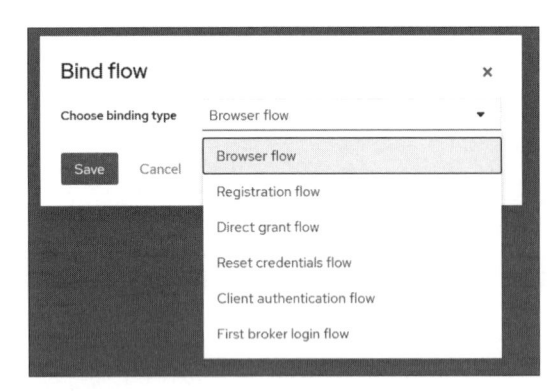

図 8.3.15　「Authentication」画面における「custom flow」認証フローの「Bind flow」設定

最後に動作確認のため、テスト用のユーザーを作成します。

1. 左メニューの「Realm settings」をクリックし、さらに「User profile」タブをクリックします。

2. 「Create attribute」ボタンをクリックし、Attribute [Name] に「phoneNumber」と入力します。また、Permission の「Who can edit?」と「Who can view?」はすべてチェックを入れます。

3. Display name の右部にある「⊕」アイコンをクリックすると「Add translations」ダイアログが開くため、English と Japanese の Translation value にそれぞれ「Telephone number」、「電話番号」と入力し、「Ok」ボタンをクリックします。

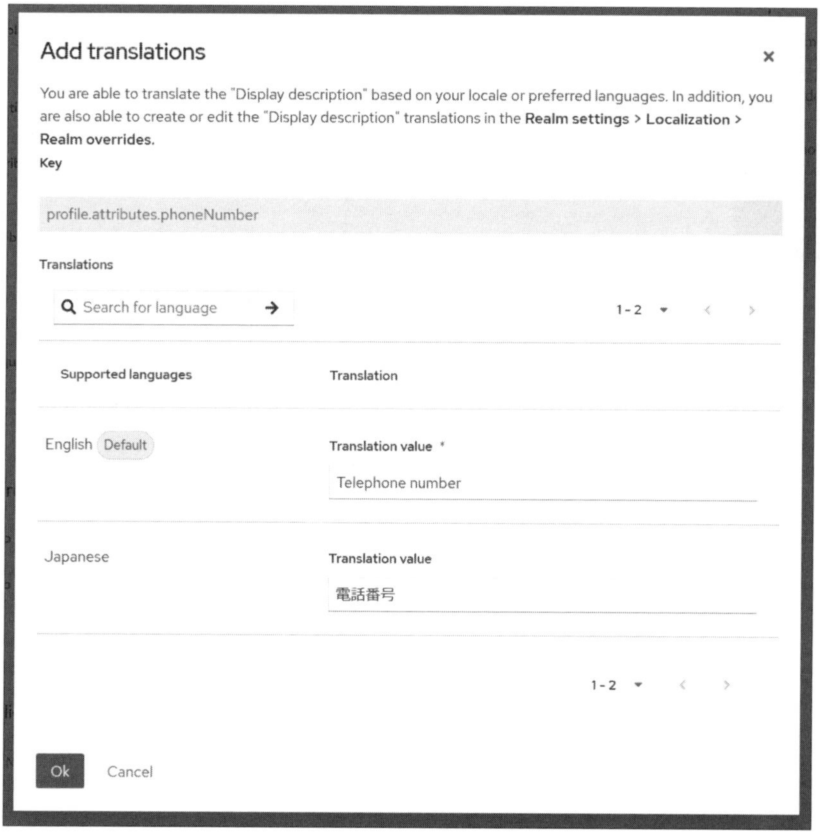

図 8.3.16 「Add translations」画面

4. 画面最下部の「Create」ボタンをクリックします。これにより、ユーザーの属性として電話番号を登録できるようになります。

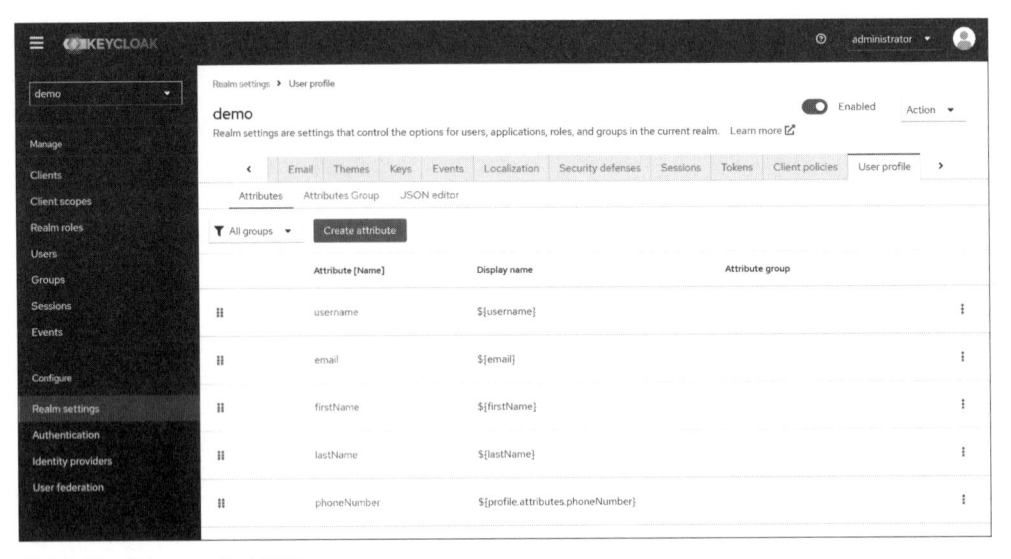

図 8.3.17　「User profile」画面

5. 左メニューの「Users」をクリックします。

6. 「Add user」ボタンをクリックします。

7. ユーザーの属性を以下のように入力し、「Create」ボタンをクリックします。

- Username：user001
- Email：user001@example.com
- First name：user
- Last name：001
- Telephone number：[2 要素認証を行いたい電話番号（+81 は不要）]

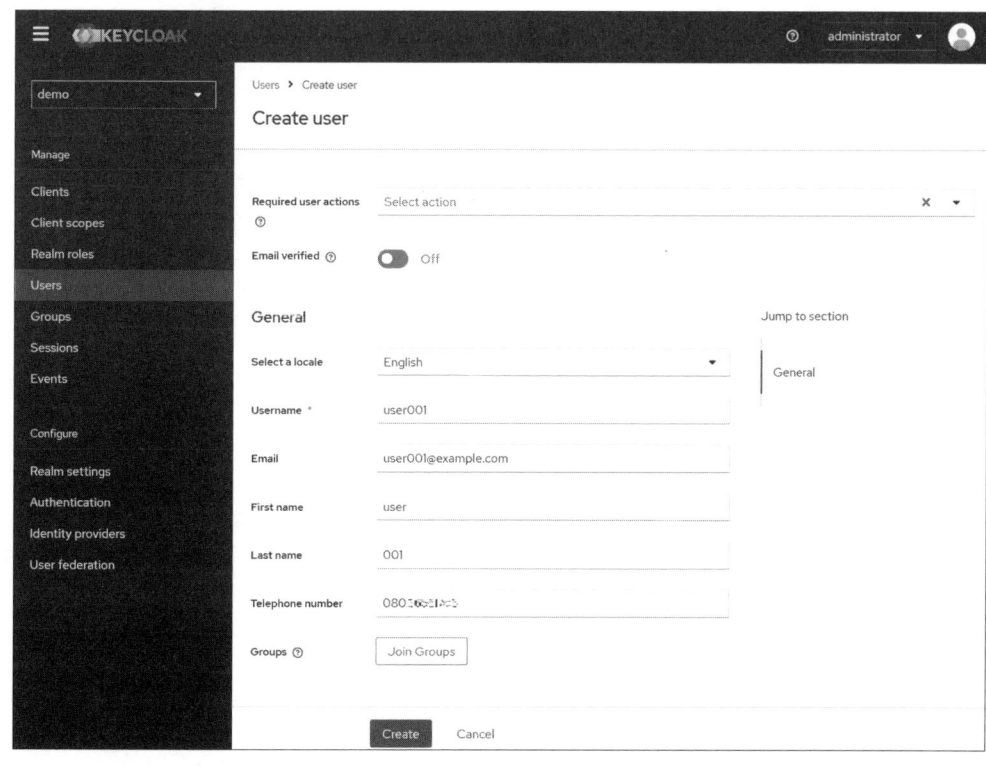

図 8.3.18 「Create user」画面

8. 「Credentials」タブをクリックし、「Set password」ボタンをクリックします。

9. 「user001」ユーザーのパスワードを入力し、「Temporary」を Off にして「Save」ボタンをクリックし、続けて「Save Password」ボタンをクリックします。

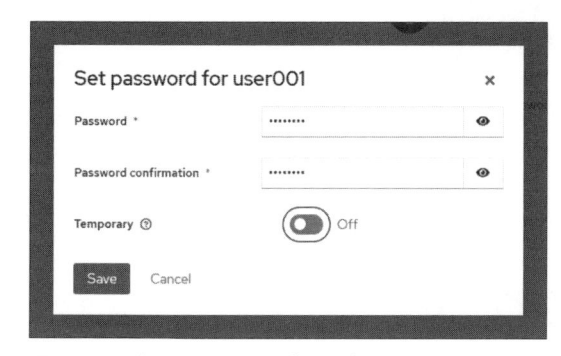

図 8.3.19 「user001」ユーザーのパスワードの設定

以上で、管理コンソールの設定は完了です。

応用編

8

Keycloak のカスタマイズ

8.3.8　動作確認

それでは「user001」ユーザーでログインしてみましょう。

1. アカウント管理コンソール (http://localhost:8080/realms/demo/account) にアクセスします。
2. ログイン画面が表示されるので、ユーザー名とパスワードを入力し、「ログイン」ボタンをクリックします。これにより、第 2 要素の認証として、認証コード入力画面が表示されると同時に、設定された電話番号に SMS で認証コードが通知されます。

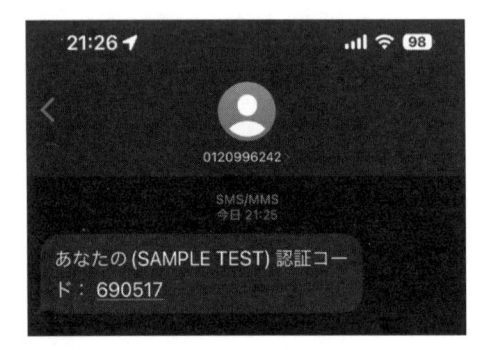

図 8.3.20　携帯電話に送信された認証コード

3. 通知された認証コードを入力します。

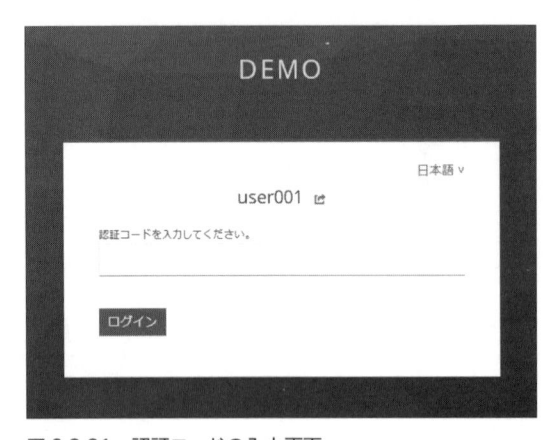

図 8.3.21　認証コードの入力画面

認証コードが一致すると、アカウント管理コンソールにログインできます。

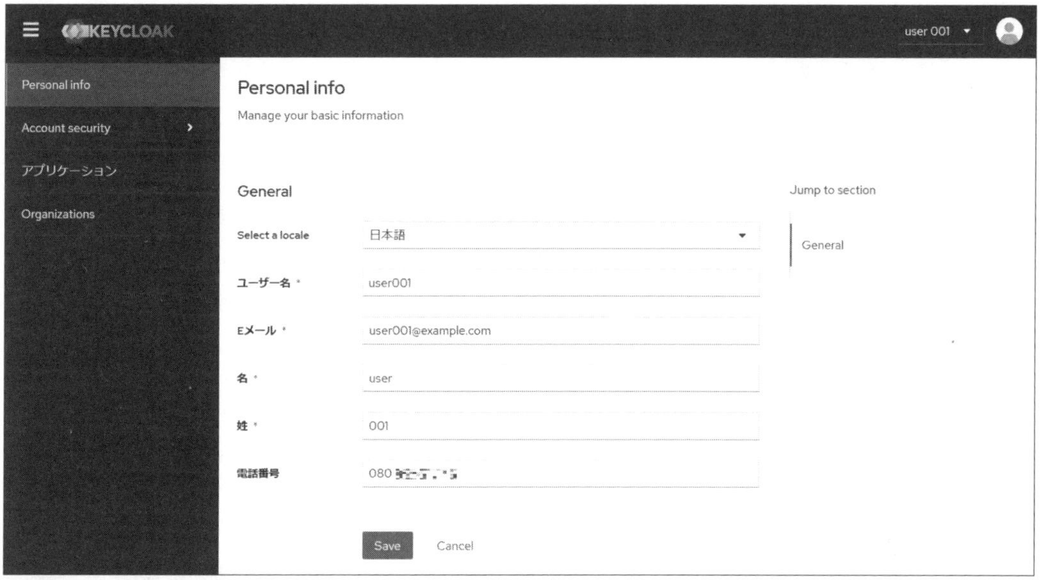

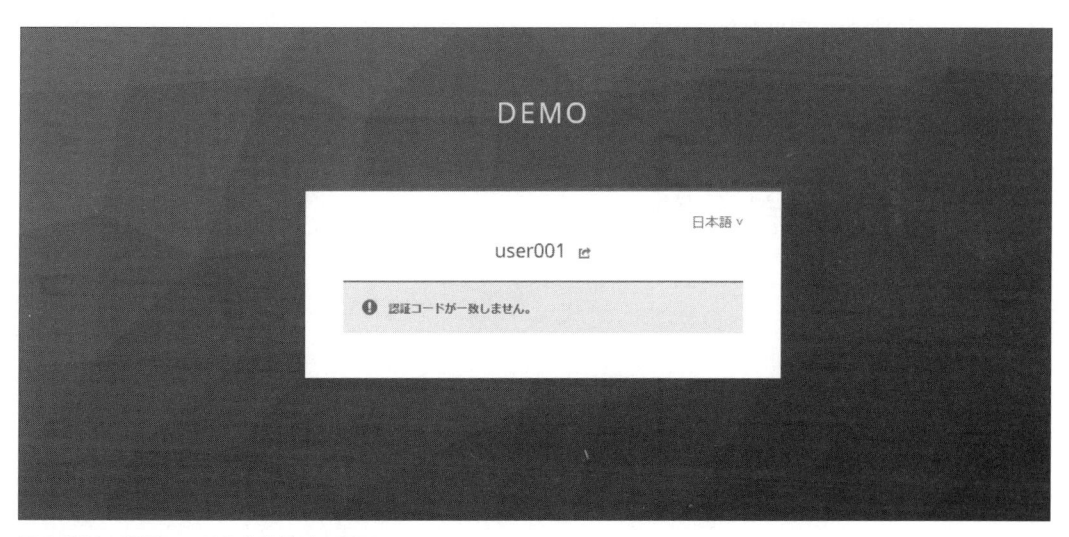

図 8.3.22　アカウント管理コンソール

なお、認証コードを間違えた場合はエラー画面が表示され、ログイン失敗となります。

図 8.3.23　認証コード入力失敗時の画面

　SMS 認証を含む 2 要素認証の実現方法についての解説は以上になります。他の方式で多要素認証を実現しようとする場合も、今回解説した例を参考に実現することができます。

応用編

8

Keycloak のカスタマイズ

Keycloak のビルド

Keycloak を使用していると、システムの要件を満たすために SPI では実現できない機能を追加したいことや、Keycloak のバグを修正したいことがあるかもしれません。そのようなケースでは Keycloak をビルドする必要があります。

Keycloak のビルドには Java 用プロジェクト管理ツールである Maven のラッパースクリプト mvnw を使用します[*7]。基本的には、GitHub から Keycloak のソースコードを取得して、以下のコマンドを 1 回実行するだけで完了します。

```
$ ./mvnw clean install -DskipTestsuite -DskipExamples -DskipTests -Pdistribution
```

このコマンドにより、quarkus/dist/target ディレクトリーに Keycloak の配布ファイルが zip および tar.gz の拡張子で出力されます。

ビルドに関する説明は「building.md[*8]」に記載がありますが、注意点などいくつか言及すべきことがありますので、本節では少し詳細に解説していきます。

8.4.1　事前準備

Keycloak をビルドするためには、表 8.4.1 に示すソフトウェアをインストールする必要があります。

表 8.4.1　ビルドに必要なソフトウェア

ソフトウェア	用途
JDK 21 以上	mvnw の実行に必要
Git	ソースコードの取得やバージョンの変更などに使用 ※正確には、インストールしていなくてもビルドできますが、インストールしてあるほうが便利です。

----

*7　18.0.2 以前の Keycloak では Maven をインストールする必要がありましたが、19.0.0 以降は Maven ラッパースクリプトの mvnw を実行するようになっています。これにより、Keycloak のビルドに必要なバージョンの Maven が自動的にダウンロードされて使用されます。

*8　https://github.com/keycloak/keycloak/blob/26.0.0/docs/building.md

ビルドに使用する OS は Windows でも Linux でもかまいませんが、依存ライブラリーを大量にダウンロードするので、15GB 程度の空き容量があることは確認しておきましょう。JDK については、以下のコマンドでインストールされているバージョンを確認できます。

```
$ java -version
openjdk version "21.0.3" 2024-04-16
OpenJDK Runtime Environment (build 21.0.3+9-Ubuntu-1ubuntu122.04.1)
OpenJDK 64-Bit Server VM (build 21.0.3+9-Ubuntu-1ubuntu122.04.1, mixed mode,
sharing)
```

Git については、以下のコマンドでバージョンを確認できます。

```
$ git --version
git version 2.34.1
```

ビルドには大量のメモリー（Java ヒープ）を使用するので、Java ヒープの最大サイズも必要に応じて変更してください。

```
$ export MAVEN_OPTS="-Xmx1024m"
```

これを行っていないと、次のようなエラーでビルドが失敗する可能性があります。

```
[INFO] ------------------------------------------------------------------------
[INFO] BUILD FAILURE
[INFO] ------------------------------------------------------------------------
[INFO] Total time:  32:31 min
[INFO] Finished at: 2024-12-15T12:33:13+09:00
[INFO] ------------------------------------------------------------------------
[ERROR] GC overhead limit exceeded -> [Help 1]
[ERROR]
[ERROR] To see the full stack trace of the errors, re-run Maven with the -e switch.
[ERROR] Re-run Maven using the -X switch to enable full debug logging.
[ERROR]
[ERROR] For more information about the errors and possible solutions, please read
the following articles:
[ERROR] [Help 1] http://cwiki.apache.org/confluence/display/MAVEN/OutOfMemoryError
```

応用編

8

Keycloak のカスタマイズ

🔲 8.4.2 Keycloak のビルド

準備ができたら、ビルドしてみましょう。まずは Keycloak のソースコードを GitHub から取得します。

```
$ git clone https://github.com/keycloak/keycloak.git
```

次にクローンした Keycloak プロジェクトのディレクトリーに移動します。

```
$ cd keycloak
```

必要であれば、バージョンも変更してください。以下は 26.0.0 にバージョンを変更しています。

```
$ git checkout 26.0.0
```

そして、mvnw コマンドでビルドします。「building.md」には以下のコマンドでビルドできると記載されていますが、ビルドと同時に行われるテストの際にアクセスする外部サイトの仕様変更などにより、ビルドが失敗することが少なからずあります。

```
$ ./mvnw clean install -Pdistribution
```

そのため、本節の冒頭で紹介した以下のコマンドで、テストをスキップするほうが確実です。

```
$ ./mvnw clean install -DskipTestsuite -DskipExamples -DskipTests -Pdistribution
```

-DskipTestsuite と -DskipExamples は Keycloak 独自のオプションで、testsuite モジュールと examples モジュールのビルドをスキップします。-DskipTests は Maven で一般的なオプションで、テストをスキップします。これらのオプションは、ビルドの成功率を高めるだけでなく、ビルド時間の短縮にもつながります[9]。

さらに、クライアントアダプターや管理クライアントなどをビルドする必要がない場合は、以

---

[9] -DskipTests を付けないと、ビルドの前に大量のテストが実行されます。Keycloak のバージョンによっては、これらのテストでエラーになり、ビルドができないケースもあります。一方、ソースコードの改善をプルリクエストするような場合は、ソースコードの修正が悪影響を与えないことを確認する目的でテストを実行しておく必要があります。

下のコマンドを実行します。

```
$ ./mvnw -pl quarkus/deployment,quarkus/dist -am -DskipTestsuite -DskipExamples
-DskipTests clean install
```

-DskipTests と -Dmaven.test.skip

Maven でビルドする際にテストをスキップするオプションは 2 つあります。-DskipTests と -Dmaven.test.skip です。前者はテストの実行のみをスキップし、後者はそれに加えてテストコードのコンパイルもスキップします。

Keycloak をビルドする場合、バージョンによっては、後者を指定するとテスト用モジュールが不足していることにより、エラーが発生することがあります。

したがって、ローカルにこのモジュールが存在しない場合は -DskipTests を使用しましょう。なお、両者ともデフォルト値は true のため、-DskipTests=true や -Dmaven.test.skip=true のように「=true」を付ける必要はありません。

マシンのスペックなどに依存しますが、ビルドの実行には数分から数時間かかります。完了すると、以下のメッセージが出力され、quarkus/dist/target ディレクトリーに Keycloak の配布ファイルが keycloak-26.0.0.tar.gz および keycloak-26.0.0.zip のようなファイル名で出力されます。

```
[INFO] ------------------------------------------------------------
[INFO] BUILD SUCCESS
[INFO] ------------------------------------------------------------
[INFO] Total time:  16:45 min
[INFO] Finished at: 2024-10-08T00:55:59+09:00
[INFO] ------------------------------------------------------------
```

なお、ビルド時に付加した -Pdistribution は、公式サイトからダウンロード可能な配布ファイルと同じ形式の Keycloak を作成するためのオプションです。これから説明するモジュール単位でのビルドではこのオプションは必要ありません。

■ 8.4.3　モジュール単位でのビルド

　前述したとおり、Keycloak のビルドには時間がかかります。Keycloak のバグを発見し、1 クラスだけソースコードを修正して動作確認するような場合は、そのクラスを含むモジュール（サブプロジェクト）単位でビルドすることで時間を短縮できます。

　例えば、「services」サブプロジェクトに含まれるクラスのソースコードのみを修正した場合を考えてみましょう。この場合は、f オプションに services/pom.xml を付加して mvnw コマンドを実行すればビルドできます。

```
$ ./mvnw -f services/pom.xml clean install -DskipTests
```

　これにより、そのモジュールの jar ファイルが services/target ディレクトリーに keycloak-services-26.0.0.jar のようなファイル名で作成されます。このファイルをインストール済みの Keycloak の [KEYCLOAK_HOME]/lib/lib/main/ にある同ファイルと置き換えて、Keycloak を再起動すれば、修正内容が反映されます。

　ただし、モジュール単位のビルドの前に全体のビルドをしておく必要があります。モジュール単位のビルドのためには、他のモジュールが依存関係として必要になるためです。

　以上で、独自にソースコードを修正した Keycloak をビルドし、起動できるようになりました。Keycloak のバージョンが上がった場合は、ソースコードを再度独自に修正してビルドする必要があります。バージョンアップ時のこのような手間をなくすためには、Keycloak のコミュニティーにコードを貢献する必要があります。新しい機能の追加は議論が必要で大変な場合が多いですが、バグ修正は受け入れられる可能性が高いです。貢献の方法は、第 4 章 4.3.3 項で紹介した Contribution ガイドを参照してください。

8.5 カスタムコンテナーイメージの作成

第1章で Docker を使用した Keycloak のインストール方法について解説しましたが、この方法でインストールされた Keycloak コンテナー内では、vi や curl のような基本的な Linux コマンドすら使用できません。また、自作したカスタムプロバイダーの jar ファイルをデプロイすることもできません。このような問題を解決するために、ここでは Dockerfile[10] を用いて Keycloak のコンテナーイメージをカスタマイズする方法や起動時間を短縮するための最適化をする方法を紹介します[11]。

■ 8.5.1 最小構成の Dockerfile の作成

まずは、最小構成の Keycloak コンテナーを起動する Dockerfile を作成してみましょう。Dockerfile というファイル名で、以下のような内容を記述します。

```
FROM quay.io/keycloak/keycloak:26.0.0
ENTRYPOINT ["/opt/keycloak/bin/kc.sh"]
```

1行目の FROM 命令により、Red Hat 社が提供するコンテナーレジストリーサービス「quay.io」から Keycloak 26.0.0 のコンテナーイメージがダウンロードされます。2行目の ENTRYPOINT 命令により、このコンテナーが起動すると同時に /opt/keycloak/bin/kc.sh が実行されます。

Dockerfile を作成したら、まずは以下のコマンドでビルドします。

```
$ docker build . -t mykeycloak
```

そして、以下のコマンドでこの Keycloak コンテナーを起動します。

---

[10] Dockerfile は、Docker でイメージをカスタマイズするためのテキストファイルです。

[11] 本節で作成する Dockerfile は GitHub リポジトリーの 08-05 ディレクトリーに格納しています。

応用編

8

Keycloak のカスタマイズ

```
$ docker run --name mykeycloak -p 8080:8080 \
    -e KC_BOOTSTRAP_ADMIN_USERNAME=admin \
    -e KC_BOOTSTRAP_ADMIN_PASSWORD=password mykeycloak start-dev
```

起動すると、以下の警告が表示されます。

```
2024-11-05 08:30:08,913 WARN  [org.keycloak.quarkus.runtime.KeycloakMain] (main)
Running the server in development mode. DO NOT use this configuration in production.
```

　開発モードの start-dev オプションで起動したので、エラーにはなりませんでしたが、この設定を本番環境では使用できない旨の警告メッセージが出力されました。実際に、この Dockerfile を本番モードの start オプションで起動しようとすると、エラーになります。

8.5.2　start オプションで起動可能な Dockerfile の作成

　では、start オプションで起動できるように、Dockerfile をカスタマイズしてみましょう。Keycloak を start オプションで起動するには、第 9 章 9.1.5 項で説明するように、HTTPS 通信とホスト名の設定が必要です。また、実際に本番環境に Keycloak を配備する場合は、第 9 章 9.2.1 項で説明するように、ブラウザーと HTTPS 通信をするロードバランサーを Keycloak の前段に配置し、ロードバランサーと Keycloak は HTTP で通信する方式が一般的です。しかし、ここでは以下の 2 つを行い、ブラウザーと Keycloak が直接 HTTPS で通信する構成にします。本番環境では推奨できない簡易的な構成であることに注意してください。

- HTTPS で通信するためのキーストアファイルの提供
- ホスト名の設定

　そのために、2 つの命令を追加します。

```
FROM quay.io/keycloak/keycloak:26.0.0

RUN keytool -genkeypair -storepass password -storetype PKCS12 -keyalg RSA \
    -keysize 2048 -dname "CN=server" -alias server \
    -ext "SAN:c=DNS:localhost,IP:127.0.0.1" \
```

```
    -keystore /opt/keycloak/conf/server.keystore

ENV KC_HOSTNAME=localhost

ENTRYPOINT ["/opt/keycloak/bin/kc.sh"]
```

　まず、RUN 命令で keytool コマンドを実行し、公開鍵 / 秘密鍵のペア、および自己署名証明
書を生成し、それらを格納したキーストアファイルを出力します。Keycloak は、デフォルトで
conf ディレクトリーの server.keystore をキーストアファイルとして認識し、HTTPS 通信の際に
利用します。今回はデモ目的のため自己署名証明書を使用しましたが、本番環境では適切な証明
書を使用しなければなりません。なお、この RUN 命令を記述しない場合、以下のようなエラー
が発生します。

```
ERROR: Failed to start server in (production) mode
ERROR: Key material not provided to setup HTTPS. Please configure your keys/
certificates or start the server in development mode.
```

　次に、ENV 命令で環境変数 KC_HOSTNAME に Keycloak のホスト名をセットします。これ
をセットしない場合、以下のようなエラーが発生します。

```
ERROR: Unexpected error when starting the server in (production) mode
ERROR: Failed to start quarkus
ERROR: Strict hostname resolution configured but no hostname setting provided
```

　なお、KC_HOSTNAME の代わりに以下の設定を付加しても、エラーは回避できます。

```
# ENV KC_HOSTNAME=localhost
ENV KC_HOSTNAME_STRICT=false
```

　ただし、セキュリティーの観点から、本番環境ではこの環境変数を true に設定することが推
奨されます。ホスト名の設定については、第 9 章 9.3.1 項で詳しく解説します。
　では、start オプションで Keycloak コンテナーを起動します。

応用編

8

Keycloak のカスタマイズ

```
$ docker rm mykeycloak
$ docker build . -t mykeycloak
$ docker run --name mykeycloak -p 8443:8443 \
    -e KC_BOOTSTRAP_ADMIN_USERNAME=admin \
    -e KC_BOOTSTRAP_ADMIN_PASSWORD=password mykeycloak start
```

警告は出力されなくなり、Keycloak コンテナーは正常に起動するようになりました。

8.5.3　追加のパッケージのインストール

ここでひとまず、起動した Keycloak コンテナーにログインしてみましょう。以下のコマンド
を実行すると、管理者権限でログインできます。

```
$ docker exec --user root -it mykeycloak bash
```

Dockerfile の最終行からわかるように、Keycloak のインストールディレクトリーは /opt/
keycloak です。vi コマンドで keycloak.conf の内容を確認してみます。

```
# vi /opt/keycloak/conf/keycloak.conf
bash: vi: command not found
```

しかし、コマンドが見つからない旨のエラーが出力されます。次に jps コマンドで Keycloak
のプロセス ID を取得してみます。

```
# jps
bash: jps: command not found
```

jps に対してもコマンドが見つからない旨のエラーが出力されます。このように、quay.io から
ダウンロード可能な Keycloak のコンテナーイメージでは、Linux や JDK の標準的なコマンドす
ら使用することができません。

使用されるコマンドが最小限に制限されている理由は、セキュリティーへの配慮のためで
す。特に、Keycloak 21.0.0 以降は microdnf コマンドが使用できないため、不足する追加のパッ
ケージをインストールすることすらできません。これでは不便なことも多々あるため、1 行目の

「FROM quay.io/keycloak/keycloak:26.0.0」の上と下に以下のようにコマンドを追加します。

```
FROM registry.access.redhat.com/ubi9 AS ubi-micro-build
RUN mkdir -p /mnt/rootfs
RUN dnf install --installroot /mnt/rootfs vi curl java-21-openjdk-devel \
    --releasever 9 --setopt install_weak_deps=false --nodocs -y && \
    dnf --installroot /mnt/rootfs clean all && \
    rpm --root /mnt/rootfs -e --nodeps setup

FROM quay.io/keycloak/keycloak:26.0.0

COPY --from=ubi-micro-build /mnt/rootfs /
```

上のコマンドの中の「vi curl java-21-openjdk-devel」の部分では、インストールしたいパッケージを半角スペース区切りで並べています。もしくは、その代わりに「microdnf」と記載して、コンテナー起動後に vi や java-21-openjdk-devel（JDK 関連のコマンド）などをインストールすることもできます。ただし、前述したとおり、セキュリティーへの配慮のための制限であることを理解しつつ、本番環境での変更要否を検討する必要があります。

■ 8.5.4 DB 接続の設定

start オプションで Keycloak コンテナーが起動できるようになりましたが、本番環境で動作させるためには、組み込み DB の H2 から PostgreSQL や MySQL などの DB に変更する必要があります。PostgreSQL を DB として利用する場合は、以下のような 4 つの ENV 命令が必要になります。

```
ENV KC_DB=postgres
ENV KC_DB_URL=jdbc:postgresql://192.168.1.23:5432/keycloak
ENV KC_DB_USERNAME=keycloak
ENV KC_DB_PASSWORD=password
```

この例では、IP アドレスが 192.168.1.23 のホストで 5432 番ポートでリッスンしている PostgreSQL に、ユーザー名を keycloak、パスワードを password とするユーザーがアクセス可能な keycloak という DB の存在が前提になります。

8.5.5　カスタムプロバイダーの導入

次に自作したカスタムプロバイダーの jar ファイルをデプロイする方法について解説します。自作したカスタムプロバイダーの jar ファイルは、以下のような ADD 命令で /opt/keycloak/providers/ に適切な所有者と権限でコピーします。

```
ADD --chown=keycloak:keycloak --chmod=644 sms-authenticator.jar sms-auth-theme.jar
/opt/keycloak/providers/
```

この例では、8.3 節で作成した sms-authenticator.jar と sms-auth-theme.jar をカレントディレクトリー（Dockerfile と同じ場所）にコピーし、それをコンテナー内に追加していますが、この部分には jar ファイルを取得可能な URL を書くこともできます。

8.5.6　最適化

最後に、Dockerfile に kc.sh build の RUN 命令を追加します。kc.sh build は、Keycloak の起動時と実行中の動作を最適化します。特に、Kubernetes や OpenShift などのコンテナープラットフォームで Keycloak を起動する場合、起動時間は重要なので、事前に最適化を行っておくことをお勧めします。

```
FROM registry.access.redhat.com/ubi9 AS ubi-micro-build

RUN mkdir -p /mnt/rootfs
RUN dnf install --installroot /mnt/rootfs vi curl java-21-openjdk-devel \
    --releasever 9 --setopt install_weak_deps=false --nodocs -y && \
    dnf --installroot /mnt/rootfs clean all && \
    rpm --root /mnt/rootfs -e --nodeps setup

FROM quay.io/keycloak/keycloak:26.0.0

COPY --from=ubi-micro-build /mnt/rootfs /

ADD --chown=keycloak:keycloak --chmod=644 sms-auth-theme.jar sms-authenticator.jar
/opt/keycloak/providers/

RUN keytool -genkeypair -storepass password -storetype PKCS12 -keyalg RSA \
```

```
    -keysize 2048 -dname "CN=server" -alias server \
    -ext "SAN:c=DNS:localhost,IP:127.0.0.1" \
    -keystore /opt/keycloak/conf/server.keystore

ENV KC_HOSTNAME=localhost
ENV KC_DB=postgres
ENV KC_DB_URL=jdbc:postgresql://192.168.1.23:5432/keycloak
ENV KC_DB_USERNAME=keycloak
ENV KC_DB_PASSWORD=password

RUN /opt/keycloak/bin/kc.sh build

ENTRYPOINT ["/opt/keycloak/bin/kc.sh"]
```

　なお、kc.sh build の実行には数秒程度の時間がかかる場合があります。完了したら、以下のコマンドを実行します。

```
# docker run --name mykeycloak -p 8443:8443 \
    -e KC_BOOTSTRAP_ADMIN_USERNAME=admin \
    -e KC_BOOTSTRAP_ADMIN_PASSWORD=password mykeycloak start --optimized
```

　この --optimized オプションは、kc.sh build を実行して最適化された Keycloak イメージを使用することを指示し、起動時間を短縮することができます。build オプションや --optimized オプションについては、第 9 章 9.1.5 項で解説します。

本章のまとめ

第 8 章では、Keycloak のカスタマイズについて解説しました。

- **8.1 節「カスタマイズの可能な箇所と仕組み」について**
  Keycloak でカスタマイズの可能な箇所と、それを実現する仕組みであるテーマと SPI について解説しました。
- **8.2 節「画面のカスタマイズ」について**
  テーマを用いたログイン画面のカスタマイズ方法について解説しました。
- **8.3 節「SPI の新規プロバイダーの開発」について**
  多要素認証の 1 要素として採用されることの多い SMS 認証を例に、SPI の新規プロバイダーを開発する方法を紹介しました。
- **8.4 節「Keycloak のビルド」について**
  SPI による実現が不可能なケースや Keycloak そのもののバグを修正するようなケースを考慮し、Keycloak のビルド方法について解説しました。
- **8.5 節「カスタムコンテナーイメージの作成」について**
  構築したい環境に合わせてカスタマイズと最適化がされた Keycloak のコンテナーを配備できるように、Keycloak のカスタムコンテナーイメージの作成方法について解説しました。

　通常の認証と認可の要件を実現する機能は Keycloak で十分に提供されていますが、カスタマイズすることで Keycloak の活用範囲はさらに広がります。本章で解説した内容をもとにぜひ Keycloak のカスタマイズにトライしてみてください。

第 9 章

Keycloak の非機能面の考慮ポイント

Keycloak を使った実際のシステムを運用するにあたっては、非機能面の考慮は不可欠です。本章の前半では、可用性およびセキュリティーの観点で特に重要となる HA 構成や HTTPS 化、エンドポイントの設定について説明します。後半では、運用および保守の観点で必要となるロギングやアップグレードについて解説します。

HA 構成

本節では、可用性を高めるための Keycloak の HA（High Availability）構成について説明します。Keycloak の HA 構成では、以下の手順を理解する必要があります。

- 9.1.1 項：外部データベース (以下、外部 DB) を利用するための設定
- 9.1.2 項：クラスター間のキャッシュ共有
- 9.1.3 項：リクエスト情報の転送設定
- 9.1.4 項：ヘルスチェックの有効化

図 9.1.1 の HA 構成を構築する例で説明します。まず、ユーザーが L7 ロードバランサー（以下、LB）の 8080 ポートに対して、HTTP でアクセスするように LB を配置します。そして、LB が 2 つの Keycloak インスタンスに対して、リクエストを振り分けます。

今回は LB と 2 つの Keycloak インスタンスを同一サーバー内で起動するため、HTTP 通信の LISTEN ポートが重複しないように、Keycloak インスタンスは、それぞれ 8280 ポートと 8380 ポートで起動させます。また 2 つの Keycloak インスタンスは、共通の外部 DB を参照する必要があるため、PostgreSQL を用意して、それに対して JDBC 通信を行うようにします。

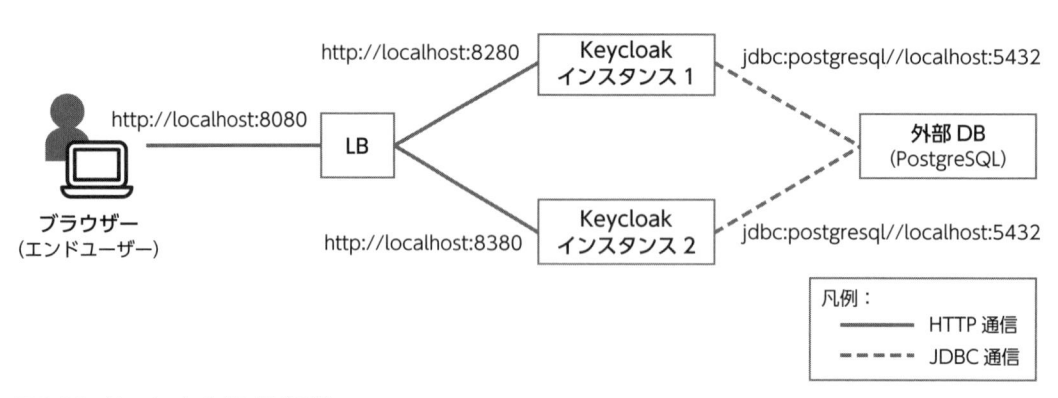

図 9.1.1　Keycloak の HA 構成の例

9.1.1 外部 DB を利用するための設定

Keycloak はデフォルトでは H2 を DB として使用します。H2 は並行性が高い状況下では実用的でないため、HA 構成での利用は推奨されません。そのため、H2 ではなく外部 DB の利用が必要となります。

Keycloak では JDBC を使い外部 DB へアクセスします。外部 DB へアクセスするとき、Keycloak は選択された外部 DB 用のデフォルトの JDBC ドライバーを使用します[*1]。Keycloak がサポートする外部 DB を表 9.1.1 に示します。

表 9.1.1　Keycloak がサポートする外部 DB

DB	keycloak.conf に設定する「db」オプションの値
MariaDB Server	mariadb
Microsoft SQL Server	mssql
MySQL	mysql
Oracle Database	oracle
PostgreSQL	postgres
Amazon Aurora PostgreSQL	postgres

ここでは PostgreSQL を外部 DB とする設定方法を例として説明します。なお、外部 DB 自体のインストールや初期セットアップについては、ここでは解説しません。Keycloak と同一マシンに PostgreSQL がインストール済みで、localhost の 5432 ポートで接続できることを前提とします。

(1) 外部 DB の設定

外部 DB では、表 9.1.2 に示す設定をします。この表のパスワードはあくまで動作確認用です。実際のシステムでは強固なパスワードを設定してください。

表 9.1.2　外部 DB での設定

設定項目	設定値
DB 名	keycloak
ユーザー名	keycloak
パスワード	keycloak

[*1] Oracle Database や Amazon Aurora PostgreSQL を使う場合は、デフォルトの JDBC ドライバーが同梱されていないため、JDBC ドライバーを追加で導入する必要があります。また、デフォルトの JDBC ドライバー以外の JDBC ドライバーを使用することもできます。詳しくは Keycloak 公式ドキュメントの「Configuring the database（https://www.keycloak.org/server/db）」を参照してください。

応用編

9

Keycloak の非機能面の考慮ポイント

表 9.1.2 のユーザーと DB を作成する PostgreSQL のコマンド例は、以下のとおりです。

```
create role keycloak with login password 'keycloak';

create database keycloak with owner keycloak;
```

■ (2) Keycloak で使用する DB の設定

次に [KEYCLOAK_HOME]/conf/keycloak.conf に HA 構成用の設定を記載します。以下のオプションで、DB を設定します。

```
db=postgres
db-username=keycloak
db-password=keycloak
db-url=jdbc:postgresql://localhost:5432/keycloak
```

DB を設定するためのオプションを表 9.1.3 に示します。

表 9.1.3　DB を設定するためのオプションの説明

オプション	オプションの意味
db	DB の種類
db-username	DB に接続するユーザーのユーザー名
db-password	DB に接続するユーザーのパスワード
db-url	JDBC ドライバーの接続 URL

■ 9.1.2　クラスター間のキャッシュ共有

Keycloak では Infinispan[2] を利用したキャッシュ機能を利用します。Keycloak が利用する Infinispan のキャッシュの種類には、表 9.1.4 に示す 3 つがあります。利用するキャッシュの種類によって、クラスター内でのキャッシュの共有方法に違いがあります。

---

[2] Infinispan は分散キャッシュ機能を実現するための OSS です。Keycloak の冗長化ではこの Infinispan を使って、セッションなどの情報を分散キャッシュとしてクラスター内の複数の Keycloak で共有します。

表 9.1.4　Keycloak で利用するキャッシュの種類とその役割

キャッシュの種類	キャッシュの役割
local-cache	自身の Keycloak インスタンスのみで利用されるキャッシュ。他の Keycloak インスタンスで共有されることはありません。Keycloak では、レルム、ユーザー、認可データ、外部の公開鍵などの情報はこの local-cache で保持されます。
replicated-cache	特定のデータをクラスター内の全 Keycloak インスタンスで共有するキャッシュ。Keycloak では work という replicated-cache が利用されています。work は、特定の Keycloak インスタンスにより、変更や削除されたデータに対して、その local-cache の無効化をクラスター全体に伝達する用途で利用されます。
distributed-cache	特定のデータを保持する Keycloak インスタンス数を指定することができるキャッシュ。すべての Keycloak インスタンスで共有する replicated-cache に比べて、メモリーを節約できるというメリットがあります。その代わり、自身で保持していないデータの参照／更新リクエストがあった場合には、他の Keycloak インスタンスへの参照リクエストや更新リクエストが発生します。distributed-cache で保持されているキャッシュについては以降の（2）で解説します。

　replicated-cache と distributed-cache では、データを Infinispan による分散キャッシュ機能によって Keycloak インスタンス間で共有します。Infinispan のクラスター内の通信は JGroups[3] によって行われます。

　通信のプロトコルはデフォルトでは UDP で、Keycloak のインスタンスの検出には UDP のマルチキャストを使用します。しかし、パブリッククラウドなど UDP マルチキャストができない環境もあるため、Keycloak ではさまざまな通信スタックをサポートしています。Keycloak がビルトインでサポートする通信スタックを表 9.1.5 に示します。

応用編

9

Keycloak の非機能面の考慮ポイント

---

[3]　JGroups はクラスター内の複数のインスタンスの相互通信を実現するための OSS です。1 対 1 や 1 対多のメッセージ送受信以外にも、クラスター内のインスタンスの参加や離脱などの自動検出も行います。

表 9.1.5　Keycloak がビルトインでサポートする通信スタック

通信のプロトコル	Keycloak インスタンスの検出方法	keycloak.conf に設定する通信スタックのオプション値	備考
UDP	UDP マルチキャスト	udp	通信スタックのデフォルトです。
TCP	MPING	tcp	MPING は UDP マルチキャストを使う方法です。
	DNS_PING	kubernetes	DNS_PING は DNS サーバーのレコードを使う方法です。DNS サーバーに問い合わせるときの DNS クエリーを設定する必要があります。各クラウドベンダーのマネージド Kubernetes 上でクラスターを組む場合は DNS_PING を使います。
	aws.S3_PING	ec2	aws.S3_PING は AWS S3 バケットを使う方法です。AWS S3 バケットへの接続情報を設定する必要があります。
	GOOGLE_PING2	google	GOOGLE_PING2 は Google Cloud Storage を使う方法です。Google Cloud Storage への接続情報を設定する必要があります。
	azure.AZURE_PING	azure	azure.AZURE_PING は Azure Blob Storage を使う方法です。Azure Blob Storage への接続情報を設定する必要があります。

　Keycloak では、表 9.1.5 に記載されていない独自の通信スタックを設定することもできます。本書ではクラウドベンダーやデプロイ方式問わず広く適用できる通信スタックとして、通信のプロトコルに TCP を使用し、Keycloak のインスタンスの検出に外部 DB を使用する JDBC_PING 方式の設定方法を説明します。

■ (1) JDBC_PING によるクラスター間通信の設定

　まずは JDBC_PING のキャッシュ構成ファイル（cache-ispn-jdbc-ping.xml）を以下のように作成し、[KEYCLOAK_HOME]/conf ディレクトリ配下に格納します。

```
<?xml version="1.0" encoding="UTF-8"?>
<infinispan
        xmlns:xsi="http://www.w3.org/2001/XMLSchema-instance"
        xsi:schemaLocation="urn:infinispan:config:15.0 http://www.infinispan.org/
schemas/infinispan-config-15.0.xsd"
        xmlns="urn:infinispan:config:15.0">
    <jgroups>
        <stack name="jdbc-ping-tcp" extends="tcp">
            <JDBC_PING connection_driver="org.postgresql.Driver"
                    connection_url="jdbc:postgresql://localhost:5432/keycloak"
                    connection_username="keycloak"
```

```
                        connection_password="keycloak"
                        initialize_sql="CREATE TABLE IF NOT EXISTS JGROUPSPING (
                                        own_addr varchar(200) NOT NULL,
                                        cluster_name varchar(200) NOT NULL,
                                        ping_data BYTEA,
                                        constraint PK_JGROUPSPING PRIMARY KEY
(own_addr, cluster_name)
                                        );"
                        info_writer_sleep_time="500"
                        remove_old_coords_on_view_change="true"
                        remove_all_data_on_view_change="true"
                        stack.combine="REPLACE"
                        stack.position="MPING" />
        </stack>
    </jgroups>
    <cache-container name="keycloak">
        <transport lock-timeout="60000" stack="jdbc-ping-tcp"/>
        <metrics names-as-tags="true" />
        <local-cache name="realms" simple-cache="true">
            <encoding>
                <key media-type="application/x-java-object"/>
                <value media-type="application/x-java-object"/>
            </encoding>
            <memory max-count="10000"/>
        </local-cache>
        <local-cache name="users" simple-cache="true">
            <encoding>
                <key media-type="application/x-java-object"/>
                <value media-type="application/x-java-object"/>
            </encoding>
            <memory max-count="10000"/>
        </local-cache>
        <distributed-cache name="sessions" owners="2">
            <expiration lifespan="-1"/>
            <memory max-count="10000"/>
        </distributed-cache>
        <distributed-cache name="authenticationSessions" owners="2">
            <expiration lifespan="-1"/>
        </distributed-cache>
        <distributed-cache name="offlineSessions" owners="2">
```

```
        <expiration lifespan="-1"/>
        <memory max-count="10000"/>
    </distributed-cache>
    <distributed-cache name="clientSessions" owners="2">
        <expiration lifespan="-1"/>
        <memory max-count="10000"/>
    </distributed-cache>
    <distributed-cache name="offlineClientSessions" owners="2">
        <expiration lifespan="-1"/>
        <memory max-count="10000"/>
    </distributed-cache>
    <distributed-cache name="loginFailures" owners="2">
        <expiration lifespan="-1"/>
    </distributed-cache>
    <local-cache name="authorization" simple-cache="true">
        <encoding>
            <key media-type="application/x-java-object"/>
            <value media-type="application/x-java-object"/>
        </encoding>
        <memory max-count="10000"/>
    </local-cache>
    <replicated-cache name="work">
        <expiration lifespan="-1"/>
    </replicated-cache>
    <local-cache name="keys" simple-cache="true">
        <encoding>
            <key media-type="application/x-java-object"/>
            <value media-type="application/x-java-object"/>
        </encoding>
        <expiration max-idle="3600000"/>
        <memory max-count="1000"/>
    </local-cache>
    <distributed-cache name="actionTokens" owners="2">
        <encoding>
            <key media-type="application/x-java-object"/>
            <value media-type="application/x-java-object"/>
        </encoding>
        <expiration max-idle="-1" lifespan="-1" interval="300000"/>
        <memory max-count="-1"/>
    </distributed-cache>
```

```
        </cache-container>
</infinispan>
```

JDBC_PING の属性を表 9.1.6 に示します。

表 9.1.6　JDBC_PING の属性

属性	属性の意味
connection_driver	JDBC ドライバー名。
connection_url	JDBC ドライバーの接続 URL。
connection_username	DB に接続するユーザーのユーザー名。
connection_password	DB に接続するユーザーのパスワード。
initialize_sql	起動時に実行する SQL。起動時に JDBC_PING 用のテーブルの有無を確認し、テーブルがない場合は作成します。
info_writer_sleep_time	クラスター構成の変更後にクラスターメンバーの情報を再インサートするインターバル。ネットワーク分割時の異常動作を防止するための設定。
remove_old_coords_on_view_change	true に設定すると、クラスター構成変更時に新しいクラスターのコーディネーターが古いクラスターのコーディネーターの作成したレコードを削除します。JGROUPSPING テーブルに意図せず残った不要なレコード（ゾンビレコード）を削除するための設定。
remove_all_data_on_view_change	true に設定すると、クラスター構成変更時に新しいクラスターのコーディネーターが自身以外のすべてのデータを削除します。JGROUPSPING テーブルに意図せず残った不要なレコード（ゾンビレコード）を削除するための設定。
stack.combine	どのような変更を加えるかを指定します。ここではプロトコルを入れ替えるので REPLACE を指定します。
stack.position	変更するプロトコルを指定します。ここでは MPING を変更するため、MPING を指定します。

[KEYCLOAK_HOME]/conf/keycloak.conf に以下のオプションを追加して、JDBC_PING のキャッシュ構成ファイル（[KEYCLOAK_HOME]/conf/cache-ispn-jdbc-ping.xml）をロードする設定を行います。

```
cache-config-file=cache-ispn-jdbc-ping.xml
```

■ (2) Infinispan の distributed-cache の owners 設定

Keycloak の Infinispan の機能により複数の Keycloak インスタンスで分散して保持するキャッシュ（distributed-cache）の一覧を表 9.1.7 にまとめます。表中のセッションに関するデータ構造の意味については、第 4 章 4.2 節のコラム「セッションのデータ構造」を参照してください。

表 9.1.7　Keycloak で利用する distributed-cache の一覧

distributed-cache 名	格納する情報と主な用途
authenticationSessions	認証中セッションの情報を格納します。基本的に認証が完了すると削除されます。
sessions	ユーザーセッションの情報を格納します。DB にも永続化されるため、Keycloak が停止したとしても再起動後の使用時に復元されます。
clientSessions	クライアントセッションの情報を格納します。ユーザーセッションとクライアントセッションの関係は 1 対多の関係となります。認証されたクライアントごとに、現在のリフレッシュトークンの識別子、トークンリフレッシュの回数等を保持します。DB にも永続化されるため、Keycloak が停止したとしても再起動後の使用時に復元されます。
offlineSessions	オフラインユーザーセッションの情報を格納します。格納される情報はユーザーセッションとほぼ同じで、DB にも永続化されるため、Keycloak が停止したとしても再起動後の使用時に復元されます。
offlineClientSessions	オフラインクライアントセッションの情報を格納します。格納される情報はクライアントセッションとほぼ同じで、DB にも永続化されるため、Keycloak が停止したとしても再起動後の使用時に復元されます。
loginFailures	ログイン失敗に関する情報を格納します。ログインを失敗したユーザーのログイン失敗回数や最終失敗日時、IP アドレス等を保持します。ブルートフォース検出機能で利用されます。
actionTokens	アクショントークン[*4] の情報を格納します。主に認可コードフローや必須アクション（パスワードリセット、メールアドレス確認等）に必要な情報を保持します。基本的にそのアクションが完了すると削除されます。

　これらの distributed-cache の owners を 1 に設定すると、クラスター内の 1 台の Keycloak インスタンスだけがキャッシュにデータを保持するようになります。この場合、複数の Keycloak インスタンスでデータを重複して保持しないため、データが DB に永続化されていない限り、クラスター内の 1 つの Keycloak インスタンスが停止すると、その Keycloak インスタンスが保持していたキャッシュのデータは失われてしまいます。

　owners を 2 に設定すると、2 台の Keycloak インスタンスでキャッシュに同じデータを持つ動作になるため、2 台の Keycloak インスタンスが同時に停止しない限りは、データが DB に永続化されていなくても、キャッシュのデータが失われることはなくなります。

　ここでは、自インスタンスのキャッシュにデータがない場合に他インスタンスや DB へ問い合わせをするオーバーヘッドを削減するために、DB に永続化される認証セッションに関連するキャッシュ（sessions、clientSessions、offlineSessions、offlineClientSessions）についても owners を 2 に設定していますが、これが必ずしもベストプラクティスであるとは限りません。特に、Keycloak のインスタンス数や保持するキャッシュのデータ数などの状況によっては、owners の設定が性能面やメモリー使用量に大きな影響を与えることがあります。そのため、性能テストなどを踏まえて注意深く設計する必要があります。認証セッションに関連するキャッシュは、max-

---

[*4]　パスワードリセットやメールアドレス確認を行う際には、本人確認のためメールアドレスにアクショントークンを含むリンクを送信します。そのリンクを知っている人だけがそのアクションを継続することができます。

count の設定でキャッシュに保存するエントリの上限数を設定することもできるので適宜組み合わせて設定するとよいでしょう。

9.1.3 リクエスト情報の転送設定

Keycloak を LB の背後に配置する場合、ユーザーやクライアントが LB にアクセスした際のオリジナルのリクエスト情報（プロトコル、ホスト名、ポート番号、ユーザーの IP アドレス）を、Keycloak が正しく認識できるようにする必要があります。一般的に、LB からは次の HTTP ヘッダーで、オリジナルリクエストの情報が転送されます。

- RFC 7239[*5] で定義された Forwarded ヘッダー
- X-Forwarded-* ヘッダー：例えば、X-Forwarded-For、X-Forwarded-Proto、X-Forwarded-Host、X-Forwarded-Port など

それに対し、Keycloak では proxy-headers オプションに、Forwarded ヘッダーの場合は「forwarded」、X-Forwarded-* ヘッダーの場合は「xforwarded」というオプション値を設定します。これにより、LB を経由した場合でも、Keycloak はユーザーがアクセスしてきた際のオリジナルのリクエスト情報を適切に認識するようになります。

ここでは、より一般的に使われる X-Forwarded-* ヘッダーを利用するため、以下のオプションを [KEYCLOAK_HOME]/conf/keycloak.conf に設定します。

```
proxy-headers=xforwarded
```

9.1.4 ヘルスチェックの有効化

HA 構成を組む際、LB はバックエンドの各インスタンスにリクエストを振り分ける前に、インスタンスの稼働状況をチェックするのが一般的です。このチェック機能をヘルスチェック機能といいます。Keycloak はビルトインでヘルスチェックをサポートしており、表 9.1.8 に示す 4 つのエンドポイントを管理インタフェース（デフォルトでは 9000 ポート）で公開しています。このヘルスチェックは、Quarkus の SmallRye Health 機能[*6] を利用しています。

---

*5　RFC 7239: Forwarded HTTP Extension, https://www.rfc-editor.org/rfc/rfc7239.html

*6　https://quarkus.io/guides/smallrye-health

応用編

9

Keycloak の非機能面の考慮ポイント

表 9.1.8　Keycloak のヘルスチェックエンドポイント

エンドポイント	概要	レスポンス例

/health/live	Keycloak が稼働中かどうかをチェックします。	```json
		{
		    "status": "UP",
		    "checks": [
		    ]
		}
		``

/health/ready	Keycloak がリクエストを処理する準備ができているかどうかをチェックします。	```json
		{
		    "status": "UP",
		    "checks": [
		        {
		            "name": "Keycloak database connections async health check",
		            "status": "UP"
		        }
		    ]
		}
		``

/health/started	Keycloak が起動したかどうかをチェックします。	```json
		{
		    "status": "UP",
		    "checks": [
		    ]
		}
		``

/health	すべてのヘルスチェック結果を返します。	```json
		{
		    "status": "UP",
		    "checks": [
		        {
		            "name": "Keycloak database connections async health check",
		            "status": "UP"
		        }
		    ]
		}
		``

　ヘルスチェックを有効にするためには、以下のオプションを [KEYCLOAK_HOME]/conf/keycloak.conf に設定します。

```
health-enabled=true
```

　どのエンドポイントもチェックに成功したら、HTTP ステータス 200（OK）のレスポンスを、チェックに失敗したら、HTTP ステータス 503（Service Unavailable）のレスポンスを返却します（"status" の値は成功が "UP" で失敗が "DOWN"）。/health/ready や /health のレスポンス例では、DB コネクションプールのヘルスチェック結果も一緒に返ってきていますが、そのためには以下のようにメトリクスも有効にする必要があります [7]。

---

[7]　メトリクスについては、9.4.4「サーバーメトリクス」を参照してください。

```
metrics-enabled=true
```

9.1.5　Keycloak の起動モード

　Keycloak の動作確認をする前に、Keycloak の起動モードについて説明します。前章までは [KEYCLOAK_HOME] ディレクトリーから以下のコマンドを実行することで Keycloak を起動していました。

```
$ ./bin/kc.sh start-dev
```

　この「start-dev」コマンドは「開発モード」での Keycloak の起動方法です。

　一方、Keycloak にはもう 1 つ「本番モード」という起動モードがあり、[KEYCLOAK_HOME] ディレクトリーから以下のコマンドを実行して Keycloak を起動します。

```
$ ./bin/kc.sh start
```

　本番モードと開発モードでは、デフォルトの構成として表 9.1.9 のような違いがあります。

表 9.1.9　Keycloak の各起動モードにおけるデフォルト構成の違い

Keycloak の起動モード	コマンド	HTTPS の設定	ホスト名の設定	クラスター間のキャッシュ共有設定	テーマとテンプレートのキャッシュ
本番モード	start	必須	必須	有効	有効
開発モード	start-dev	必須ではない	必須ではない	無効	無効

　また、Quarkus 版 Keycloak では、ランタイムを最適化し起動を高速化するためのビルドプロセスを別ステップで実行することができます。これは、以下のように「build」コマンドを実行することで実現できます。

```
$ ./bin/kc.sh build
```

　ビルドプロセスは、「start」コマンドや「start-dev」コマンドを実行すると、内部で実行されます。ビルドプロセスには、場合によっては時間がかかることがあるので、Kubernetes 環境などで Keycloak の起動を高速化しメモリ消費量を抑えたい場合は、明示的に「build」コマンドを実

行して Keycloak イメージを最適化した後、以下のように「start」コマンドに「--optimized」オプションを設定し、Keycloak 起動時に事前に最適化された Keycloak イメージを使用するように指示することで、Keycloak の起動を高速化することができます。

```
$ ./bin/kc.sh start --optimized
```

Keycloak のオプションは、「build」コマンドに指定できるものと「start」コマンドに指定できるものとで分かれています。詳細は Keycloak 公式ドキュメントの「All configuration[*8]」を参照してください。注意点として、「build」コマンドに指定できるオプションは平文で永続化されるので、パスワードなどのセンシティブなデータは設定しないでください。

9.1.6　HA 構成の動作確認

これまでの設定のもと、実際に HA 構成で Keycloak を動作させてみます。以下の手順により、クラスター内でキャッシュが共有されることと、片方の Keycloak インスタンスがダウンしても認証と認可の処理が問題なく行われることを確認します。

■ (1) HA 構成の 2 台の Keycloak インスタンスの起動

Keycloak の各インスタンスを起動する前に、LB および外部 DB を起動します。この環境では、LB は localhost の 8080 ポートでリクエストを受け付け、localhost の 8280 ポートと localhost の 8380 ポートへ割り振る設定にします。また、X-Forwarded-For ヘッダー、X-Forwarded-Proto ヘッダー、X-Forwarded-Host ヘッダー、X-Forwarded-Port ヘッダーで、オリジナルリクエストの情報を転送する設定にします。

Keycloak が HA 構成になっている場合、LB 側でスティッキーセッションを有効化していなくても、正常に動作します。これは Infinispan によりセッションが分散キャッシュとして保持されているためです。ただし、Infinispan による不要な通信が発生するのを回避するため、通常は LB でスティッキーセッションを有効にしておくことが望ましいです。スティッキーセッションの有効化方法は LB によって異なるので、ここでの説明は省略しますが、LB 共通の留意点については第 4 章 4.2 節のコラム「Keycloak のクッキー」を参照してください。

続いて、今回は同一サーバー内で、Keycloak インスタンスを 2 つ起動するので、Keycloak ディレクトリーをもう 1 つ用意します。ここでは Keycloak インスタンス 2 用の Keycloak ディレクトリーを [KEYCLOAK_HOME2] とします。

---

*8　https://www.keycloak.org/server/all-config

```
$ cp -a [KEYCLOAK_HOME] [KEYCLOAK_HOME2]
```

　次に Keycloak インスタンス 1 を起動します。[KEYCLOAK_HOME] に移動し、以下のコマンドを実行します。

```
$ ./bin/kc.sh start --http-enabled=true --http-port=8280 --hostname-strict=false
```

　起動時のオプションとして、「--http-port=8280」を指定して、8280 ポートでリクエストを受け付けるように変更しています。また、HTTPS の設定とホスト名の設定をまだしていない状態でKeycloak を起動するために、それぞれ「--http-enabled=true」、「--hostname-strict=false」を指定しています。

　Keycloak インスタンス 1 の起動が完了したら、別のコンソールから Keycloak インスタンス2 も同様に起動します。[KEYCLOAK_HOME2] に移動し、以下のコマンドを実行します。

```
$ ./bin/kc.sh start --http-enabled=true --http-port=8380 --hostname-strict=false
--http-management-port=9100
```

　Keycloak インスタンス 2 は 8380 ポートでリクエストを受け付けるインスタンスです。管理インタフェースも、Keycloak インスタンス 1 との重複を避けるために「--http-management-port」オプションで 9100 ポートにしています。Keycloak インスタンス 2 の起動処理の中で Infinispanのクラスターが構築されます。正常にクラスターが構築されている場合、Keycloak インスタンス1 のログには Keycloak インスタンス 2 を検出したことを示す以下のようなログが出力されます。

```
2024-11-26 22:27:13,266 INFO  [org.infinispan.CLUSTER] (jgroups-6,server-48819)
ISPN000094: Received new cluster view for channel ISPN: [server-48819|1] (2)
[server-48819, server-55089]
2024-11-26 22:27:13,269 INFO  [org.infinispan.CLUSTER] (jgroups-6,server-48819)
ISPN100000: Node server-55089 joined the cluster

    ...


2024-11-26 22:27:13,982 INFO  [org.infinispan.LIFECYCLE] (non-blocking-thread--p2-
t15) [Context=work] ISPN100010: Finished rebalance with members [server-48819,
server-55089], topology id 2
```

応用編

9

Keycloak の非機能面の考慮ポイント

　Keycloak インスタンス 2 の起動が完了してクラスターが構築されたら、ブラウザーで管理コンソール（http://localhost:8080/admin/）にアクセスし、表 9.1.10 の設定を追加します。これらの設定は、以降の動作確認を行う上で必要になります。

表 9.1.10　HA 構成の動作確認のために必要な設定の例

追加する設定	設定項目	設定値
レルム	Realm name	demo
ユーザー	Username	ha-user
	Email	ha-user@example.com
	First name	Saburo
	Last name	Takahashi
	Password	password
	Password confirmation	password
	Temporary	Off
クライアント	Client ID	ha-client
	Client authentication	On
	Authentication flow	Direct access grants

■ (2) Keycloak インスタンス 2 でトークン取得

　ここでは疑似的に Keycloak インスタンス 1 に障害が起きたという想定で、Keycloak インスタンス 1 を停止します。停止すると、Keycloak インスタンス 2 にはクラスターから Keycloak インスタンス 1 が外れたことを示す以下のようなログが出力されます。

```
2024-11-26 22:34:03,200 INFO  [org.infinispan.CLUSTER] (jgroups-12,server-55089)
ISPN000094: Received new cluster view for channel ISPN: [server-55089|2] (1)
[server-55089]
2024-11-26 22:34:03,214 INFO  [org.infinispan.CLUSTER] (jgroups-12,server-55089)
ISPN100001: Node server-48819 left the cluster
```

　この状態でも Keycloak インスタンス 2 は正常に動作しているので、リソースオーナーパスワードクレデンシャルズフローでトークンを取得してみます。

```
$ curl http://localhost:8080/realms/demo/protocol/openid-connect/token -d
"grant_type=password&client_id=ha-client&client_secret=[クライアントシークレット]
&username=ha-user&password=password&scope=openid"
```

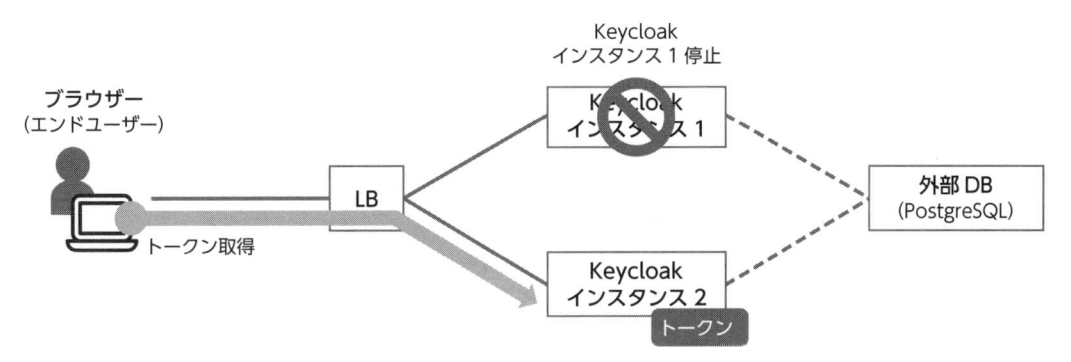

図 9.1.2　トークン取得時の動作

　アクセストークンが取得できたら、このアクセストークンを控えます。その後、停止していた Keycloak インスタンス 1 を起動します。Keycloak インスタンス 1 が検出されたタイミングで、Keycloak インスタンス 2 の分散キャッシュが共有されます。

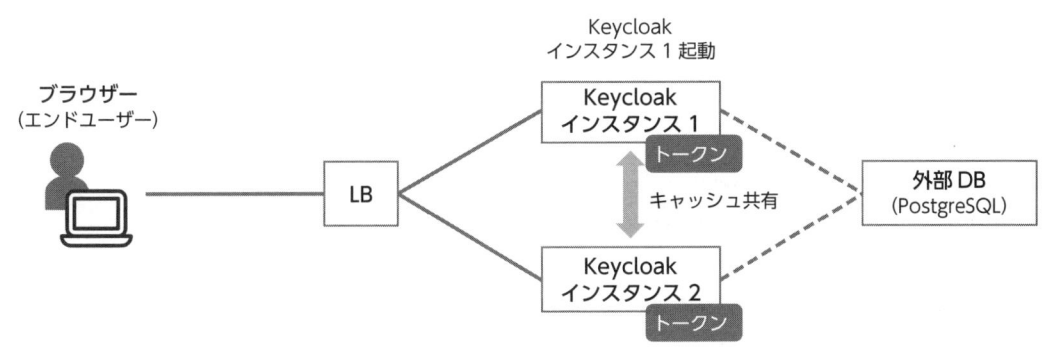

図 9.1.3　キャッシュ共有時の動作

■ (3) Keycloak インスタンス 1 でトークンイントロスペクション 実行

　次に障害が起きたという想定で Keycloak インスタンス 2 のほうを停止します。こちらも Keycloak インスタンス 1 のときと同様に、Keycloak インスタンス 2 がクラスターから外れたことを示す以下のようなログが Keycloak インスタンス 1 に出力されます。

```
2024-11-26 22:36:41,588 INFO  [org.infinispan.CLUSTER] (jgroups-6,server-111)
ISPN000094: Received new cluster view for channel ISPN: [server-111|4] (1)
[server-111]
2024-11-26 22:36:41,596 INFO  [org.infinispan.CLUSTER] (jgroups-6,server-111)
ISPN100001: Node server-55089 left the cluster
```

応用編

9

Keycloak の非機能面の考慮ポイント

　ここで、先ほど Keycloak インスタンス 2 側で取得したアクセストークンの有効性を確認するため、Keycloak インスタンス 1 側でトークンイントロスペクションを実行します。

```
$ curl http://localhost:8080/realms/demo/protocol/openid-connect/token/introspect
-d "client_id=ha-client&client_secret=[クライアントシークレット]&token=[アクセス
トークン]"
```

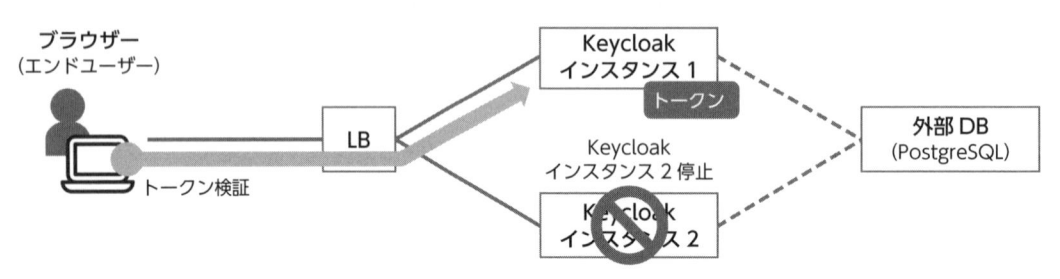

図 9.1.4　トークン検証時の動作

　トークンイントロスペクションのレスポンスのクレームとして以下が含まれていれば成功です。

```
"active":true
```

　本節の例では、Keycloak インスタンス 2 で取得したアクセストークンの有効性を Keycloak インスタンス 1 で確認しています。このように Keycloak でクラスターを構築し、Infinispan のキャッシュを共有することで、片方がダウンしてもセッション情報は消えないことがわかります。

HTTPS の設定

ここまでの Keycloak の動作確認では、通信内容が暗号化されない平文の HTTP を利用していました。これは Keycloak のセットアップや動作確認を容易にするためです。しかし、本来、ユーザー名やパスワード、トークンなどのさまざまな秘匿情報をやり取りする認証・認可のプロトコルでは、HTTPS を利用した暗号化通信が必須とされています。本節では、Keycloak を HTTPS で動作させるための手順について説明します。

9.2.1 HTTPS 通信の実現方式

Keycloak で HTTPS 通信を実現する場合は、図 9.2.1 に示した 4 つの方式が考えられます（ここでは話を単純化するため HA 構成については記載していません）。

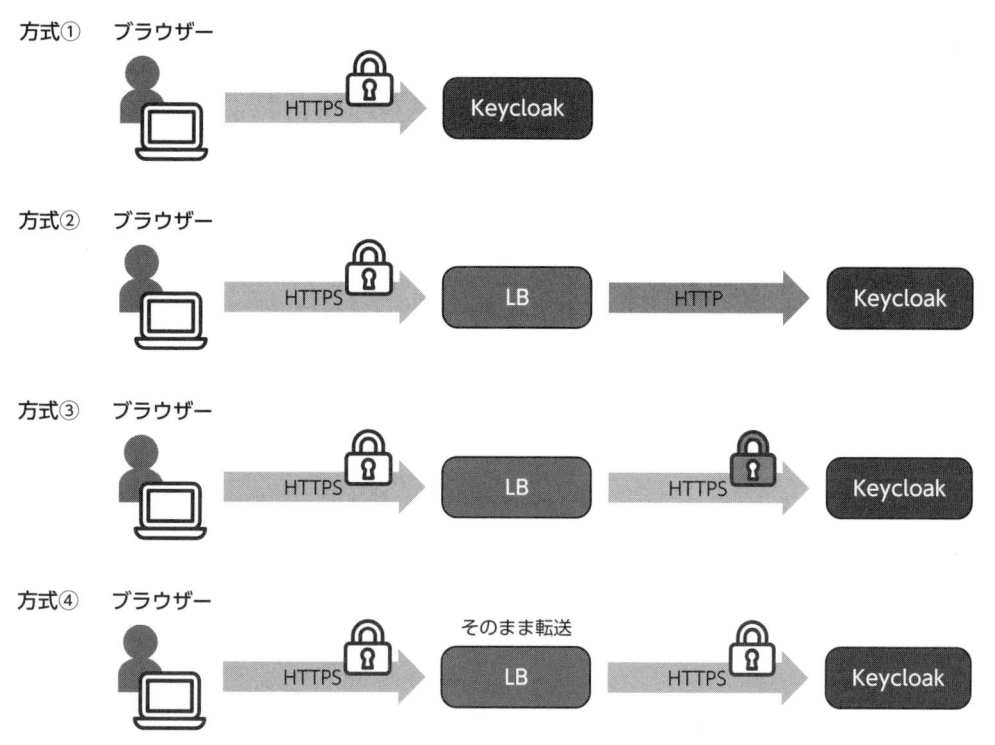

図 9.2.1　HTTPS 通信の実現方式

　方式①は、ブラウザーと Keycloak が HTTPS で直接通信する方式です。一番シンプルですが、HA 構成が取りづらいため本番環境ではこの方式が利用されることはほぼありません。LB が用意できない環境や、Keycloak 単体で HTTPS の動作を試したい開発環境で主に利用されます。

　方式②は、Keycloak の前面に LB を配置して、ブラウザーと LB 間を HTTPS で通信し、LB と Keycloak 間は HTTP で通信する方式です。一般的に最も多く利用される方式ですが、LB と Keycloak 間は HTTP 通信となるため、パブリックネットワークからアクセスできないようにネットワークを構成するなど、セキュリティーを考慮する必要があります。この方式の場合、HTTPS に関しての設定はほぼ不要ですが、一部、考慮すべき設定があるため、それについては本節の後半で説明します。

　方式③は、ブラウザーと LB 間および、LB と Keycloak 間ともに HTTPS で通信する方式です。方式②と同様に、LB で HTTPS 接続を終端しますが、LB と Keycloak 間で新たに HTTPS 接続（再暗号化）することで、セキュリティー的に強固で安全性の高い構成を実現します。このとき、LB と Keycloak とでは異なる秘密鍵とサーバー証明書を利用するため考慮点が多くなります。

　方式④は、方式③と同様に、ブラウザーと LB 間および、LB と Keycloak 間ともに HTTPS で通信する方式ですが、方式④は LB で HTTPS 接続を終端せずに HTTPS 接続を Keycloak に転送（パススルー）する方式です。方式④は方式③と比較して、通信が暗号化されたままなので通信の改ざんのリスクは低いですが、LB が通信内容を理解できないため悪意のある通信を通してしまうリスクや負荷分散の効果が低下してしまうリスクが高いです。

　それぞれの方式について、必要な設定を表9.2.1 にまとめます。また、動作確認のために Keycloak に「demo」レルムを作成します。

表 9.2.1 各方式の実現に必要な準備と設定

	(1)秘密鍵とサーバー証明書の準備	(2) Keycloak の設定					(3) LB の設定
		keycloak.conf			管理コンソール		
		秘密鍵とサーバー証明書の設定	リクエスト情報の転送設定	HTTP 有効化の設定	HTTPS 必須の設定		
方式①：ブラウザーと Keycloak が HTTPS で直接通信する方式	○	○	－	－	○		－
方式②：ブラウザーと LB 間は HTTPS で通信し LB と Keycloak 間は HTTP で通信する方式	－	－	○	○	○		○
方式③：ブラウザーと LB 間および LB と Keycloak 間の双方ともに HTTPS で通信する方式（再暗号化）	○	○	○	－	○		○
方式④：ブラウザーと LB 間および LB と Keycloak 間の双方ともに HTTPS で通信する方式（パススルー）	○	○	－	－	○		○

○：必要、－：不要

9.2.2 HTTPS の設定

　Keycloak で HTTPS を利用するためには、秘密鍵とサーバー証明書のセットを PEM 形式のファイルか、キーストアファイルでロードする必要があります。Keycloak ではキーストアファイルとして、JKS 形式もしくは、PKCS#12 形式のファイルが利用可能です。ここでは、キーストアファイルを利用し、自己署名サーバー証明書を利用するケースと、認証局が署名したサーバー証明書を利用するケースの 2 つの例で説明します。

■（1）秘密鍵とサーバー証明書の準備

自己署名サーバー証明書 [9] を利用するケース

　Java の keytool コマンドを利用して、JKS 形式のキーストア（秘密鍵と自己署名サーバー証明書のセット）が作成できます。コマンドは以下のとおりです。

---

[9]　通常、自己署名サーバー証明書の本番環境での利用は推奨されません。本番環境では、信頼のおける認証局で署名されたサーバー証明書の利用が推奨されます。

```
$ keytool -genkey -alias keycloak.example.com -keyalg RSA -keysize 2048 -keystore
keycloak.jks -validity 3650 -dname "cn=keycloak.example.com, ou=keycloak, o=example,
c=com" -ext san=dns:keycloak.example.com
```

　これは、"keycloak.example.com" という FQDN で、2048 ビットの RSA アルゴリズムで 10 年間有効な秘密鍵とサーバー証明書を作成する場合のコマンドの例となります。

表 9.2.2　keytool のオプションの説明

オプション	オプションの説明
-genkey	秘密鍵とサーバー証明書の作成を指示します。
-alias	鍵を識別するための名前 (エイリアス)。
-keyalg	鍵を生成するのに使うアルゴリズム名。
-keysize	生成する鍵のビットサイズ。
-keystore	作成するキーストアのファイル名。
-validity	有効期間 (日数)。
-dname	識別名。cn には、サーバー名または FQDN を設定する必要があります。その他の ou、o、c の値は任意です。
-ext	X.509 拡張。 ※ "san=dns:[サーバー名または FQDN]" を設定しておかなければ、Chrome 58 以降ではサーバー証明書検証エラーが出ます。

　コマンドを実行すると、キーストアのパスワードが求められるので、ここでは「secret」と入力します。コマンドが完了すると、実行したディレクトリ直下に、keycloak.jks というファイルが作成されます。このファイルを [KEYCLOAK_HOME]/conf ディレクトリーにコピーします。

認証局が署名したサーバー証明書を利用するケース

　認証局が署名したサーバー証明書を発行してもらう手順に関しては、本書の範囲を超えるので、ここではパスワードが未設定の秘密鍵 (keycloak.key) と、認証局が署名したサーバー証明書 (keycloak.crt) がすでに手元にあることを前提とします。Keycloak でこの秘密鍵とサーバー証明書を利用するために PKCS#12 形式に変換する必要があります。ここでは、openssl コマンドを利用して、PKCS#12 形式へ変換します。

```
$ openssl pkcs12 -export -out "keycloak.pfx" -inkey "keycloak.key" -in "keycloak.
crt"
```

　コマンドを実行すると、キーストアのパスワードが求められるので、ここでは「secret」と入力

します。コマンドが完了すると、実行したディレクトリー直下に、"keycloak.pfx" というファイルが作成されます。このファイルを [KEYCLOAK_HOME]/conf ディレクトリーにコピーします。

■ (2) Keycloak の設定

秘密鍵とサーバー証明書の設定

　方式①、③、④の場合は、[KEYCLOAK_HOME]/conf/keycloak.conf により、「(1) 秘密鍵とサーバー証明書の準備」で作成したキーストアファイルを設定します。JKS 形式もしくは PKCS#12 形式であれば、どちらでも利用が可能です。

```
# キーストアファイルの設定
https-key-store-file=${kc.home.dir}/conf/keycloak.jks

# キーストアファイルのパスワードの設定
https-key-store-password=secret
```

リクエスト情報の転送設定

　続いて、方式②および③の場合には、LB が受信したリクエストのプロトコルやホスト名、ポート番号、ユーザーの IP アドレスが適切に転送されるように設定を変更します。詳細は 9.1.3「リクエスト情報の転送設定」を参照してください。

HTTP 有効化の設定

　方式②の場合には、Keycloak は HTTP でリクエストを受け取るため、HTTP を有効化する必要があります。HTTP を有効化するには、[KEYCLOAK_HOME]/conf/keycloak.conf に以下の設定を記載します。

```
http-enabled=true
```

HTTPS 必須の設定

　Keycloak との通信で HTTPS を必須としたい場合、Keycloak では、管理コンソール上の「Require SSL」の設定を利用して、接続元の IP アドレスによって、HTTPS を必須とする条件を切り替えることができます。接続元によって、HTTP を許可したい場合など、柔軟な設定が必要な場合にはこちらを利用します。こちらはすべての方式で利用できます。具体的な手順は、以下のとおりです。

1. Keycloak の管理コンソールにログインします。

2. 左メニューから、「demo」レルムを選択します。

3. 左メニューの「Realm settings」より「General」タブをクリックします。

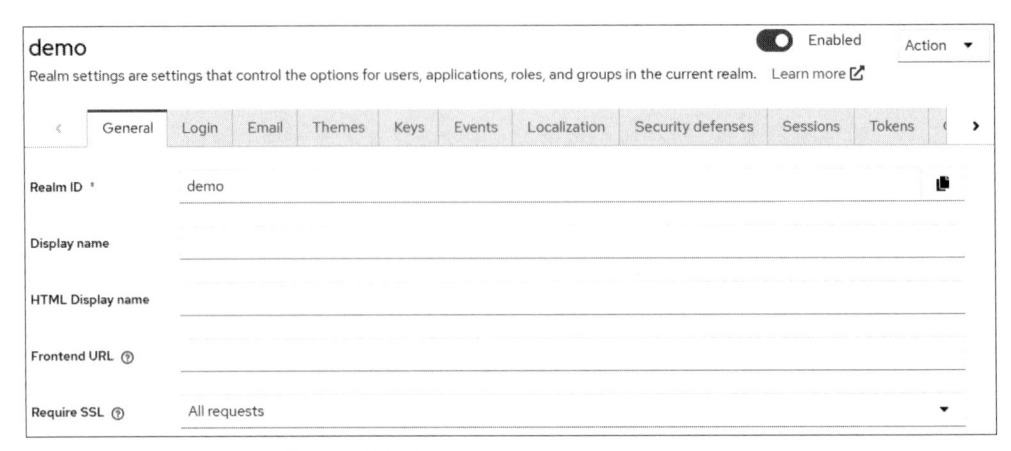

図 9.2.2　Realm settings の「General」画面

4. 「Require SSL」を設定します。「Require SSL」の設定値の意味は、表 9.2.3 のとおりです。

表 9.2.3　「Require SSL」の設定値と説明

設定値	設定値の説明
All requests	すべてのリクエストで、HTTPS を強制します。この設定を行うと、以後、localhost からのアクセスでも、HTTPS が必須となるので、注意してください。
External requests	プライベート IP アドレス[10] 以外からのリクエストで、HTTPS を強制します。デフォルトはこの設定になっています。プライベート IP アドレスであれば、HTTP でもアクセスが許可されます。
None	すべてのリクエストで、HTTPS が強制されることはありません。開発用途で使用します。本番環境での利用は推奨されません。

5. 「Save」ボタンをクリックします。

　この設定を行うと、当該レルムへのアクセス時に、「Require SSL」の設定に応じて、HTTPS でアクセスしてきているかどうかをチェックするようになります。

---

[10] プライベート IP アドレスとは、ループバックアドレス (localhost、127.0.0.1) と、プライベートアドレス (10.0.0.0/8、172.16.0.0/12、192.168.0.0/16) を指します。

Proxy Protocol 有効化の設定

方式④で Proxy Protocol を使用する場合は、Proxy Protocol を有効化する必要があります。Proxy Protocol を有効化するには、[KEYCLOAK_HOME]/conf/keycloak.conf に以下の設定を記載します。

```
proxy-protocol-enabled=true
```

■ (3) LB の設定

方式②と方式③の場合は、Keycloak は、LB からオリジナルのリクエスト情報（プロトコル、ホスト名、ポート番号、ユーザーの IP アドレス）が送信されてくることを前提に処理を行います。9.1.3「リクエスト情報の転送設定」を参照して、LB から適切な HTTP ヘッダーが送信されていることを確認ください。適切に送信されていない場合、Keycloak が LB からリクエストを受け付けた際に、オリジナルのリクエストのプロトコルやホスト名、ポート番号、ユーザーの IP アドレスを誤認してしまうので注意が必要です。また、方式②の場合は LB で HTTPS 接続を終端する必要があり、方式③の場合は LB で HTTPS 接続を終端しつつ再暗号化する必要があります。

方式④の場合は、LB が HTTPS 接続を終端せず、そのまま Keycloak に転送するよう設定してください。HTTP ヘッダーを操作せず、Keycloak がリクエスト情報を正確に取得できるように、オリジナルの HTTP ヘッダーを保持するよう設定してください。また、Proxy Protocol を使用する場合は、LB で Proxy Protocol を有効にする設定をしてください。

なお、LB の設定に関しては、利用するソフトウェアやサービスにより異なるため、ここでは細かい説明はしません。利用するソフトウェアやサービスに応じて適切な設定をしてください。

■ 9.2.3 動作確認

ここでは、LB がなくても実施できる方式①について動作確認を行います。上記の設定完了後、Keycloak を起動して、HTTPS で Keycloak のアカウント管理コンソール（https://［サーバー証明書に設定した Keycloak の FQDN]:8443/realms/demo/account/）にアクセスします。

HTTPS の設定に問題がなければ、HTTPS でアクセスでき、図 9.2.3 のようなログイン画面が表示されます（自己署名サーバー証明書であれば、HTTPS 接続時に警告が出ます）。

図 9.2.3　HTTPS で表示されたログイン画面

　一方、HTTP で Keycloak のアカウント管理コンソール（http://localhost:8080/realms/demo/account/）にアクセスしてみましょう。HTTPS を必須とする設定を行っていると [*11]、図 9.2.4 のような「HTTPS required」というエラー画面が表示され、localhost であっても HTTP ではアクセスできなくなっていることがわかります。

図 9.2.4　HTTP のアクセスが拒否された画面

[*11] ここでは HTTP 有効化の設定を行いつつ、「Require SSL」を「All requests」に設定しています。もし HTTP 有効化の設定を行っていない場合は、HTTP の 8080 ポートでのアクセス自体ができません。

9.3 エンドポイントの設定

Keycloak は認証や認可というシステムの核を担うコンポーネントであり、攻撃者に侵害されたりサービスをダウンさせられたりすることによる影響は甚大です。その被害を少しでも軽減するためには、Keycloak の各種エンドポイントを適切に設定し、攻撃者の自由にさせないことが重要です。本節では、ホスト名の設定と管理コンソールの秘匿化の 2 つの方法で、エンドポイントの適切な設定を行います。

9.3.1 ホスト名の設定

Keycloak は、OIDC の openid-configuration エンドポイントが返却するメタデータやパスワードリセット時に送るメールで、自身の URL を公開します。Host ヘッダーの改ざんなどによって、この URL を攻撃者によって操作されてしまうと、フィッシング攻撃などに悪用されてしまうため、start コマンドで起動する本番モードでは、デフォルトで明示的なホスト名（URL）の設定が必須となっており、Host ヘッダーから URL を動的に解決しないようになっています。

ホスト名（URL）を設定するには、[KEYCLOAK_HOME]/conf/keycloak.conf に以下の設定を記載します。

```
hostname=https://keycloak.example.com
```

なお、明示的なホスト名の設定を不要にしたい場合は、[KEYCLOAK_HOME]/conf/keycloak.conf に以下の設定を記載します。

```
hostname-strict=false
```

ホスト名（URL）を設定すると、Keycloak はすべてのエンドポイントを設定した URL で公開します。一方で、一部のエンドポイントを異なる URL で公開することもできます。Keycloak のエンドポイントは、「フロントエンド」、「バックエンド」、「アドミン」の 3 つのエンドポイントグループに分かれており、それらグループごとにエンドポイントを異なる URL で公開することができ

ます。エンドポイントグループとその代表的なエンドポイントとの対応表を表 9.3.1 に示します。

表 9.3.1　エンドポイントグループとその代表的なエンドポイント

エンドポイントグループ	代表的なエンドポイント
フロントエンド	認可サーバーの識別子として使用する URL 認可エンドポイント ログアウトエンドポイント トークン無効化エンドポイント
バックエンド	トークンエンドポイント イントロスペクションエンドポイント JWKS URI UserInfo エンドポイント
アドミン	管理コンソール 管理 REST API

　次に、エンドポイントグループごとにエンドポイントを異なる URL で公開する方法を説明します。Keycloak には、ホスト名 (URL) を設定するための 3 つのオプションがあります (表 9.3.2)。これらを組み合わせることで、各エンドポイントグループのエンドポイントの URL を設定します。

表 9.3.2　ホスト名 (URL) を設定するためのオプション

オプション	説明	デフォルト値
hostname	フロントエンドのエンドポイントのホスト名 (URL) を指定します。hostname-backchannel-dynamic オプションや hostname-admin オプションを設定していない場合は、すべてのエンドポイントを hostname オプションで指定したホスト名 (URL) で公開します。 完全な URL、またはホスト名を指定できます。	設定なし
hostname-admin	アドミンのエンドポイントの URL を指定します。 アドミンのエンドポイントをフロントエンドのエンドポイントの URL とは異なる URL で公開したい場合に設定します。 完全な URL のみ指定可能で、ホスト名は指定できません。	設定なし
hostname-backchannel-dynamic	バックエンドのエンドポイントの URL をフロントエンドのエンドポイントの URL とは異なる URL で公開したい場合に true を指定します。 true を指定すると、バックエンドのエンドポイントの URL は Host ヘッダーなどから動的に解決するようになります。	false

■ 9.3.2　管理コンソールの秘匿化

　Keycloak の管理コンソールおよび、管理 REST API で利用するパス (/admin) は、通常、任意の端末からのアクセスは許可せず、限られた端末からのアクセスに制限することが望ましいです。WildFly 版 Keycloak では、Keycloak の設定でアクセス制御を実現することもできましたが、

Quarkus 版 Keycloak では、Keycloak の設定では実現できなくなったので、前面の LB やリバースプロキシーサーバーでアクセス制御を実現する必要があります。

Keycloak の URL パスのうち、前面の LB やリバースプロキシーサーバーを使って、公開したほうがよいパス、非公開にしたほうがよいパスについて、表 9.3.3 に示します。

表 9.3.3 Keycloak の URL パス一覧と公開 / 非公開の推奨

Keycloak の URL パス	説明	公開 / 非公開の推奨
/	ルートパス (ルートパスを公開すると、管理用のパス (/admin/) などが不必要に公開されます)	非公開
/admin/	管理コンソールや管理 REST API のパス	非公開
/realms/	OIDC のエンドポイントなどのパス	公開
/resources/	テーマのリソースを提供するパス	公開
/robots.txt	検索エンジン用のファイル	公開
/metrics	メトリクスを取得するパス	非公開
/health	ヘルスチェックのパス	非公開

9.4 可観測性（Observability）

Keycloak は用途に応じたさまざまな種類のログを出力できます。しかし、Keycloak のデフォルトの設定ではコンソール（標準出力）にしかログが出力されません。したがって、どのような設定を追加すれば、どのような内容のログがどこに出力されるようになるのかを把握しておくことはデバッグや監査などの観点から非常に重要です。

Keycloak で特に重要なログは表 9.4.1 に示す 3 種類です。

表 9.4.1　Keycloak で重要なログ

ログの種類	主な用途
サーバーログ	障害が発生したときの原因調査、Keycloak カスタマイズ時のデバッグ
アクセスログ	Keycloak に対するアクセス状況の把握
監査ログ	Keycloak に対する操作や動作の履歴の追跡

この中で、デフォルトでコンソールに出力されるのは、サーバーログと一部の監査ログです。設定を変更することで、各ログをファイルに出力することができ、また監査ログはファイルではなく DB に登録することもできます（「監査イベント」といいます）。

本節では、これらのログに加えて、Keycloak のサーバーメトリクスの取得方法についても解説します。サーバーメトリクスとは、CPU やメモリーの使用量、GC の発生回数やヒープの使用量、接続プールの使用中コネクション数などの情報を意味します。

9.4.1　サーバーログ

Keycloak は、デフォルトでサーバーログをコンソールに出力します。コンソールだけでなく、ファイルにも出力するためには、[KEYCLOAK_HOME]/conf/keycloak.conf に以下の設定を追加します。

```
log=console,file
```

これにより、[KEYCLOAK_HOME]/data/log/keycloak.log にサーバーログが出力されますが、

出力先やファイル名を変えたい場合は、log-file プロパティーを追加します。

```
log-file=logs/server.log
```

サーバーログのログレベルには、以下の 7 種類があります。

表 9.4.2　サーバーログのログレベル

ログの種類	ログの内容
TRACE	最も詳細なログ情報
DEBUG	Keycloak カスタマイズ時のデバッグに役立つ情報
INFO	アプリケーションの正常動作に関する情報
WARN	システムの動作に重大な影響はないが、潜在的な問題が発生したことを示す警告
ERROR	システムの一部が機能しないようなエラー
FATAL	システム全体が正常に動作できないような致命的なエラー
OFF	ログの出力を無効にする

デフォルトのログレベルは INFO ですが、トラブルシューティングなどで詳細な情報を出力したい場合は、log-level を DEBUG などに変更します。

```
log-level=DEBUG
```

ただし、ログレベルを DEBUG に変更すると、ログの出力量が大幅に増えることになります。特定のカテゴリーに限定したい場合は、以下のようにカテゴリー単位で出力レベルを変えることもできます。

```
log-level=INFO,com.arjuna:WARN,org.jboss.as.config:DEBUG
```

上記設定の場合は、com.arjuna パッケージのログは WARN レベル以上で、org.jboss.as.config パッケージのログは DEBUG レベル以上で出力されます。それ以外のパッケージのログはデフォルトの INFO レベル以上で出力されます。

サーバーログは、Quarkus の機能によりデフォルトで再起動時か、ファイルサイズが 10MB を超えるとローテーションされるようになっています。また、バックアップは最大で 5 つ作成され、古いものから削除されていきます。この動作を変更するには、[KEYCLOAK_HOME]/conf ディレクトリーに quarkus.properties という名前のファイルを作成し、以下のプロパティーを記述し

ます。

```
quarkus.log.file.rotation.max-file-size=100M
quarkus.log.file.rotation.max-backup-index=10
```

　この場合は、最大で 100MB のサーバーログファイルと、そのバックアップが 5 つ作成されます。

　日次でローテーションしたい場合は、以下のプロパティーを追記します。

```
quarkus.log.file.rotation.file-suffix=.yyyy-MM-dd
```

　ただし、この場合、ファイルサイズによるローテーションも同時に機能するので、これを回避するために、quarkus.log.file.rotation.max-file-size の値を 1T（1 テラバイト）などの非常に大きな値に変更します。

```
quarkus.log.file.rotation.max-file-size=1T
```

　その他のログローテーションの設定については Quarkus の公式ガイド[*12] を参照してください。

■ 9.4.2　アクセスログ

　前述したとおり、Keycloak はデフォルトでアクセスログを出力するようになっていません。conf/quarkus.properties に以下の 2 つのプロパティーを設定することで、アクセスログがファイルに出力されるようになります。

```
quarkus.http.access-log.enabled=true
quarkus.http.access-log.log-to-file=true
```

　これにより、カレントディレクトリーに quarkus.log というファイルが、以下のような内容で出力されます。

---

*12 https://quarkus.io/guides/logging#loggingConfigurationReference

```
127.0.0.1 - - 08/Mar/2024:13:21:03 +0900 "GET /admin/serverinfo/ HTTP/1.1" 200
196117 "-" "Mozilla/5.0 (Windows NT 10.0; Win64; x64) AppleWebKit/537.36 (KHTML,
like Gecko) Chrome/122.0.0.0 Safari/537.36"
```

しかし、このファイル名ではアクセスログとして相応しくないため、例えば以下のようにプロパティーを追加することでファイル名を変更します。

```
quarkus.http.access-log.log-directory=logs
quarkus.http.access-log.base-file-name=access
```

これにより、アクセスログはlogs ディレクトリ下に access.log というファイル名で出力されます。

なお、デフォルトの出力形式は、「%h %l %u %t "%r" %s %b "%{i,Referer]" "%{i,User-Agent]"」という文字列で表現されます。この文字列の意味を表 9.4.3 に示します。

表 9.4.3 アクセスログのデフォルトの出力形式

パターン	説明	上記ログでの値
%h	リモートホスト名	127.0.0.1
%l	常に「-」(Apache のアクセスログとの互換性のために存在)	-
%u	認証されたリモートユーザー	-
%t	リクエストの受信時刻	08/Mar/2024:13:21:03 +0900
"%r"	リクエストの最初の行	"GET /admin/serverinfo/ HTTP/1.1"
%s	レスポンスのHTTP ステータスコード	200
%b	レスポンスのバイト数	196117
"%{i,Referer}"	リファラーヘッダー (リクエストヘッダー) の値	"-"
"%{i,User-Agent}"	ユーザーエージェントヘッダー (リクエストヘッダー) の値	"Mozilla/5.0 (Windows NT 10.0; Win64; x64) AppleWebKit/537.36 (KHTML, like Gecko) Chrome/122.0.0.0 Safari/537.36"

この表からわかるように、デフォルトではアクセスログに処理時間が出力されません。処理遅延の原因調査などの際に処理時間の出力が非常に重要になってきますので、これを含めるように出力の形式の設定を見直しておくことをお勧めします。例えば、以下のように %D パターンを含めます。

```
quarkus.http.access-log.pattern=%h %l %u %t "%r" %s %b "%{i,Referer}" "%{i,User-
Agent}" %D
```

ただし、処理時間を記録するためには、quarkus.http.record-request-start-time というプロパティーの設定も必要になることに注意してください。

```
quarkus.http.record-request-start-time=true
```

すると、以下のように処理時間がミリ秒単位で出力されます。

```
127.0.0.1 - - 08/Mar/2024:13:21:03 +0900 "GET /admin/serverinfo/ HTTP/1.1" 200
196117 "-" "Mozilla/5.0 (Windows NT 10.0; Win64; x64) AppleWebKit/537.36 (KHTML,
like Gecko) Chrome/122.0.0.0 Safari/537.36" 98
```

アクセスログも、Quarkus の機能によりデフォルトでローテーションされるようになっています。ただし、ファイルサイズではなく、日次でローテーションされ、access2024-05-28.log のような日付付きのファイル名でバックアップされます。アクセスログをローテーションしないようにするには、[KEYCLOAK_HOME]/conf/quarkus.properties に以下のプロパティーを記述します。

```
quarkus.http.access-log.rotate=false
```

アクセスログの設定の詳細については、Quarkus の公式ガイド[13]を参照してください。

■ 9.4.3　監査ログ

Keycloak は、デフォルトで以下のような異常系の監査ログをサーバーログとともにコンソールのみに出力します。

---

[13] https://quarkus.io/guides/http-reference#configuring-http-access-logs

```
2024-11-12 17:12:53,602 WARN  [org.keycloak.events] (executor-thread-32) type=
"REFRESH_TOKEN_ERROR", realmId="0027f066-754f-44e8-b758-aa3b3b5ff0ca", realmName=
"master", clientId="security-admin-console", userId="null", sessionId="bd8ca74e-
21bc-4b9e-bbc0-fc32752194dc", ipAddress="0:0:0:0:0:0:0:1", error="invalid_token",
reason="Client session not active", grant_type="refresh_token", refresh_token_type
="Refresh", refresh_token_id="5142f0ab-2cf9-410f-a650-f8ab3cdaf0d9", client_auth_
method="client-secret"
```

正常系の監査ログも含めてサーバーログとともにファイルにも出力するには、[KEYCLOAK_HOME]/conf/keycloak.conf に以下の設定を追加します。

```
log=console,file
spi-events-listener-jboss-logging-success-level=INFO
```

これにより、以下のような正常系の監査ログもサーバーログファイルに出力されるようになります。

```
2024-11-12 17:22:41,499 INFO  [org.keycloak.events] (executor-thread-1) type=
"LOGIN", realmId="0027f066-754f-44e8-b758-aa3b3b5ff0ca", realmName="master",
clientId="security-admin-console", userId="80369d32-d53c-4f09-a5c1-a483dfde5a5c",
sessionId="67a80d00-9458-42b7-8a2e-8348cfbb027a", ipAddress="0:0:0:0:0:0:0:1", auth
_method="openid-connect", auth_type="code", response_type="code", redirect_uri=
"http://localhost:8080/admin/master/console/", consent="no_consent_required", code_
id="67a80d00-9458-42b7-8a2e-8348cfbb027a", username="admin", response_mode="query",
authSessionParentId="67a80d00-9458-42b7-8a2e-8348cfbb027a", authSessionTabId="uWuar
3dgKIE"
```

この spi-events-listener-jboss-logging-success-level というプロパティーは、正常系の監査ログがどのログレベルで出力されるかを設定します。デフォルトでは、サーバーログのログレベルがINFO であるのに対し、このプロパティーの値は DEBUG なので、正常系の監査ログが出力されません。一方、上記の keycloak.conf では、このプロパティーを INFO に設定しているため、正常系の監査ログが出力されるようになります[14]。

監査の強化のため、監査ログをサーバーログと分離して管理したい場合は、監査イベントとい

---

[14] spi-events-listener-jboss-logging-success-level=INFO の代わりに log-level=INFO,org.keycloak.events:DEBUG とすることで、監査イベントのログだけを DEBUG レベルで出力させることもできます。

応用編

9

Keycloak の非機能面の考慮ポイント

うレコードを DB に登録するように、管理コンソールで設定を変更するとよいでしょう。

監査イベントは、大きく分けて以下の 2 種類があります。

- ユーザーイベント
- 管理者イベント

どちらのイベントもレルム単位で設定できます。

■ (1) ユーザーイベント

ユーザーイベントは、ユーザーが行った操作の記録です。例えば、ユーザーがログインに成功したことや間違ったパスワードを入力したことなどが含まれます。ユーザーイベントを DB に登録する機能を有効にするためには、以下の手順を実行します。

1. 管理コンソールの左メニューから、ユーザーイベントの設定を有効にしたいレルムを選択します。
2. 「Realm settings」の「Events」タブをクリックし、図 9.4.1 の「User events settings」画面を表示します。
3. 「Save events」を「On」にし、「Save」ボタンをクリックします。

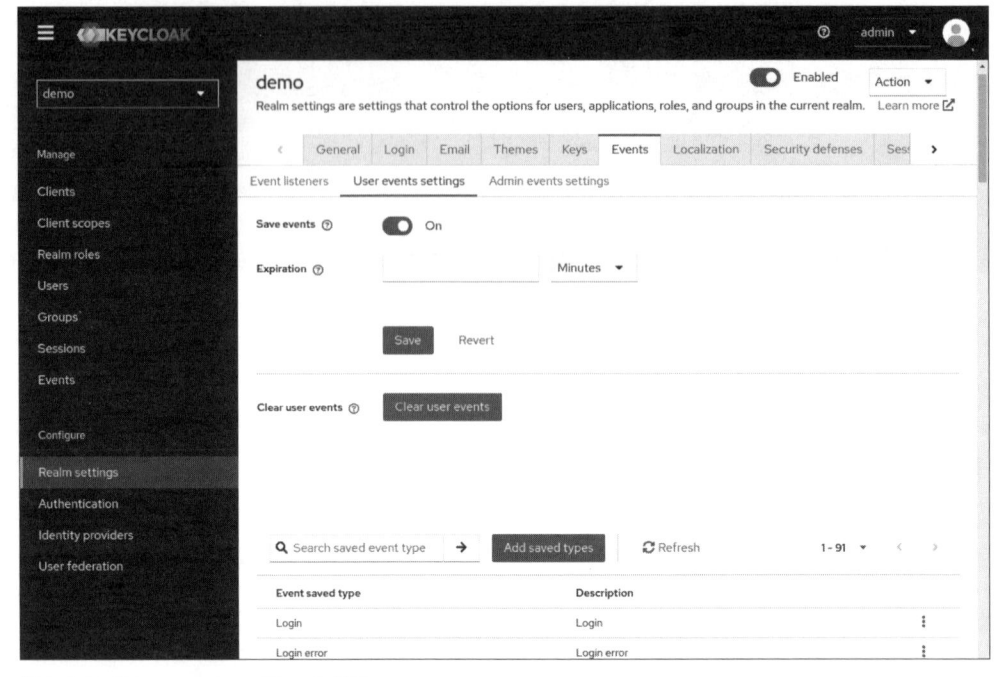

図 9.4.1　「User events settings」画面

　この機能を有効にすると、図 9.4.2 のように、クライアントが認可コードをアクセストークンと交換したことを示す「CODE_TO_TOKEN」なども記録されます。

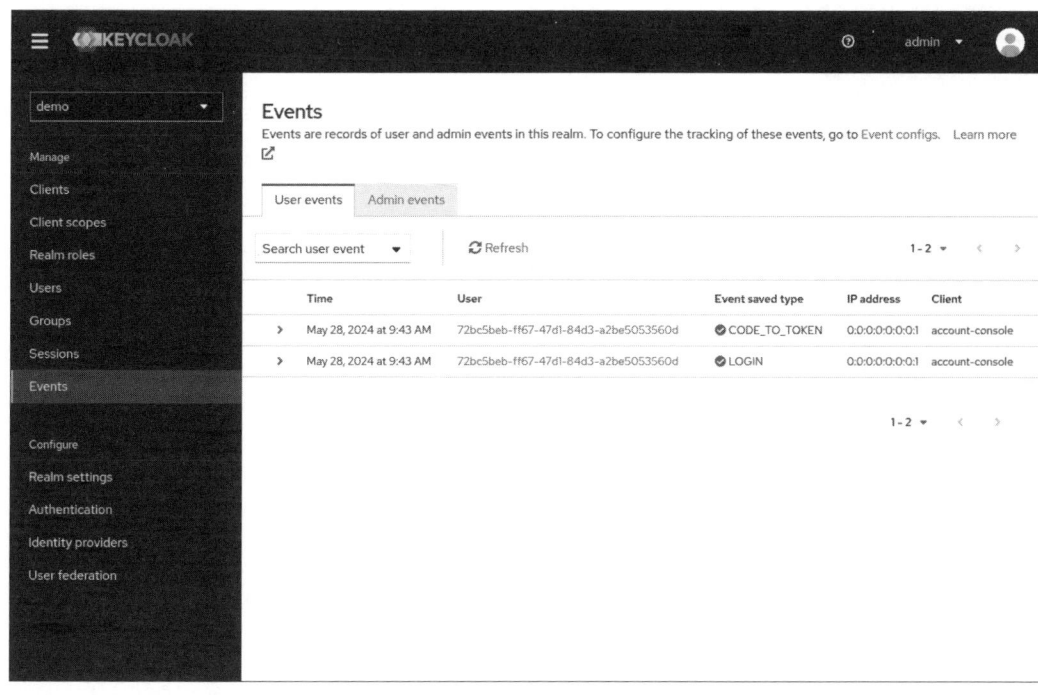

図 9.4.2　ユーザーイベント

　保存する情報を制限したい場合は、「Event saved type」の一覧から不要なものを削除します（図 9.4.3）。逆に保存する情報を追加したい場合は、「Add saved types」ボタンをクリックして、追加可能なイベントの一覧から追加したいものを選択します。「Event saved type」には、「Login」（ユーザーがログインに成功した）、「Logout error」（ユーザーがログアウトに失敗した）、「Send verify email」（メールアドレスを検証するためのメールをユーザーに送信した）、「Update password」（ユーザーがパスワードを更新した）などがあります。すべてについてではありませんが、主要なものについては Keycloak の Server Administration Guide[*15] に説明があります。

---

*15 https://www.keycloak.org/docs/26.0.0/server_admin/index.html#auditing-user-events

応用編

9

Keycloak の非機能面の考慮ポイント

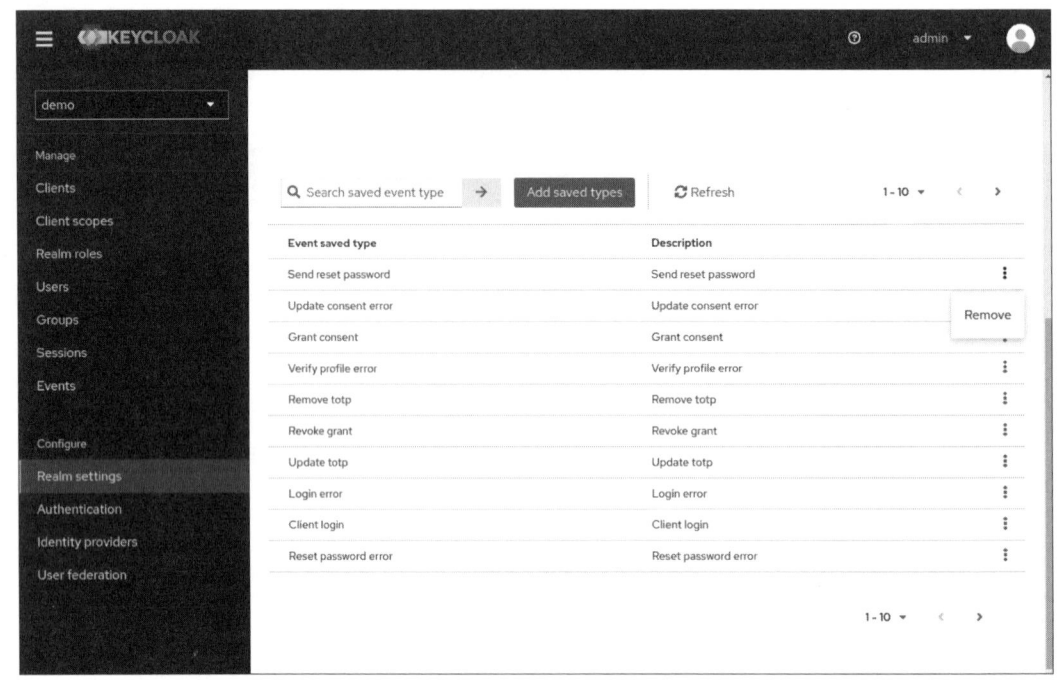

図 9.4.3　ユーザーイベントの種類

　イベントを保存する期間を指定したい場合は、「Expiration」を指定します（図 9.4.1 を参照）。監査ログに関しては、コンプライアンスの理由から長期間保管したい要件がよくあります。しかし、有効期間を長くすると、DB のディスク容量を逼迫させたり、パフォーマンスを低下させる恐れもあるので（一部監査イベントを参照する認証処理があるため）、あまり長くしすぎないように注意する必要があります。長期保管の場合は、長期保管用のディスクに保管することを検討したほうがよいでしょう。

■ (2) 管理者イベント

　管理者イベントは、管理者ユーザーが行った操作の記録です。例えば、管理者ユーザーが管理コンソールや管理 CLI などで実行した設定変更やユーザー作成などの操作が含まれます。管理者イベントを DB に登録する機能を有効にするためには、以下の手順を実行します。

1. 管理コンソールの左メニューから、管理者イベントの設定を有効にしたいレルムを選択します。
2. 「Realm settings」の「Events」タブをクリックし、図 9.4.4 の「Admin events settings」画面を表示します。
3. 「Save events」を「On」にし、「Save」ボタンをクリックします。

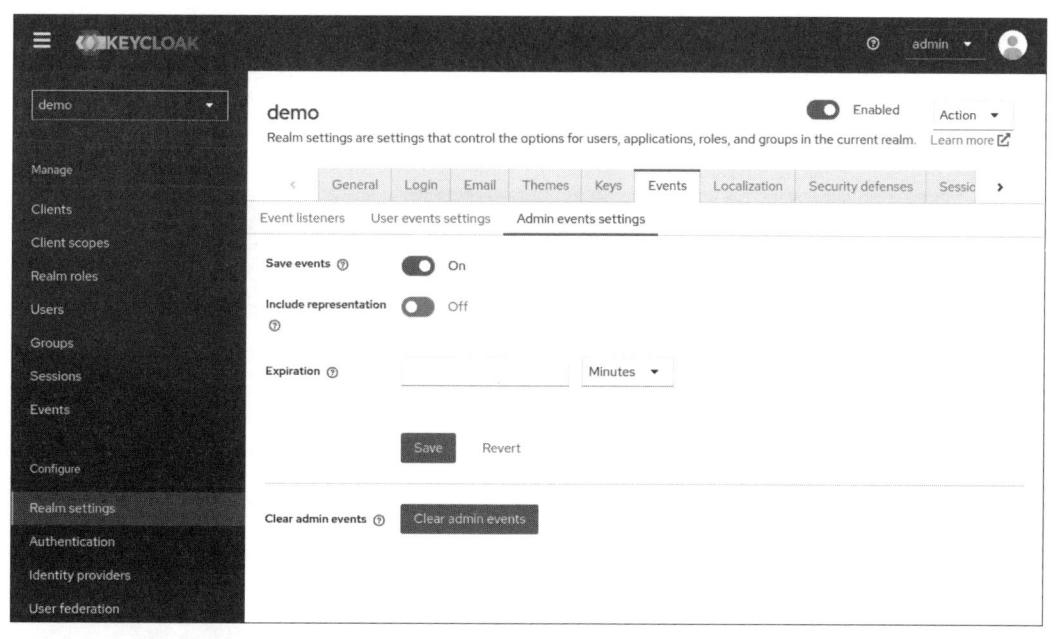

図 9.4.4　「Admin events settings」画面

　この機能を有効にすると、例えば、管理者ユーザーが管理コンソールでユーザーを作成し、そのユーザーにパスワードを設定した場合は、図 9.4.5 のように、ユーザー作成とパスワード設定の 2 つのイベントが記録されることになります。

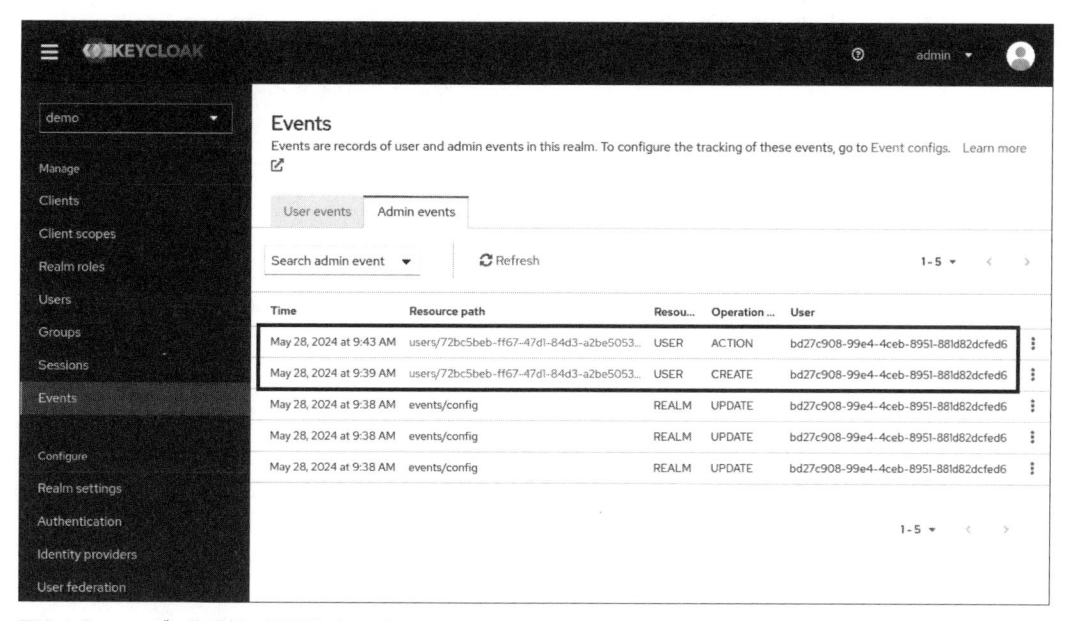

図 9.4.5　ユーザー作成後の管理者イベント

応用編

9

Keycloak の非機能面の考慮ポイント

　管理者イベントには「Include representation」という設定があり、「On」にすると、操作の詳細がわかります。図9.4.6 は、user1 というユーザー名のユーザーを作成したときの情報です。ユーザー作成の場合は、ユーザーの属性情報が JSON 形式で出力されます。

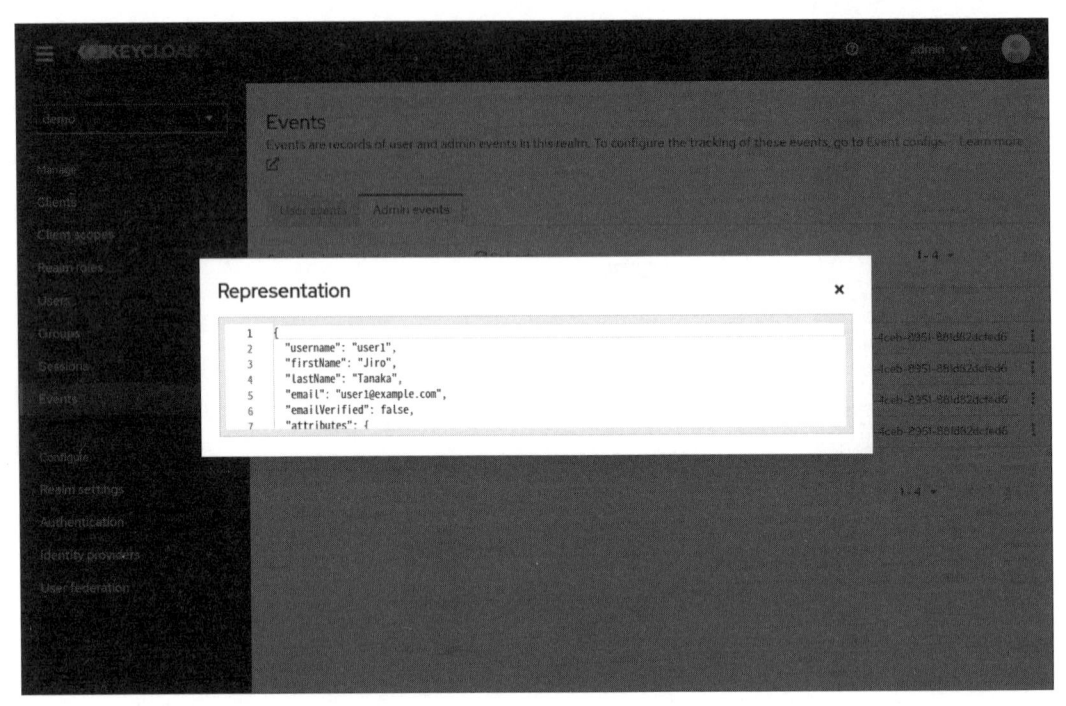

図 9.4.6　作成したユーザー情報の JSON 表現

　なお、ユーザーイベントと同様に管理者イベントも保存する期間を指定することができます。

■ 9.4.4　サーバーメトリクス

　Keycloak は、Prometheus[16] 形式のメトリクスを出力するエンドポイントを提供します。サーバーメトリクスを有効にするには、[KEYCLOAK_HOME]/conf/keycloak.conf に以下のプロパティーを設定します。

```
# If the server should expose metrics endpoints.
metrics-enabled=true
```

---

*16 Prometheus は、メトリクスの収集と監視に特化したオープンソースのシステム監視ツールです。

そして、以下のエンドポイントにアクセスすると、サーバーメトリクスが取得できます。

http://[Keycloak のホスト名]:9000/metrics

サーバーメトリクスは、以下のような Prometheus 形式で Keycloak から返されます。

```
# TYPE jvm_gc_pause_seconds summary
# HELP jvm_gc_pause_seconds Time spent in GC pause
jvm_gc_pause_seconds_count{action="end of minor GC",cause="G1 Evacuation Pause",gc=
"G1 Young Generation"} 4.0
jvm_gc_pause_seconds_sum{action="end of minor GC",cause="G1 Evacuation Pause",gc="G1
Young Generation"} 0.012
・・・（以下略）・・・
```

Keycloak から取得可能なサーバーメトリクスは、以下の 5 種類に分類できます。

表 9.4.4　Keycloak から取得可能なサーバーメトリクス情報

メトリクスの分類	説明
システム	CPU およびメモリー使用量に関連するシステムレベルのメトリクス。
JVM	GC およびヒープに関連する Java 仮想マシン（JVM）から取得したメトリクス。
データベース	データベースのコネクションプールから取得したメトリクス（データベースを使用している場合）。
HTTP	HTTP エンドポイントから取得したメトリクス。
キャッシュ	Infinispan キャッシュからの取得したメトリクス。詳細は、Keycloak 公式ドキュメントの「Configuring distributed caches[*17]」を参照してください。

以下のように、Prometheus を経由して、Grafana[*18] でグラフィカルにサーバーメトリクスを表示することもできます。

---

*17 https://www.keycloak.org/server/caching

*18 Grafana は、オープンソースのモニタリング用 Web アプリケーションで、さまざまなデータソースからリアルタイムにデータを可視化、分析できるダッシュボードを提供します。

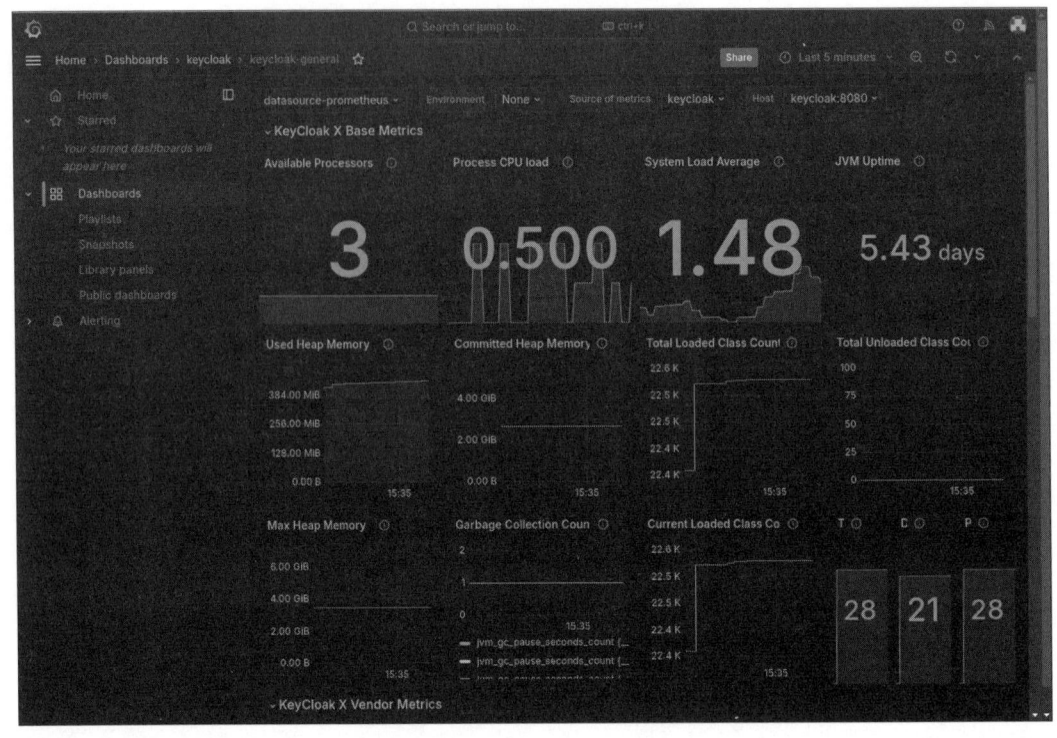

図 9.4.7　Grafana で表示したサーバーメトリクス

9.5 アップグレード

　ここ数年、Keycloak は年 4 回の頻度で新しいメジャーバージョンをリリースしています[19]。また、重要度や緊急度の高い脆弱性が対策されて、マイクロバージョンが上がることもあります[20]。そのような場合に備えて、アップグレードの方法について、あらかじめ把握しておくことが望ましいです。

　Keycloak のアップグレード方法は、公式ドキュメントの「Upgrading Guide[21]」に記載されています。このガイドの中では Keycloak サーバーの他に、各種クライアントアダプターのアップグレードについても言及されています。また、「Migration Changes」のセクションに、各バージョンの変更によるアップグレードへの影響に関する説明があります。これを参考に対応方法を整理する必要があります。

　アップグレードのベストプラクティスは、本番環境でアップグレードする前に検証環境でアップグレードし、動作確認することです。独自に開発した SPI が、アップグレードにより正常に動作しなくなることも十分に考えられるので、事前に検証することが推奨されています。

　クライアントアダプターのアップグレードにおいて重要なポイントは、クライアントアダプターをアップグレードする前に、Keycloak サーバーをアップグレードするということです。それに加えて、使用している Keycloak サーバーのバージョンと一致するバージョンのクライアントアダプターを使用することが推奨されています。ただし、多くのクライアントアダプターは本書執筆時点（2024 年）では非推奨になっているため、代替のソフトウェアへの移行を推奨します。

　基本的に、古いバージョンのクライアントアダプターはそれ以降のバージョンの Keycloak サーバーとともに動作しますが、古いバージョンの Keycloak サーバーはそれ以降のバージョンのクライアントアダプターとともに動作しない可能性が十分にあると考えてください。

応用編

9

Keycloak の非機能面の考慮ポイント

----

*19 Keycloak 26.0.0 からリリースの方針にいくつかの変更が加えられ、メジャーバージョンは 2〜3 年ごとにリリースされる予定になっています。詳細については、以下を参照してください。
　　https://www.keycloak.org/2024/10/release-updates

*20 Keycloak のバージョンは、23.0.1 や 24.0.0 のように [メジャーバージョン].[マイナーバージョン].[マイクロバージョン] という形式になっています。

*21 https://www.keycloak.org/docs/26.0.0/upgrading/index.html

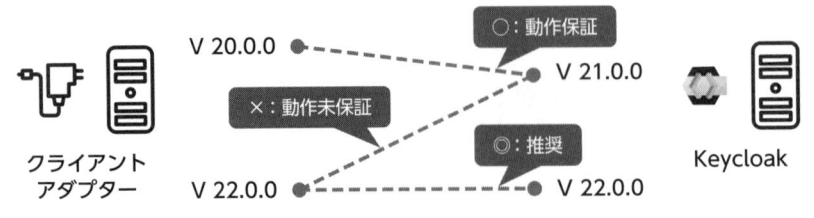

図 9.5.1　Keycloak とクライアントアダプターのバージョンの関係

では、ここから以下の2つについての具体的なアップグレード手順を説明します。

- Keycloak サーバー
- クライアントアダプター

9.5.1　Keycloak サーバーのアップグレード

Keycloak サーバーのアップグレードは、サーバー本体のアップグレードに加えて、jar ファイルやテーマの移行を実施する必要があります。さらにアップグレードが失敗した場合を考慮して、既存のインストールディレクトリーや DB のバックアップ[*22] を取得する必要もあります。以下の順に実施します。

(1)　アップグレードのための準備
(2)　Keycloak サーバー本体のアップグレード

アップグレードの手順は、メジャーバージョンのアップグレード、マイナーバージョンのアップグレード、マイクロバージョンのアップグレードによらず、同じです。

(1) アップグレードのための準備

アップグレードを開始する前にしなければならないことがいくつかあります。

1. アップグレードする Keycloak サーバーへのアクセスを遮断します。なお、Keycloak サーバーは起動したままにしておいてください。
2. XA トランザクション[*23] が有効になっている場合は、すべてのトランザクションが完了していることを確認し、完了していないものは適切に処理します。

---

*22 DB のバックアップ方法については、使用している DB のガイドを参照してください。
*23 https://www.keycloak.org/server/db#_using_database_vendors_with_xa_transaction_support

3. Keycloak サーバーを停止します（クラスター構成の場合は全台停止）。

4. 古いバージョンの [KEYCLOAK_HOME] ディレクトリー全体を適当な場所にバックアップします。

5. XA トランザクションが有効になっている場合は、[KEYCLOAK_HOME]/data/transaction-logs ディレクトリーを削除します。

6. DB をバックアップします。PostgreSQL の場合は pg_dump、MySQL の場合は mysqldump、Oracle の場合は exp、expdp といったバックアップツールを利用します。詳細については、各 DB のドキュメントを参照してください。

　DB スキーマのマイグレーションは、Keycloak サーバーをアップグレード後、Keycloak サーバー起動時に自動的に行われます。DB スキーマのマイグレーション後、DB は古い Keycloak サーバーとの互換性がなくなることに注意が必要です。

　なお、設定により手動で DB スキーマのマイグレーションを行うこともできますが、ここでは触れません。詳細については、Upgrading Guide を参照してください。

> **COLUMN**

変更内容の確認

　データベーススキーマの変更があるかどうかは、アップグレードするバージョンの Keycloak のソースコードの model/jpa/src/main/resources/META-INF/jpa-changelog-(authz-)[バージョン].xml から確認することができます。データベースの DATABASECHANGELOG テーブルには、現在までに適用された changelog ファイル[*24] の一覧が格納されています。このテーブルとアップグレードした Keycloak が持つ changelog ファイルの一覧に差がある場合、適用されていない changelog ファイルが追加で適用されます。

　例えば、jpa-changelog-18.0.0.xml は次のような内容になっているため、バージョン 18.0.0 へのアップグレードの際に、ADMIN_EVENT_ENTITY テーブルに IDX_ADMIN_EVENT_TIME という名前のインデックスが追加されます。このインデックスは REALM_ID 列と ADMIN_EVENT_TIME 列の複合インデックスです。

[*24] Keycloak の DB スキーマ管理には、Liquibase（https://docs.liquibase.com/home.html）という OSS が利用されており、これが changelog ファイルを使用します。

```xml
<databaseChangeLog xmlns="http://www.liquibase.org/xml/ns/dbchangelog" xmlns:
xsi="http://www.w3.org/2001/XMLSchema-instance" xsi:schemaLocation="http://
www.liquibase.org/xml/ns/dbchangelog http://www.liquibase.org/xml/ns/dbchange
log/dbchangelog-3.1.xsd">

    <changeSet author="keycloak" id="18.0.0-10625-IDX_ADMIN_EVENT_TIME">
        <!-- improve loading time of admin event list -->
        <createIndex tableName="ADMIN_EVENT_ENTITY" indexName="IDX_ADMIN_
EVENT_TIME">
            <column name="REALM_ID" type="VARCHAR(255)"/>
            <column name="ADMIN_EVENT_TIME" type="BIGINT"/>
        </createIndex>
    </changeSet>

</databaseChangeLog>
```

■ (2) Keycloak サーバー本体のアップグレード

　Keycloak サーバー本体のアップグレードは、以下の手順に沿って行います。冗長構成の場合は、各 Keycloak サーバーでこの手順を実施する必要があります。

1. Keycloak のダウンロードページからアップグレードするバージョンの配布ファイルをダウンロードします。
2. ダウンロードした配布ファイルは、既存のインストール先とは異なる場所に解凍します。20.0.1 から 26.0.0 にアップグレードする場合は、以下のようになります。

```
/opt/
 ├ keycloak-20.0.1
 ├ keycloak-26.0.0
```

3. 上書きコピーする前に、古いバージョンと新しいバージョンのインストールディレクトリーの差分を、ファイルの内容のレベルで確認します。ファイルの内容のマージだけでなく、何らかの対応が必要な場合もあります。
4. 古いバージョンの設定ファイルなどを含むディレクトリーを、新しいバージョンの同ディレクトリーへ上書きコピーします。その際は、必要に応じて内容のマージを行ってください。

```
$ \cp -pfr /opt/keycloak-20.0.1/conf /opt/keycloak-26.0.0
$ \cp -pfr /opt/keycloak-20.0.1/providers /opt/keycloak-26.0.0
$ \cp -pfr /opt/keycloak-20.0.1/themes /opt/keycloak-26.0.0
```

マージ作業では、conf ディレクトリーの全ファイルの差分を一つ一つ慎重に確認する必要があるので、WinMerge（Windows）、Meld（Linux）などの GUI のマージツールを使うとよいでしょう。

　以上、すべての作業が完了したら、アップグレードは完了です。Keycloak を起動して、動作確認をしましょう。

■ 9.5.2　クライアントアダプターのアップグレード

　以前のバージョンの Keycloak には多種のクライアントアダプターがありましたが、前述したとおり、そのほとんどが EOL となっています。バージョン 26.0.0 時点で Keycloak の GitHub リポジトリーのリリースページからダウンロードできるクライアントアダプターは、JavaScript アダプター以外にありません。JavaScript アダプター以外のクライアントアダプターを使用している場合は、それと同等の機能を有するサードパーティーのソフトウェアを利用することが推奨されています。そこで本項では、JavaScript アダプターのアップグレード手順について説明します。

　Web アプリケーションにコピーされた JavaScript アダプターのアップグレードは、以下の手順に沿って行います。

1. 新しいクライアントアダプターのアーカイブをダウンロードします。
2. ダウンロードしたアーカイブ内にある keycloak.js で、アプリケーションの keycloak.js を上書きします。

応用編

9

Keycloak の非機能面の考慮ポイント

> ▶ COLUMN

OpenID Connect 互換モード

　前述したとおり、新しいバージョンの Keycloak サーバーは、基本的に古いバージョンの
クライアントアダプターとともに動作するように修正されリリースされます。しかし、どう
しても Keycloak サーバー側に、古いバージョンのクライアントアダプターとの互換性が損
なわれるような修正を含めなければならないこともあります。例えば、新しいバージョンで
OIDC の新しい仕様を実装した場合です。新しい Keycloak サーバーが返すレスポンスを、
古いバージョンのクライアントアダプターが認識できない可能性があります。

　そのような場合のために OpenID Connect 互換モードがあります。OIDC クライアント
の場合、Keycloak 管理コンソールのクライアントの「Advanced」画面に「OpenID Connect
Compatibility Modes」という名前のセクションがあります。ここでは、古いクライアント
アダプターとの互換性を維持するために、Keycloak サーバーの新しい機能を無効にすること
ができます。詳細は、各スイッチのツールチップを参照してください。

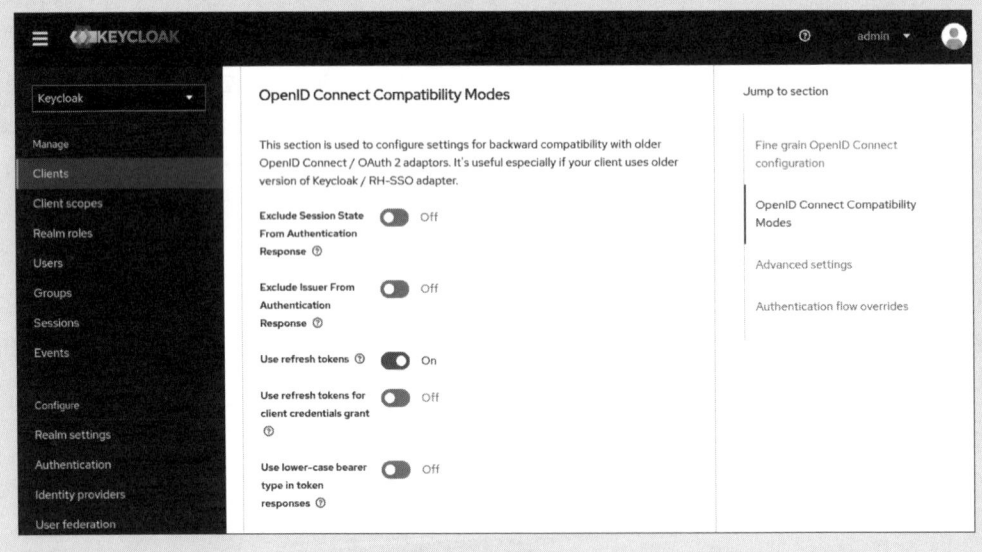

図 9.5.2　OpenID Connect Compatibility Modes の設定

本章のまとめ

　本章では、Keycloak の実際のシステム運用で考慮が必要となる非機能面について、主に可用性、セキュリティー、運用および保守性の観点で解説しました。

- **9.1 節「HA 構成」について**

  可用性を高める観点で、複数の Keycloak インスタンスでクラスターを構築し、HA 構成を実現するために必要な設定方法について解説しました。

- **9.2 節「HTTPS の設定」について**

  セキュリティーを高める観点で、ユーザーと Keycloak 間の通信を HTTPS 化する 4 つの方式と、それぞれの方式の HTTPS 化に必要な設定方法について解説しました。

- **9.3 節「エンドポイントの設定」について**

  Keycloak のエンドポイントを適切に設定するためのホスト名の設定方法について解説しました。また、Keycloak のエンドポイントのうち公開すべきエンドポイントと非公開にすべきエンドポイントについて解説しました。

- **9.4 節「可観測性 (Observability)」について**

  運用性および保守性を高める観点で、Keycloak が出力するサーバーログ、アクセスログ、監査ログ、サーバーメトリクスについて、出力される内容および、その設定方法について解説しました。

- **9.5 節「アップグレード」について**

  セキュリティーを高める観点で、Keycloak やクライアントアダプターのアップグレードの際に必要な手順について解説しました。

索引　Index

著者紹介

中村 雄一 (なかむら・ゆういち)

日立製作所 Hitachi OSPO 所属。博士 (工学)。Keycloak における OSS コントリビューションとビジネスのエコシステムを確立した経験を活かし、Head of OSPO として自社の OSS 戦略をリード。また、the Linux Foundation の Board および CNCF の Governing Board として、Cloud Native Community Japan や FinOps Foundation Japan Chapter の運営を通じて日本の OSS コミュニティ活動の活性化を図っている。

和田 広之 (わだ・ひろゆき)

NRI OpenStandia 所属。2002 年に株式会社野村総合研究所に入社。認証・認可、ID 管理分野を中心とした技術コンサルティング、システム構築に従事。Keycloak や midPoint などの OSS にコントリビューションを行っている。また、Cloud Native Security Japan のオーガナイザーとしても活動中。

田村 広平 (たむら・こうへい)

NRI OpenStandia 所属。認証・認可の分野の業務は 10 年以上前から始め、後に OpenAM のコミッターとなり、多くの改良や記事の執筆を行った。OpenAM が商用製品化されてからは、Keycloak のサポートへメインの業務をシフトし、Keycloak のバグ修正や日本語化、Web や書籍での執筆活動などを行っている。現在、趣味の延長で AI 関連の書籍を監訳中。

田畑 義之 (たばた・よしゆき)

日立製作所 Hitachi OSPO 所属。IAM や API プラットフォームのコンサルティングに従事。Keycloak や CNCF TAG Security にコントリビューションを行っている。また、CNCF アンバサダーや Cloud Native Community Japan/Cloud Native Security Japan のオーガナイザーとして、クラウドネイティブの普及促進に努めている。Keycloak の言語メンテナーとして Keycloak の日本語化も推進中。

青柳 隆 (あおやぎ・たかし)

NRI OpenStandia 所属。10 年以上前から OpenAM のシステム構築で認証・認可の分野に関わるようになる。現在は Keycloak およびその関連 OSS (Apache、mod_auth_openidc、oauth2-proxy など) を主としたサポートおよび障害調査業務に従事。関連 OSS のバグ報告や、Web 記事の執筆などを行っている。

奥浦 航 (おくうら・わたる)

NRI OpenStandia 所属。2015 年に株式会社野村総合研究所に入社。さまざまなプロジェクトで基盤担当のエンジニアとして経験を積む。現在は認証・認可、ID 管理、CI/CD の領域の業務に従事。業務外では自作キーボードの設計や Unreal Engine について日々取り組んでいる。

認証と認可　Keycloak入門　第2版

OAuth/OpenID Connectに準拠したAPI認可とシングルサインオンの実現

Quarkus版完全対応！

© 中村 雄一、和田 広之、田村 広平、田畑 義之、青柳 隆、奥浦 航　2025

2022年　1月 31日	第 1 版 第 1 刷発行	
2023年　4月 24日	第 1 版 第 2 刷発行	
2025年　3月 28日	第 2 版 第 1 刷発行	

著　　者	中村 雄一、和田 広之、田村 広平、 田畑 義之、青柳 隆、奥浦 航
発 行 人	新関 卓哉
企　　画	蒲生 達佳
編　　集	十河 和子
発 行 所	株式会社リックテレコム
	〒113-0034 東京都文京区湯島 3-7-7
	振替　　00160-0-133646
	電話　　03（3834）8380（代表）
	URL　　https://www.ric.co.jp/
装　　丁	長久雅行
編集・組版	株式会社トップスタジオ
印刷・製本	シナノ印刷株式会社

●訂正等

本書の記載内容には万全を期しておりますが、万一誤りや情報内容の変更が生じた場合には、当社ホームページの正誤表サイトに掲載しますので、下記よりご確認ください。

＊正誤表サイトURL

https://www.ric.co.jp/book/errata-list/1

●本書の内容に関するお問い合わせ

FAXまたは下記のWebサイトにて受け付けます。回答に万全を期すため、電話でのご質問にはお答えできませんのでご了承ください。

・FAX：03-3834-8043

・読者お問い合わせサイト：https://www.ric.co.jp/book/のページから「書籍内容についてのお問い合わせ」をクリックしてください。

製本には細心の注意を払っておりますが、万一、乱丁・落丁（ページの乱れや抜け）がございましたら、当該書籍をお送りください。送料当社負担にてお取り替え致します。

ISBN978-4-86594-436-5　　　　　　　　　　　　　　　　　　　　　Printed in Japan